国家职业资格培训教材
技能型人才培训用书

机床夹具设计与制造

第2版

国家职业资格培训教材编审委员会　组编
李昌年　编

机械工业出版社

本书是依据《国家职业技能标准》中对机械加工和修理类各职业高级工、技师和高级技师的知识和技能要求中关于设计制作机床专用夹具的培训需要而编写的，内容包括：机床夹具概论，专用夹具定位件、夹紧件和装置的结构及其选用，分度装置与夹具体的设计，专用夹具设计与制造的必备专业知识，成组夹具与组合夹具，以及有关设计机床专用夹具技能训练实例等。书末附有与之配套的试题库和参考答案，以便于企业培训、考核鉴定和读者自查。

本书主要用作企业培训部门、职业技能鉴定培训机构的教材，也可作为高级技校、技师学院、高级职业技术院校、各种短训班的教材。

图书在版编目(CIP)数据

机床夹具设计与制造/国家职业资格培训教材编审委员会组编；李昌年编. —2版. —北京：机械工业出版社，2012.7(2025.9重印)
国家职业资格培训教材．技能型人才培训用书
ISBN 978-7-111-39227-9

Ⅰ.①机… Ⅱ.①国…②李… Ⅲ.①机床夹具—设计—技术培训—教材②机床夹具—生产工艺—技术培训—教材 Ⅳ.①TG75

中国版本图书馆CIP数据核字(2012)第167741号

机械工业出版社(北京市百万庄大街22号 邮政编码100037)
策划编辑：赵磊磊 责任编辑：赵磊磊 张振勇
版式设计：霍永明 责任校对：潘 蕊
封面设计：饶 薇 责任印制：单爱军
中煤（北京）印务有限公司印刷

2025年9月第2版第7次印刷
169mm×239mm · 19.5印张 · 376千字
标准书号：ISBN 978-7-111-39227-9
定价：45.00元

电话服务 网络服务
客服电话：010-88361066 机 工 官 网：www.cmpbook.com
010-88379833 机 工 官 博：weibo.com/cmp1952
010-68326294 金 书 网：www.golden-book.com
封底无防伪标均为盗版 机工教育服务网：www.cmpedu.com

国家职业资格培训教材(第2版)

编审委员会

第2版 序

在“十五”末期，为贯彻落实“全国职业教育工作会议”和“全国再就业会议”精神，加快培养一大批高素质的技能型人才，机械工业出版社精心策划了与原劳动和社会保障部《国家职业标准》配套的《国家职业资格培训教材》。这套教材涵盖41个职业工种，共172种，有十几个省、自治区、直辖市相关行业的200多名工程技术人员、教师、技师和高级技师等从事技能培训和鉴定的专家参加编写。教材出版后，以其兼顾岗位培训和鉴定培训需要，理论、技能、题库合一，便于自检自测的特点，受到全国各级培训、鉴定部门和广大技术工人的欢迎，基本满足了培训、鉴定和读者自学的需要，在“十一五”期间为培养技能人才发挥了重要作用，本套教材也因此成为国家职业资格鉴定考证培训及企业员工培训的品牌教材。

2010年，《国家中长期人才发展规划纲要(2010—2020年)》、《国家中长期教育改革和发展规划纲要(2010—2020年)》、《关于加强职业培训促就业的意见》相继颁布和出台，2012年1月，国务院批转了七部委联合制定的《促进就业规划(2011—2015年)》，在这些规划和意见中，都重点阐述了加大职业技能培训力度、加快技能人才培养的重要意义，以及相应的配套政策和措施。为适应这一新形势，同时也鉴于第1版教材所涉及的许多知识、技术、工艺、标准等已发生了变化的实际情况，我们经过深入调研，并在充分听取了广大读者和业界专家意见的基础上，决定对已经出版的《国家职业资格培训教材》进行修订。本次修订，仍以原有的大部分作者为班底，并保持原有的“以技能为主线，理论、技能、题库合一”的编写模式，重点在以下几个方面进行了改进：

1. 新增紧缺职业工种——为满足社会需求，又开发了一批近几年比较紧缺的以及新增的职业工种教材，使本套教材覆盖的职业工种更加广泛。

2. 紧跟国家职业标准——按照最新颁布的《国家职业技能标准》(或《国家职业标准》)规定的工作内容和技能要求重新整合、补充和完善内容，涵盖职业标准中所要求的知识点和技能点。

3. 提炼重点知识技能——在内容的选择上，以“够用”为原则，提炼出应重点掌握的必需专业知识和技能，删减了不必要的理论知识，使内容更加精练。

4. 补充更新技术内容——紧密结合最新技术发展，删除了陈旧过时的内容，补充了新的技术内容。

5. 同步最新技术标准——对原教材中按旧技术标准编写的内容进行更新，所有内容均与最新的技术标准同步。

6. 精选技能鉴定题库——按鉴定要求精选了职业技能鉴定试题，试题贴近教材、贴近国家试题库的考点，更具典型性、代表性、通用性和实用性。

7. 配备免费电子教案——为方便培训教学，我们为本套教材开发配备了配套的电子教案，免费赠送给选用本套教材的机构和教师。

8. 配备操作实景光盘——根据读者需要，部分教材配备了操作实景光盘。

一言概之，经过精心修订，第2版教材在保留了第1版精华的同时，内容更加精练、可靠、实用，针对性更强，更能满足社会需求和读者需要。全套教材既可作为各级职业技能鉴定培训机构、企业培训部门的考前培训教材，又可作为读者考前复习和自测使用的复习用书，也可供职业技能鉴定部门在鉴定命题时参考，还可作为职业技术院校、技工院校、各种短训班的专业课教材。

在本套教材的调研、策划、编写过程中，得到了许多企业、鉴定培训机构有关领导、专家的大力支持和帮助，在此表示衷心的感谢！

虽然我们已经尽了最大努力，但是教材中仍难免存在不足之处，恳请专家和广大读者批评指正。

国家职业资格培训教材第2版编审委员会

第1版 序一

当前和今后一个时期，是我国全面建设小康社会、开创中国特色社会主义事业新局面的重要战略机遇期。建设小康社会需要科技创新，离不开技能人才。“全国人才工作会议”、“全国职教工作会议”都强调要把“提高技术工人素质、培养高技能人才”作为重要任务来抓。当今世界，谁掌握了先进的科学技术并拥有大量技术娴熟、手艺高超的技能人才，谁就能生产出高质量的产品，创出自己的名牌；谁就能在激烈的市场竞争中立于不败之地。我国有近一亿技术工人，他们是社会物质财富的直接创造者。技术工人的劳动，是科技成果转化为生产力的关键环节，是经济发展的重要基础。

科学技术是财富，操作技能也是财富，而且是重要的财富。中华全国总工会始终把提高劳动者素质作为一项重要任务，在职工中开展的“当好主力军，建功‘十一五’和谐奔小康”竞赛中，全国各级工会特别是各级工会职工技协组织注重加强职工技能开发，实施群众性经济技术创新工程，坚持从行业和企业实际出发，广泛开展岗位练兵、技术比赛、技术革新、技术协作等活动，不断提高职工的技术技能和操作水平，涌现出一大批掌握高超技能的能工巧匠。他们以自己的勤劳和智慧，在推动企业技术进步，促进产品更新换代和升级中发挥了积极的作用。

欣闻机械工业出版社配合新的《国家职业标准》为技术工人编写了这套涵盖41个职业的172种“国家职业资格培训教材”。这套教材由全国各地技能培训和考评专家编写，具有权威性和代表性；将理论与技能有机结合，并紧紧围绕《国家职业标准》的知识点和技能鉴定点编写，实用性、针对性强，既有必备的理论和技能知识，又有考核鉴定的理论和技能题库及答案，编排科学，便于培训和检测。

这套教材的出版非常及时，为培养技能型人才做了一件大好事，我相信这套教材一定会为我们培养更多更好的高技能人才做出贡献！

李永安

（李永安　中国职工技术协会常务副会长）

第1版 序二

为贯彻“全国职业教育工作会议”和“全国再就业会议”精神，全面推进技能振兴计划和高技能人才培养工程，加快培养一大批高素质的技能型人才，我们精心策划了这套与劳动和社会保障部最新颁布的《国家职业标准》配套的《国家职业资格培训教材》。

进入21世纪，我国制造业在世界上所占的比重越来越大，随着我国逐渐成为“世界制造业中心”进程的加快，制造业的主力军——技能人才，尤其是高级技能人才的严重缺乏已成为制约我国制造业快速发展的瓶颈，高级蓝领出现断层的消息屡屡见诸报端。据统计，我国技术工人中高级以上技工只占3.5%，与发达国家40%的比例相去甚远。为此，国务院先后召开了“全国职业教育工作会议”和“全国再就业会议”，提出了“三年50万新技师的培养计划”，强调各地、各行业、各企业、各职业院校等要大力开展职业技术培训，以培训促就业，全面提高技术工人的素质。

技术工人密集的机械行业历来高度重视技术工人的职业技能培训工作，尤其是技术工人培训教材的基础建设工作，并在几十年的实践中积累了丰富的教材建设经验。作为机械行业的专业出版社，机械工业出版社在“七五”、“八五”、“九五”期间，先后组织编写出版了“机械工人技术理论培训教材”149种，“机械工人操作技能培训教材”85种，“机械工人职业技能培训教材”66种，“机械工业技师考评培训教材”22种，以及配套的习题集、试题库和各种辅导性教材约800种，基本满足了机械行业技术工人培训的需要。这些教材以其针对性、实用性强，覆盖面广，层次齐备，成龙配套等特点，受到全国各级培训、鉴定和考工部门和技术工人的欢迎。

2000年以来，我国相继颁布了《中华人民共和国职业分类大典》和新的《国家职业标准》，其中对我国职业技术工人的工种、等级、职业的活动范围、工作内容、技能要求和知识水平等根据实际需要进行了重新界定，将国家职业资格分为5个等级：初级(5级)、中级(4级)、高级(3级)、技师(2级)、高级技师(1级)。为与新的《国家职业标准》配套，更好地满足当前各级职业培训和技术工人考工取证的需要，我们精心策划编写了这套《国家职业资格培训教材》。

这套教材是依据劳动和社会保障部最新颁布的《国家职业标准》编写的，为满足各级培训考工部门和广大读者的需要，这次共编写了41个职业的172种教材。在职业选择上，除机电行业通用职业外，还选择了建筑、汽车、家电等其他相近行业的热门职业。每个职业按《国家职业标准》规定的工作内容和技能要求编写初级、中级、高级、技师(含高级技师)四本教材，各等级合理衔接、步步提升，为高技能人才培养搭建了科学的阶梯型培训架构。为满足实际培训的需要，对多工种共同需求的基础知识我们还分别编写了《机械制图》、《机械基础》、《电工常识》、《电工基础》、《建筑装饰识图》等近20种公共基础教材。

在编写原则上，依据《国家职业标准》又不拘泥于《国家职业标准》是我们这套教材的创新。为满足沿海制造业发达地区对技能人才细分市场的需要，我们对模具、制冷、电梯等社会需求量大又已单独培训和考核的职业，从相应的职业标准中剥离出来单独编写了针对性较强的培训教材。

为满足培训、鉴定、考工和读者自学的需要，在编写时我们考虑了教材的配套性。教材的章首有培训要点、章末配复习思考题，书末有与之配套的试题库和答案，以及便于自检自测的理论和技能模拟试卷，同时还根据需求为20多种教材配制了VCD光盘。

为扩大教材的覆盖面和体现教材的权威性，我们组织了上海、江苏、广东、广西、北京、山东、吉林、河北、四川、内蒙古等地相关行业从事技能培训和考工的200多名专家、工程技术人员、教师、技师和高级技师参加编写。

这套教材在编写过程中力求突出“新”字，做到“知识新、工艺新、技术新、设备新、标准新”，增强实用性，重在教会读者掌握必需的专业知识和技能，是企业培训部门、各级职业技能鉴定培训机构、再就业和农民工培训机构的理想教材，也可作为技工学校、职业高中、各种短训班的专业课教材。

在这套教材的调研、策划、编写过程中，曾经得到广东省职业技能鉴定中心、上海市职业技能鉴定中心、江苏省机械工业联合会、中国第一汽车集团公司以及北京、上海、广东、广西、江苏、山东、河北、内蒙古等地许多企业和技工学校的有关领导、专家、工程技术人员、教师、技师和高级技师的大力支持和帮助，在此谨向为本套教材的策划、编写和出版付出艰辛劳动的全体人员表示衷心的感谢！

教材中难免存在不足之处，诚恳希望从事职业教育的专家和广大读者不吝赐教，批评指正。我们真诚希望与您携手，共同打造职业培训教材的精品。

国家职业资格培训教材编审委员会

前　言

现代机械工业要又好又快地发展，就必须坚持把科技进步和创新理念作为转变发展方式的重要支撑，使市场化需求的竞争优势转变为主要依靠技术进步和效率的提高。这就要求机械加工业的重要工艺装备——机床夹具的设计与制造技术也必须遵循科学发展的理念，与时俱进：一方面要勇攀技术高峰，寻求缩短生产准备周期、提高机械产品质量和创新品牌、降低生产成本的途径；另一方面要不断培养国家和企业急需的知识型、高技能型、创新型人才，设计和制造出构思新颖、结构巧妙、工艺先进的各种现代机床夹具。

由于任何设计都是一项涉及多种学科、多种科学技术的交叉工程，因此要学习和掌握现代夹具设计方法，首先必须牢固地掌握前人所总结的传统夹具设计原理和丰富的夹具结构知识，从而掌握一把创新的思路钥匙，才能进行更高一级的创造性劳动。

本书就是根据劳动和社会保障部最新的《国家职业技能标准》对机械类冷加工各工种高级工、技师和高级技师的知识和技能要求中，关于设计制作专用机床夹具的培训要求，并结合近年来各地区职业鉴定考核要求的内容进行编写的（书中带有*号部分为高级技师应掌握的内容）。本书将机床夹具设计的原理与夹具设计的基本技能有机地结合在一起，使读者掌握钻、镗、车、磨、铣各类专用夹具的设计技能，特别是通过许多技能训练实例示范可提高读者对夹具设计方案的分析能力和设计能力。每章末都附有与各章内容配套的复习思考题，书末附有试题库和参考答案，以供读者练习、考核和自查。

本书由李昌年编写，曹世根主审。限于作者的水平，书中难免存在不足和错误，恳请广大读者和参加培训、考核的师生批评指正。

编　者

目录
MU LU

第一章

机床夹具概论

培训学习目标 建立工件装夹的概念，深入理解机床夹具的作用和组成，及专用夹具保证工件加工精度的原理。

在机械制造企业生产中，机械加工、检验、焊接、热处理和装配等冷、热加工工艺，都使用着大量的夹具，用以安装加工过程中的生产对象(本书称为工件)，使之占有正确的加工位置。夹具在保证工件加工质量，改善劳动条件，提高生产率和降低成本等方面有着极其明显的作用，因此，夹具是企业生产中的一种重要的工艺装备。

第一节 工件的装夹与机床夹具

一、工件装夹的概念

在金属切削机床上进行加工时，为了保证工序加工精度的要求，在加工方法确定之后，必须正确装夹工件，使其相对机床切削成形运动和刀具占有正确的加工位置(这一过程称为工件的定位)；为了不因受外力作用而破坏工件已确定的位置，使其在加工过程中稳定不变，还必须在机械加工前先对工件施加一定的夹紧力(这一过程称为工件的夹紧)。将工件在机床上或夹具中定位与夹紧的过程，称之为装夹。

二、装夹工件的方法

在机床上装夹工件的方法一般有两种：

1）将工件直接装夹在机床工作台(或花盘)上。此法一般需要逐个按工件的某一表面或按划线找正工件的加工位置，然后夹紧。

2）使用各种通用的或专用的工艺装备来装夹工件（和引导刀具），这种工艺装备就是机床夹具，简称夹具。

三、专用夹具的定义

使用夹具装夹工件，也有找正或不找正之分。如在单动卡盘或机用虎钳中装夹工件时，需先行找正工件的位置，然后夹紧；而使用专为工件的某一工序而设计制造的夹具时，一般能够直接装夹工件而无需划线和找正，它成为机床的一种附加工艺装备，在加工中起到机床、工件、刀具之间的桥梁作用，称之为专用夹具。专用夹具的设计与制造是机械加工生产中一项重要的技术准备工作。

第二节 专用夹具保证加工精度的原理

下面通过三个实例来分析机床专用夹具能保证工序加工精度的原理。

图1-1a所示为铣轴上键槽的工序图，工件以ϕ60.2mm外圆柱和端面C为定位基面，在V形块5和圆柱销6上定位，用液压传动的压板3夹紧，所采用的夹具结构如图1-1b所示。本工序加工中，键槽的技术要求能否保证取决于以下因素：

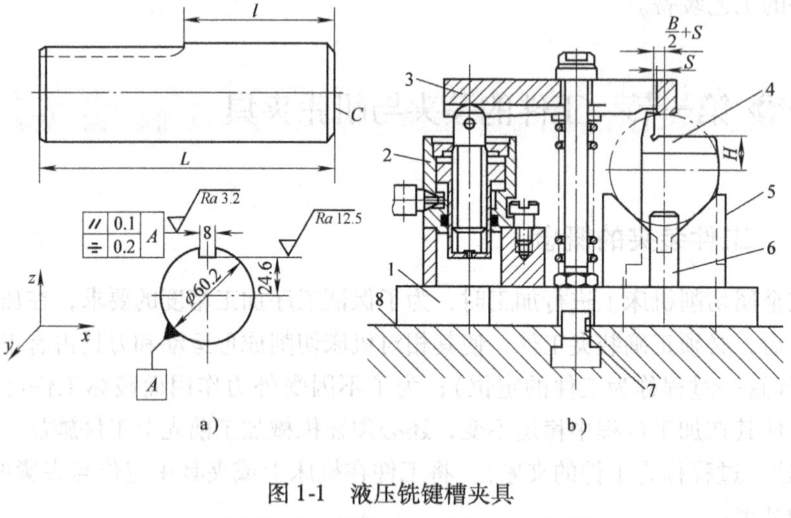

图1-1 液压铣键槽夹具

1—夹具体 2—液压缸 3—压板 4—对刀块 5—V形块 6—圆柱销 7—定向键 8—铣床工作台

1）键槽的宽度B和表面粗糙度，由铣刀保证。

2）夹具通过两个定向键7与铣床工作台8的T形槽配合，由于T形槽与机床导轨方向一致，而夹具上的V形块5的轴线（即工件的轴线）与底面及定向键的一侧面(称为夹具的安装基面)平行，因而能保证所加工键槽的侧面和槽底与其轴线平行，其误差在0.1mm以内。

3）工件在V形块5上定位时，其轴线在V形块的对称中间平面上，而对刀块4的垂直工作面至V形块对称面的距离为$B/2+S$(B为铣刀宽,S为塞尺厚)，通过塞尺对刀，可使铣刀和V形块两者的对称面的对称度误差在0.2mm之内。

4）对刀块的水平工作面至V形块轴线之距离$H=24.6-S$，通过塞尺对刀，又可使槽深的加工尺寸24.6mm得到保证。

5）工件定位时，其端面C紧靠圆柱销6，故槽长l可由铣床工作台上的行程挡铁来控制(图中未表示)。

这样，在机械加工中，该夹具使同批工件在夹具中有一致的正确装夹位置；而且夹具借对刀块将刀具调到加工面的位置上；加工时，夹具又借定向键和底面正确安装在机床上。换句话说，夹具把工件、机床与刀具组成一个封闭的统一体，称为机械加工工艺系统(简称工艺系统)，如图1-2中虚线所示。在此系统中，各环节的连接必须具有一定的几何关系，其中工件与刀具的连接是工艺系统中的主要环节，其他中间环节都是为了获得正确的终结环而建立的。

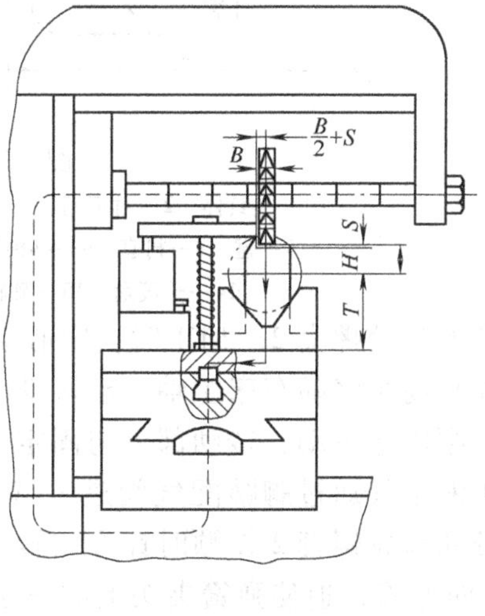

图1-2 机械加工工艺系统

图1-3所示为在螺母上钻削沿圆周均布的六个$\phi4.5$mm孔的回转式钻床夹具。工件以$\phi42$H7孔及端面N，安装在定位心轴6的外圆柱面及端面B上定位，然后拧紧螺母12通过开口垫圈11将工件夹紧，以保证工件已确定的位置在加工过程中不再发生变化。由于夹具在钻床上安装时，须保证钻床主轴与装在钻模板9上的钻套10同轴，这就确定了工件上被钻孔与刀具的相对位置。每钻完一个孔后，逆时针方向转动手柄16带动拨盘18转动，借拨盘的凹形斜面(图1-3中M面展开)将对定销2从分度盘14孔中拔出。再反转手柄16使拨盘顺时针转动，装在拨盘上的棘爪13推动棘轮15转动，经键7带动心轴6转动，当下一个分度套转到与对定销对准时，对定销在弹簧作用下自动插入分度套中，就可加工第二个孔。依次再进行其余各孔的加工。可见，本工序的孔径尺寸由定尺寸刀具保证，孔的位置精度由夹具体及对刀装置保证，六孔的位置精度则由夹具的分度装置保证。

图1-4所示为在车床上使用的气动弹簧夹头，用于加工轴套类工件。夹具由定心套7插入车床主轴锥孔内，夹具体1固定在主轴箱端面上，其右端

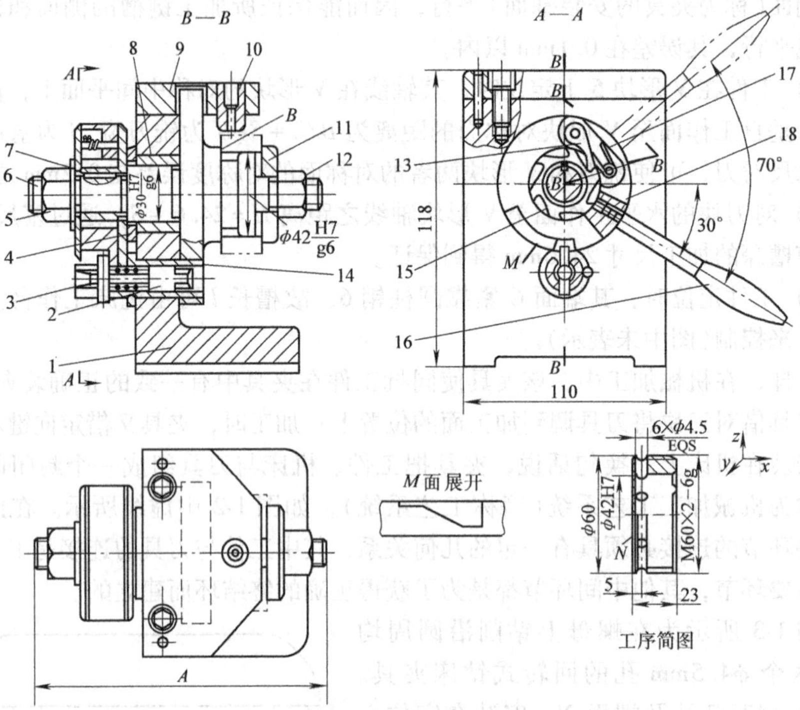

图 1-3 回转式钻床夹具

1—夹具体 2—对定销 3—圆柱销 4—垫块 5、12—螺母 6—心轴
7—键 8—衬套 9—钻模板 10—钻套 11—开口垫圈 13—棘爪
14—分度盘 15—棘轮 16—手柄 17—扭簧 18—拨盘

拧上齿轮螺套2。加工时，定心套7以及与它同轴相配合的弹簧夹头6和锥度套筒8将随车床主轴一起转动，而夹具体1、齿轮螺套2以及气压传动装置则固定不动，转动部分与固定部分之间的相对运动由推力轴承5隔开。当压缩空气通过脚踏配气阀进入气缸9的右腔时，活塞杆左移并通过齿条10带动齿轮螺套2作顺时针方向转动和轴向位移，通过推力轴承5使锥度套筒8向左移，迫使弹簧夹头上的三条弹性簧瓣收缩，使工件被夹紧，同时其轴线对准机床主轴回转中心。当压缩空气通过配气阀改变输送方向而进入气缸左腔时，齿轮螺套作逆时针方向转动及反向位移，则在顶杆3和弹簧4的作用下，使锥度套筒8退出，弹簧夹头就松开，故可以在不停机情况下装卸工件。这个夹具既保证加工精度，又节省了装卸工件的辅助时间。

综上分析可知，要保证工序加工的尺寸精度和相互位置精度，必须保证工艺系统各环节之间具有正确的几何关系。即工件在夹具中有正确的定位，夹具对机床具有正确的相互关系，夹具对刀具的正确调整。

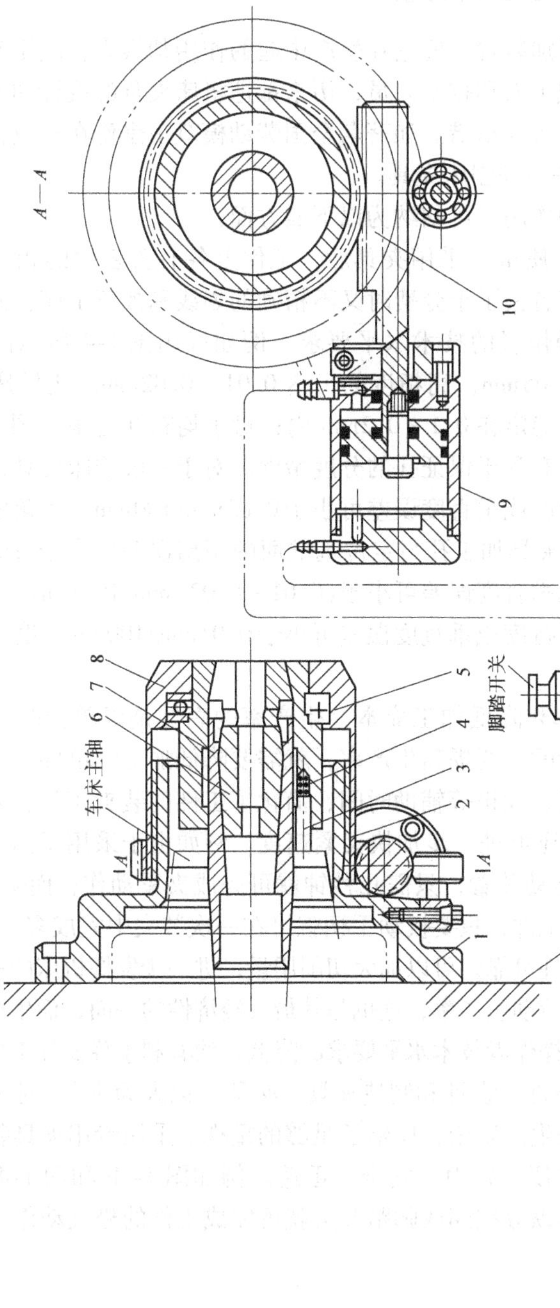

图1-4 气动弹簧夹头车床夹具

1—夹具体 2—齿轮螺套 3—顶杆 4—弹簧 5—推力轴承 6—弹簧夹头

7—定心套 8—锥度套筒 9—气缸 10—齿条

第三节　机床夹具的作用、分类及组成

* 一、夹具的作用及其经济分析

夹具虽然是机床的附加装置，但它在生产中起的作用却很大，应用又十分广泛。因此，我国广大机械工人和技术人员，历来都把机床夹具的设计和改进，作为技术革新和改造的一个重要举措。如著名全国劳动模范王崇伦在解放初期所创造的“万能工具胎”就是一种刨床夹具。

夹具在机械加工中的作用，可归纳为以下四方面：

(1) 保证工件的加工质量　采用夹具后，工件上各有关表面的相互位置精度是由夹具保证的，不仅省去了十分费时又不精确的划线和找正工序，而且精度稳定可靠，还可降低对操作者的技术水平要求。例如采用图1-4所示的弹簧夹头，定心精度一般可达0.05mm，高精度的可达0.01～0.02mm。用钻床夹具加工孔，其孔心距误差，可稳定在0.1～0.2mm内；对于均布孔若采用图1-3所示一类的回转式钻床夹具，有利于保证孔的分度精度。对于一般铣床夹具，其加工表面与定位基准面的平行度或垂直度误差可小于0.02mm/100mm，其角度误差可小于±2′。一般车、镗类夹具加工孔与定位基准面的距离误差可小于±0.03mm；孔轴线与基面的平行度或垂直度误差可小于(0.01～0.02)mm/100mm。一般磨床夹具磨削平面与基面的平行度或垂直度误差可小于0.01mm/100mm；磨削斜面的角度误差可小于±30″。

(2) 提高劳动生产率和降低加工成本　生产率的高低是以单位时间内生产出工件数量的多少来衡量的。要提高生产率，就需要降低加工的单件工时。采用夹具后，不仅省去了划线、找正等辅助时间，简化了工件的装夹工作，而且当采用较先进的夹紧装置后，还可进一步加快夹紧速度。例如由于采用了图1-4和图1-1所示的气动、液压等传动装置，只需几秒钟就可完成夹紧动作；而采用图1-3所示的夹具，可不必松夹工件，只要扳动手柄就可在一次装夹中完成多工位加工。此外，由于用夹具装夹工件可靠，可以加大切削用量，进一步发挥机床的潜力。总之，使用夹具可显著提高劳动生产率，这也是其最大经济性的一面；而生产率的提高，产品质量的稳定和对操作者技术水平要求的降低，均有利于降低加工成本。

(3) 改善工人劳动条件　设计和制造夹具，必须“以人为本”，对于减轻工人的体力劳动强度，保证生产安全，应给予足够的重视。采用专用夹具装卸工件显然要比不用专用夹具方便、省力、安全、迅速。例如图1-1b和图1-4所示的液压、气动夹具，只要操纵分配阀或脚踏开关就可完成工件的松夹动作。一些机械式夹具，也只要扳动一下手柄就可完成。因此在设计夹具时，在可能条件下，应尽量采用机械化传动机构，应用液、气、电为动力源来迅速装卸工件，以逐步实现生产过程的自动化。

（4）扩大机床工艺范围，改变或扩大机床用途　在单件小批生产或多品种成批生产的条件下，企业内的机床种类、数量将会与产品生产需要发生矛盾，因此可设计制造专用夹具，使机床“一机多用”。例如，若无拉床设备，欲将车床改变为拉床，先必须解决两个问题：1）将回转运动改变为直线往复运动；2）使主轴只输出转矩而不承受拉力。为此，要设计制造如图1-5所示的专用夹具。该夹具是由装在车床主轴和前支架8上的主体部分和装在后支架17上的浮动装置所组成。前后支架均固紧在床身导轨上。

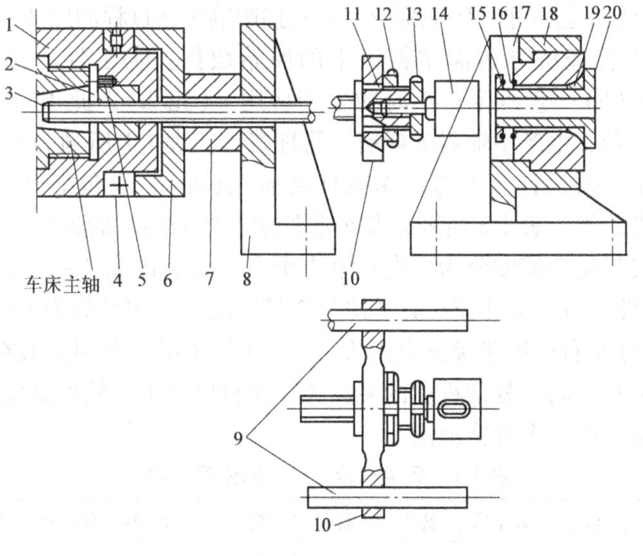

图1-5　车床改为拉床的专用夹具

1—壳体　2、12、13、15—螺母　3—丝杠　4—推力轴承　5—止动螺钉　6—止推盘　7—套筒　8、17—前、后支架　9—导杆　10—导向臂　11—键　14—夹头　16—弹簧　18、19—球面支座　20—定位套

主体部分解决了将主轴的回转运动改变为丝杠3的轴向传动。装在前后支架上的两根导杆9是固定不动的，与导杆相配合的导向臂10用键11和螺母12固定在丝杠3上。这种结构保证了当车床主轴正、反转时，丝杠不能转动而只沿轴向作往复移动。

由壳体1、推力轴承4、止推盘6、套筒7及固定在床身导轨上的前支架8组成了卸荷装置，使车床主轴不承受拉力。拉削时，工件紧靠定位套20的端面，拉刀穿过工件内孔并装在夹头14中，拉刀夹头则与丝杠用螺纹联接，并用螺母13锁紧。由定位套20、球面支座18、19、弹簧16和螺母15组成的浮动装置装在固定的后支架17上，其作用是支承工件时补偿工件端面对被拉孔轴线的垂直度误差。

若卸下夹具，装上车床原有的床鞍、滑板、刀架和尾座等部件，拉床又可恢复车床原来的状态和功能。

利用专用夹具扩大机床的工艺范围和改变机床用途的例子是很多的。对于充分利用现有闲置设备或负荷不足的机床，使之成为专用设备，以发挥现有设备潜力也是常见的。此外，有些工艺(如在车床上加工内、外球面)，若不设计制造专用夹具就很难或不可能达到加工要求。为此这对我国广大的中、小企业的技术改造来说，是很有现实意义的。

从使用夹具的以上作用可明显体现出机床夹具的重要性和经济效益。为了进一步分析夹具的经济效益，以夹具制造费用来评价。

* 夹具费用是工艺成本的组成部分，它直接影响工艺过程的经济性和产品成本。

对夹具进行经济分析需掌握以下的原始数据：①工件的总产量 N(件)；②单件工时 t_d(h)；③机床每小时的生产费用 w(元/h)，此项费用包括工人工资、机床折旧费、生产中辅料损耗费、管理费等。表1-1所列为某企业各类机床生产费用价格，仅供计算参考；④夹具成本 C_j(元)，它包括设计费、材料费、加工费、企管费等，表1-2所列是某企业长期统计而制定的各类夹具成本参考价格。表中将夹具复杂程度分为三类：第Ⅰ类夹具总装图为4~3号图纸，专用件数量为1~3件左右；第Ⅱ类夹具总图为2号图纸，专用件数为10件以下，标准件在10~20件左右；第Ⅲ类夹具总图为1~0号图纸，专用件数在30件左右的大型、复杂夹具。同一复杂程度的夹具还存在材质优劣、精度高低、规格大小等差异，故其成本有一个价格范围。

表1-1 各类机床每小时的生产费用 w (单位:元/h)

机床	小车床	车床	大车床	铣床	刨床	镗床	坐标镗床	滚齿机	磨床	钻床
w	6	8	18	7	7	12	24	12	12	6

注：由于市场生产费用价格是变化的，本表所列的生产费用只是参考价格，供分析计算时使用。

表1-2 各类不同复杂程度夹具的成本 C_j (单位:元)

复杂程度＼类型	心轴	车床夹具	钻模	镗模	铣夹具	刨夹具	圆磨夹具	平磨夹具
Ⅰ	8~30(小)	74~184	30~72(小) 108~238(一般)	148~186	82~188	306	96~190	148~216
Ⅱ	56~158(一般)	440~464	270~556	318~478	500~800	640	372~392	276~560
Ⅲ	390(大)	1184	600~928	—	1514~1814	1254~1422	600~832	1182~1262

经济分析的计算步骤和公式见表 1-3。根据工序总成本公式：$C=C_j+C_{sd}N$（式中各代号含义见表 1-3）可作出各方案的成本与产量关系线（类似表 1-4 中插图），两个方案交点处的产量称临界产量 N_K。当产量为 N_K 时，两种方案总成本相等，可求出临界产量 $N_{K1、2}$（参见表 1-3 中序号 4）

$$C_{sd1}N_{K1、2}+C_{j1}=C_{sd2}N_{K1、2}+C_{j2}$$

$$N_{K1、2}=\frac{C_{j2}-C_{j1}}{C_{sd1}-C_{sd2}}=\frac{N(C_{j2}-C_{j1})}{C_{s1}-C_{s2}} \quad (件) \tag{1-1}$$

表 1-3 夹具经济分析计算步骤和公式

序号	项　目	计算步骤和公式	单　位
	已知 N、t_d、w、C_j	$\eta=1/t_d$	件/h
1	夹具生产效率		
2	工序生产成本	$C_s=Nt_dw=Nw/\eta$	元
3	单件工序生产成本	$C_{sd}=C_s/N=t_dw=w/\eta$	元
4	工序总成本	$C=C_s+C_j=C_{sd}N+C_j$	元
5	单件工序总成本	$C_d=C/N=(C_s+C_j)/N$	元
6	经济效益 E	$E_{1、2}=C_1-C_2=N(C_{d1}-C_{d2})$	元

下面举一经济分析实例。设有一套筒尺寸为 ϕ30mm×40mm，其内外圆均已加工完毕，现要在外圆中部钻 ϕ5mm 通孔，总产量 $N=500$ 件，钻床生产费用 $w=6$ 元/h。试分析表 1-4 中三种加工方案的经济效益。

上述三种方案的临界产量按式(1-1)分别为

$$N_{K1、2}=\frac{C_{j2}-C_{j1}}{C_{sd1}-C_{sd2}}=\frac{60-0}{2.4-0.9}=40\text{ 件}$$

$$N_{K2、3}=\frac{C_{j3}-C_{j2}}{C_{sd2}-C_{sd3}}=\frac{600-60}{0.9-0.3}=900\text{ 件}$$

$$N_{K1、3}=\frac{C_{j3}-C_{j1}}{C_{sd1}-C_{sd3}}=\frac{600}{2.4-0.3}=286\text{ 件}$$

可见，当工件产量小于 40 件时，方案Ⅰ效益最好；产量为 40～900 件时（本例为 500 件，其效益 $E_{1、2}=C_1-C_2=690$ 元），方案Ⅱ效益最好；产量大于 900 件时，宜用方案Ⅲ。

在进行分析时，除考虑 N_K 这一主要因素外，还应对加工精度、技术先进性等进行综合考虑。

二、夹具的分类

随着机械制造业的发展，机床夹具的种类在不断地增加，出现了许多新颖的

表 1-4 套筒工件钻 $\phi5$ 孔各方案成本估算

成本—产量关系图	分析项目	方案Ⅰ(不用夹具)	方案Ⅱ(简单夹具)	方案Ⅲ(半自动夹具)
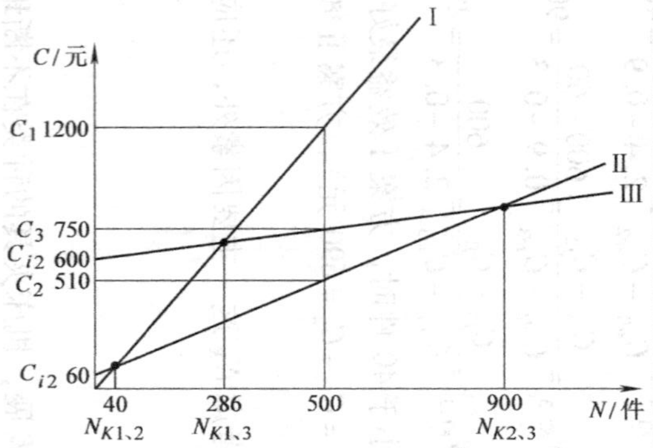	t_d/h	0.4	0.15	0.05
	$\eta=1/t_d$/(件/h)	1/0.4 = 2.5	1/0.15 = 6.7	1/0.05 = 20
	C_j/元	0	60	600
	$C_s=Nt_dw$/元	500 × 0.4 × 6 = 1200	500 × 0.15 × 6 = 450	500 × 0.05 × 6 = 150
	$C_{sd}=C_s/N$/元	1200/500 = 2.4	450/500 = 0.9	150/500 = 0.3
	$C=C_j+C_s$/元	1200	60 + 450 = 510	600 + 150 = 750
	$C_d=C/N$/元	1200/500 = 2.4	510/500 = 1.02	750/500 = 1.5

夹具，很难对所有夹具逐个加以分析研究。为了便于研究各种夹具的特性，找出规律性的东西，从而运用这些规律，有必要将夹具加以分类如下：

机床夹具
- 按应用分类：通用夹具　专用夹具　可调与成组夹具　组合夹具
- 按使用机床分类：车床夹具　铣床夹具　钻床夹具　镗床夹具　磨床夹具　其他机床夹具
- 按夹紧动力源分类：手动夹具　气动夹具　液压夹具　电动夹具　电磁夹具　真空夹具　其他

（1）通用夹具　通用夹具是指已经标准化的、可加工两种或两种以上工件的同一夹具，如自定心卡盘或单动卡盘、机用虎钳、回转工作台、万能分度头、磁力工作台等。这类夹具已作为机床附件，可充分发挥机床技术性能和扩大工艺范围。不论何种生产类型，都被广泛使用。

（2）专用夹具　如本章所介绍的三套夹具都是专门为某种工件某道工序设计制造的夹具。它一般应用在一定批量生产中，是本书研究的主要对象。

（3）可调与成组夹具　这两类夹具结构相似，其共同点是：在加工完一种工件后，经过调整或更换夹具个别零部件，即可加工形状相似、尺寸相近或加工工艺相似的多种工件。在当前多品种小批量生产条件下，这两类夹具是改革工艺装备设计的一个发展方向(详见第六章)。

（4）组合夹具　组合夹具是指按某一工件某道工序的加工要求，由一套事先准备好的通用的标准元件和部件组合成的夹具。这种夹具用完后可以拆卸存放，还可多次反复使用，具有组装迅速，周期短的特点，故特别适用于多品种小批生产或新产品试制(见第六章)。

三、夹具的组成

由于各种专用夹具装夹的工件是各不相同的，所以夹具结构也各种各样。尽管新的夹具层出不穷，但它们的工作原理基本相似。在认识了一定数量的夹具之后，加以概括，找出它们的内在联系和共性，以便对尚未研究过的各种夹具进行研究。由此可以得出一般夹具共有的如下组成件和装置：

1. 定位件和装置

定位件和装置的作用是确定工件在夹具中的加工位置。如图 1-1b 中所示的 V 形块 5、图 1-3 中所示的心轴 6 都是定位件。

2. 夹紧装置

夹紧装置包括夹紧件或其组合和动力源。其作用是将工件压紧夹牢，保证工件的定位在加工中不因受外力而产生位移，同时防止或减少振动。例如前面介绍的三套夹具中的螺母、开口垫圈、压板都是夹紧件的组合，其动力源则是手动、液动或气动；而图 1-4 中所示的弹簧夹头 6 既是定位件又是夹紧件，其组合的装置称为定心夹紧装置(见第三章)。

3. 确定夹具位置的零件

确定夹具位置的零件的作用是确定夹具在机床上的安装位置，从而保证工件与机床之间的正确加工位置。如图 1-1b 中所示的定向键 7 和图 1-4 中所示的定心套 7 都是这类零件。

4. 对刀导向装置

用于确定刀具位置并引导刀具进行加工的零件称为对刀导向装置。如图 1-1b 中所示的对刀块 4、图 1-3 中所示的钻套 10，它们保证了工艺系统中工件与刀具这个主要环节的正确位置。

5. 其他装置

有些夹具还设有分度装置(如图 1-4 所示的夹具)、上下料装置、工件顶出装置(如图 1-4 中所示的件号 3、4)等。

6. 夹具体

夹具体是夹具的基础件和骨架，上述各类零件或装置都安装在夹具体上，使之成为一个夹具整体。如图 1-1b 和图 1-3、图 1-4 中所示的件 1 都是夹具体，它们的基面一般都和机床工作台或花盘连接。

上述各组成部分，并非每套机床夹具都必须全部具备，但一般说来，定位装置、夹紧装置和夹具体是夹具的基本部分。

机床夹具的组成及各组成部分与工件、机床、刀具之间的联系，可从图 1-6 看出，该图为正确设计夹具提供了思考问题的线索：例如定位、夹紧装置直接与工件有关，故在设计时必须掌握与工件形状、尺寸、技术要求等有关资料；在设计对刀导向件时，应考虑加工所用刀具的类型、结构和尺寸等；设计确定夹

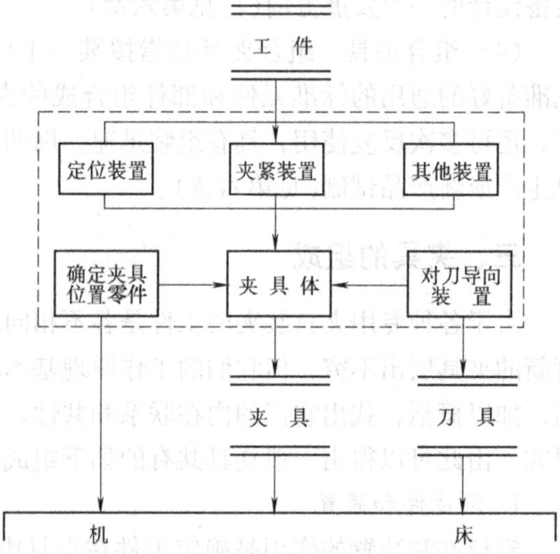

图 1-6 机床夹具组成示意图

具在机床上位置的零件时，则应依据机床工作台或主轴端部的结构形式和尺寸等。

复习思考题

1. 试述工件的正确装夹与机床夹具有何关系？举例说明。
2. 一批工件在夹具中定位与单件在机床上加工时的定位有什么区别？
3. 联系本工种举例说明专用夹具之所以能保证工序加工精度的原理。
*4. 从技术—经济角度分析机床夹具在生产中的作用。
5. 以图 1-1、图 1-3 或图 1-4 为例说明机床夹具各组成部分的作用。
6. 联系生产实际，举例说明采用专用夹具改变机床工艺范围的体会。

第二章

专用夹具定位件和装置的结构及其选用

培训学习目标　掌握工件在夹具中定位的原理和方法，能分析定位误差并选用各种典型定位件和装置，具有正确设计心轴、定位销、V 形块等定位件的能力，以及确定定位方案的技能。

在拟定夹具设计方案时，首先必须考虑工件在夹具中怎样正确定位，其次再考虑怎样正确夹紧，这是两个密切相关的问题。

第一节　工件定位的基本原理

一、六点定位原理

任何形状的工件在夹具中未定位前，都可以看成为在空间直角坐标系中的自由物体，如图 2-1 所示，它能沿 x、y、z 三坐标轴移动（用 $\vec{x}$、$\vec{y}$、$\vec{z}$ 表示）和绕这三坐标轴转动（用 $\overset{\frown}{x}$、$\overset{\frown}{y}$、$\overset{\frown}{z}$ 表示），这被称为工件具有六个自由度。根据工件工艺要求，要使工件在某方向上的位置确定，就必须限制工件在该方向上的自由度。如果要使工件在夹具中的位置完全确定，就需将它的六个自由度全部予以限制。因此，可以说工件定位的实质就是根据加工要求来限制其自由度。

在分析工件定位时，通常可将定位件抽象为定位支承点（以下简称支承点）。一般用一个支承点限制工件一个自由度，而用适当分布的六个支承点限制工件的六个自由度，这就是六点定位原理或称为六点定则，它是工件定位的基本法则。

但是，六个支承点如果分布不当，就可能限制不了工件的六个自由度。那么

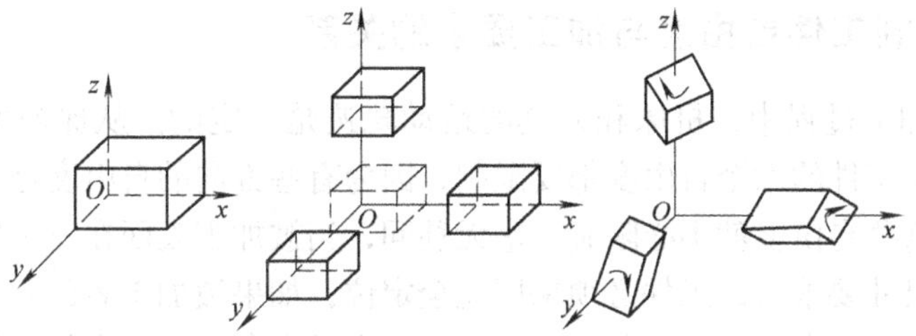

图 2-1　未定位工件的自由度

支承点究竟怎样分布才能完全确定工件的位置呢？现以长方体工件为例来进一步分析。

如图 2-2 所示的工件在夹具中加工键槽时，槽宽 b 的误差决定于铣刀的选择和加工性质，但槽的位置尺寸 $A\pm\delta_a$、$B\pm\delta_b$ 和 $C\pm\delta_c$ 的加工误差则与工件在夹具中的定位有关。在工件的主要定位基准面 M 下布置三个不在同一直线上的支承点 1，它们限制了工件的 $\vec{z}$、$\widehat{x}$、$\widehat{y}$ 三个自由度，以保证加工尺寸 $A\pm\delta_a$。由于主要基面要承受较大的外力(如夹紧力、切削力等)，故三个支承点连接起来所组成的三角形面积越大，工件就放得越稳，也就越容易保证定位精度。在工件的垂直侧面 N 上布置两个支承点 2 这两点的连线不能与主要定位基准垂直，且距离越远，限制自由度越有效，本例中限制工件的 $\vec{x}$、$\widehat{z}$ 两个自由度，以保证尺寸 $B\pm\delta_b$。侧面 N 称为导向定位基面。在工件的正垂直面 P 上布置一个支承点，可限制工件的 $\vec{y}$ 自由度，P 面称为止推定位基准，它保证尺寸 $C\pm\delta_c$ 并要承受加工过程中的切削力和冲击等，因此可选工件上最窄小、与切削力方向相对应的表面作为止推定位基准。

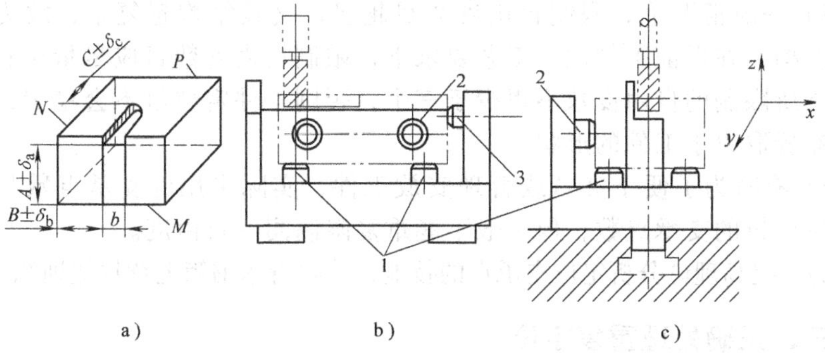

图 2-2　在夹具中铣键槽

上述六个支承点的分布是最典型的，即按“三、二、一”规律来完全限制工件的六个自由度，这种定位方式称为完全定位。

二、限制工件自由度与加工要求的关系

工件在加工过程中，机床和刀具的运动轨迹是一定的。从保证加工精度要求来看，并不是工件的六个自由度都要限制，因为有些方向的自由度是与刀具运动轨迹无关的，这些自由度就不必限制。毫无疑问，当被加工表面在三个坐标方向上都有加工位置尺寸要求时，工件必须采用完全定位；如果被加工表面只在两个坐标方向甚至一个坐标方向有加工位置尺寸要求时，夹具中所布置的定位支承点就可以少于六点，也能保证加工要求，这样的定位称为不完全定位。

按照加工要求确定工件必须限制的自由度是设计定位方案时首先要解决的问题。不完全定位由于它不违背六点定则，故在机械加工中应用的实例是很多的。

例如加工图2-2a工件的槽 b 时，如果该槽是通槽(尺寸 C 的要求取消)，则从理论分析，沿 y 方向的自由度可不必限制，即只需五点定位。此时止推销3仍可以保留，因它实际上已不起定位作用，而只是为了承受切削力了。

又如用图1-3所示的钻床夹具钻 $6\times\phi4.5$mm 通孔时，对孔深无要求，孔的加工位置仅有在圆周上均布以及孔心距 N 面为5mm的要求，而对钻第一个孔在圆周方向并无特定位置要求，故对 $\overset{\frown}{x}$、$\vec{z}$ 自由度也不必予以限制，仍属不完全定位。

再如图1-4所示的弹簧夹头车床夹具，在加工轴套类工件时，只限制了工件的三个移动和两个转动共五个自由度，也属于不完全定位。

在解决根据加工要求来限制工件自由度的关系问题时还必须注意以下几点：

1）不允许出现欠定位。即根据加工要求应予限制的自由度而未被限制，以致工件定位的实际支承点数目少于理论上应予限制的自由度数，于是它的正确位置就无法保证。

2）一般情况下，限制自由度数目越多，夹具结构越复杂，故为了简化夹具结构，在保证工件加工工艺要求下，限制自由度数目应尽量少；在任何情况下所限制的自由度数不得少于三个，否则工件定位就不会稳定，而支承点的布置取决于工件的形状。

3）有时为了便于夹紧或合理安放工件，实际采用的支承点数目允许多于理论分析的支承点数，但一般不能重复限制同一自由度。

为了提高理论分析定位支承点的技能，请参看本书第七章技能训练1。

三、正确处理重复定位

如果工件的某一个或几个自由度被两个定位件重复限制，称为重复定位。重复定位将造成工件的位置无法确定，因此一般是不允许出现的。

图2-3a所示为插齿时常用的定位夹紧装置。齿坯(工件)3以内孔在心轴1

上定位，限制 $\vec{x}$、$\vec{y}$、$\overset{\frown}{x}$、$\overset{\frown}{y}$ 四个自由度，又以端面在支承凸台 2 的定位端面上定位，它又限制了 $\vec{z}$、$\overset{\frown}{x}$、$\overset{\frown}{y}$ 三个自由度，其中 $\overset{\frown}{x}$、$\overset{\frown}{y}$ 被重复限制了，是重复定位。为了提高齿轮分度圆与内孔的同轴度，由于齿轮内孔与心轴的配合间隙很小，当齿坯内孔与端面的垂直度误差较大时，工件的定位将出现图 2-3b 所示的情况，造成齿坯端面与支承凸台的端面实际只有一点接触。当夹紧后，不是心轴变形就是齿坯变形，直接影响定位和加工精度。显然这种重复定位是不允许的。

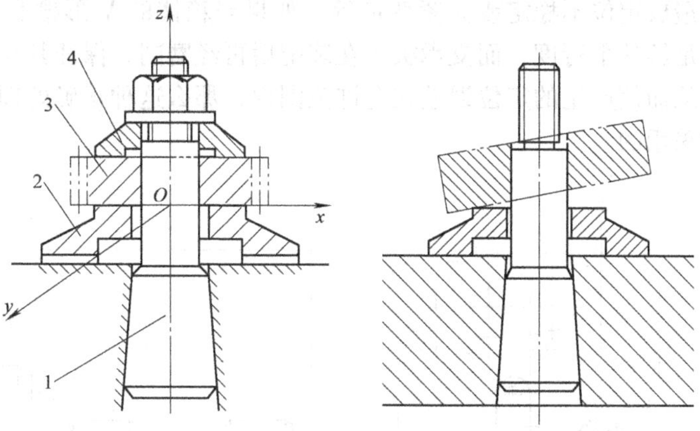

a)　　　　b)

图 2-3　插齿时齿坯的定位与夹紧

a）插齿夹具　b）齿坯内孔与端面的垂直度误差较大时的定位情况

1—心轴　2—支承凸台　3—齿坯（工件）　4—压板

要消除或减少重复定位引起的干涉有两种方法：

（1）改善定位装置的结构　仍以上例来说明，若在齿坯下增加一对球面垫圈（图 2-4），就消除了重复限制的 $\overset{\frown}{x}$、$\overset{\frown}{y}$ 两个支承点所发生的干涉，避免了重复定位。即使齿坯内孔与端面的垂直度误差较大，工件或心轴也不会在夹紧力的作用下变形。但此结构稍复杂，且定位刚度也差些。

（2）提高工件和夹具定位表面的位置精度　如果上例中齿坯内孔和端面以及夹具心轴和凸台定位端面两者的垂直度误差之和，小于或等于心轴与齿坯内孔之间隙，那么，工件在夹具上定位时就不会出现图 2-3b 的情况。由于定位表面的位置精度提高后，虽然理论分析仍属重复定位，但其定位误

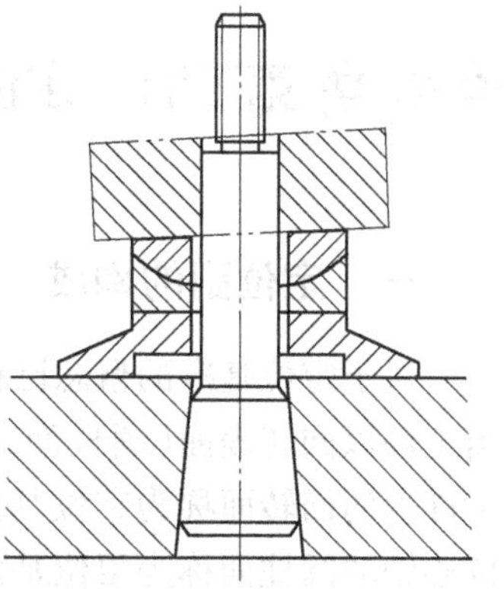

图 2-4　改善定位装置结构避免重复定位

差小，且夹具刚度好，因此这种重复定位是可取的。实际上由于齿坯内孔与其端面都是在车床上同一次装夹中车出，垂直度误差很小，故在插齿或滚齿夹具上都采用这种定位。

又如图2-5为镗箱体孔系的定位简图。采用两个短圆柱销1限制$\vec{x}$、$\vec{z}$、$\overset{\frown}{x}$、$\overset{\frown}{z}$四个自由度；止推支承销3限制$\vec{y}$自由度；窄长支承板2限制$\overset{\frown}{x}$、$\overset{\frown}{y}$两个自由度。其中$\overset{\frown}{x}$是重复限制的。若处理不当，将引起工件与两个短圆柱销及支承板接触不良，造成定位不稳定或夹紧变形等。如果当箱体的V形槽和底面A经过精刮保证有足够的平行度，而支承板2在装配后再经磨削，保证其与短圆柱1的轴线平行，从而使产生的定位误差在允许范围内，那么这种正确处理后的重复定位也是允许采用的。

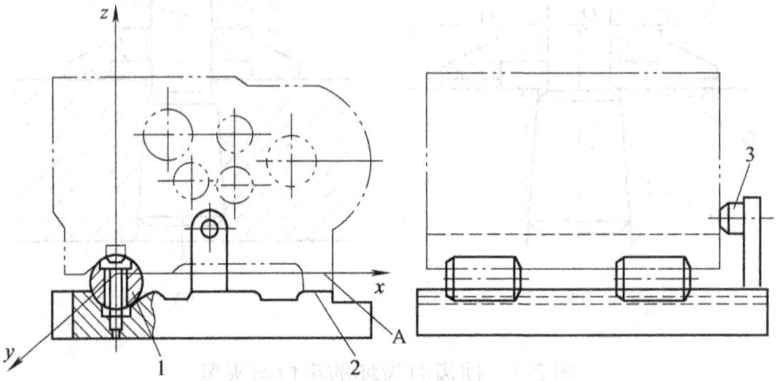

图2-5　车床主轴变速箱定位简图

1—短圆柱　2—支承板　3—止推支承销

第二节　定位副及其基本要求

一、定位副的构成

对于定位基准的概念已很熟悉了，现从夹具设计的观点来进一步阐明如下：当工件以回转表面(圆柱面、圆锥面、球面等)与夹具的定位件接触(或配合)时，工件上的回转面称为定位基面，其轴线称为定位基准(图2-6a)；与此对应，定位心轴的圆柱面称为限位基面，心轴的轴线称为限位基准。若工件以平面与定位件接触时(图2-6b)，工件上那个实际存在的面是定位基面，它的理想状态(平面度误差为零)是定位基准。如果工件的定位基面是精加工过的，形状误差很小，可认为定位基面就是定位基准。同样，定位件以平面限位时，若其形状误差很小，也可认为限位基面就是限位基准。从理论上说，定位基准与限位基准应重合，定位基面与限位基面应接触。

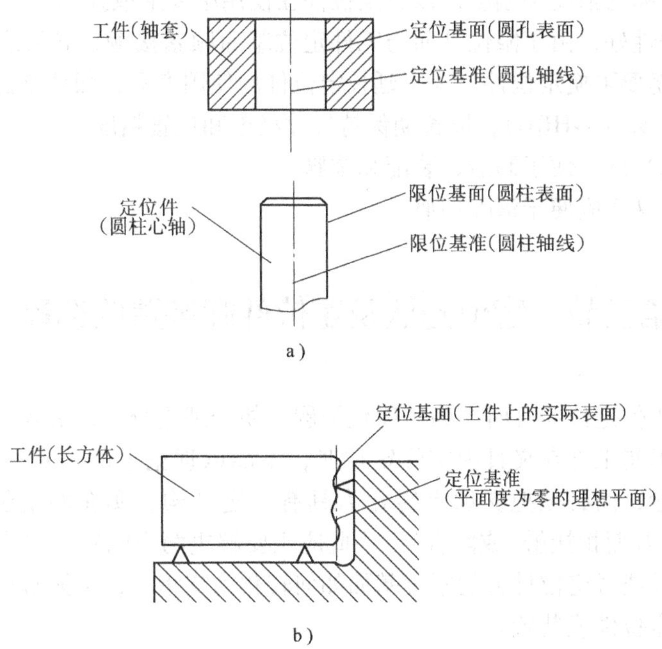

图 2-6　定位副的组成

为了简便，将定位基面与限位基面合称为定位副。当工件有几个定位基面时，限制自由度最多的定位基面称为主要定位基面，相应的限位基面称为主要限位基面。

二、定位基面(基准)的选择原则

从夹具设计角度出发定位基面(基准)的选择原则概括如下：

1）尽量用精加工过的表面作为定位基面，并尽可能使定位基准与工序基准重合，以保证有足够的定位精度。

2）应使工件装夹方便、稳定，便于操作且变形最小。

3）遵守基准统一原则，以减少夹具种类，提高各被加工表面的位置精度。

上述原则只是供夹具设计者的参考，因为定位基面的选择是一个较复杂的实践问题，必须在实际应用中根据具体生产条件作具体分析。

三、对定位件的基本要求

工件在夹具中定位时，通常不是把工件的定位基面直接与夹具体接触，而是放在定位件上，故对定位件提出以下基本要求：

1）限位基面有足够的精度，以适应加工要求。

2）有足够的强度和刚度，以免定位件在使用中变形或损坏。

3）耐磨性好，由于限位基面与工件定位基面频繁接触，导致磨损使定位精度下降，甚至要更换定位件。为了延长定位件的使用寿命，限位基面应当热处理淬硬(硬度达58~64HRC)，以长期保持尺寸精度和位置精度。

4）工艺性好，便于制造、装配和维修。

5）限位基面应便于清除切屑。

第三节　定位方法及定位件和装置的选择

在分析工件定位原理时，为了简化问题，便于理论分析，引入了定位支承点这一概念。但是工件在夹具中实际定位时，不能以理论上的“点”与工件的定位基面相接触，而必须把支承点转化为具有一定结构、实在的定位件(限位基面)来和定位基面相接触(或配合)。为此应主要解决两个问题：定位支承点如何转化为定位件或者定位件上的限位基面如何转化为支承点；掌握常见的定位方法及正确选用定位件或装置。

一、工件以平面定位时的定位件

在夹具设计中，常遇到很多工件是以平面作定位基面的，如箱体、机座、支架、板状零件等。图2-2即为工件以平面作定位基面在夹具中定位的一个实例。此时夹具的定位件一般采用支承钉或支承板。一个支承钉相当于一个定位支承点，而一块窄支承板相当于两个支承点。

1. 支承钉

工件的主要定位基准需要夹具定位件——三个支承钉的顶面组成限位基面。设计各种夹具零件时可查阅JB/T 8004~8046—1999标准《机床夹具零件及部件》。标准推荐如图2-7所示的三种固定支承钉，用T8钢淬火硬度55~60HRC，表面应进行防锈处理。支承钉可用过渡配合直接压入夹具体中，露出的高度H应留0.2~0.3mm余量，在装配到夹具体上后，其限位基面应经过一次磨平，以保证三个支承钉顶面等高，并保证与夹具体底面的平行度。顶面的结构有三种形式：图2-7a所示为平头支承钉，因与定位基面接触面积大，不易磨损，适用于

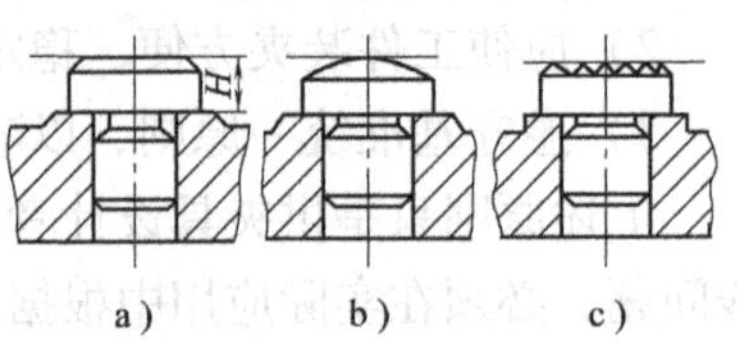

图2-7　固定支承钉
a）平头支承钉　b）球头支承钉
c）齿纹支承钉

精基面定位。图 2-7b 所示为球头支承钉，用于粗基面定位，以保证接触点的位置相对稳定。图 2-7c 所示为齿纹支承钉，常用于侧面定位或顶面定位。

必须指出，用三支承点作限位基面并不是在任何情况下都适合的。例如以下情况就不宜采用：1)当定位基面很窄，很难分布较大的“支承三角形”时(图 2-8a)；2)当工件刚度不足，切削力和夹紧力又不可能作用在支承钉上，采用三支承钉将使工件变形增大时(图 2-8b)；3)当三点定位不稳定时(图 2-8c)。

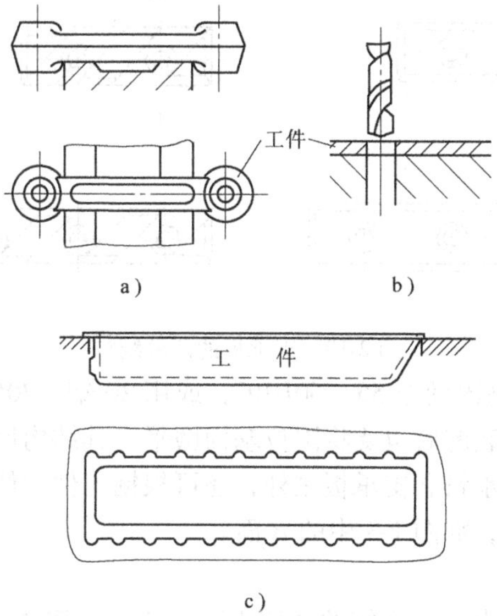

图 2-8　不宜采用三支承点定位的实例

如果工件的主要定位基面经过精加工且产量不大时也允许直接放在铸铁夹具本体平面上限位，但为了提高定位稳定性和定位精度，当限位基面的轮廓面积较大时，应将其中间部分挖低一些(图 2-9a)或开有若干窄槽以便排屑，其轮廓尺寸应小于定位基面的尺寸(图 2-9b)。否则经过长期磨损之后限位基面上将出现不平痕迹(图2-9c)，可能因此造成定位倾斜。这种限位基面仍看作三点支承。

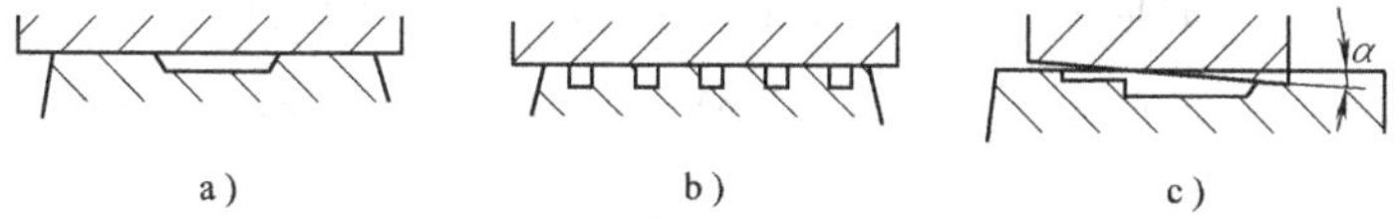

图 2-9　直接以夹具本体作限位基面

2. 支承板

工件的导向定位基面常用支承板限位，它以螺钉固紧在不耐磨的夹具体的凸出表面上作为工件侧面的限位基面(图 2-10 中的 A 型)。若用作工件主要限位基面时，也可采用两块支承板作为工件的主要限位基面。此时应采用图2-10中的B型带斜槽的支承板，清除切屑方便，但仍当作是三支承点来分析。

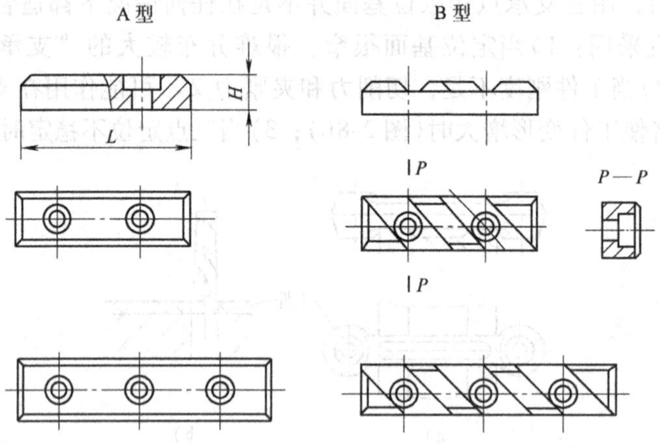

图2-10　支承板的两种结构

支承板可用T8钢淬硬至55～60HRC，或用20钢、20Cr钢经渗碳淬硬，其表面也经防锈处理。装配后也要将限位基面磨平，其结构尺寸均有标准。

除了采用标准支承钉和支承板之外，还可根据工件定位基面的不同形状设计相应的支承限位基面，如图1-3中的*B*面。

3. 可调支承

在工件定位过程中，支承钉的高度需要调整时，可选用图2-11所示的可调支承。图2-12为这种支承的应用实例。

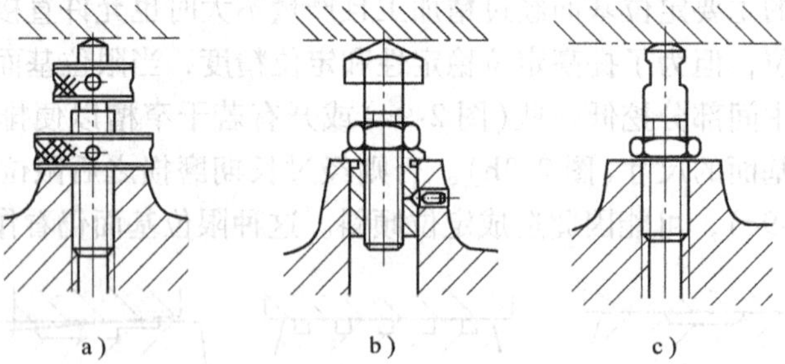

图2-11　可调支承的形式

在图2-12a中，工件毛坯为砂型铸件，先以*A*面定位铣*B*面，再以*B*面定位镗双孔。铣*B*面时，若夹具采用固定支承钉，由于定位基面*A*为毛基面，尺寸和形状误差较大，使铣完后的*B*面与两铸孔(图中以双点画线表示)的孔心距尺寸H_1、H_2变化很大，致使镗孔时余量很不均匀，甚至余量不够。为此，图中采

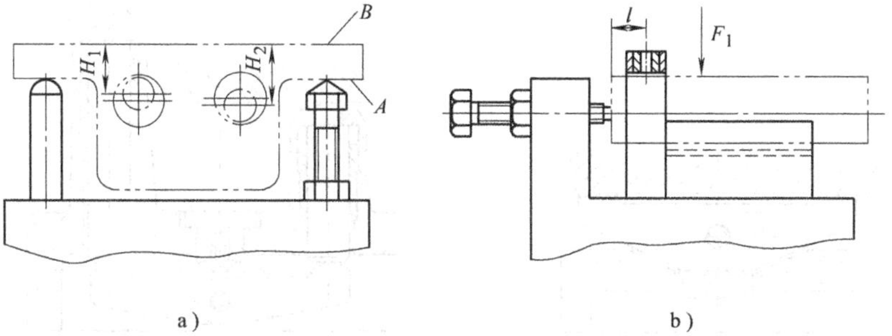

图 2-12　可调支承的应用

用了两个固定支承钉，一个可调支承。这里，后者是既起限位作用，又能起定位刚性作用的支承。支承钉高度，一般可每批工件调整一次。

若在同一夹具上加工形状相同而尺寸相近的工件时，也可采用可调支承。如图 2-12b 中，在轴上钻孔心距 l 不等的几批工件时，只要调整好尺寸 l 后，用螺母锁紧即可加工。

4. 浮动支承

若支承点的位置在工件定位过程中，随工件定位基面位置的变化而自动与之相适应的定位件称为浮动支承。它的结构特点是活动的或浮动的。

图 2-13 所示为各种浮动支承的结构，其定位原理如下：作用于任何一点的力除使此支承点下降外，还同时迫使其他点上升，直至这些支承点与定位基面全部接触为止。必须指出，无论该浮动支承是两点接触还是三点接触，在理论分析时，只能看作为一个支承点，实质只限制工件一个自由度，起到一个支承的作用。

以上四类支承都是工件以平面定位时起主要限位作用的支承，运用定位原理分析平面定位问题时，只有这些支承件可以转化为定位支承点来限制工件的自由度。还有一类不起限位作用的支承就是辅助支承。

5. 辅助支承

只用来提高工件的装夹刚度和稳定性而不起限位作用的支承件称为辅助支承。如图 2-14 所示的工件 1，以小端内孔和端面定位，钻大端面沿圆周分布的一组通孔。由于小端面太小，工件又高，钻孔位置距中心又远，受到钻削力后定位很不稳定，工件又易变形。为了提高定位稳定性和装夹刚性，需在图示位置相应增设三个均布的辅助支承 4。但因辅助支承不起限制自由度的作用，也不允许破坏原有定位，因此需待每个工件定位夹紧后，再调节辅助支承，使其顶部刚好垫牢固并锁紧。

辅助支承有多种形式，图 2-15 所示为较典型的四种结构，其中图 2-15d 所示为液压锁紧式辅助支承，滑柱 1 在弹簧 3 的作用下与已定位夹紧的工件定位基

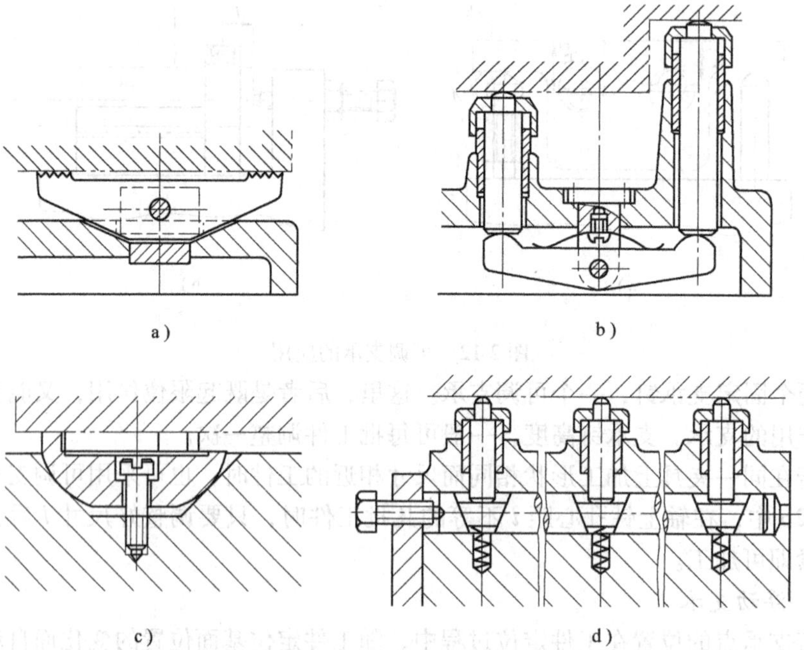

图 2-13 各种浮动支承

a)、b) 两点式支承 c)、d) 三点式支承

面接触，弹簧力可用螺钉 2 调节。液压油从油孔 6 进入，使薄壁套 7 变形，把滑柱 1 锁紧。这种辅助支承结构紧凑，操作方便，动作迅速。通过支座 4 的螺纹旋入夹具体螺孔中，接通油路即可应用。其他三种辅助支承的工作特点一目了然。

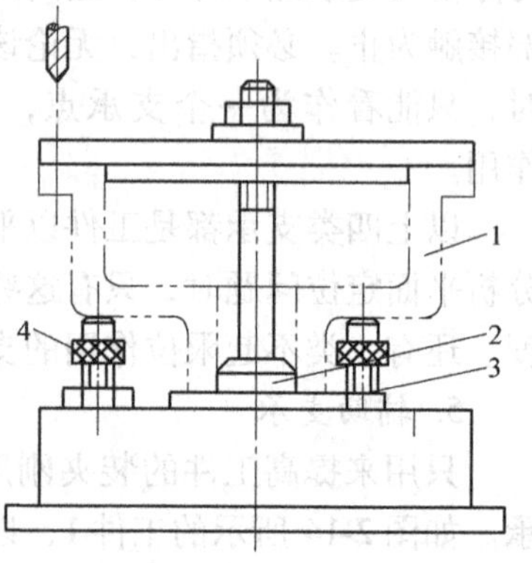

图 2-14 辅助支承应用实例

1—工件 2—定位销 3—限位基面 4—辅助支承

辅助支承还可应用在以下两种场合：

1）当工件以台阶面定位时，若限位基面也采用台阶面，则两台阶面间的距离 H 即使做得再准确(图 2-16a)，工件定位时仍不免发生倾斜。故此时不使用台阶面作限位基面，应改用两表面中与工序尺寸直接有关的那个面作限位基面，而另一平面下增加一个辅助支承 B，也可改用图 2-13b 所示的浮动支承。

2）当工件的重心超出主要定位件所形成的稳定区时，装夹就会出现偏斜，为此有必要在工件重心所在部位下方设置辅助支承(图2-16b)，以起到预定位

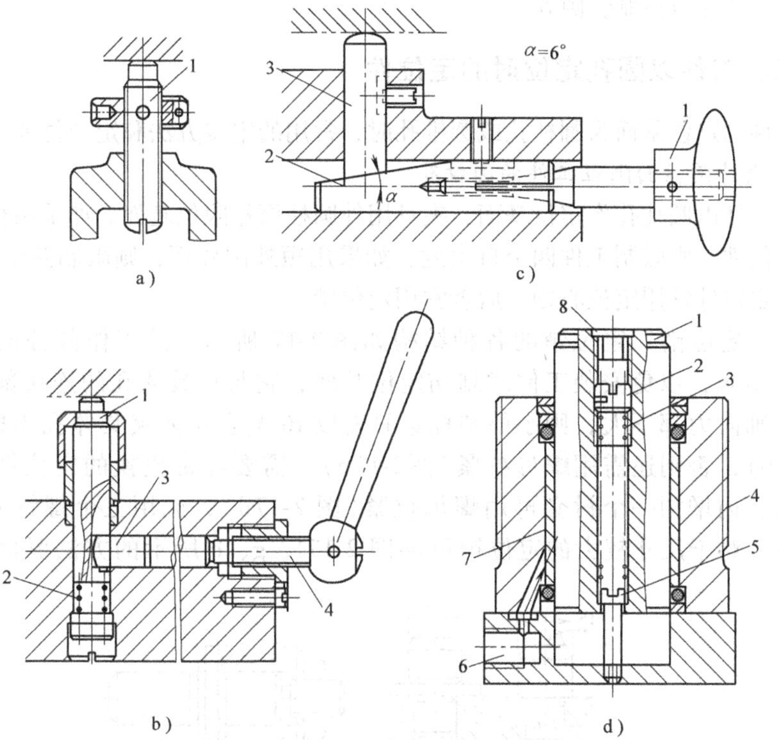

图 2-15　各种辅助支承典型结构

a）螺旋式　1—螺杆

b）自位式　1—滑柱　2—弹簧　3—滑块　4—螺杆

c）推引式　1—手轮　2—斜楔　3—滑柱

d）液压锁紧式　1—滑柱　2—调节螺钉　3—弹簧　4—支座

5—螺钉　6—液压油孔　7—薄壁套　8—盖帽

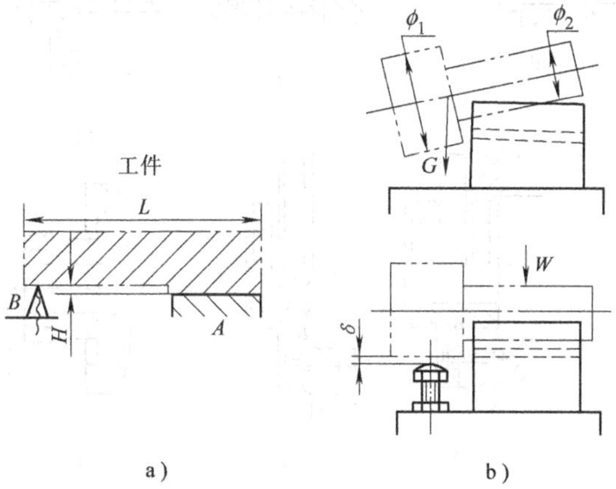

图 2-16　辅助支承应用场合

a）台阶面工件的定位　b）辅助支承起预定位作用

作用，但需注意控制缝隙 δ。

二、工件以圆孔定位时的定位件

工件的定位基面为圆柱孔或圆锥孔时，常用的定位方法和定位件如下：

1. 用外圆柱面限位工件的圆柱孔

若工件以圆柱孔作定位基面，夹具用外圆柱面作限位基面。如采用长外圆柱面作定位件，则限制工件四个自由度，如采用短外圆柱面，则限制两个自由度；前者的定位件常用定位心轴，后者常用定位销。

（1）定位销　定位销的各种结构如图2-17所示，其工作部分的头部应倒角并抛光，以免安装工件时划伤定位基面，它与夹具体孔的连接部分，若径向、轴向力都不大，则小的圆柱销只需以r6配合压入夹具体孔内即可（图2-17a、b），否则还需用螺母拉紧（图2-17c）。需要经常更换的定位销，可在夹具体孔内增加一个衬套再用螺母拉紧（图2-17d），或用三个螺钉固紧（图2-17e）。对于尺寸较大的定位销可如图2-17f、g、h所示的方法紧固，而与

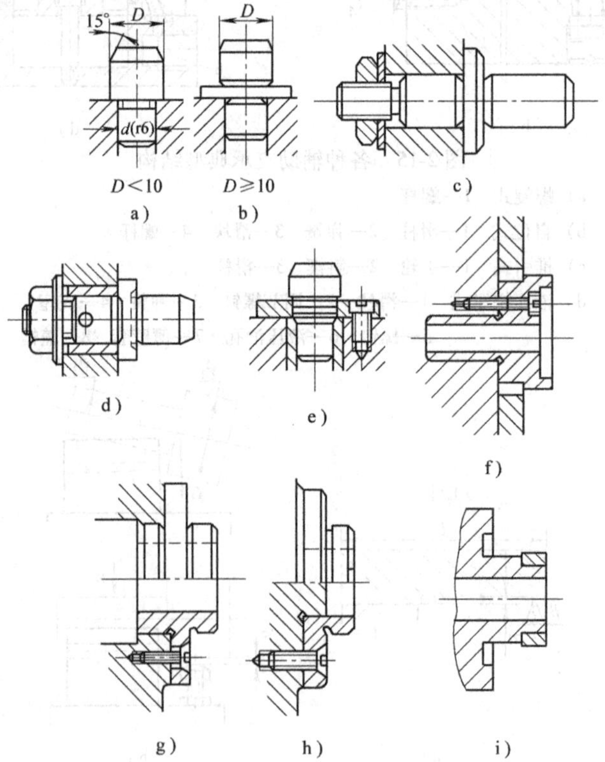

图2-17　定位销的结构

夹具体的配合一般用过渡配合。有时为了便于更换，其工作部分可制成镶套式(图2-17i)。

(2) 定位心轴　定位心轴可作为一个单独的通用夹具广泛用于车、铣、磨、齿轮加工等机床上加工套筒类和盘类工件的外圆及端面，以保证工件外圆与内孔的同轴度及端面的垂直度要求。许多大企业都有自己制定的心轴标准，可供设计心轴时参照。

根据心轴在机床上安装方式的不同，心轴可设计成以下几种结构形式：

1) 锥柄式心轴。图2-18所示为三种弹性心轴，它们都具有与机床主轴内孔相配合的莫氏锥体，其悬伸部分都开有相隔120°纵向槽的弹性胀胎，使限位基面与工件定位内孔保持无间隙紧配合，不仅同轴度高而且工件装卸方便。

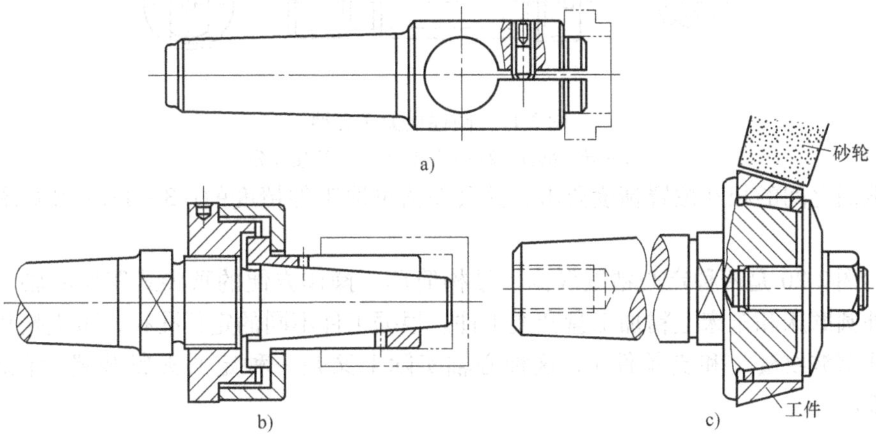

图2-18　锥柄式心轴

a)、c) 用内孔及端面联合定位　b) 用于不通孔工件

2) 顶尖式心轴。图2-19所示为三种常用圆柱顶尖式心轴。心轴两端都制有中心孔(GB/T 145—2001)，以便在两顶尖间加工工件外圆或端面。图2-19a所示的心轴限位基面与定位孔采用间隙配合，按H7/h6、H7/g6制造，旋紧螺母，通过开口垫圈把工件夹紧。这种有间隙心轴定位精度较低，适用于工件内外表面同轴度要求不高的场合。图2-19b所示为过盈配合的无间隙心轴，它由导引部分1、限位基准面2及传动机构相连接的部分3(通过鸡心夹头、拨盘等)组成，其中D_3按f6制造，D_1按r6制造，D_2按h6制造，使心轴工件部分2稍带锥度。这样虽然定位精度较高，但装卸工件不便，且易损伤定位基准孔。图2-19c所示为花键心轴，它用于以花键孔为定位基准的工件。当定位孔的长径比大于1时，心轴工作部分可稍带锥度。设计花键心轴时，应根据花键孔的不同定心方式(外径、内径或键宽)来确定心轴结构，其配合可参考上述两种心轴。为了保证工件的同轴度要求，心轴总图上应标注心轴各外圆柱面之间、外圆柱面与中心孔之间或与限

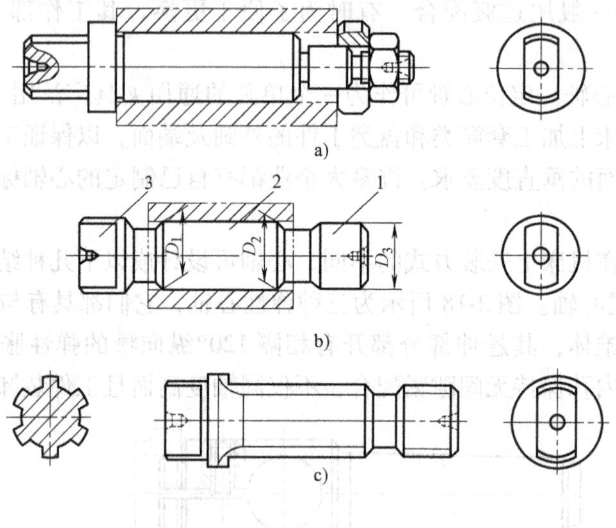

图 2-19　圆柱顶尖式心轴

1—导引部分　2—工作部分　3—连接部分

位端面之间的相互位置精度要求，其公差值可取工件精度的1/3～1/2(参看图 2-64)。

图 2-20 是两种定心精度较高、结构简单、操作方便的顶尖式胀胎心轴，用于外圆磨床和车床上精加工盘套类工件。根据工件不同的定位孔径，可更换相应的薄壁波纹套 2 和支承件 1。这种心轴实际上又是一种定心夹紧装置(详见图 3-35)。

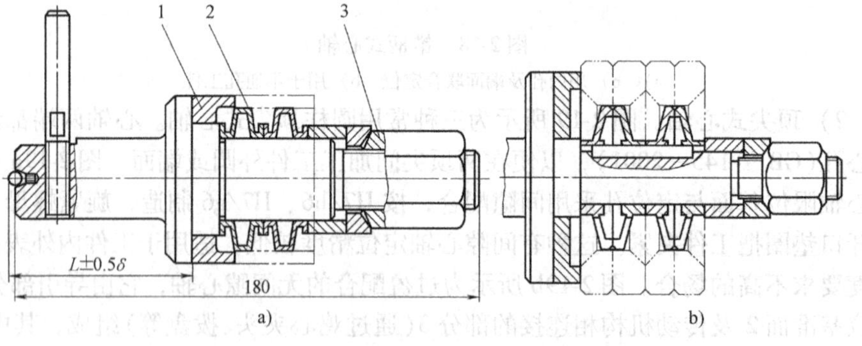

图 2-20　具有薄壁波纹套的胀胎心轴

1—支承件　2—薄壁波纹套　3—球面螺母

a) 用于薄壁工件　b) 用于较大直径工件

制造上述心轴时，必须充分重视对中心孔的研磨，因为中心孔是制造心轴的定位基准，应始终保持准确和清洁。特别注意当在调整好的机床上用心轴定位加工工件的端面或台阶时，为了控制工件的轴向位置，对心轴的前中心孔锥面深度有较高的要求，一般用适当的钢球放在中心孔内测量台肩到中心孔锥面的距离（图 2-20a 中的 $L\pm0.5\delta$，δ 为工件轴向尺寸公差值）。

生产中若要加工长度较长而内通孔直径较小的工件，如磨床的工件头架主轴，在磨其外圆时，可在主轴通孔的两端加工出孔口工艺锥面（$2\times60°$）来代替中心孔。若孔口直径较大，可采用锥堵心轴（图 2-21）。

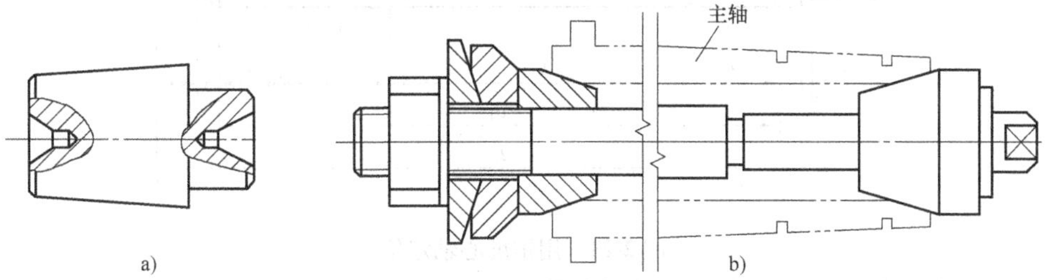

图 2-21　锥堵心轴

2. 以圆锥面限位工件的圆柱孔

生产中常有以工件圆柱孔与锥销定位的方法，如图 2-22 所示。这时圆柱孔与定位件锥销的接触线是一个圆，限制了工件的三个移动自由度。故作定位分析时，可将锥销转化为三个支承点。

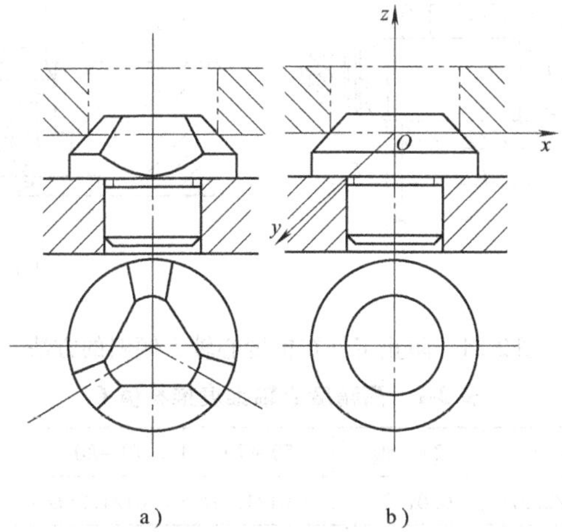

图 2-22　锥销定位方法

另一种定位件是用锥度心轴与工件的圆柱孔接触（图 2-23），限制工件五个自由度，其定心精度可达 0.01～0.005mm。但其缺点是轴向定位误差较大，工件在心轴上的轴向位置视工件定位基准孔的实际尺寸和心轴的工作表面的锥度 C 而定；另一缺点是工件易倾斜。为克服上述缺点，常采取以下措施：1）当基准孔的长径

比 $l/D>1.5$ 时可采用图2-24a 所示的圆锥圆柱组合心轴；2)减小锥度 C，使定位副的实际接触长度增加，以减少工件倾斜，或采用图2-24b 的组合定位。

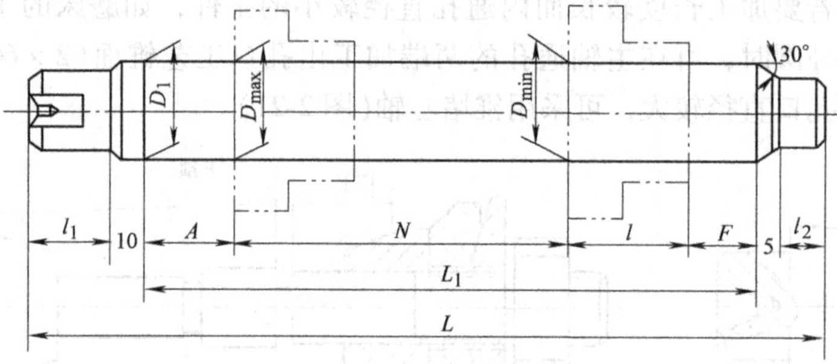

图2-23 用锥度心轴定位

设计锥度心轴，主要确定以下参数：

(1) 锥度 C C 值取得越小，定心精度越高，此时由于定位基准孔与心轴限位基面间的弹性变形区域越大，使工件的夹紧越可靠，但使心轴增长，刚性下降。一般 $C=\frac{1}{1000}\sim\frac{1}{5000}$。对高精度心轴，锥度 C 可按表2-1 选取。

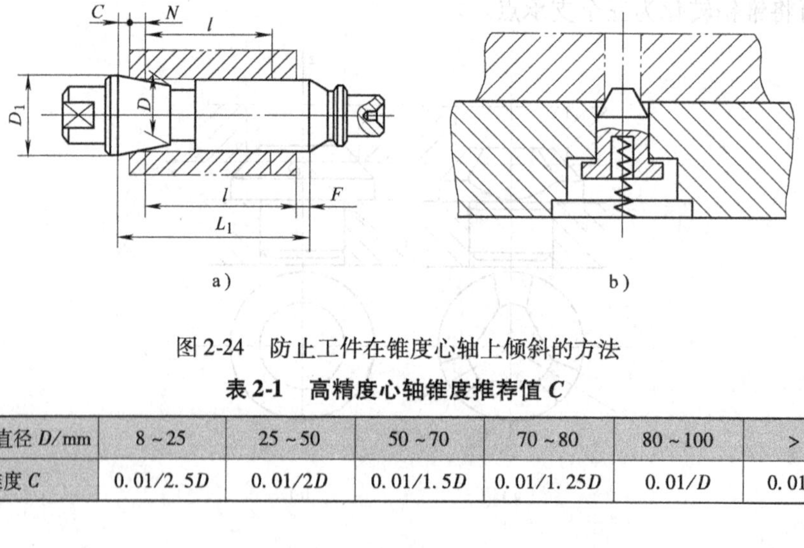

图2-24 防止工件在锥度心轴上倾斜的方法

表2-1 高精度心轴锥度推荐值 C

基准孔直径 D/mm	8～25	25～50	50～70	70～80	80～100	>100
锥度 C	0.01/2.5D	0.01/2D	0.01/1.5D	0.01/1.25D	0.01/D	0.01/100

(2) 锥度心轴结构尺寸(图2-23) 为保证心轴能夹紧同批工件中的最大基准孔径 D_{max}，心轴的大端 D_1 应有一段保险圆锥面长度 A，还应留10mm 长的圆柱面 D_1，以便测量和重磨。D_1 和 A 可按下式计算

$$D_1=D_{max}+(0.01\sim0.02)\text{mm}$$

D_1 的公差取0.01～0.005mm。

$$A=(D_1-D_{max})/C$$

同批工件在心轴上的轴向位置变动范围 N 可按下式计算

$$N=\frac{D_{max}-D_{min}}{C}=\frac{\delta_D}{C} \quad (2\text{-}1)$$

式中 D_{min}——工件基准孔的最小直径(mm)；

δ_D——工件基准孔的公差(mm)。

导向尺寸 F 取(0.3 ~0.5)D(D 为基准孔的基本尺寸)。在心轴小端应作出 5×30°圆锥面，便于工件装入。心轴传动部分的长度 l_1 一般取 20 ~40mm。尺寸 l_2 常取 10 ~15mm。

心轴总长 L:

$$L=A+N+l+F+l_1+l_2+15$$

心轴的长径比 L/D 一般 <8。在保证定位精度要求和夹紧可靠的前提下，应尽量缩短心轴长度，以提高其刚性。当 L 过长时，可将基准孔按公差范围分成 2 ~3 组，心轴也相应制造 2 ~3 根。

3. 工件以圆锥孔定位

在加工轴类零件或某些要求内外轴线有同轴度的精密定心工件时，常以工件的圆锥孔作定位基面(图 2-25)。这类定位件往往也采用圆锥面作限位基面，如图 2-25a 把圆锥孔安装在锥度心轴上定位，由于其接触面较长，故相当于五个定位支承点，限制 $\vec{x}$、$\vec{y}$、$\vec{z}$、$\widehat{y}$ 和 $\widehat{z}$ 五个自由度。图 2-25b 是车削、磨削中常用的用 60°顶尖定位工件的中心孔，它相当于三个支承点，限制三个移动自由度。两顶尖定位是较细长工件最常用的定位方法。共限制工件五个自由度。

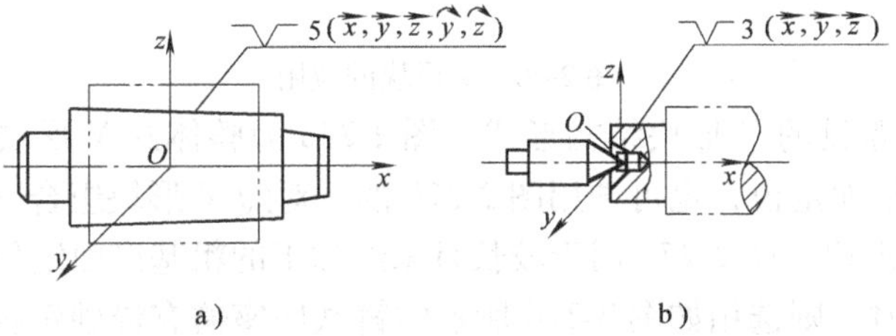

图 2-25 圆锥孔定位分析

a）在锥度心轴上定位 b）在顶尖上定位

三、工件以外圆柱面定位时的定位件

生产中有很多工件是以外圆柱面定位，此时应力求使其轴线(即定位基准)与规定轴线重合。最常见的定位方法是以 V 形块作定位件，以及在定心夹紧机构中定位并夹紧(图 1-1)，另外也有在圆柱孔或半圆孔、锥孔中定位。关于定心夹紧装置详见第三章第三节。

1. 在V形块中定位

不论作为定位基面的外圆柱面是否经过加工或者是否完整，都可选用V形块定位(图2-26a、b)。这种方法的突出优点是对中性好，即定位基准始终处在V形块两斜面的对称中间平面上，且不受基准外圆直径误差的影响。但其轴线位置可能沿对称中间平面上下变动。V形块一般限制工件四个自由度(接触线较长时,见图2-26c)或限制两个自由度(接触线较短时,见图2-26d)。

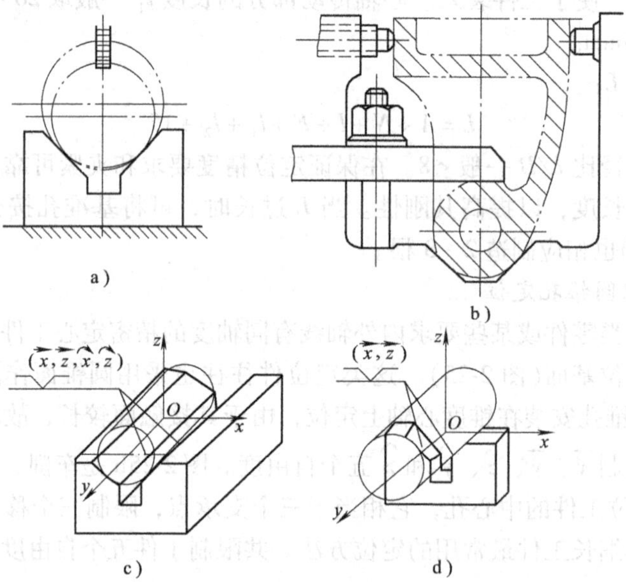

图2-26 V形块的应用

图2-27为常见的V形块结构形式。图2-27a为整体式V形块，用于较长且加工过的外圆柱面定位；也可选用图2-27b的一对短V形块组合紧固在夹具体上代替整体式V形块。图2-27c用于较长且未经加工的粗基准面定位。如工件定位基面直径很大时，则选用如图2-27d所示的铸铁底座镶有淬硬钢板的V形块。V形块的工作角度有60°、90°、120°三种，最常用的是90°。中小型尺寸V形块材料，选用20钢，渗碳淬火硬度为58～63HRC。大尺寸V形块可选T8A、T12A或CrMn，淬火至同样硬度。

设计V形块时，90° V形块的结构和尺寸均已标准化，可查阅有关国家标准。对于非标准的V形块可按图2-28进行有关尺寸的计算。

V形块的主要尺寸有：

D——V形块检验棒直径(即工件定位基面直径)。

H——V形块高度。

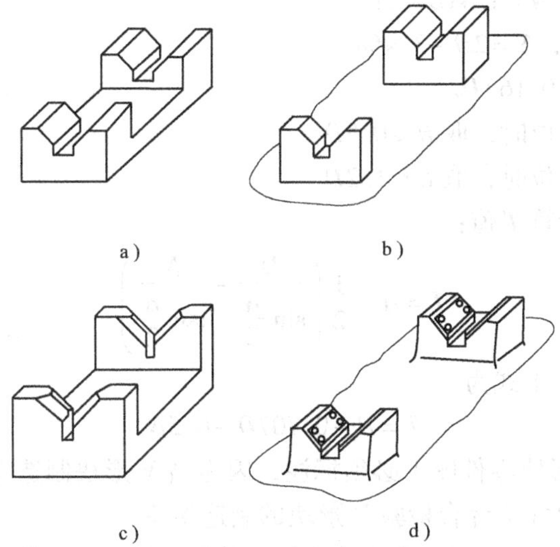

图 2-27　V 形块的结构形式

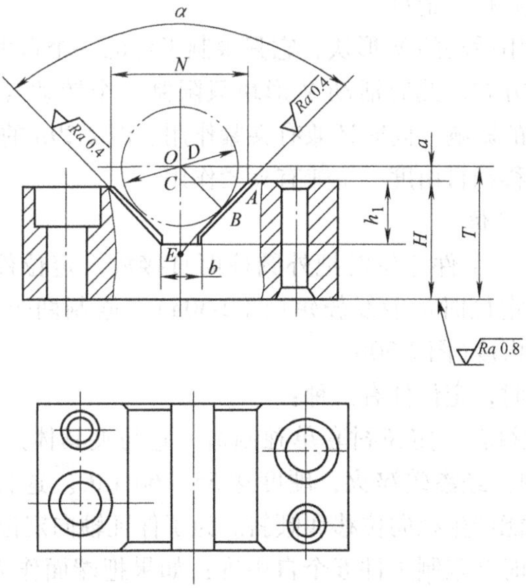

图 2-28　非标准 V 形块的结构尺寸

N——V 形块开口尺寸。

T——V 形块的定位高度。

设计时，D 为已知，N、H 先行设定或按 D 从标准中查出，也可根据下式确定：

当 $\alpha=90°$时，$N=1.41D-2a$ (2-2)

当 $\alpha=120°$时，$N=2D-3.46a$

式中，$a=(0.14\sim0.16)D$。

用于大直径定位时，取 $H\leqslant0.5D$

用于小直径定位时，取 $H\leqslant1.2D$

然后按下式计算 T 值：

$$T=H+\frac{1}{2}\left(\frac{D}{\sin\frac{\alpha}{2}}-\frac{N}{\tan\frac{\alpha}{2}}\right) \tag{2-3a}$$

当 $\alpha=90°$时，上式为

$$T=H+0.707D-0.5N \tag{2-3b}$$

尺寸 T 在 V 形块零件图上必须标注，因为当 V 形块制造完毕，需将检验棒放在 V 形块上按尺寸 T 综合检验 V 形块的制造误差。

V 形块通常在夹具中起主要定位作用，其限位基面必须精磨光。它在夹具体上装配时，一般用螺钉和两个定位销联接。定位销孔需在夹具装配调整好后与夹具体一起钻铰，然后打入销钉。

有些夹具还采用活动的 V 形块，它只限制工件的一个自由度。如图 2-29a 为加工连杆孔的定位方式，此时活动 V 形块只限制一个转动自由度，以补偿因毛坯尺寸变化对定位的影响，同时还兼有夹紧作用。图 2-29b 的活动 V 形块在弹簧作用下只限制一个移动自由度，也兼有夹紧作用。

2. 在圆柱孔中定位

如图 2-30 所示，工件定位时把外圆柱面直接放入定位件的限位基准孔中，即可实现定位。若定位时接触线较短(图 2-30a)可限制两个自由度，接触线较长，可限制四个自由度(图 2-30b)。

用圆柱孔定位时，定位件有三种：

(1) 采用定位衬套　定位衬套单独制造，它与夹具体连接。衬套结构见图 2-30，材料用 20 钢，经渗碳淬火，硬度达 55～60HRC。这种定位件结构简单，但定位基准轴线可能产生径向位移和倾斜。为了保证轴向定位精度，基准孔常与端面联合定位。此时共限制工件五个自由度：如果把端面作为主要限位基面时，端面可限制三个自由度，定位孔限制两个自由度(图 2-30a)；若以定位孔作主要限位基面时，则它限制四个自由度，而端面只限制一个移动自由度(图 2-30b)。

(2) 将限位基准孔直接做在夹具体上　一般用于本体尺寸不大而形状较复杂的情况。这种夹具体可选用 45 钢锻造，经淬火后硬度达 33～38HRC，仍可进行切削加工。

(3) 采用定位块定位　大直径零件定位时，为减轻夹具质量，往往把定位

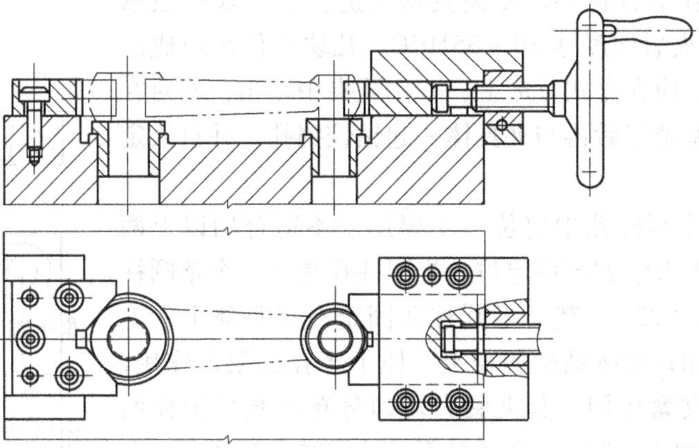

a)

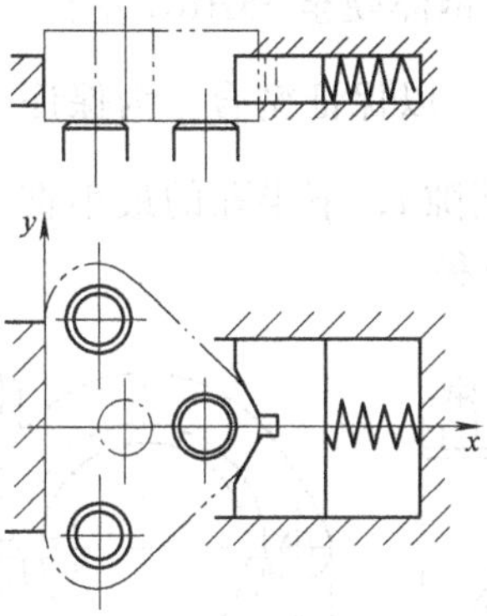

b)

图 2-29　活动 V 形块的应用

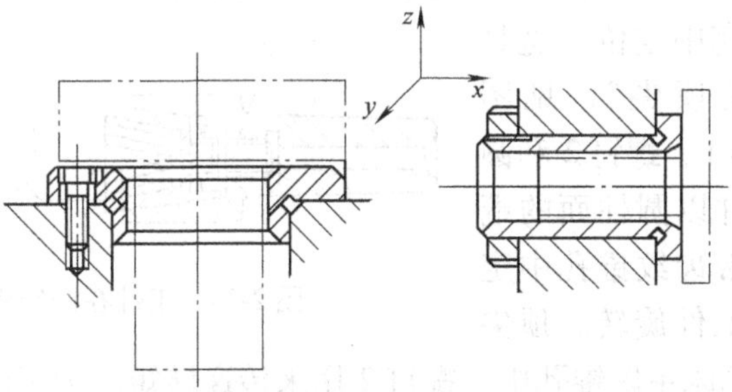

a)　　　　b)

图 2-30　外圆柱面在圆柱孔中限位

a）接触线较短　b）接触线较长

件做成几个定位块，用螺钉和圆柱销安装在夹具体上（图 2-31）。这种定位件较整体式圆柱孔节省材料，使夹具易制造。定位块一般选45钢板经淬火后硬度达30～35HRC。几块定位块组成的限位基准孔，应在立式车床上，一次装夹中车出，然后在夹具装配时调整好后再与夹具体一起钻铰销孔，并打入定位销。

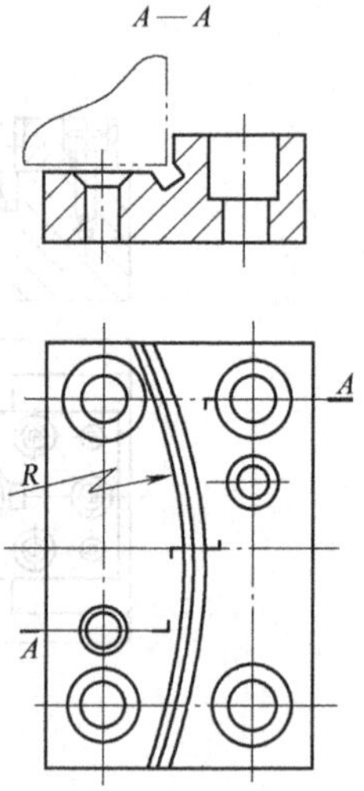

图2-31　大型零件用的定位块

（4）在半圆柱孔中定位　主要用于不适合用以上两种定位件的大型轴类零件定位。半圆柱孔是把一个整圆柱分为两半(图2-32)，其下半圆柱孔固定在夹具体上，上半孔装在可卸式铰链结构的盖上。使下半孔起限位作用，上半孔只起夹紧作用，其夹紧力均匀分布在基准圆柱面上。一般这种定位件的两半孔都不直接做在夹具体上，而用铜套制造(好比轴承衬)或用45钢淬硬至35HRC左右。衬套与本体及盖的配合为$\frac{H7}{n6}$或$\frac{H7}{h6}$，以保证密合。为保证夹紧可靠，必须在两半孔间留有间隙t；下半孔的最小直径应取工件定位基准圆柱的最大直径。

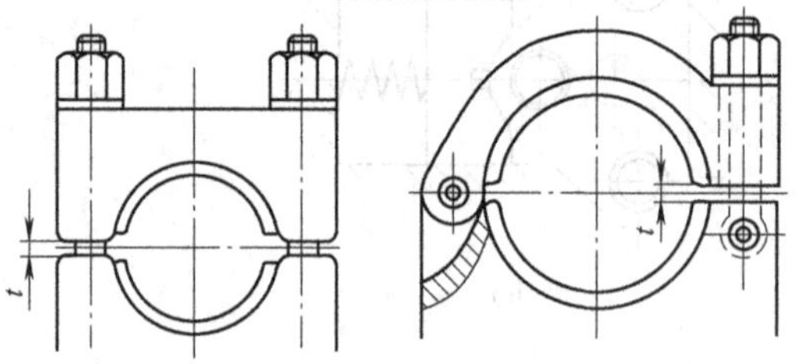

图2-32　工件在半圆柱孔中定位

（5）在圆锥套中定位　这是一种通用的“反顶尖”，见图2-33。它由顶尖体1、螺钉2和圆锥套3组成。工件以圆柱面的端部在圆锥套3的带齿纹锥孔中定位，齿纹能带动工件旋转。顶尖体1以锥柄插入机床主轴锥孔中，螺钉2用来传递转矩。为了防止工件倾斜，机床上应增设后顶尖4。

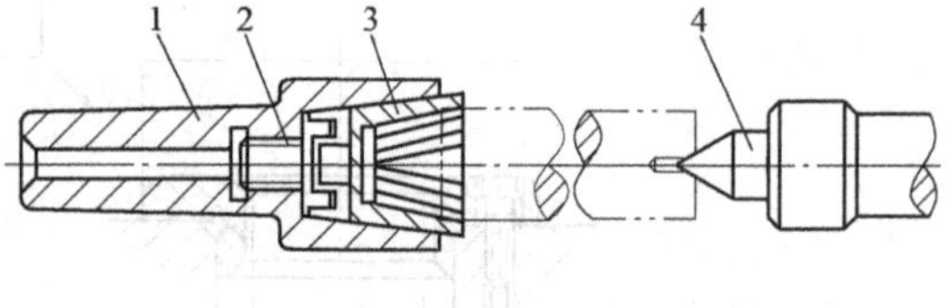

图2-33　工件在圆锥套中定位

*四、工件以组合表面定位时的定位件

如果工件以两个或两个以上表面作为定位基面，夹具定位件也必须相应地以

组合表面限位，这就是组合定位方式。实际上前面所述的定位方法中，如内圆柱孔与端面联合限位，圆锥与圆柱组合心轴，以及长方体工件的定位等，都属一般的组合定位。下面介绍几种特殊的组合定位。

1. 工件以一面双孔定位

图 2-34 为插床变速箱体简图，需在镗孔夹具上完成镗五列平行孔系。工件以底面 A 及两个轴线互相平行且垂直于底面的 $2\times D$ 孔作为定位基面。这种组合定位方式，在加工箱体、杠杆、盖板、气缸体等零件时应用很普遍。工件上的双孔可以是结构上原有的，也可以为定位需要专门设计的工艺孔。本例以原有的螺钉孔经铰光后改善其精度及表面粗糙度作为定位基准。采用一面双孔定位，易于做到工艺过程中的基准统一，保证工件加工的相互位置精度。

(1) 定位方案的选择

1) 第一种方案：以两个等径短圆柱销及一个支承板实现限位(图 2-35c)。此时，支承板限制三个自由度，短圆柱销 1 限制两个自由度，仅剩 $\widehat{z}$ 自由度没有限制。短圆柱销 2 又限制两个自由度，即一个 $\vec{x}$，一个 $\widehat{z}$。于是 $\vec{x}$ 被重复限制，出现了重复定位。若要使同批工件都能顺利装入，必须满足下列条件：当工件两孔径为最小($D_{1\min}$、$D_{2\min}$)、夹具两销径为最大($d_{1\max}$、$d_{2\max}$)、孔心距为最大($L+\delta_{L_D}$)、销心距为最小($L-\delta_{L_d}$)，或者孔心距为最小($L-\delta_{L_D}$)、销心距为最大($L+\delta_{L_d}$)时，且 D_1 与 d_1、D_2 与 d_2 之间仍有最小间隙 $x_{1\min}$、$x_{2\min}$存在。否则工件在上述极端情况下，根本无法装进夹具(图 2-35a、b)，这就是重复定位引起的后果。为此夹具不能采用等径的双销，而必须减小销 2 的直径至 $d_{2\max}$，但这样使销 2 与孔的间隙 x_2 增大，从而导致转角误差 Δ_α(也称角位移误差)增大，定位精度降低。

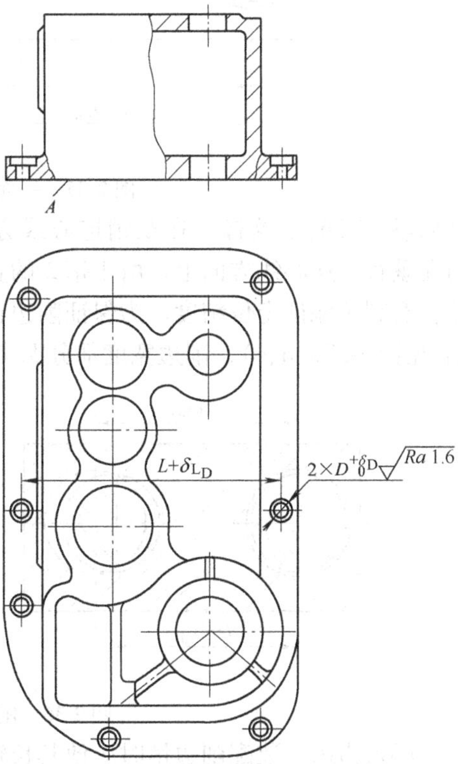

图 2-34 插床变速箱体

2) 第二种方案：以一个短圆柱销和一个削边销及一个支承板限位。从图 2-35 中看出，为使工件的孔心距在极端情况下能装到双销上，若不减小短销 2 的直径，而采取改变短销 2 的形状，把销 2 碰到孔壁的部分削去，只保留一部分圆

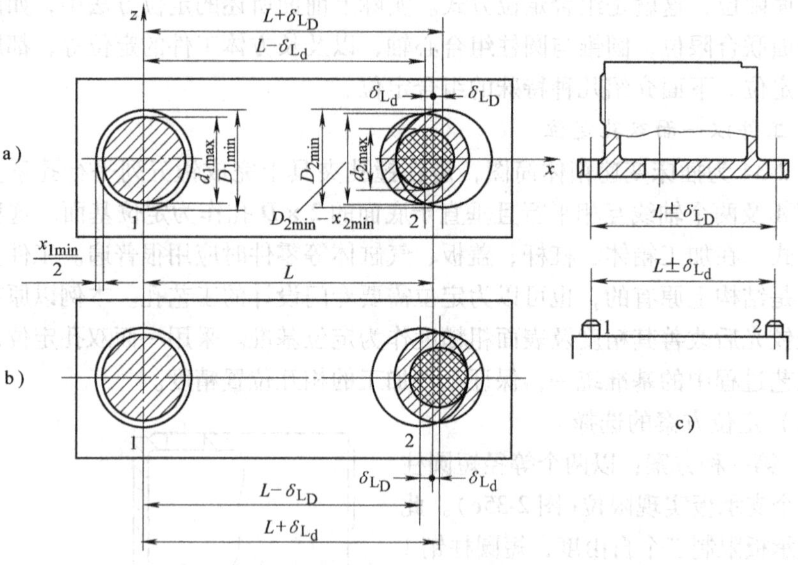

图 2-35 一面双孔定位分析

柱面(图 2-36)。这样，在双销连心线方向上，仍具有减小销 2 的直径的作用，但在垂直于连心线方向上，由于销 2 的直径并未减小，故不会增大工件的转角误差，有利于保证定位精度。为保证削边销的强度，一般采用菱形结构(也称菱形销,见图 2-37a、b、c)，削边宽度部分 b_1 可修圆至 b(图 2-37d)。

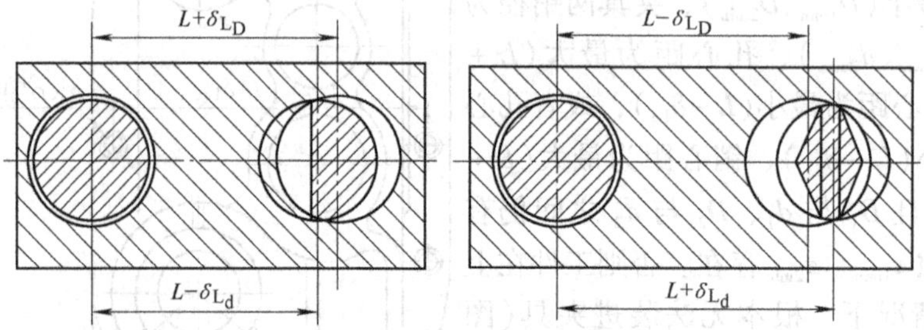

图 2-36 削边销的形成

必须指出，装配削边销时应使其长轴垂直于双销孔连心线。为了装卸工件方便，可使削边销高度略低于圆柱销 3～5mm，防止出现卡住现象。

(2) 削边销尺寸的确定(图 2-37e) 由图可知，若要求销孔能套入削边销，则削边销的最大直径 $d_{2max}=D_{2min}-x_{2min}$。$AB$ 和 CK 应能补偿孔心距误差 $\pm\delta_{L_D}$ 和销心距误差 $\pm\delta_{L_d}$ 之和，为安装方便补偿值 a 可按下式计算

$$AB=CK=a=\frac{\delta_{L_D}+\delta_{L_d}}{2} \tag{2-4}$$

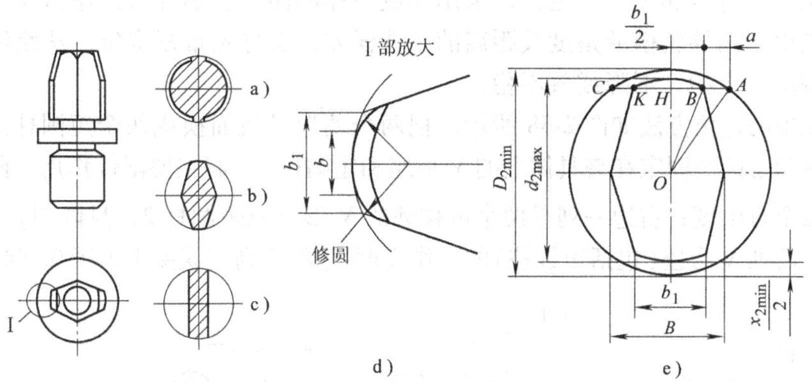

图 2-37 削边销的结构和尺寸

必须指出，补偿值 a 对转角误差、装卸工件是否方便、削边销宽度及其使用寿命都有影响。若加工精度较高时，上式还应增加$\frac{x_{2\min}}{2}$的值。故一般在实际工作中，只需先按式(2-4)计算 a 值，待误差分析后再调整。

在确定补偿值后，其他尺寸可如下计算

$$b_1=\frac{D_{2\min}\cdot X_{2\min}}{2a} \tag{2-5a}$$

或

$$X_{2\min}=\frac{2ab_1}{D_{2\min}} \tag{2-5b}$$

当采用修圆削边销时，以 b 替换 b_1。尺寸 b_1、b 及 B 见表 2-2。削边销直径的标准公差等级取 IT6 或 IT7(相当于 h6 或 h7)。

1）销心距的基本尺寸应等于工件孔心距的平均尺寸，其公差 $\delta_{L_d}=\left(\frac{1}{3}\sim\frac{1}{5}\right)\delta_{L_D}$。

2）圆柱销径的基本尺寸 d_1 应等于与之配合的工件孔的最小极限尺寸($D_{1\min}$)，公差取 g6 或 f7。

表 2-2 削边销的尺寸 （单位:mm）

d_2	>3~6	>6~8	>8~20	>20~25	>25~32	>32~40	>40~50	>50
B	$d_1-0.5$	d_1-1	d_1-2	d_1-3	d_1-4	d_1-5	d_1-6	—
b	1	2	3	3	3	4	5	—
b_1	2	3	4	5	5	6	8	14

*2. 工件以特殊表面定位

(1) 工件以两 V 形导轨槽定位 车床的床鞍，须以底部两条 V 形导轨槽为定位基面进行加工，若定位件采用连成一体的两个菱形导轨面作为限位基面时，则由于两导轨槽的角度及距离的制造误差，会导致重复定位，从而使工件产生倾斜、上抬、下降或放不稳。

正确的定位方法如图 2-38 所示，把两个菱形导轨面换成四个短圆柱。其中左边一列是两个固定在夹具体上的 V 形座和短圆柱 1，起主要限位作用，限制工件的四个自由度；右边一列是两个可移动的 V 形座及短圆柱 2，只限制$\widehat{y}$一个自由度。两列 V 形座(包括短圆柱)的工作高度 T_1 的等高度误差不大于 0.005mm。

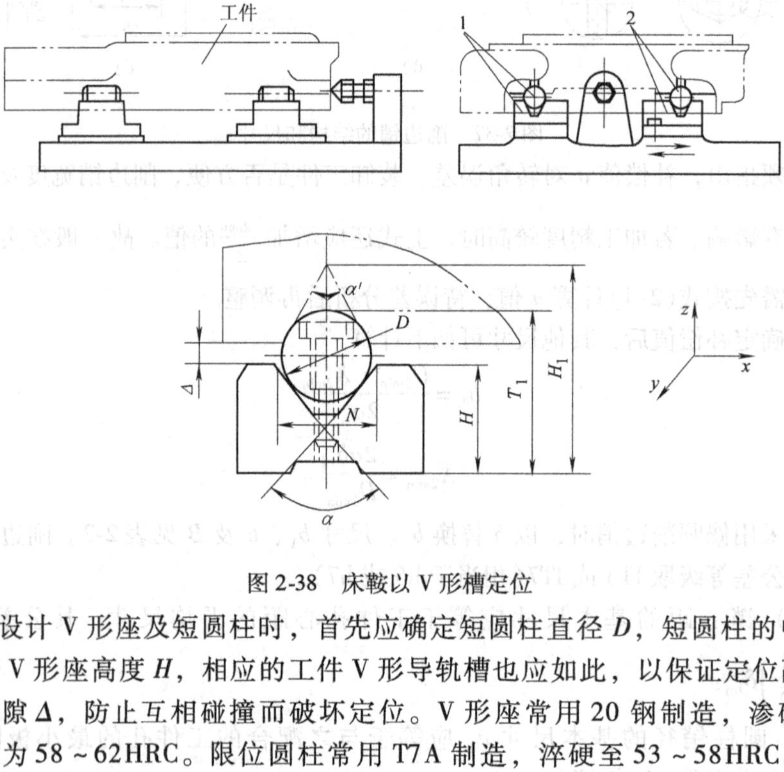

图 2-38 床鞍以 V 形槽定位

在设计 V 形座及短圆柱时，首先应确定短圆柱直径 D，短圆柱的中心必须高于 V 形座高度 H，相应的工件 V 形导轨槽也应如此，以保证定位副间必要的间隙 Δ，防止互相碰撞而破坏定位。V 形座常用 20 钢制造，渗碳淬火后硬度为 58 ~ 62HRC。限位圆柱常用 T7A 制造，淬硬至 53 ~ 58HRC。V 形座的尺寸计算如前所述。

当夹具中需要设置对刀(或导向)装置时，则须计算导轨面的顶点在夹具上的实际高度 H_1，当 V 形槽导轨面夹角为 $\alpha' = 70°$时

$$H_1 = T_1 - \frac{D}{2} + \frac{D}{2\sin\frac{\alpha'}{2}} = T_1 + 0.3717D$$

(2) 工件以燕尾导轨面定位　燕尾导轨面一般有 55°和 60°两种夹角。常用的定位装置有两种：一种如图 2-39a 所示，右边是固定的短圆柱和 V 形座，组成主要限位基准，限制工件四个自由度；左边是形状与燕尾槽对应的可移动钳口

K，限制工件一个自由度，并兼有夹紧作用。另一种如图 2-39b 所示的定位装置相当于两个钳口为燕尾形的虎钳。工件以燕尾导轨面定位，夹具的左边为固定钳口，它是主要限位基面，限制工件两个移动和两个转动自由度，右边的活动钳口限制一个自由度，并兼起夹紧作用。

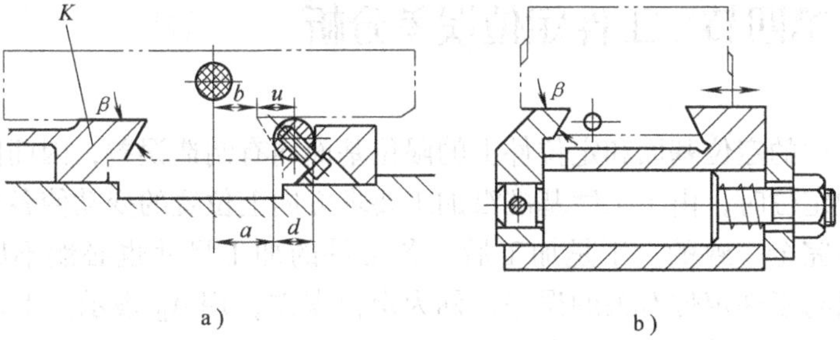

图 2-39　工件以燕尾导轨面定位

定位件与对刀（导向）件间的距离 a 可计算如下（图 2-39a）：

$$a = b + u - \frac{d}{2} = b + \frac{d}{2}\cot\frac{\beta}{2} - \frac{d}{2} = b + \frac{d}{2}\left(\cot\frac{\beta}{2} - 1\right)$$

式中　β——燕尾面的夹角，当 $\beta = 55°$ 时，$a = b + 0.4605d$。

（3）工件以渐开线齿形面定位　对于整体淬火的齿轮，一般都要在淬火后磨内孔和齿形面。为保证磨齿形面时余量均匀，应以“互为基准”的方法，即先以齿形面的分度圆定位磨内孔，再以内孔定位磨齿形。

图 2-40 为以齿形面分度圆磨内孔时的定位示意图。即在齿轮分度圆上相隔 120°的三等分位置上放入三根精度很高的定位滚柱 2，套上薄壁套 1，起保持滚柱的作用，再一起放入膜片卡盘内以卡爪 3 自动定心夹紧。

综上所述，工件定位的首要问题是确定工件定位基准的位置，所以夹具的定

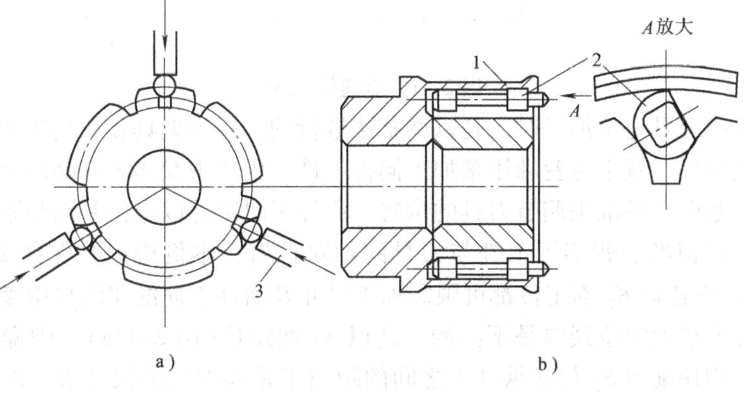

图 2-40　齿轮以分度圆定位

位方法及其定位件的选用，主要取决于定位基准的形状、尺寸和精度。要注意的中心问题是：选择什么样结构形状的定位件(包括限位基准)？定位件如何布置？如何保证定位稳定可靠和定位误差最小等。

第四节　工件定位误差分析

由于工件的定位基面和定位件上的限位基面均有制造误差，因而同批工件逐个在夹具中定位时，由于工序基准沿加工要求方向上位置的变动使各个工件的位置实际是不完全一致的。于是加工后，各工件的加工尺寸也必然不同，形成误差。这种只与工件定位有关的误差，称为定位误差，用 Δ_D 表示。下面将对定位误差作深入地了解并学会分析误差大小的技能。

一、定位误差产生的原因及其组成

如图 2-41 所示的工件，本工序为铣通槽，要求保证尺寸 $A_{-\delta_a}^{\ 0}$、$B_{-\delta_b}^{\ 0}$ 和槽宽 $C_{\ 0}^{+\delta_c}$，为使分析方便，仅讨论 $B_{-\delta_b}^{\ 0}$ 如何保证的问题。

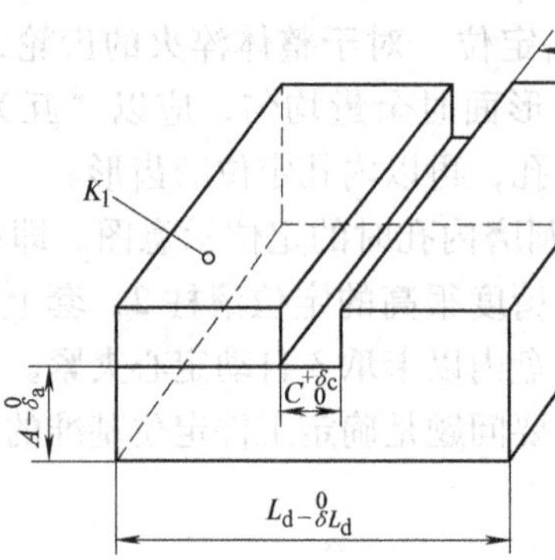

图 2-41　铣通槽工序图

工件用夹具定位加工时，是以调整法进行的。每当夹具和刀具的相对位置经过一次调整后，就不再变动用来加工同批工件。生产中操作者总是以夹具上定位件的限位基面为基准来调节刀具的位置。而加工时工件以定位基面与限位基面相接触，这就相当于调节了工件与刀具的相对位置。本例中，要保证 $B_{-\delta_b}^{\ 0}$ 尺寸，考虑以 K_1 面或以 K_2 面定位都可限制加工尺寸 B 所在方向的移动自由度，但是这两种定位方法的定位误差是不同的。若以 K_2 面定位(图 2-42a)，则操作者调整的刀具右侧切削刃 S_2 与支承钉 2 之间的距离正是要保证的尺寸 B，这个距离可认为是不变的，因而加工同批工件时的实际尺寸 B 也是稳定的。

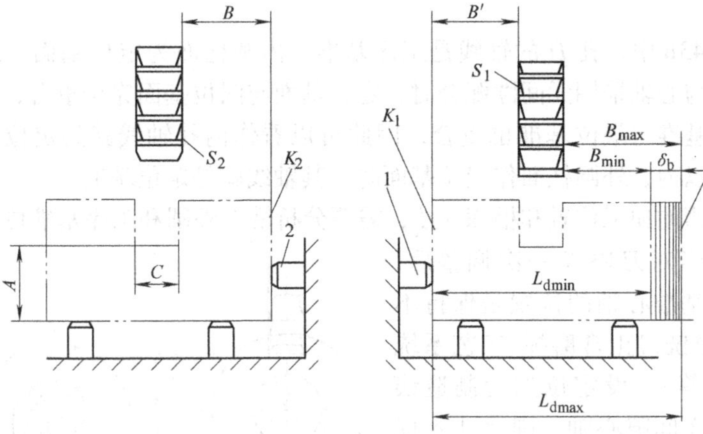

图 2-42　铣通槽时两种定位方案分析

1、2—导向支承钉

反之，若工件以 K_1 面定位（图 2-42b），则操作者调整时以支承钉 1 为基准，调整刀具左侧切削刃 S_1 与支承钉 1 的距离，得尺寸 B'。此时由于同批工件的毛坯中尺寸 L_d 是变化的，其变动范围 $\delta_{L_d}=L_{dmax}-L_{dmin}$，这个变动范围就使间接得到的尺寸 B 也要发生变动，由图可知：$\delta_b=\delta_{L_d}$，这就直接影响到尺寸 B 的误差，即每批工件中尺寸 B 就不一样了。如果第一个试件尺寸 L_d 恰好处于极端情况，操作者在调整对刀以及测量时，加工得到的尺寸 B 就可能会超差；如果要求 $\delta_b<\delta_{L_d}$ 时则废品率将更高。

从以上分析可知：工件的定位基准选择不当会给加工尺寸增加一种误差——基准不重合误差。这种误差是因工序基准 K_2 与定位基准 K_1 不重合所致。这时定位基准与工序基准之间的联系尺寸 L_d（也称定位尺寸）的公差 δ_{L_d} 就会引起工序基准相对于定位基准在加工尺寸方向上发生变动，这个变动范围就是基准不重合误差 Δ_B。

显然，在图 2-42a 中，$\Delta_B=0$；而在图 2-42b 中，$\Delta_B=\delta_{L_d}$。

对于有些定位方式，即使基准重合，同批工件的加工尺寸也不能保持一致。例如图 2-43a 的工件以内孔 D 在心轴 d_0 上限位铣键槽。要求保证槽宽 $b^{+\delta_b}_{0}$ 及槽深 $a^{0}_{-\delta_a}$，其中槽宽由铣刀保证，而其对称位置及槽深则由对刀块

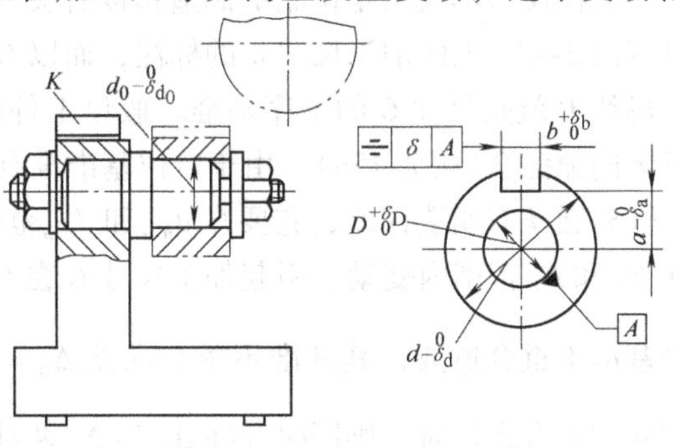

图 2-43　基准位移误差示例

K保证。

在图2-43b中，孔D的轴线是工序基准，内圆柱面为定位基面。从理论分析，当内孔与心轴采用无间隙配合时，定位基面与限位基面完全重合，两者的轴线——定位基准与限位基准也重合，因此可以看作内孔轴线就是定位基准。由此，凡工件以内、外圆柱面作定位基面时，其轴线就是定位基准。

欲保证槽的加工位置和槽深$a_{-\delta_a}^{\ 0}$，需要分析铣刀外圆和工序基准位置变动的大小。铣刀经对刀块K一次调整后，相对于限位基准心轴的位置是保持不变的（不考虑铣刀正常磨损、工艺系统的弹性变形等）。设定位副无制造误差，且采用无间隙心轴，则尺寸a保持不变（图2-44a），即不存在基准不重合误差（$\Delta_B=0$）。但实际上，定位副不可能无制造误差，故定位基准与限位基准也不可能同轴（图2-44b）。若心轴水平安置，则工件内孔将因重力等影响造成单边搁置在心轴的上母线上。此时，刀具位置未变，而同批工件的定位基准却将在O_1与O_2之间变动，导致工序基准的位置随之变动，使测得的尺寸a在a_1与a_2间变化。这种由于定位副的制造误差而引起的定位基准在加工尺寸方向上的最大位置变动范围，称之为基准位移误差，以Δ_y表示。

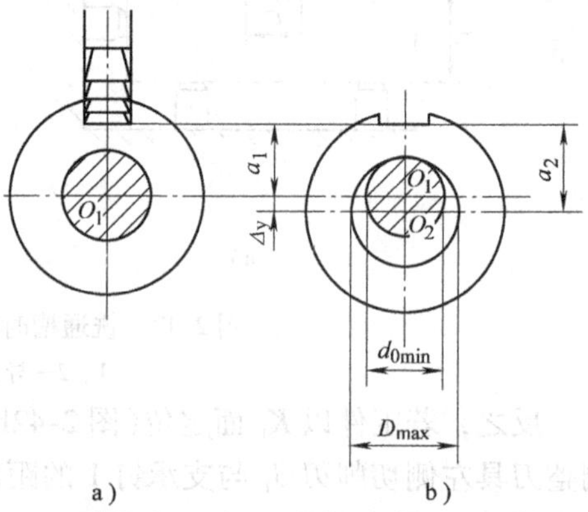

图2-44 定位基准位移误差分析

至此已学习了三种都是由于定位引起的误差，即基准不重合误差、基准位移误差以及在一面双孔定位中提到的转角误差，它们综合的结果都会引起加工尺寸的变动，因此共同组成定位误差。

定位误差不仅与定位副的制造精度有关，而且与工序尺寸的标注有关。假如改变图2-43b工件槽深尺寸a的标注，而以$C_{-\delta_c}^{\ 0}$标注（图2-45a），此时外圆d的下母线B就是尺寸C的工序基准。假设工件仍以内孔作定位基面，与定位心轴以无间隙配合（图2-45b），由于定位基准没有位移，仍在O点，故$\Delta_y=0$，但因工件外圆d有制造误差，它要在$d_{\max}$和$d_{\min}$范围内变化，于是工序基准B将随之在B_2和B_1范围内变动，引起加工尺寸C在C_1与C_2之间变动，这种变动原因就是基准不重合造成，其基准不重合误差$\Delta_B=B_1B_2=\dfrac{d_{\max}-d_{\min}}{2}=\delta_d/2$。当工件采用间隙配合定位时，则同时存在$\Delta_y$和$\Delta_B$两项误差（图2-45c），使同批工件加工后的加工尺寸在C_1和C_3之间变动，而$C_3-C_1=\Delta_y+\Delta_B=\Delta_D$。

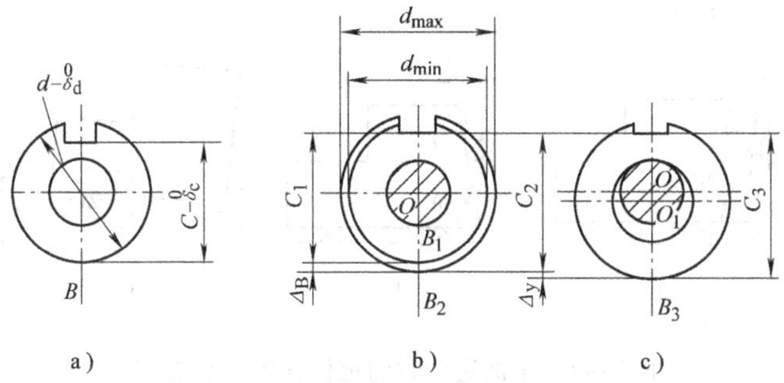

图 2-45　定位误差的组成与分析

二、常见定位方式的定位误差分析

下面结合先前介绍过的各种典型定位方式为例，运用上述原理来分析定位误差的大小。

1. 工件以平面定位时的定位误差

工件以平面作定位基准时，三种定位误差都可能存在。

实例　图 2-46a 所示工件在夹具中，以平面定位铣表面 1、2，要求保证的加工尺寸为 $A\pm\delta_a=(30\pm0.08)$mm 及 $B_{\ 0}^{+\delta_b}=20_{\ 0}^{+0.1}$mm。已知：尺寸 $C_{\ 0}^{+\delta_c}=50_{\ 0}^{+0.1}$mm，$K=15$mm，两定位基面的垂直度为 $\pm\Delta_\alpha=\pm6'$，两销钉高度差 $\Delta_h=0.05$mm，距离 $l=100$mm，试分析并对比图中 a、b 两种定位方案的定位误差大小。

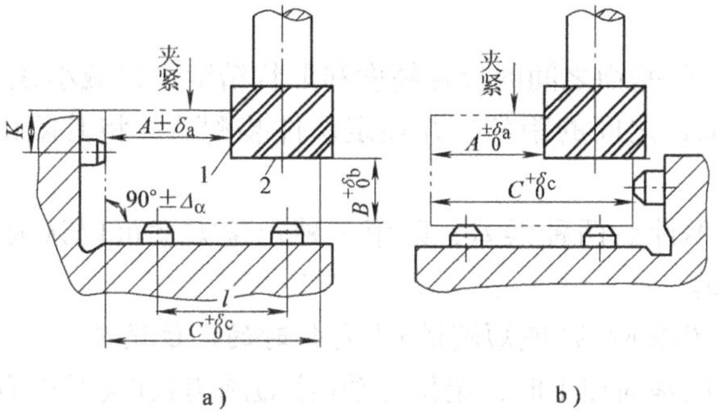

图 2-46　平面定位时的定位误差分析之一

解　第一方案由于两定位基面是精基面，它们分别与尺寸 A、B 的工序基准重合，故对加工尺寸 $A\pm\delta_a$ 和 $B_{\ 0}^{+\delta_b}$来说，$\Delta_B=0$。但对基准位移误差来说，情况就较复杂，因为两定位基面间的位置误差以及限位基面上的支承销高度 h 的制造误差 Δ_h（图 2-47）都会造成定位误差。

如图 2-47a、b 所示，由于位置误差 $\pm\Delta_\alpha$ 的存在，造成 $\Delta_y=\pm K\tan\Delta_\alpha=$

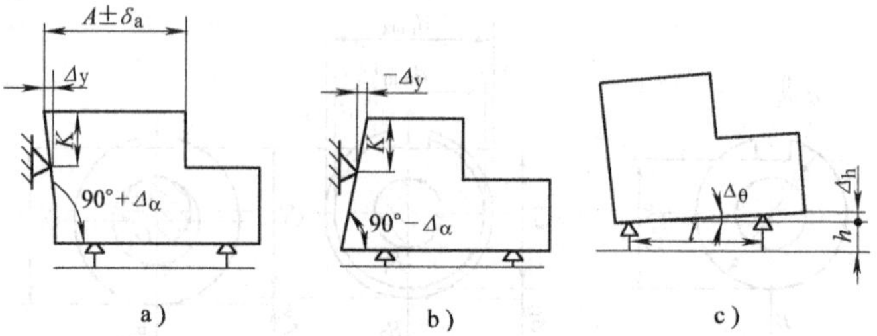

图2-47 平面定位时的定位误差分析之二

$\pm15\times\tan0.1°=\pm0.0262$mm，但能满足$(30\pm0.08)$mm的精度要求。

图2-47c中，由于定位支承件的限位基面高度尺寸$h^{+\Delta_h}_{0}$的存在，使工件定位基面所产生转角误差Δ_θ为：$\tan\Delta_\theta=\Delta_h/l=0.05/100=0.0005$，则$\Delta_\theta=0.03°\approx1'48''$。此转角误差对加工尺寸$20^{+0.1}_{0}$mm来说，若按几何关系仅增加定位误差0.01mm，故也可保证。

在采用图2-46b所示的定位方案时，对保证加工尺寸B来说，与前一种定位方案误差相同，即$\Delta_B=0$。但对尺寸A来说，虽然$\Delta_y=0$，而由于基准不重合，产生了$\Delta'_B=\delta_C=0.1$mm。即使不计由位置误差和支承钉高度误差而引起的定位误差，仅计$\Delta_D=\Delta'_B=0.1$mm，显然该定位方案不能保证尺寸A合格，故只能采用图2-47a方案。

从上述分析可知，欲提高平面定位精度，可采取以下举措：

1）恰当选择限位基面，力求基准重合，并控制定位尺寸公差值的大小，以减小Δ_B。

2）提高各限位基面之间的位置精度和形状精度，以减小Δ_y。

3）增大支承钉之间的距离，并在定位件装配后，将其限位基面同磨一次，以减小Δ_θ。

本例中，若不计后两种误差，则第一种定位方案可以认为$\Delta_B=0$，$\Delta_y=0$，$\Delta_\theta=0$，即$\Delta_D=0$。

2. 工件以圆孔在心轴（或短圆销）上定位时的定位误差

以圆孔作定位基面加工时，定位心轴（或短圆销）在夹具中有两种安装方式：

（1）心轴水平安装　这种安装方式在车床、外圆磨床、卧式铣床和钻床等机床夹具中被广泛采用。此时若采用图2-44a所示的定位方式，由于基准重合，故$\Delta_B=0$，于是$\Delta_D=\Delta_y$。

分析Δ_y则有两种情况：采用无间隙心轴安装，则$\Delta_y=0$；若改用图2-48所示的间隙配合心轴安装，由于定位副有制造误差，同时为安装方便还需增加一最小安装间隙X_{min}。于是定位基准处于两个极端位置中的最高位置（图2-48b中的O_1点）和最低位置（图2-48c中的O_2点）时，最大变动量为O_1O_2，这就是

Δ_y，其大小为

$$\Delta_y = \frac{\delta_D}{2} + \frac{\delta_{d_0}}{2} \tag{2-6}$$

式中　δ_D——定位孔的制造公差；

δ_{d_0}——心轴限位基面的制造公差。

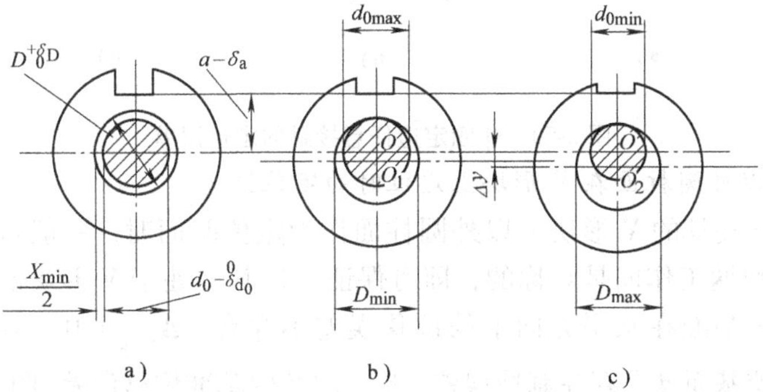

图 2-48　采用间隙配合的心轴定位误差

需要注意：同批工件中的任何一件，其定位基准相对于限位基准都要下降 $\frac{X_{min}}{2}$，在调整刀具位置(即决定对刀块到定位基准的尺寸)时，需预先加以考虑，使这项常量对加工尺寸不产生影响。为此，对刀块工作面至限位基准的基本尺寸 H(图 2-49)应为

$$H = a - h - \frac{X_{min}}{2}$$

式中　h——塞尺厚度(mm)；

X_{min}——定位孔与心轴的最小间隙(mm)。

(2) 心轴垂直安装　这种安装方式在齿轮加工机床、立式铣床、插床、立式分度夹具和一面双销定位的夹具中应用较多。此时工件定位孔与心轴为非固定边任意接触(图 2-50)，工件在沿水平面 xOy 内任何方向上都可能产生双边径向定位误差 Δ_y。若 $\Delta_B = 0$，则

$$\Delta_D = \Delta_y = O_1O_2 = X_{max} \tag{2-7}$$

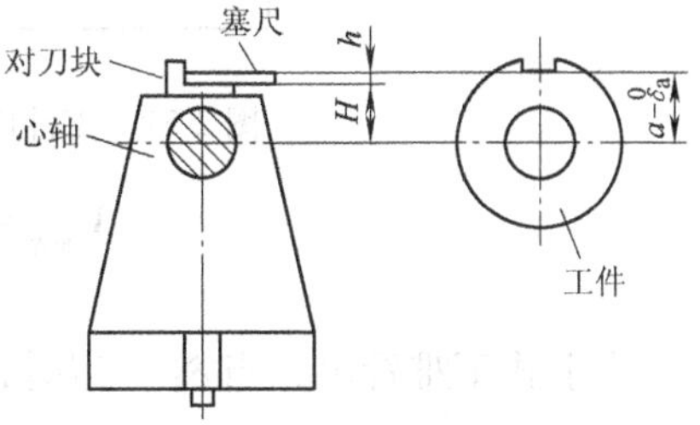

图 2-49　对刀块位置尺寸

式中　X_{max}——定位副的最大配合间隙(mm)。

可见，欲减小这类定位误差应减小配合间隙。

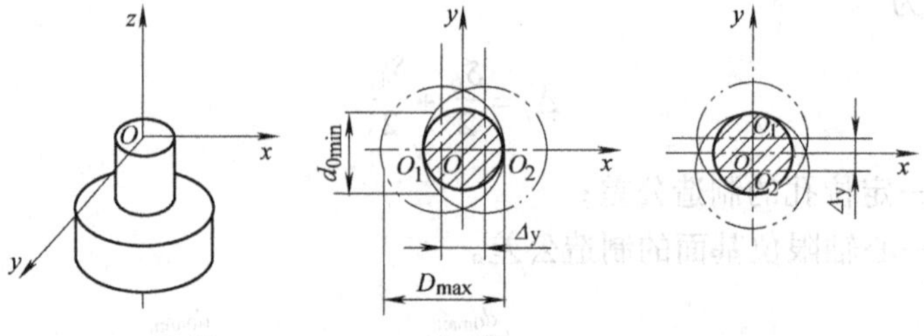

图2-50 非固定边任意接触的定位误差

3. 工件以外圆柱面在V形块上定位时的定位误差

当工件在夹具的V形块上以外圆柱面作为定位基面时，一般认为经过精密加工的V形块两工作面是对称的，即可保证定位基准处于V形块的假想对称平面上，则定位基准在水平方向上的位移误差不存在，$\Delta_{y_{水平}}=0$。但在垂直方向上，由于定位基面$d_{-\delta_d}^{\ 0}$存在制造误差$-\delta_d$，故产生基准位移误差(图2-51)应为

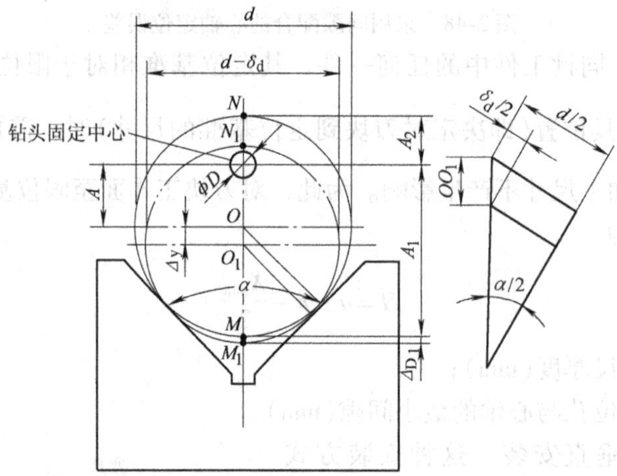

图2-51 工件以外圆柱面在V形块定位

$$\Delta_{y_{垂直}}=OO_1=\frac{\delta_d}{2\sin\dfrac{\alpha}{2}} \qquad (2\text{-}8)$$

由上式不难看出，当δ_d一定时，V形块夹角α越大，则$\Delta_{y_{垂直}}$越小，定位精度越高，但其定位稳定性越差，故一般取$\alpha=90°$。

V形块的定位误差大小还与加工工序尺寸的标注有关，如图2-52所示有三种情况：

1）若工序尺寸以轴线为工序基准，标注为尺寸A(图2-52a)，此时，工序基

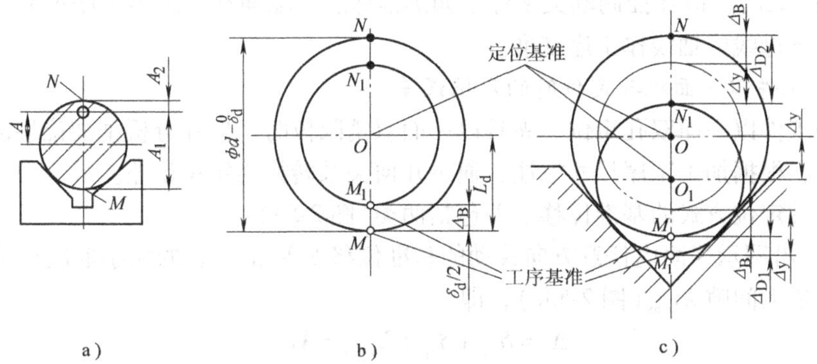

图 2-52　工序尺寸标注不同时的定位误差

准与定位基准重合，$\Delta_B=0$，于是按式(2-8)即可求出定位误差 Δ_D。当 $\alpha=90°$时

$$\Delta_D=0.707\delta_d \tag{2-9}$$

2）若工序尺寸 A_1 以下母线 M 为工序基准标注时，基准位移误差同上。但因基准不重合，且其联系工序基准与定位基准的定位尺寸 $L_d=d/2$，它的公差为 $\delta_d/2$，故 $\Delta_B=\delta_d/2$。

现在来研究 Δ_y 与 Δ_B 如何综合作用于工序尺寸？当定位基准下移时(即 L_d 由 $L_{dmax}\rightarrow L_{dmin}$,定位基准由图中的 $O\rightarrow O_1$)，造成尺寸 A_1 增大；与此同时，工序基准会上移(即从 $M\rightarrow M_1$)，造成尺寸 A_1 减小。这就是说这两种基准对加工尺寸 A_1 方向的位移影响是相反的，其综合作用的结果造成定位误差 Δ_{D_1} 为

$$\Delta_{D_1}=\Delta_y-\Delta_B=\frac{\delta_d}{2\sin\frac{\alpha}{2}}-\frac{\delta_d}{2}$$

当 $\alpha=90°$时，$\Delta_{D_1}=0.207\delta_d$。　(2-10)

3）若工序尺寸 A_2 以上母线 N 为工序基准标注时，Δ_y 和 Δ_B 的大小都与尺寸 A_1 的情形相同，但两种误差对加工尺寸变化的影响是同向的。造成的定位误差 Δ_{D_2}为

$$\Delta_{D_2}=\Delta_y+\Delta_B=\frac{\delta_d}{2\sin\frac{\alpha}{2}}+\frac{\delta_d}{2}$$

当 $\alpha=90°$时，$\Delta_{D_2}=1.207\delta_d$。　(2-11)

由此可见，分析定位误差的关键在于找出同批工件的工序基准在加工尺寸方向上，相对于定位(限位)基准可能位移的最大范围，有时还要考虑定位尺寸的变动范围，考察其综合作用的结果。

从上述三种工序尺寸的不同标注方式所得的三种定位误差对比可看出：

$\Delta_{D_1}<\Delta_D<\Delta_{D_2}$。故在控制轴类零件上如键槽深度、端面孔心距等工序尺寸时，一般多以下母线或轴线作工序基准。

4. 工件以一面双孔定位时的定位误差

当工件以一面双孔定位、夹具以一面双销限位时，应在分析基准位移误差的基础上，根据加工工序尺寸标注，通过几何关系转换为定位误差。

这种定位方式的基准位移误差包括两类(图2-53)：

1）沿图示平面内任意方向移动的基准位移误差 Δ_y，它的大小取决于第一定位副的最大间隙 X_{1max}(图2-53a)，即

$$\Delta_y=\delta_{D_1}+\delta_{d_1}+X_{1min}=X_{1max} \tag{2-12}$$

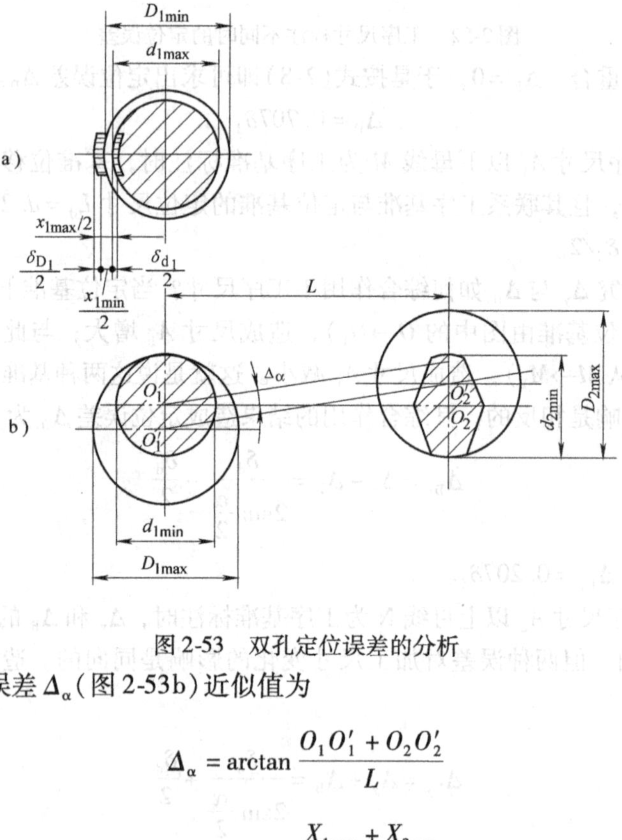

图2-53 双孔定位误差的分析

2）转角误差 Δ_α(图2-53b)近似值为

$$\Delta_\alpha=\arctan\frac{O_1O_1'+O_2O_2'}{L}$$

所以
$$\Delta_\alpha=\arctan\frac{X_{1max}+X_{2max}}{2L} \tag{2-13}$$

式中 δ_{D_1}——为孔直径公差；

δ_{d_1}——为销直径公差；

X_{1max}、X_{2max}——分别为两定位副的最大配合间隙。

注意！若工件可以任意方向角位移，则应按双向转角误差 $2\Delta_\alpha$ 计。分析实

例见第七章技能训练2。

减小一面双孔定位误差的措施，通常是：在工件上加一外力，使其角位移向单边偏转；其次是提高定位副的制造精度，减小配合间隙或采用圆锥销、可胀销等，以减少 Δy。

第五节　定位装置设计示例

前面已学习了工件在夹具中定位的有关知识，现举一设计定位装置的示例来说明已学的基本理论和方法的运用，作为定位部分的小结。

图2-54所示为在Z5125立式钻床上钻拨叉工件的两个 $\phi10.5^{+0.24}_{0}$mm 通孔的工序简图，试设计其定位装置。

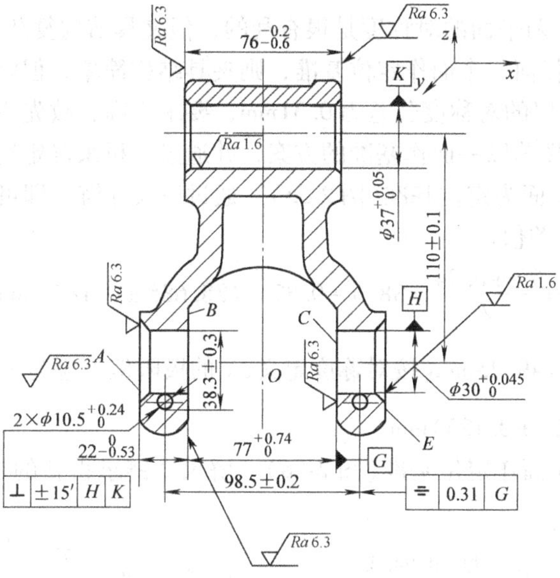

图2-54　拨叉工件钻孔工序简图

1. *了解本工序的加工要求*

本工序加工要求是：$\phi10.5$mm 孔的尺寸精度不高，可由钻头保证；孔的位置精度由夹具定位装置和对刀导向装置来保证，要求孔心距为(98.5±0.2)mm，孔的下母线到 $\phi30^{+0.045}_{0}$mm 孔的上母线距离为(38.3±0.3)mm；待加工的两孔轴线与 $\phi30$mm 同轴孔的轴线以及与 $\phi37^{+0.05}_{0}$mm 孔轴线的垂直度误差不超过±15′；两孔的孔心距(98.5±0.2)mm 的对称中间平面应与 $77^{+0.74}_{0}$mm 两端面的对称中间平面重合，其对称度误差不大于0.31mm。

2. 确定支承点并选择定位基准

(1) 为保证尺寸(38.3±0.3)mm，应限制$\vec{z}$、$\overset{\frown}{x}$、$\overset{\frown}{y}$，要保证尺寸(98.5±0.2)mm与尺寸$77^{+0.74}_{0}$mm中间平面的对称度，还须限制$\vec{x}$、$\overset{\frown}{z}$，这样也同时保证了小孔轴线与两大孔轴线的垂直度，所以定位件应限制工件的五个自由度。

(2) 由于尺寸38.3mm及±15′的要求，主要与ϕ30同轴孔有关，本着基准重合原则，应尽量选取精度较高的表面作定位基准，故确定以ϕ30mm同轴孔的轴线为主要定位基准，同轴孔为主要定位基面，布置四个支承点，以限制$\vec{y}$、$\vec{z}$、$\overset{\frown}{y}$、$\overset{\frown}{z}$四个自由度(按理论分析，因钻通孔，$\vec{y}$可不必限制，但从简化夹具结构来看，还是以完全定位为佳)。

为限制$\vec{x}$自由度，只要在A、B、C、E四端面中的任意一个布置一个推力支承即可，但用哪一个为好呢？可通过下述比较来确定。

若同时用B、C两面作定位基准，采用自动定心夹紧机构，这对保证98.5mm与77mm两平面的对称度是很有利的，但夹具结构复杂些。

若单独采用任何一个面作定位基准，则夹具结构简单，但将因基准不重合而增加Δ_B。而本工序的对称度公差为0.31mm，要求不高，故先不采用前一种定位基准方案，而选择单以一面作基准的方案，并通过分析来确定选哪一面较好。

1) 单独选C面为定位基准(图2-55)。通过解尺寸链，即可求得新的加工尺寸A_2及其极限偏差值。

因为　$\vec{A_1}=\dfrac{77+0.74}{2}=38.5+0.37=(38.685\pm0.185)\text{mm}$

$$N=\frac{98.5}{2}=49.25\text{mm}(\text{按对称度定义},N\text{的极限偏差应为}\pm0.31\text{mm})$$

所以A_2为(10.565±0.125)mm。

2) 单独选A面作定位基准(图2-56)。解尺寸链求得新的加工尺寸B_3及其极限偏差值。

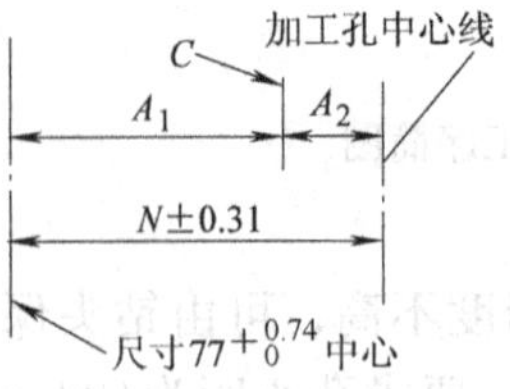

图2-55　以C面为基准的尺寸链简图

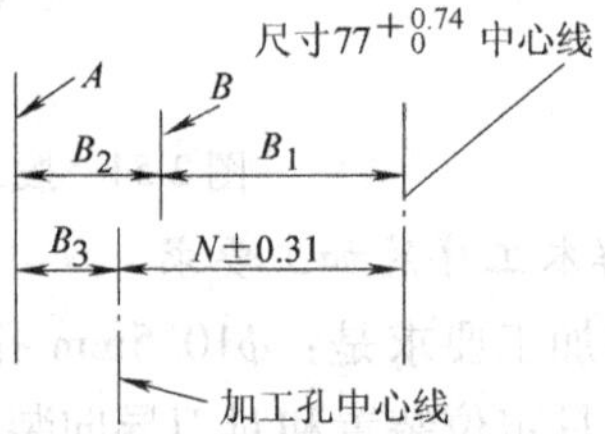

图2-56　以A面作定位基准的尺寸链简图

因为$\vec{B_1}=\vec{A_1}=(38.685\pm0.185)\text{mm}$，$\vec{B_2}=22^{\ 0}_{-0.53}\text{mm}$，而封闭环$N=(49.25\pm0.31)\text{mm}$，按尺寸链理论，封闭环公差应等于各组成环公差之和，现在N的公

差却小于$\vec{B_1}$与$\vec{B_2}$的公差之和，所以用 A 面作基准无法加工出合格工件。

从以上分析可知，用 C 面或 B 面来限制$\vec{x}$时，其误差 ±0.125mm 是足够的，又能使夹具结构简化，故采用 C 面。

为限制$\widehat{x}$自由度，应设防转支承点，根据防转支承应尽可能远离回转中心的原则，应选择 $\phi37^{+0.05}_{0}$mm 孔作支承。

3. 选择定位件的结构及其布置

采用两个同轴的短圆柱销作为 $\phi30$mm 同轴孔的限位基面，定位副选用 H7/g6 配合，圆柱销直径 d_1 为 $\phi30^{-0.009}_{-0.025}$mm，其中一个圆柱销上作出凸肩，作为 C 面的限位基面，这样共限制$\vec{x}$、$\vec{y}$、$\vec{z}$、$\widehat{y}$、$\widehat{z}$五个自由度。

另外，再用一个削边销与 $\phi37^{+0.05}_{0}$mm 孔配合，以限制工件$\widehat{x}$自由度。削边销与孔配合选用 H7/f 7，得其未削边部分直径 d_2 为 $\phi37^{-0.025}_{-0.050}$mm，根据表 2-2 查得 $b_1=6$mm，$B=32$mm。与圆柱销的距离取 110 ±0.02mm(取工件尺寸公差 δ_k 的 1/5)。

各定位件在夹具中的布置如图 2-57 所示。

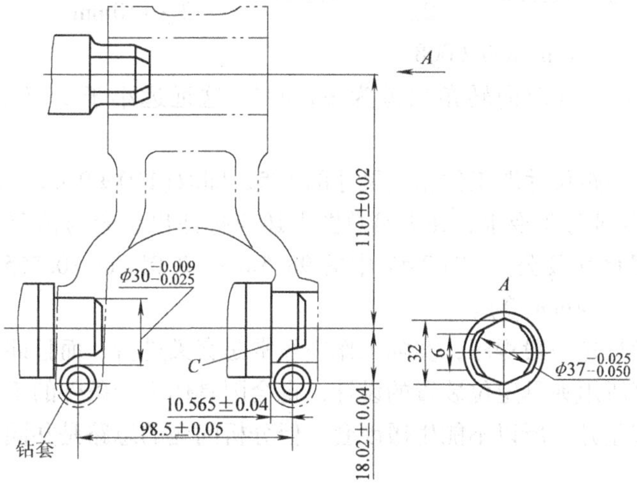

图 2-57　定位件的结构与布置

4. 分析定位精度

判断有否足够的定位精度？一般情况下，定位精度应控制在工件相应尺寸公差 δ_k 的 1/3 ~ 1/5。

1）对于尺寸(38.3 ±0.3)mm，因加工时直接得到的位置尺寸是孔中心尺寸，从图 2-58 尺寸链中，可求得这一新的加工尺寸$\vec{C_1}=N-\vec{C_2}$，N 为已知，$\vec{C_2}=\dfrac{10.5\text{mm}+0.24\text{mm}}{2}=5.25\text{mm}+0.12\text{mm}=5.31\text{mm}\pm0.06\text{mm}$，故$\vec{C_1}=(38.3\pm0.3)-(5.31\pm0.06)=(32.99\pm0.24)$mm，其工序基准为 $\phi30$ 孔的上母线 R，

显然与定位基准轴线不重合，即 $\Delta_B=\dfrac{\delta_D}{2}=\dfrac{0.045\text{mm}}{2}=0.0225\text{mm}$。由于夹紧力向下朝向限位销，故沿加工尺寸 C_1 方向上的 $\Delta_y=0$，即 $\Delta_D=\Delta_B=0.0225\text{mm}$，而工件尺寸公差 $\delta_k=0.48\text{mm}$，$\Delta_D<\dfrac{1}{3}\delta_k=0.16\text{mm}$，故定位精度足够。

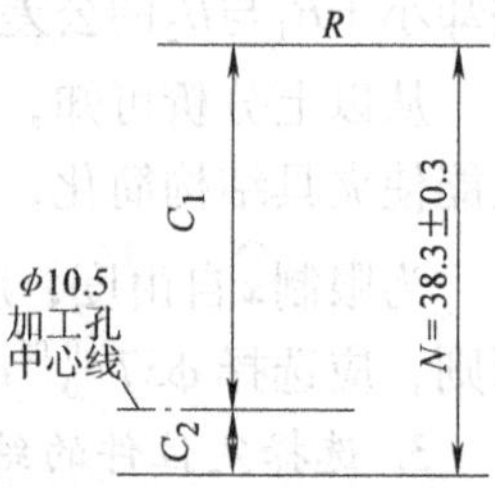

图 2-58 $\phi10.5$ 孔中心位置的尺寸链

2）对孔心距 (98.5 ± 0.2)mm 与 $77^{+0.74}_{0}$mm 的假想对称平面的对称度 ±0.31mm，如前分析的已转换为新的加工尺寸 (10.565 ± 0.125)mm，由于对此尺寸的 $\Delta_y=0$，$\Delta_B=0$，故 $\Delta_D=0$，完全能保证加工要求，故在夹具上取该尺寸公差的1/3，即 (10.565 ± 0.04)mm；而对孔心距公差取1/4，即 (98.5 ± 0.05)mm。

3）影响加工孔中心线垂直度 ±15′的定位误差，是 $\phi37^{+0.05}_{0}$mm 孔的转角误差，按式(2-13)计算

$$\Delta_\alpha=\arctan\frac{X_{1\max}+X_{2\max}}{2L}=\arctan\frac{0.068\text{mm}+0.109\text{mm}}{2\times110\text{mm}}$$

$$=\arctan0.0008$$

所以 $\Delta_\alpha=2'48''$，其双向转角误差为 $\pm2'48''$，这远远小于 ±15′，故定位精度足够。

对两销中心距尺寸取工件相应尺寸的1/5，即取 (110 ± 0.02)mm。

4）为了保证加工要求，在夹具总图上还应标注出钻套与钻套、钻套与限位基准间的位置尺寸及公差（图2-57中的98.5mm ±0.05mm、10.565mm ±0.04mm及18.02mm ±0.04mm等）。

上述步骤只是一般程序，实际工作中经常是交叉进行，而且即使对于同一工件的同一工序所用夹具定位装置的设计，也会因具体生产条件的不同，使定位装置的结构各有差异，所以不能生搬硬套，但分析问题的思路是共同的。

复习思考题

1. 工件定位的实质是什么？试述六点定则的主要内容。

2. 为什么说六个支承点如果分布不当，就可能限制不了工件的六个自由度？

3. 说明图2-59所示工件定位时，分别应限制哪几个自由度？属于何种定位？

4. 什么是重复定位？造成的后果是什么？改善重复定位的措施有哪些？以图2-60为例说明。

5. 定位副包括什么？分清工件定位基面和定位基准以及夹具定位件上限位基面和限位基准的概念。

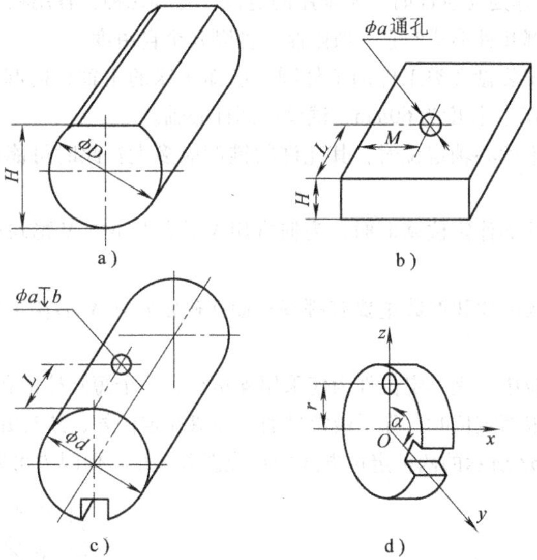

图 2-59　第 3 题图

a）铣削平面　b）、c）钻孔　d）钻端面上通孔

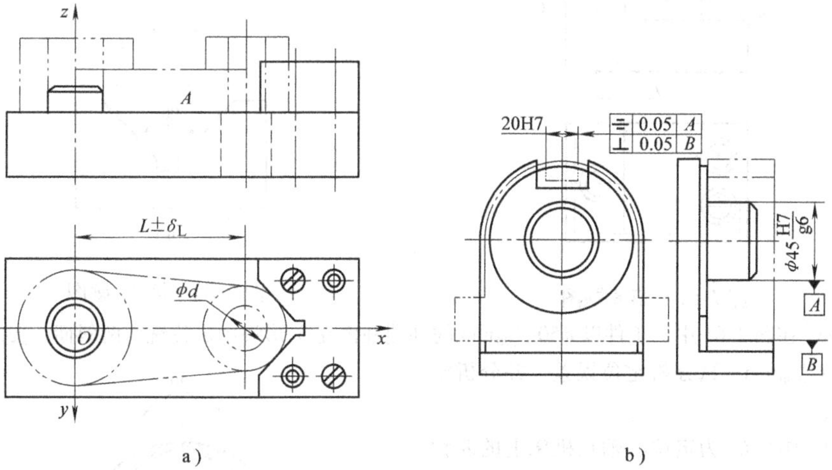

图 2-60　重复定位实例两则

a）钻孔 d　b）铣 20H7 槽

6. 设计定位件时有哪些基本要求？

7. 工件以平面定位时常用哪些定位件？什么情况下要采用可调支承、浮动支承和辅助支承？分别举例说明。

8. 若工件以阶梯平面作定位基准，在 B 面上设置两个固定支承钉，在 C 面上设置一个固定支承钉，加工 A 面(图 2-61)。如已知 $L=100\text{mm}$，$h=15^{+0.3}_{0}\text{mm}$，则上述定位方式能否满足 A 面与 B 面的平行度误差小于 $20'$ 的要求？

9. 工件以圆柱孔作定位基面时，所采用的定位件有哪几种？各用在什么场合？

10. 定位心轴有哪几种形式？它一般限制工件哪几个自由度？

11. 用定位心轴安装盘套类工件加工外圆，已知车床的主轴径向圆跳动为 0.015mm，工件定位基准孔为 ϕ45H7，长度为 60mm，试设计圆柱心轴。

12. 上题若改用锥度心轴定位时，其允许的锥度应多大？此时可能产生的轴向位移误差是多少？

13. 工件以外圆柱面作定位基面时，为何常用 V 形块定位？V 形块的限位基面和限位基准分别在哪里？

14. V 形块的结构尺寸和参数主要有哪些？如何确定？在 V 形块工作图上为何一定要标注定位高度 T？

15. 一面双孔定位中，夹具定位件为何采用支承板、一个短圆柱销和一个短削边销？

*16. 工件以组合表面定位时，除了最常见的一面双孔定位外，还有哪几种特殊面定位？

17. 试比较图 2-62 所示的两种定位方式的定位误差大小。何时方可采用图 2-62a 的方案？

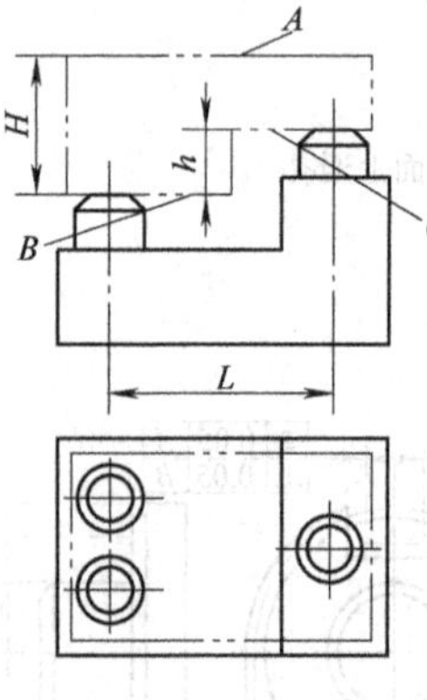

图 2-61 第 8 题图

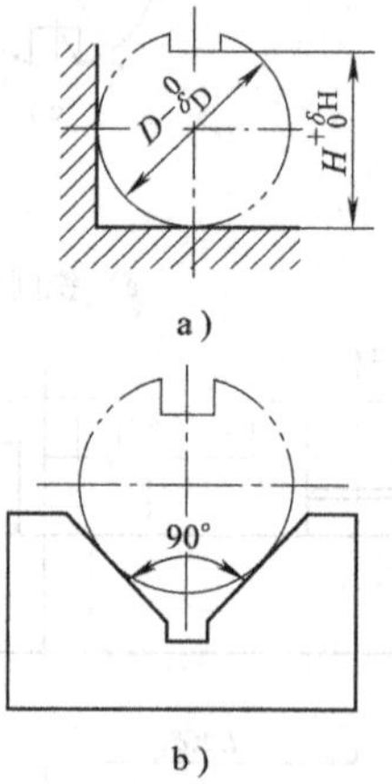

图 2-62 第 17 题图

18. 在图 2-63 中，工件以 $\phi50_{-0.20}^{\ 0}$mm 的外圆柱面在 V 形块中定位铣削两斜面，要求保证尺寸 $A_{-0.30}^{\ 0}$mm，试分析定位误差，并分析定位质量。

*19. 图 2-64 为定位心轴在机床上的四种安装方式及标注位置公差示例，供设计心轴时参考。

20. 图 2-65a 所示工件，采用三轴钻及钻模同时加工三孔 O_1、O_2、O_3。采用图 2-65b、c、d 三种定位方案，试分析比较哪种定位方案较好？

21. 要提高以平面定位的工件加工精度，在夹具定位方面可采取哪些举措能减少 Δ_D？

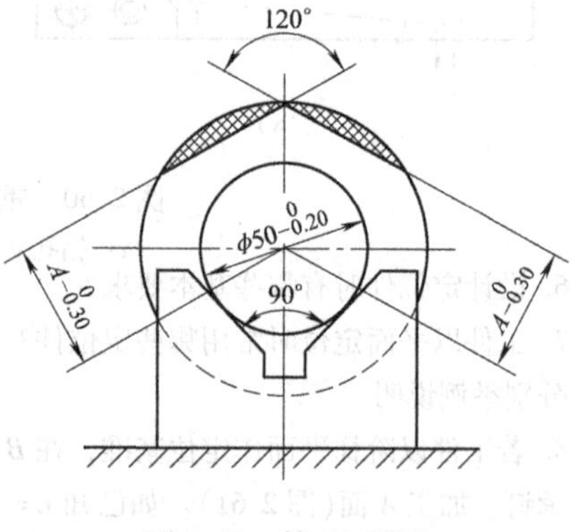

图 2-63 第 18 题图

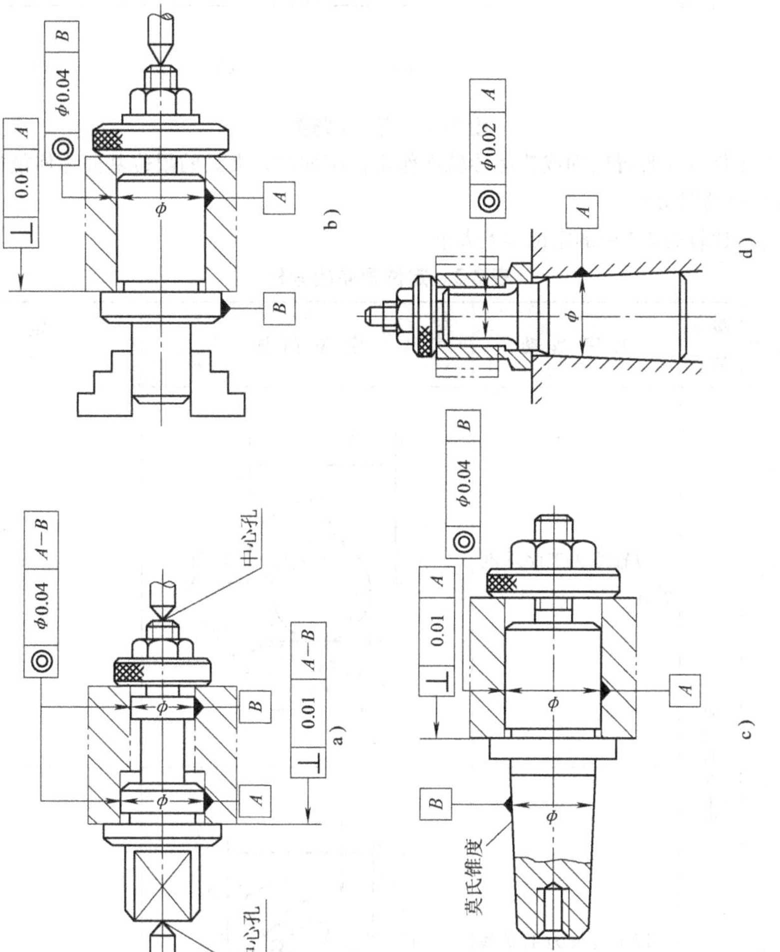

图 2-64　心轴在机床上的安装方式

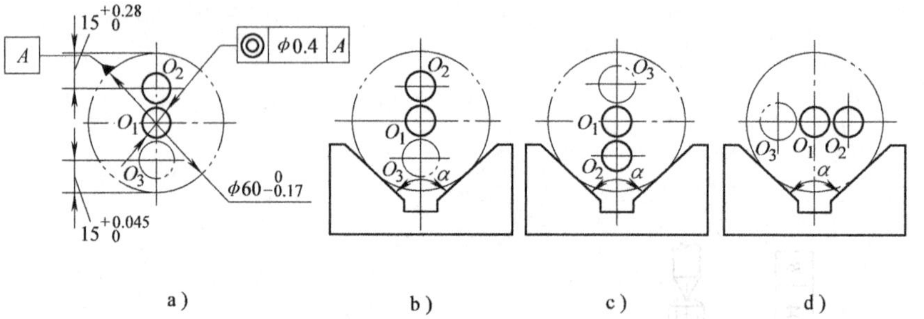

图 2-65　第 20 题图

*22. 当工件以 V 形导轨面或燕尾导轨面作定位基面时，夹具的限位基面为何很少采用与定位基面相应的形状？

23. 分析比较表 2-3 中的定位误差大小。

表 2-3　定位误差的分析

定位基面	限位基面	工序基准	定位简图	定位误差
外圆柱面(1)	平面及V形面	以轴线为工序基准钻孔	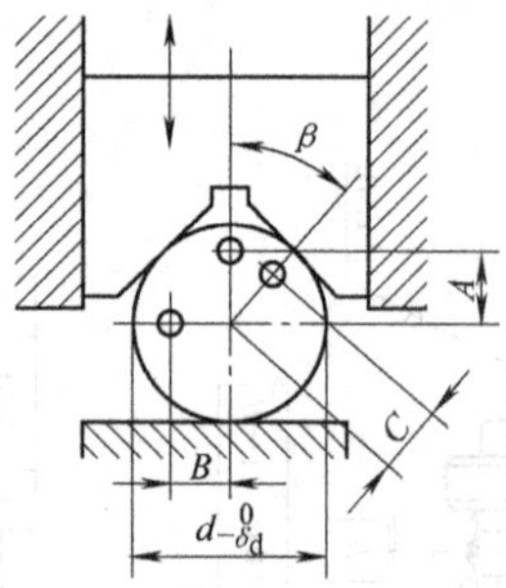	
外圆柱面(2)		以下母线为工序基准钻孔	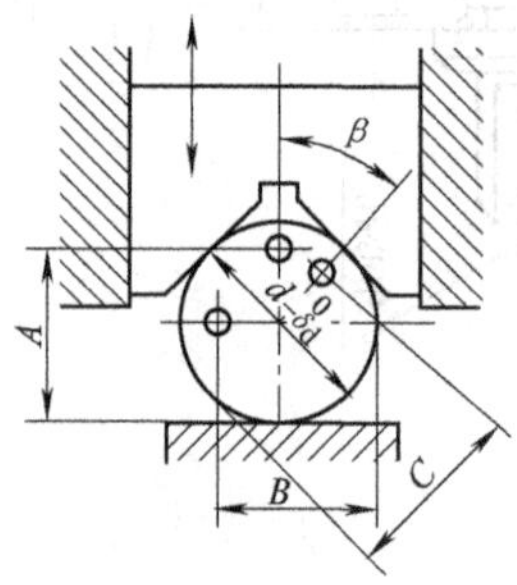	

（续）

定位基面	限位基面	工序基准	定位简图	定位误差
外圆柱面(3)	平面及V形面	以上母线为工序基准钻孔	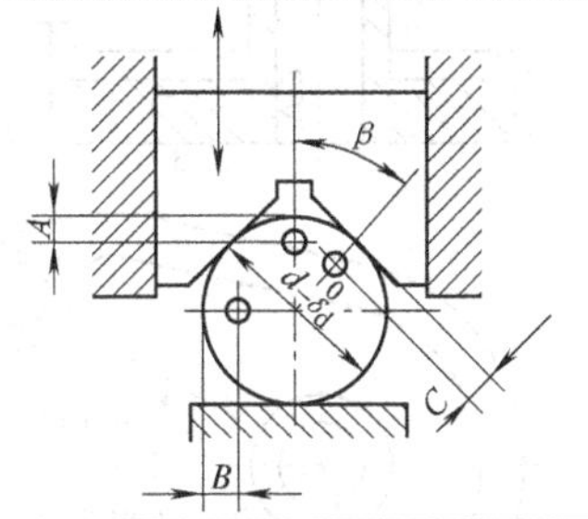	
外圆柱面(4)	V形面	以轴线为工序基准钻孔	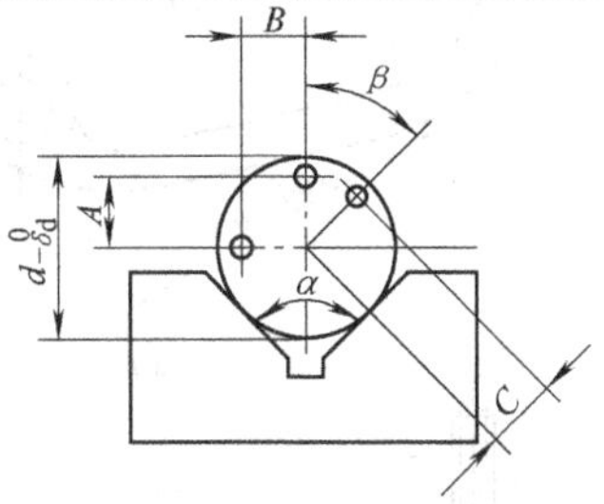	

*24. 钻铰图2-66a所示凸轮上的2×ϕ16mm孔，定位方式如图2-66b所示。定位销上的限位基面为$\phi22_{-0.021}^{\ 0}$mm，求加工尺寸(100±0.1)mm的定位误差(图中⌒表示支承点数)。

*25. 在金刚镗床上镗活塞销孔(图2-67)，要求销孔轴线对活塞裙部内孔轴线的对称度为0.2mm。以裙部内孔及端面定位，内孔与定位销的配合为$\phi95\ \frac{H7}{g6}$。计算对称度的定位误差。

26. 按图2-47a、b所示的工件定位方式加工台阶面，要求保证尺寸$A\ \pm\delta_a$=(100±0.1)mm，设已知工件上平面至限位销支承点的高度K=20mm，两定位基面的垂直度误差为90°±10′，试分析定位误差，并判断其定位质量。

*27. 图2-68为柴油机调速杠杆简图，工件的各表面均已加工，保证了A、B面的平行度，本工序为铣槽$6_{+0.025}^{+0.065}$mm，要求槽的两侧面对B面的垂直度为0.05mm/100mm，槽的对称中心线与$\phi8_{\ 0}^{+0.022}$mm及$\phi6_{\ 0}^{+0.016}$mm中心连线间的夹角为105°±30′，试设计此铣夹具的定位装置(画出草图)和分析定位误差。

*28. 试述图2-69所示车削薄壁长套类工件的弹性心轴的定位原理。

29. 试小结常见的各种形体布置限位点的情况，填于下表：

形体种类	布置限位点数	形体种类	布置限位点数
大平面	3	狭长平面	
小平面		长圆柱面	
长V形面		短圆柱面	
短V形面		长圆锥面	
短削边销		短圆锥面	

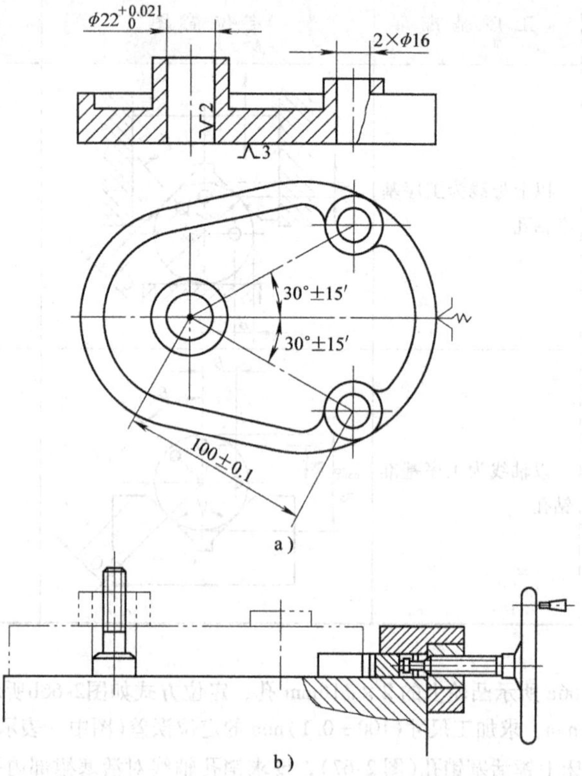

图 2-66　凸轮钻孔工序简图

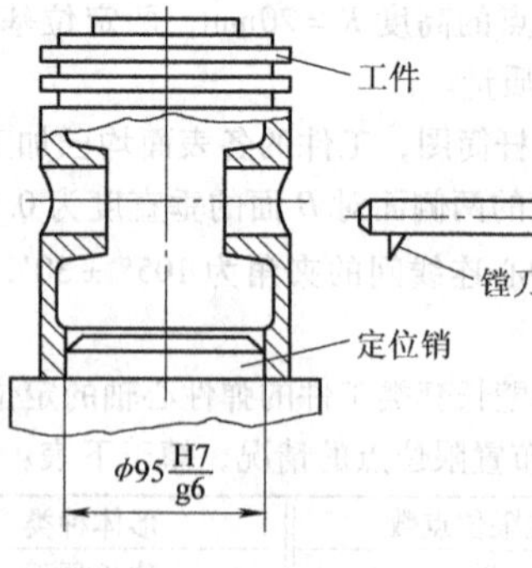

图 2-67　镗活塞销孔工序图

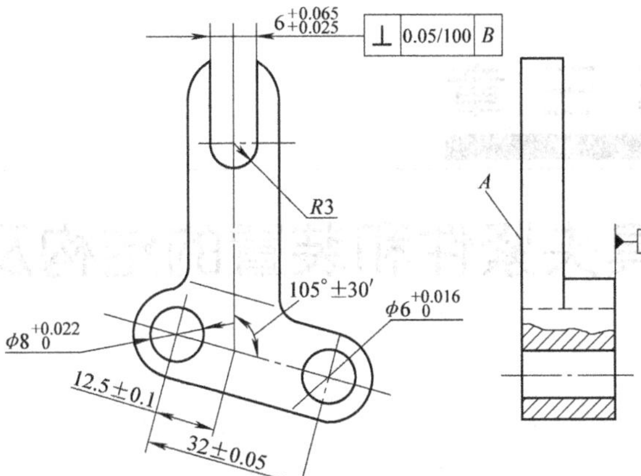

图 2-68　调速杠杆工序简图

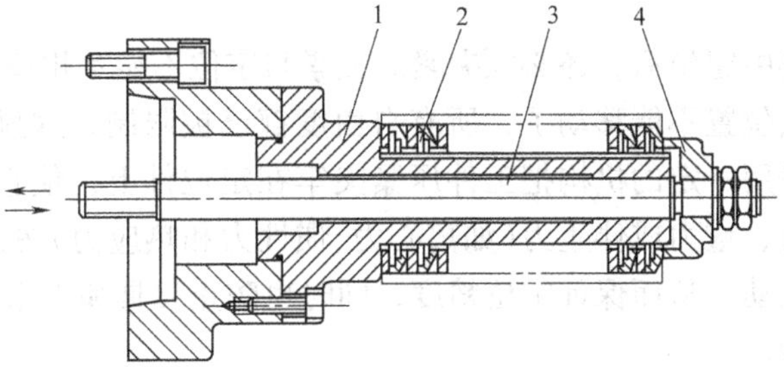

图 2-69　车薄壁长套类工件的弹性心轴

1—心轴　2—弹性膜片　3—拉杆(接动力源)　4—压板

第三章

专用夹具夹紧件和装置的结构及其选用

培训学习目标 掌握夹紧件和装置的夹紧原理和方法，学会合理确定夹紧方案的技能，并正确选用常见的夹紧件及夹紧装置。

工件在夹具中定位后，还必须夹紧。夹紧与定位不能互相替代。有人认为工件被定位后，其位置不能移动了，所有自由度都已被限制，这显然是一种误解。夹紧的任务是采用一定的机构把工件压紧夹牢在定位件上，使它在加工过程中，不会由于切削力、重力或伴生力(如离心力、惯性力和热应力)等外力作用下而发生位置变化或振动，从而保证定位精度，同时也防止刀具和机床的损坏，这种机构就是夹紧装置。

通用的夹紧装置，最常见的是由螺栓、螺母、垫圈、压板组成的机械手动夹紧，也有使用液压、气压、电磁等作为动力装置力源的。以下主要介绍专用夹具中典型夹紧装置有关的基本问题。

第一节 夹紧装置的组成和基本要求

一、夹紧装置的组成

夹紧装置的结构形式是多种多样的。在第一章介绍的三个夹具中：图 1-1 是选用液压夹紧装置，液压油经液压缸 2 作用在活塞上，推动螺杆和压板 3 将工件压紧；图 1-3 的钻床夹具是利用手动借螺母 12 和开口垫圈 11 将工件压紧；图 1-4 的气动车床夹具是利用气压驱动的自动定心夹紧装置，能使工件定心并同时夹紧。上述几个夹紧装置，所用的力源不同，由原始作用力传递至夹紧装置所经过的中间环节也不同，可以把夹紧装置的组成部分的相互关系用图 3-1 表达出来。现以图 3-2 的铣槽气动夹具为例，来进一步说明各组成部分的关系。

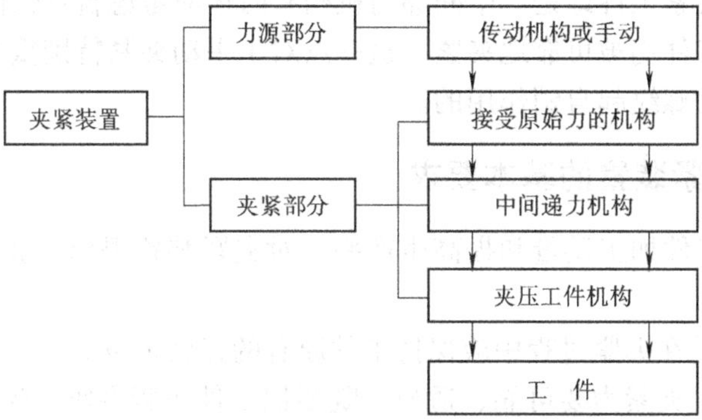

图 3-1　夹紧装置的组成

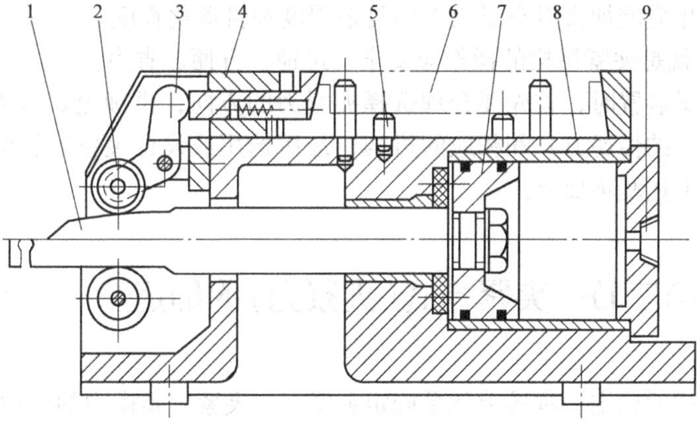

图 3-2　铣槽气动夹具

1—斜面推杆　2—滚子　3—杠杆　4—压板　5—定位支承

6—工件　7—活塞　8—气缸　9—管道

（1）力源部分　对于力源（或称原始作用力）来自于机械或电力的一般称为传动机构。常见的有液压、气压、电力等传动机构。图 3-2 中的气压传动机构由活塞 7、气缸 8 和管道 9 组成。若力源来自于人力的，则称为手动夹紧装置。

（2）夹紧部分　即接受和传递原始作用力使之变为夹紧力并执行夹紧任务的部分。一般由下列机构组成：

1）接受原始作用力的机构，如图 3-2 中的斜面推杆 1 和活塞 7。

2）改变夹紧力的大小、方向的中间递力机构，如图 3-2 中的滚子 2、杠杆 3。

3）直接与工件接触的零件，称为夹紧件，如图 3-2 中的压板 4。

上述 1）、3）两部分不管其构造形式如何，总是必不可少的，但中间递力机构则可根据实际需要可简可繁，有些夹紧装置根本没有中间递力机构，如利用螺钉或螺母直接夹紧工件即是。中间递力机构有时还应考虑自锁性能，即夹紧作用力一旦消失，工件仍被可靠地夹紧。这一点对于手动夹紧特别重要，如一般的螺旋夹紧就是借助螺纹起自锁作用的。

二、对夹紧装置的基本要求

为了确保工件加工质量和提高生产率，对夹紧装置提出“正、牢、简、快”的基本要求：

“正”就是在夹紧过程中应保持工件原有的正确定位。

“牢”就是夹紧力要可靠、适当，既要把工件压紧夹牢，保证工件不位移、不抖动，又不因夹紧力过大而使工件表面损伤或变形。

“简”就是结构简单、工艺性好、容易制造。只有在生产批量较大的工件时，才考虑相应增加夹具夹紧装置的复杂程度和自动化程度。

“快”就是夹紧机构的操作应安全、迅速、方便、省力。

设计夹紧装置时，首先要合理选择夹紧力的方向，再确定其着力点和大小，并确定夹紧力的传递方式和相应的机构，最后选用或设计夹紧装置的具体结构，来保证实现上述基本要求。

第二节　夹紧方式（夹紧力）的确定

夹紧方式的确定，本质上就是确定夹紧力。夹紧力是由力的作用方向、着力点和大小三个要素来体现的。确定夹紧力是一个综合性问题，必须结合工件的加工要求和特点、定位件的结构形式和布置方式，工件的自身重力和所受外力作用的情况等联系起来研究。

一、夹紧力方向的选择

选择夹紧力方向时，应考虑下列问题。

（1）主要夹紧力应朝向主要限位基面　图3-3中为两种典型施力情况，其中1为夹具，2为工件。在图3-3a中被加工孔C与端面有一定垂直度要求，夹紧力$W_1=W_2$垂直于主要限位基面A，如果夹紧力朝向基面B，则由于工件定位基面A、B之夹角α误差的影响，就会破坏原定位，而难以保证加工要求。图3-3b中表示夹紧力W的两个分力垂直作用于V形块工作面并对称于假想中间平面，将工件夹紧时，V形块工作面上的支承反力N在接触线上分布均匀，从而使工件稳定可靠。

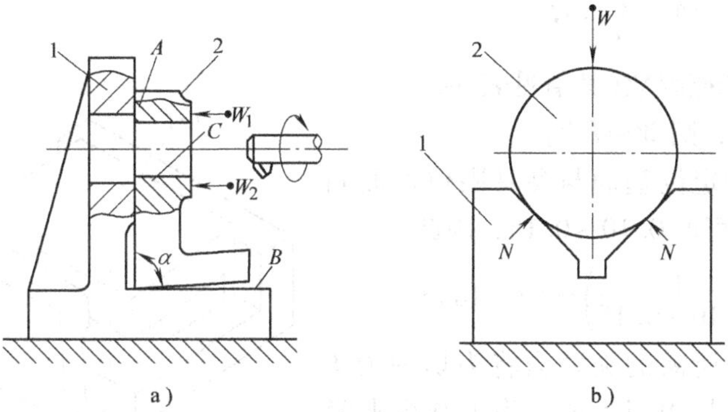

图 3-3　夹紧力方向的选择

（2）夹紧力应尽可能与工件重力、切削力同向　这一条对减小夹紧力是很有利的，同时又能简化夹紧装置结构和便于操作。

图 3-4 所示的工件，孔 A 和孔 B 分别在两个工序中进行加工。若工件均在夹具体的限位基面上定位，当钻削孔 A 时，夹紧力 W、垂直切削力 F_{CN} 和工件重力 G 三者方向均垂直于主要限位基面，这些同向力为支承反力 N 所平衡。钻削时的转矩 M 由这些同向力的作用而在限位基面上所产生的摩擦阻力矩平衡，故此时所需的夹紧力为最小。但在镗孔 B 时，水平切削力 F_D 与夹紧力 W、重力 G 相垂直，此时只依靠夹紧力和重力在限位基面上产生的摩擦力来平衡切削力，可见所需夹紧力远比切削力 F_D 大得多。若夹具采用一面双销定位（图 3-4b），此时由于钻削的转矩 M（或切削力）可由双支承销的反力矩来平衡，于是使夹紧力大为减小。

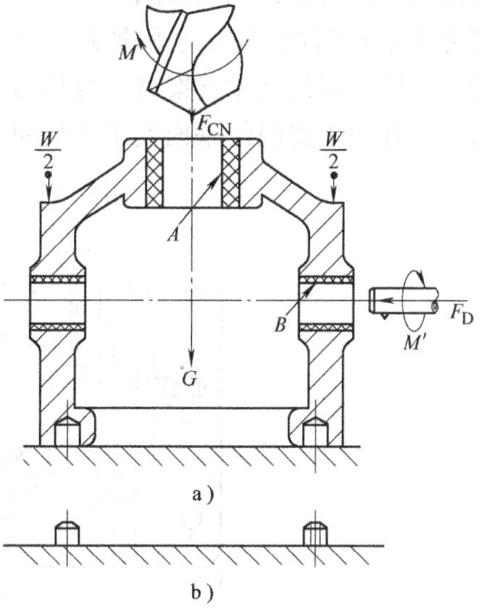

图 3-4　夹紧力与重力、切削力的关系

在生产中还常遇到 F、G、W 三力方向不相同的情况，如图 3-5 所示为在牛头刨床的机用虎钳上刨削工件平面的情形。这时 F、G、W 三力的方向互相垂直。G 和 W 要产生足够大的摩擦阻力才能克服切削力企图使工件移动而破坏定位的状况，按静力平衡条件得

$$F = Gf + Wf$$

$$W=\frac{F}{f}-G$$

式中 f——摩擦因数（其值见表3-3）。

若不计 G，则 $W\approx F/f$。

一般工件定位基面与夹具限位基面间的摩擦因数 f 可取0.10～0.15，因此

$$W\approx\left(\frac{F}{0.10\sim0.15}\right)\approx(7\sim10)F$$

可见这时所需的夹紧力将为切削力 F 的7～10倍，是相当大的。为了减少夹紧力，可将机用虎钳转90°，使 F 与 W 的方向一致。

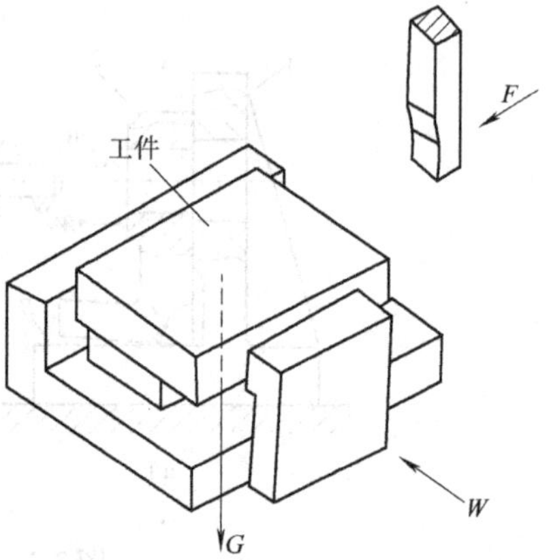

图3-5 W、F、G 三力方向垂直

在某些情况下还会遇到 W 和 F、G 方向相反，如图3-6所示的夹具，由于工件需从底面钻孔，只能按图示方式装夹工件，这时钻孔所需夹紧力必须比垂直切削力 F_{CN} 和工件重力 G 之和要大，才能防止工件在加工时偏离定位位置或产生振动。所以在制订夹紧方案时，要尽量避免此种形式。从本例还可看出，设计夹具时，最好使主要限位基面处于水平向上的位置，这一点对于重型工件更为重要。

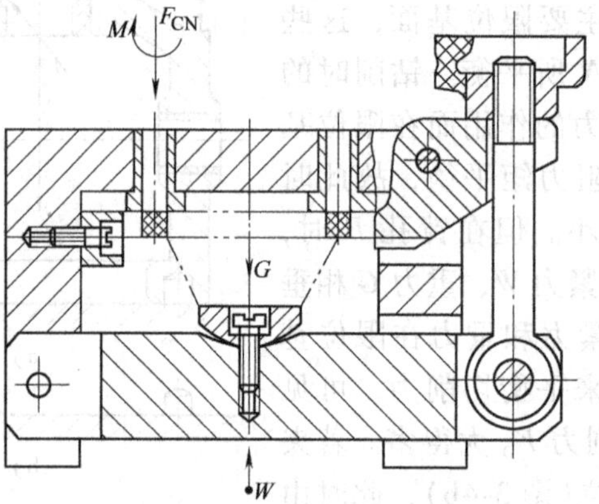

图3-6 W 与 F、G 力方向相反

二、夹紧力着力点的确定原则

（1）着力点必须使夹紧力作用在定位件所形成的限位支承面内，以利于工件定位 在图3-7中，图3-7a的着力点 O 处于三定位支承销组成的三角形内，使工件定位后不离开支承销；图3-7b、c中夹紧力不在支承面内，这样夹紧力和支承反力构成力偶 M，将使工件倾斜或移动，从而破坏定位。正确的选择应将着力点置于虚线箭头所示的位置。

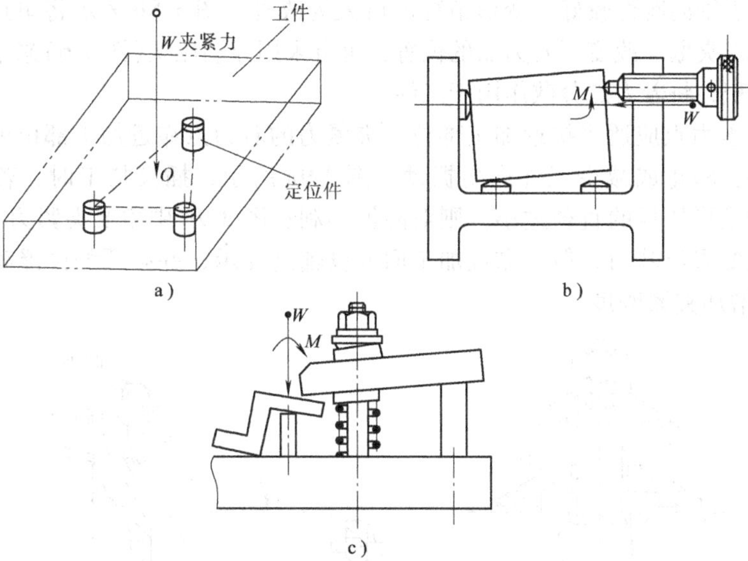

图 3-7　夹紧力着力点的选定

（2）为防止工件变形，着力点应位于工件刚度较大处或变集中的载荷为匀布载荷　如图 3-8a 的薄壁套工件，若用卡爪径向夹紧，易引起变形，若沿轴向

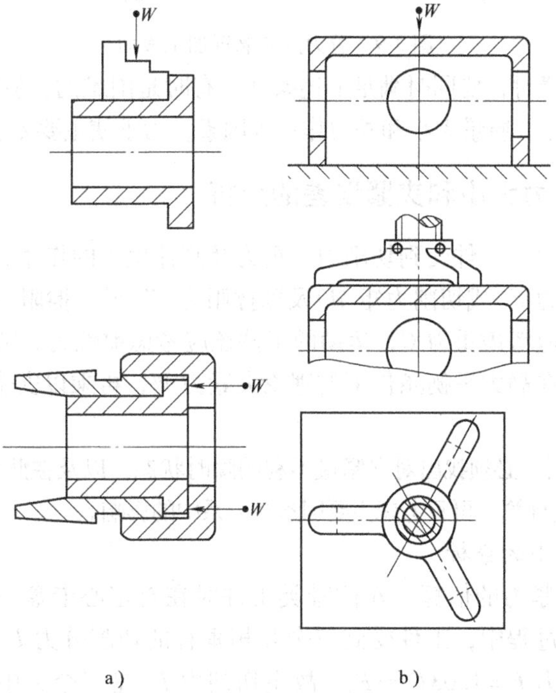

图 3-8　着力点与工件刚性的关系

施力，由于轴向刚性较好，变形情况就可大为改善；图3-8b表示将单点夹紧力W改为三点夹紧，改变了着力点的位置；也可采用浮动压块(图3-6)来增加夹紧的接触面积，将着力点分散作用于工件。

(3) 着力点应适当接近加工部位　夹紧力的着力点靠近加工部位可提高夹紧的刚性，防止或减少工件产生振动。图3-9a所示，插齿加工时，若夹紧螺母下的圆锥形压板的直径过小，则对防振不利；图3-9b中主要夹紧力W_1垂直作用于主要限位基面，但在靠近加工面处设辅助支承，并必须增设浮动夹紧机构W_2以增加夹紧刚度。

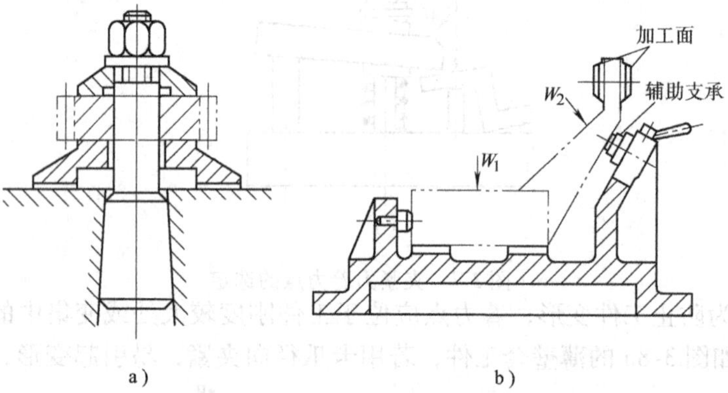

图3-9　着力点应靠近加工表面

设计夹紧装置时，要同时满足上述条件，有时是困难的，但应根据加工要求、工件形状结构特点、质量大小和外力作用等因素，力求使主要矛盾得到解决。

*三、夹紧力大小和夹紧误差的分析

在加工过程中，工件受到切削力、重力及其伴生力的作用，理论上夹紧力W的作用应与切削力F(或切削力矩M)及摩擦阻力F'(或摩擦阻力矩M')的作用平衡，对大工件还应考虑重力G，运动的工件还应考虑惯性力、离心力等，用工程力学知识计算出在静力平衡条件下的理论夹紧力W，再乘以安全系数K，得出实际夹紧力W_K。

分析夹紧力时，必须找出对夹紧最不利的瞬时状态，以及在此状态下所需的夹紧力；同时为了简化计算，可只考虑主要因素在力系中的影响。

1. 夹紧力大小的分析

(1) 车削夹紧力的估算　车削轴类工件时在自定心卡盘中装夹。从切削原理可知：在切削过程中，工件受到三个互相垂直的切削分力F_c、F_p、F_f的作用(图3-10)，其合力$F=1.03F_c\approx F_c$，故主切削力F_c是三个力中最大的，它使工件有相对卡爪转动的趋向；背向切削分力F_p也使卡爪有后退的趋势；而轴向切

削分力 F_f 有使工件发生轴向位移的趋势，但它与卡盘支承反力 N 相平衡。故在分析所需夹紧力时，主要考虑主切削力 F_c 对工件轴线所产生的切削力矩对工件的作用，使卡盘的三个卡爪在夹紧工件时所产生的摩擦阻力矩与此切削力矩相平衡。即切削力矩 M 为

$$M = F_c \cdot \frac{D_0}{2}$$

设每个卡爪的夹紧力为 W(单位:N)，则三个卡爪所产生的摩擦阻力矩 M' 为

$$M' = nW \cdot f \cdot \frac{D}{2} = M$$

$$\therefore \quad W = \frac{F_c \cdot D_0}{fnD}$$

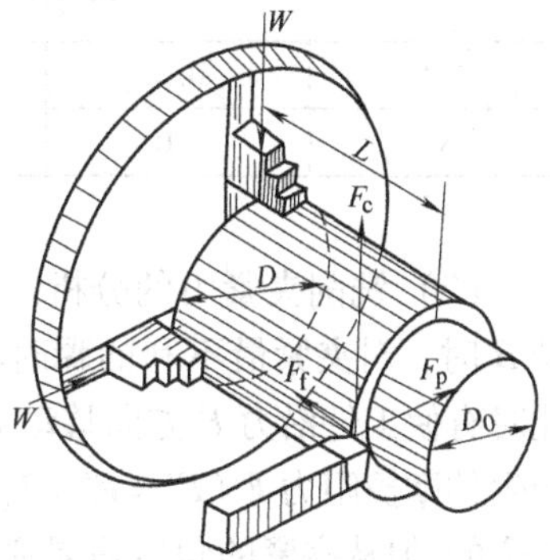

图 3-10　车削加工的夹紧力分析

式中　f——工件与定位件间的摩擦因数(表 3-3)；

D、D_0——加工前后的工件直径(mm)；

n——卡爪数。

注意！由于背向切削分力 F_p 的影响，当工件旋转一周时，每个卡爪所受的力在最小与最大之间变化，而且工件伸出卡爪越长，所需夹紧力也需越大；另外在高速切削时，因离心力作用使卡爪产生的夹紧力会减小(实验证明,当转速达 1500～2000r/min 时,卡爪夹紧力会下降 15%～30%)，为此实际夹紧力 W_K 都还需加大些，故要再乘以安全系数 K、K' 即

$$W_K = K \cdot K' \cdot W = \frac{K \cdot K' \cdot F_c \cdot D_0}{fnD} \tag{3-1}$$

式中　K——安全系数，$K = K_0K_1K_2K_3$，见表 3-1。通常情况下，取 K = 1.5～2.5，当夹紧力与切削力反向时，取 K = 2.5～3；

K'——考虑背向切削分力 F_p 的影响所取的系数，其值见表 3-2。

表 3-1　各种因素的安全系数 K 值

考虑因素		系数值 K
K_0——基本安全系数(工件材质、余量是否均匀)		1.2～1.5
K_1——加工性质系数	粗加工	1.2
	精加工	1.0
K_2——刀具钝化系数		1.1～1.3
K_3——切削特点系数	连续切削	1.0
	断续切削	1.2

表 3-2 考虑 F_p 影响的安全系数 K' 值

L/D	0.5	1.0	1.5	2.0
K'	1.0	1.5	2.5	4.0

（2）铣削夹紧力的分析 图 3-11 所示为铣削平面的加工示意图。若不设止推销 B 时，对夹紧最不利的瞬时状态是铣刀切入工件全深、切削力 F 达到最大值，此时有使工件沿力 F 方向移动和被抬起的趋向，故需依靠夹紧力 W、重力 G 及所产生的摩擦阻力 $F'(F'=F_1'+F_2')$ 与之平衡。但若设止推销 B 后（从定位的角度看是多余的，但从夹紧的角度看是必要的，因可减小夹紧力），工件不可能斜向移动了，但当切削力 F 达到最大值时，工件有绕支点 O 转动的趋势（表现为绕 O 点的上下振动）。因此要估算力 F 对支点 O 翻转的力矩 FL，由于此力矩值是变化的，夹紧力大小的确定应以力矩的最大值为计算依据。

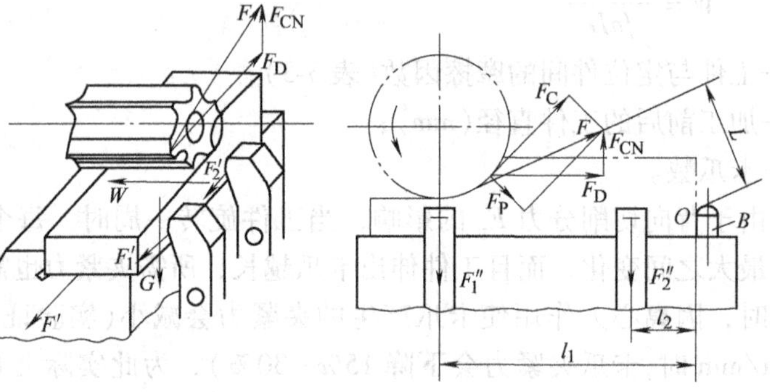

图 3-11 铣削加工的夹紧力

为简化计算，不考虑工件重力等影响，只考虑使压板夹紧时工件与夹具定位面所产生的摩擦阻力矩与外力矩保持平衡，解平衡方程，即可求出夹紧力，计算式从略。

（3）钻削加工夹紧力的分析 图 3-12 所示为钻削加工受力示意图。设两压板的夹紧力相等，其着力点对工件轴线对称，由于工件较轻，重力 G 不计。因此，在以工件为受力体的平衡力系中，钻削的轴向切削力 F_C 和夹紧力 W 由支承反力 N 平衡，而钻削转矩有使工件产生转动的趋势。为保证夹紧可靠，

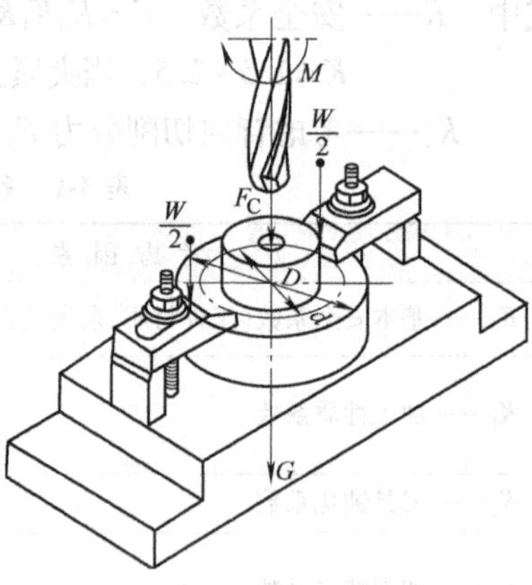

图 3-12 钻削加工的夹紧力

夹紧力和轴向切削力在两处接触面上所产生的摩擦阻力矩之和，必须满足下列方程式

$$M_t = M_o' + M'$$

式中　M_t——钻削转矩，其值由切削原理公式计算或由经验确定；

M_o'——两压板与工件接触处由于夹紧力的作用所引起的摩擦阻力矩；因压板为活动件，其值可略而不计，即 $M_o' = 0$；

M'——因夹紧力和钻削力的作用，支承面上所产生的摩擦阻力矩：$M' = (W + F_c) \cdot f \cdot d$（式中 f 见表3-3，d 为摩擦直径，$d = \frac{2}{3}D$，D 为工件定位基面外径）

所以
$$M_t = M' = \frac{2}{3}D(W + F_c)f$$

将上式展开化简即可得每块压板实际所需夹紧力大小，计算式从略。

在实际的夹具设计中，对于夹紧力的大小并非在所有情况下都用计算法确定。这是由于加工中切削力是一个变值，它受工件材质的不均匀、加工余量的变动、刀具的使用和磨损等因素的影响，使夹紧力很难准确计算。因此对于手动夹紧装置，常根据经验或用类比法确定夹紧力的大小。在设计气压、液压传动装置和多件联动夹紧装置或夹紧容易变形的工件时，或需要准确确定夹紧力数值时，多采用切削测力仪进行实测或进行试验等方法，再估算所需夹紧力的数值。

表3-3　不同支承面的摩擦因数 f 值

支承表面特点	f	支承表面特点	f
光滑表面	0.1～0.2	直沟槽方向与切削方向垂直	0.4
直沟槽方向与切削方向同	0.3	表面具有交错沟槽	0.6～0.7

2. 工件在夹具中的夹紧误差分析

工件在夹具中被夹紧时，夹紧力通过工件传至定位支承件，造成工件的定位基面和夹具的限位基面变形，从而使工件加工面产生几何误差，此即为夹紧误差。

工件在被夹紧时发生的变形包括两方面：

（1）工件的弹性变形　这种变形主要造成加工面的形状误差，如图3-13a所示轴承座的装夹情况，它在夹具定位支承板上定位，若夹紧力 W 施于顶部而垂直于主要定位基面，当 W 过大时，在镗孔完毕松夹之后，弹性变形恢复，但所镗的孔将产生圆度误差 Δ。但若将夹紧力 W 施于图3-13a中两侧虚线位置，则工件变形极小。

（2）定位副的接触变形　接触变形是由于定位副的两个接触表面的形状误差和表面粗糙度所造成的。因为在施加夹紧力之后，少数凸峰开始沉陷，随着 W 力

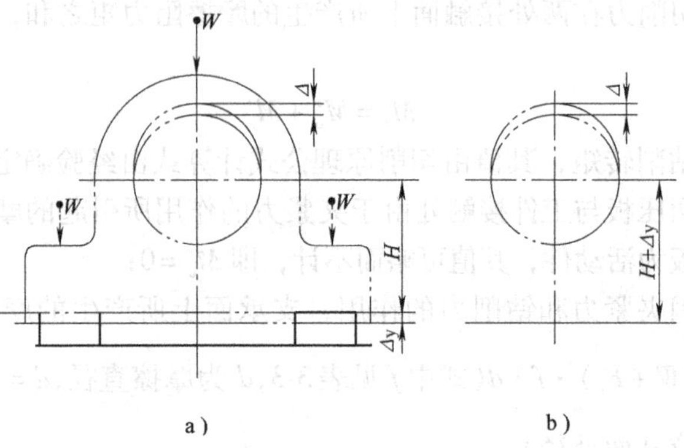

图 3-13　轴承座的夹紧误差

的增加，沉陷数值也逐渐变大，同时两接触面的面积也逐渐扩大，接触状态才渐趋于稳定，这种表面沉陷数值即为接触变形值，如图 3-13 中的 Δ_y 即是，它将导致加工尺寸 H 产生误差 Δ_y（图 3-13b）。实际上 Δ_y 也是一种基准位移误差，其值与两接触面材料的性质、硬度、表面粗糙度值以及所施加的单位压力等因素有关。

由于夹紧误差的计算很复杂，故设计夹具时，一般不作定量计算，而是采取各种应对举措来减少夹紧误差对加工精度的影响，例如：合理确定夹紧力的方向、着力点和大小；正确选择或合理设计夹紧和定位件或机构，包括提高零件刚度，对刚性较差工件设置辅助支承或采用浮动夹紧装置等，以提高安装刚度，减少弹性变形；改善支承面的形状，提高接触面的硬度、降低表面粗糙度值，必要时经过预压以减少夹紧误差；若夹紧变形对同批工件中误差均相同，则可通过调整对刀尺寸和夹具相对位置来消除它的影响。

第三节　常见的夹紧装置

不论采用何种动力源形式，一切外加的作用力要转化为夹紧力都必须通过夹紧装置。在夹紧装置中，起基本夹紧作用的多为斜楔、螺旋、偏心、杠杆、薄壁弹性件等夹紧件，其中尤以前三种及它们的组合而成的基本夹紧装置应用最为普遍，作重点学习，而对其他常见的夹紧装置只作简要叙述。

一、斜楔夹紧装置

图 3-14 为几种斜楔装置夹紧工件的实例。图 3-14a 中，需在工件上钻削有孔距精度要求的互相垂直的 ϕ8mm 与 ϕ5mm 小孔，工件 3 装入夹具体 1 中定位后，锤击斜楔 2 的大头，则斜楔对工件产生夹紧力和对夹具体产生正压力，从而把工

件楔紧。加工完毕后锤击斜楔小头即可松开工件。这就是斜楔夹紧装置的作用原理。斜楔夹紧是最基本的一种形式，偏心和螺旋夹紧装置，从原理上说均是斜楔的变型。但用斜楔直接夹紧工件的夹紧力有限，且操作费时，故实际生产中单独应用较少，往往是与其他装置组合应用。如图3-14b为斜楔与滑柱的组合夹紧装置，其斜楔2采用双升角——α_1（大升角），使压板迅速趋近工件3，而α_2（小升角）可增大夹紧力。与斜楔连接的杆，可用手动，也可用气压传动装置驱动。图3-14c为螺旋端面斜楔与压板、滑柱和弹簧的组合，只需转动手柄就可使压板将工件压紧。

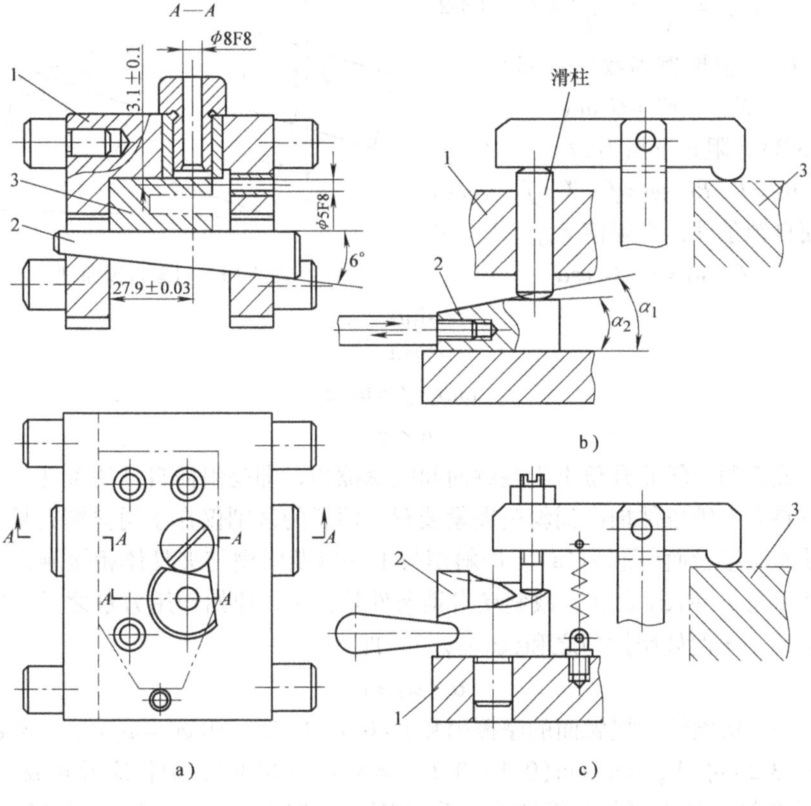

图3-14　斜楔夹紧装置

1—夹具体　2—斜楔　3—工件

设计斜楔夹紧装置时，需要解决三个问题：1）保证斜楔自锁的条件是什么？这就是合理选择斜楔升角问题；2）如何计算斜楔的夹紧力大小？3）如何将原始作用力转化为夹紧力？这实际是解决中间递力机构的增力特性和夹紧行程问题。

1. 斜面自锁原理及斜楔自锁条件

设在升角为 α 的斜面上放置一物体(图3-15)，当升角 α 逐渐增大，斜面上的物体在重力 G 的驱动下，物体与斜面接触处的静摩擦力 F 也逐渐增大，当 α 达到最大值 φ 时，力 F 达到 $F_{\max}$，物体有下滑趋势，下滑力 F' 与 $F_{\max}$ 大小相等、方向相反；若将重力 G 分解为两个分力，分别与斜面平行和垂直的分力 F' 和 W (W 力与斜面的支承反力 N 大小相等、方向相反)，然而 N 与 $F_{\max}$ 可合成全反力 R，R 则与 G 的大小相等，方向相反。于是取物体重心 O 为研究对象，则 O 在上述力系作用下处于静力平衡状态。φ 角称为摩擦角，其大小可用下式求得

$$\tan\varphi=\frac{F_{\max}}{N}=\frac{N\cdot f}{N}=f \qquad (3\text{-}2)$$

式中 f——静摩擦因数(表3-3)。

$F_{\max}=F'=G\sin\alpha$。

由式(3-2)，阻止下滑力为

$F_{\max}=fN=f\cdot R\cos\varphi=f\cdot W=f\cdot G\cos\alpha$

则斜面自锁条件，必须使 $F_{\max}>F'$，即

$$G\sin\alpha<f\cdot G\cos\alpha$$

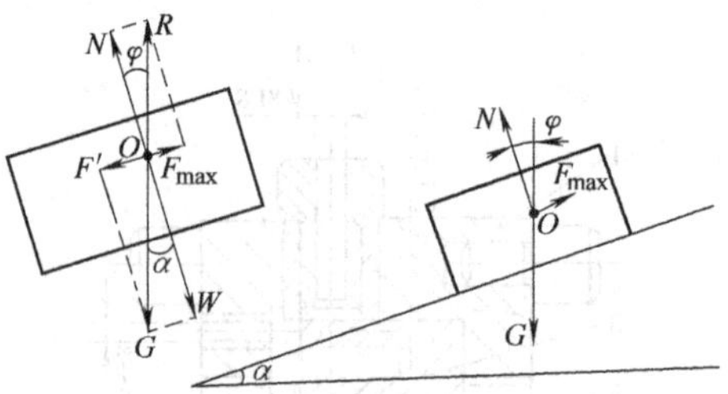

图3-15 斜面自锁原理

或
$$\frac{G\sin\alpha}{G\cos\alpha}<f$$

即
$$\tan\alpha<f=\tan\varphi$$

所以
$$\alpha<\varphi \qquad (3\text{-}3)$$

上式表明：斜面升角小于接触面间的摩擦角，即是斜面自锁的条件。

将斜面自锁条件推广到斜楔夹紧装置，两者的区别仅在于用斜楔夹紧时，存在两处摩擦接触面(图3-14a)，即斜楔与工件以及斜楔与夹具体相接触，因而有两个摩擦角 φ_1 和 φ_2 存在，故斜楔自锁条件是在去掉原始作用力 Q 之后，斜楔升角 α 必须小于两处摩擦角之和($\varphi_1+\varphi_2$)。即

$$\alpha<\varphi_1+\varphi_2 \qquad (3\text{-}4)$$

因为一般钢铁件接触面的摩擦因数 $f=0.1\sim0.15$，而 $\varphi_1=\varphi_2=\varphi$，故 $\alpha<2\varphi$，而按式(3-2)可得 $\varphi=\arctan(0.1\sim0.15)=5°43'\sim8°30'$，则相应升角 $\alpha=11°\sim17°$。为保证斜楔夹紧的自锁性能，手动夹紧一般取 $\alpha=6°\sim12°$，而气压或液压传动夹紧的斜楔因不需自锁，可取 $\alpha=15°\sim30°$。

*2. 斜楔夹紧力的分析

斜楔夹紧时的受力分析如图3-16a所示，在原始力 Q 的作用下，斜楔受到以下力的作用：工件对它的反力 W 及由此产生的摩擦力 F_1；夹具体对它的反力 N 及由此产生的摩擦力 F_2。设 W 与 F_1 合成工件对斜楔的全反力 R_1，N 和 F_2 合成夹具体对斜楔的全反力 R_2，则 R_1 与 R_2 对法向的夹角分别为摩擦角 φ_1 和 φ_2。若

将全反力 R_2 分解为水平分力 R_x 和垂直分力 W，根据静力平衡原理得

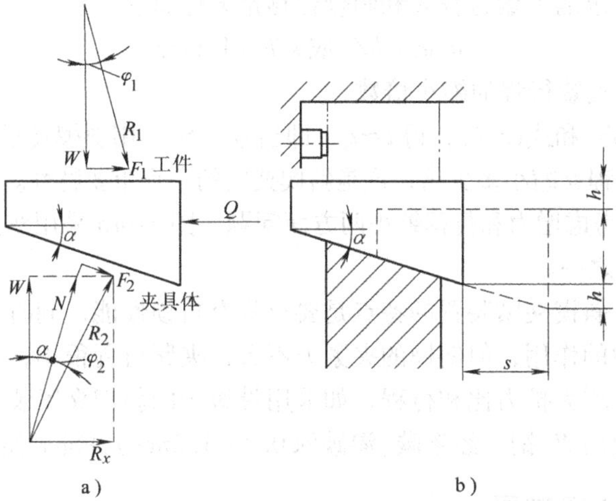

图 3-16　斜楔受力分析

$$F_1 + R_x = Q$$

而　　$$F_1 = W\tan\varphi_1 \quad R_x = W\tan(\alpha + \varphi_2)$$

代入上式得斜楔夹紧时所产生的夹紧力 W(单位:N)为

$$W = Q/\tan\varphi_1 + \tan(\alpha + \varphi_2) \tag{3-5a}$$

式中　Q——原始作用力(N)；

φ_1、φ_2——分别为斜楔与工件、斜楔与夹具体的摩擦角；

α——斜楔升角。

设所有摩擦面的 f 都相等，即 $\varphi_1 = \varphi_2 = \varphi$，且当 α 和 φ 很小时，式(3-5a)可用下式作近似计算

$$W \approx \frac{Q}{\tan(\alpha + 2\varphi)} \tag{3-5b}$$

用上式计算时，当 $\alpha \leqslant 30°$，$f \leqslant 0.15$，则夹紧力误差不超过 10%。

3. 斜楔的扩力比与夹紧行程

在式(3-5)中夹紧力 W 与原始作用力 Q 之比称为扩力比 i(或增力系数)。i 的大小表示夹紧装置在传递力的过程中扩大(或缩小)作用力的倍数。显然扩力比为

$$i = \frac{W}{Q} = \frac{1}{\tan(\alpha + 2\varphi)} \tag{3-6a}$$

若不计摩擦力则上式可近似为

$$i \approx \frac{1}{\tan\alpha} \tag{3-6b}$$

若取 $\varphi_1 = \varphi_2 = 6°$，$\alpha = 10°$代入式(3-6a)得 $i = 2.5$，即斜楔所得的夹紧力 W 比原始作用力 Q 扩大了 2.5 倍。但由于 Q 不可能很大，可见 W 也是不太大的，

而且要增大夹紧力还要减小斜楔升角 α，从而又会减少夹紧行程 h。由图 3-16b 可知，工件所要求的夹紧行程 h 和斜楔位移量 s 有如下关系

$$\tan\alpha = h/s \text{ 或 } s/h = 1/\tan\alpha \tag{3-7}$$

上式中 s/h 表示夹紧行程的缩小倍数 i_s。

对比式(3-6b)和式(3-7)，得 $i \approx i_s$，即当 Q 一定，用斜楔夹紧时，夹紧力增大多少倍，夹紧行程就缩小多少倍，这是斜楔夹紧的一个重要特性。因此在选择升角 α 时，必须同时考虑增力和行程缩小两方面问题，图 3-14b 采用双升角斜楔就是解决此矛盾的方法之一。

综上所述，斜楔夹紧装置的特点是要求具有自锁性能，同时具有改变作用力传递方向和增力的作用；但斜楔的夹紧力不大，夹紧行程很小；为提高效率，可设法减少摩擦，增大扩力比和行程，如采用带滚子的斜楔夹紧装置等。

斜楔材料常用 20 钢，经渗碳(渗碳深 0.8～1.2mm)并淬硬至 58～62HRC。

二、螺旋夹紧装置

螺旋实际是相当于把斜楔绕在圆柱上的变型，故其作用原理与斜楔一样。螺旋夹紧装置通常由螺钉(螺栓或螺柱)、螺母、垫圈、压板等零件组成。由于它结构简单、夹紧可靠、通用性强，故在夹具中得到广泛应用。它的主要缺点是夹紧和松开工件比较费时、费力。

1. 单个螺旋夹紧装置(图 3-17)

它的主要零件是直接用螺钉或螺母夹紧工件，夹紧时靠转动两者之一来完成。在图 3-17a 中，用螺钉端部直接压紧工件，容易损伤受压表面，或在旋紧螺钉时会带动工件一起转动，有可能破坏定位。克服这个缺点的办法是在螺钉端部装上可以浮动的压块(图 3-18)，使螺钉只受轴向力的作用，不致发生弯曲变形。为了防止夹具体较快磨损并简化修理工作或当夹具体较单薄，为增加螺旋的拧入长度，使夹紧可靠，可在夹具体中设置一钢质螺母套(图 3-17a)。当要求螺钉不转动，仅靠螺母转动来压紧工件时可采用图 3-17b 所示的双头螺柱结构。

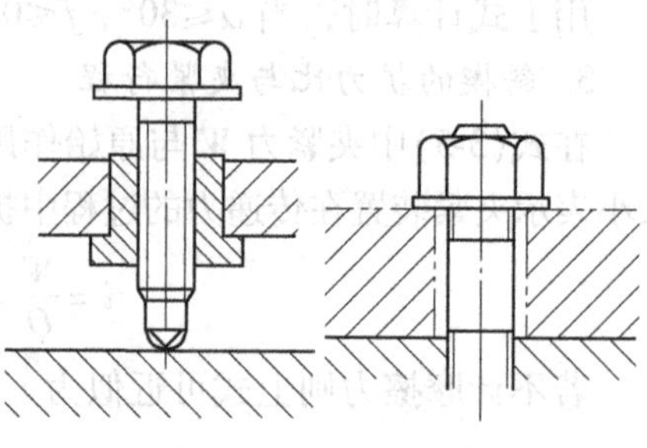

图 3-17 单个螺旋夹紧装置

标准的浮动压块结构有两种类型。图 3-18 中 A 型的端面是光滑的，用于夹紧已加工表面，压块与螺杆用 C 形弹簧钢丝连接；B 型的端面是制有齿纹的，用于夹紧毛坯表面；图 3-18c 为特殊设计的球面浮动压块。

为了克服螺旋夹紧费时的缺点，可以使用各种快速接近或快速撤离工件的螺旋夹紧装置，图 3-19a 为铰链钩形压

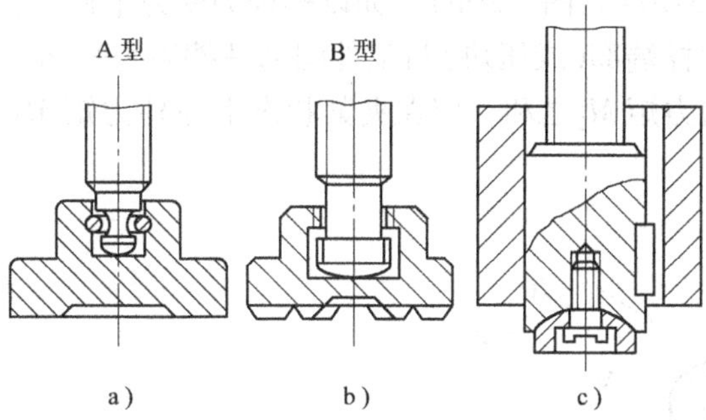

图 3-18　各种浮动压块

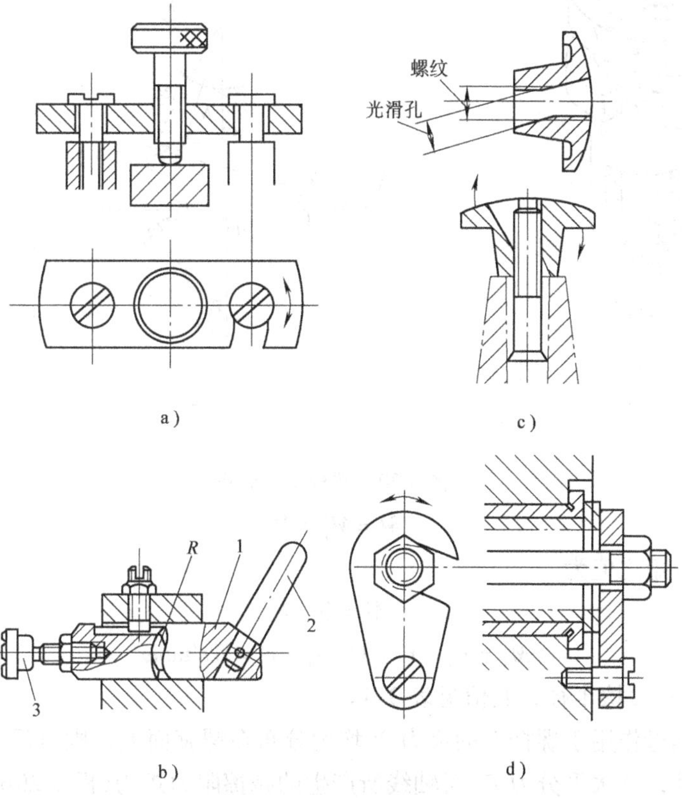

图 3-19　快速螺旋夹紧装置

板，图 3-19b 中夹紧轴 1 的直槽连着螺旋槽 R，先推动手柄 2，使浮动压块 3 迅速接近工件，继而转动手柄夹紧工件并自锁。当直接用螺母夹紧工件时则可使用快动作螺母(图 3-19c)或钩形开口垫圈等(图 3-19d)夹紧件。

*对单个螺旋副的夹紧力可分析如下：以方牙螺旋副为例(图3-20a)，当以外力 Q 转动手柄(或扳手)时，螺杆沿螺母下压，此时螺杆受力可看成滑块与斜

楔的关系(对比图3-16a与图3-20b)。如以螺杆为受力平衡体，则在外力矩 M 的作用下，作用于螺杆端部(或压块)与工件间的摩擦阻力矩 M_1'，以及与螺杆中径螺旋面上的摩擦阻力矩 M_2' 之和，应在夹紧状态下与外力矩 M(单位:N·m)保持平衡，即

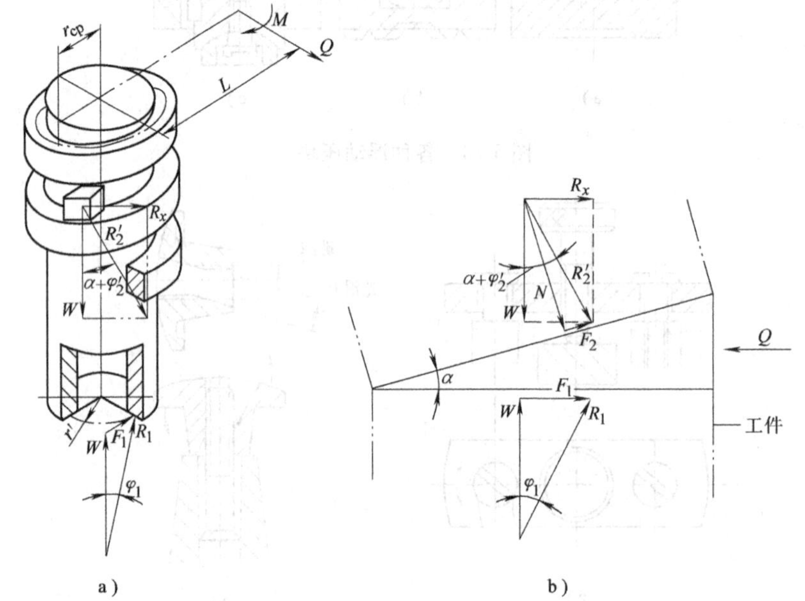

图3-20　螺杆受力分析

$$M = M_1' + M_2'$$

式中，各力矩之值为

$$M = Q \cdot L$$

$$M_1' = F_1 \cdot r' = W \cdot f_1 \cdot r' = Wr'\tan\varphi_1 \tag{A}$$

式中　r'——摩擦半径，其值见表3-4。

如设螺母作用于螺杆上的反力 N' 均匀分布在螺旋面上，则全反力 R_2' 作用在螺纹中径处，其水平分力 R_x 对轴线所产生的摩擦阻力矩为(图3-20b)

$$M_2' = R_x \cdot r_{cp} = W \cdot r_{cp}\tan(\alpha + \varphi_2') \tag{B}$$

式中　r_{cp}——螺纹中径 d_{cp} 的一半(m)。

将式(A)、(B)代入力矩平衡方程得单个螺旋夹紧时产生的夹紧力 W 为

$$W = \frac{QL}{r'\tan\varphi_1 + r_{cp}\tan(\alpha + \varphi_2')} \tag{3-8}$$

式中　φ_2'——方牙螺纹的摩擦角。

式(3-8)用于相同升角的其他种螺旋副时，φ_2' 应为该种螺纹的摩擦角。

表 3-4　螺杆端部的摩擦半径 r'　　　　（单位：mm）

形　式	Ⅰ	Ⅱ	Ⅲ	Ⅳ
	球面(点接触)	平面接触	圆周线接触	环形端面接触
简图	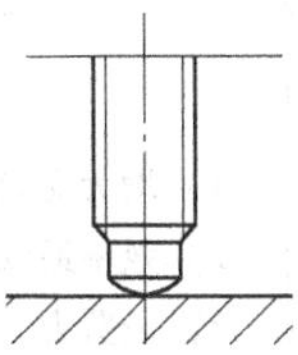	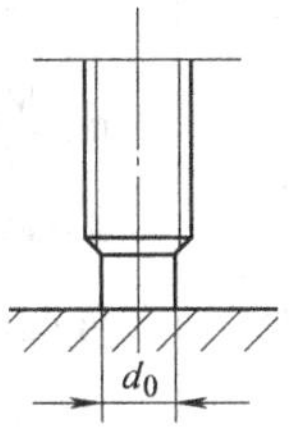	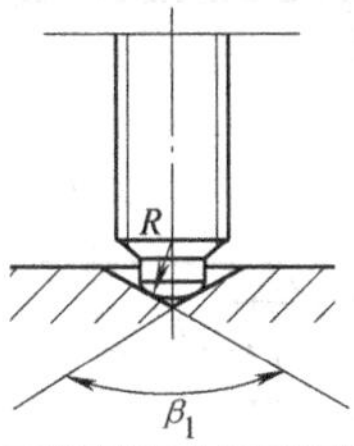	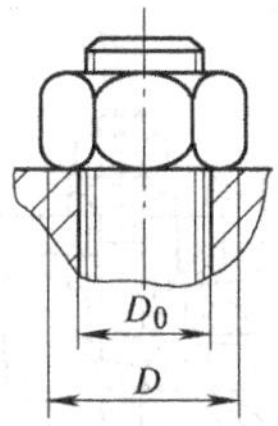
r'	$=0$	$=\frac{1}{3}d_0$	$=R\cdot\cot\frac{\beta_1}{2}$	$=\frac{1}{3}\cdot\frac{D^3-D_0^3}{D^2-D_0^2}$

普通形螺纹的升角 $\phi\leqslant4°$，自锁性良好，若使用力臂 $L=14d_{cp}$ 的标准扳手或手柄，取 $\phi=3°$，$\varphi_1=8°30'$，$\varphi_2=6°$，则单个螺旋夹紧力可用以下简式估算：

当 $r'=0$ 时，　　　　$W=140Q$

当 $r'=\frac{1}{3}d_0$ 时，　　　　$W=109Q$

当用螺母压紧，即 $r'=\frac{1}{3}\frac{D^3-D_0^3}{D^2-D_0^2}$ 时，

$$W=75Q$$

设计螺旋夹紧装置时，最好校验一下螺杆强度。螺杆一般承受扭转、拉伸或压缩力的作用，但为简化计算，只验算其拉伸强度，然后把允许的拉伸应力降低约 30%。

表 3-5 列出了各种螺旋夹紧的许用夹紧力，可供参考。

表 3-5　单个螺旋夹紧的许用夹紧力

螺纹公称直径/mm	中径 d_{cp} 的一半/mm	手柄长度 L/mm	原始作用力 Q/N	许用夹紧力 W/N		
				点接触	平端面	环形端面
M10	4.50	120	25	4200	3000	4000
M12	5.43	140	35	5700	4000	5800
M16	7.35	190	65	10600	7200	8500
M20	9.19	240	100	16500	11400	8500
M24	11.02	310	130	23000	16000	14600

2. 典型螺旋压板夹紧装置

这是普遍使用的夹紧装置，表 3-6 所示为三种螺旋压板施力方式的典型结构，其结构图、受力分析、夹紧力、作用特点等，在表中可一目了然。它表明，

在设计此类夹紧装置时，应注意根据杠杆平衡原理改变力臂的关系，以求操作省力方便。

表 3-6　螺旋压板施力方式

结构图	施力示意图	夹紧力	作用特点
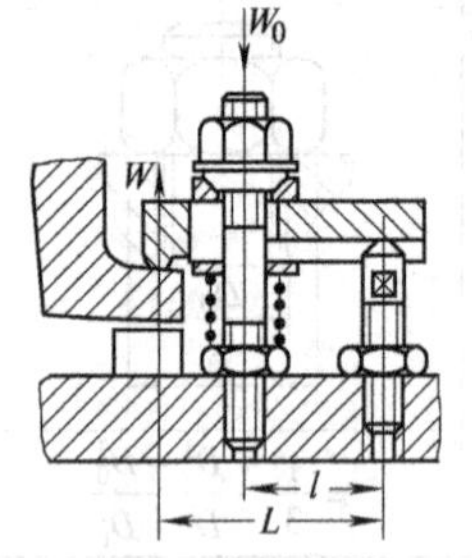	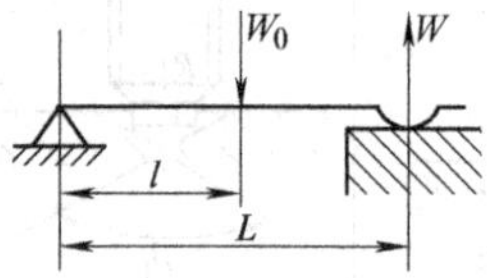	$W=\frac{W_0 l}{L}$ $W<W_0$ 当 $l=\frac{1}{2}L$ $W=\frac{1}{2}W_0$	1）增大夹紧行程 2）效率最低 3）最费力
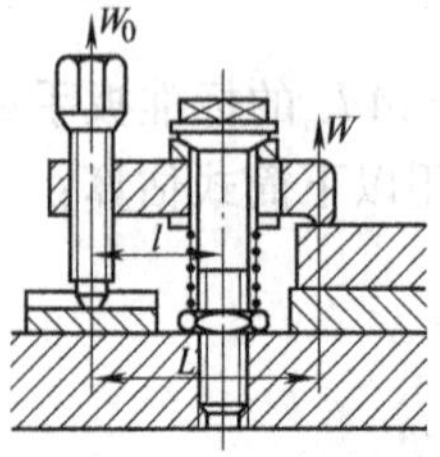	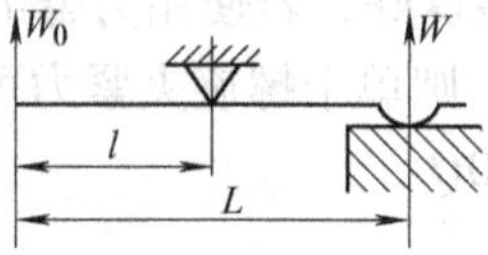	$W=\frac{W_0 l}{L-l}$ 当 $l>\frac{1}{2}L$ $W>W_0$ 当 $l=\frac{1}{2}L$ $W=W_0$	1）改变夹紧作用方向 2）夹紧力大于或等于作用力
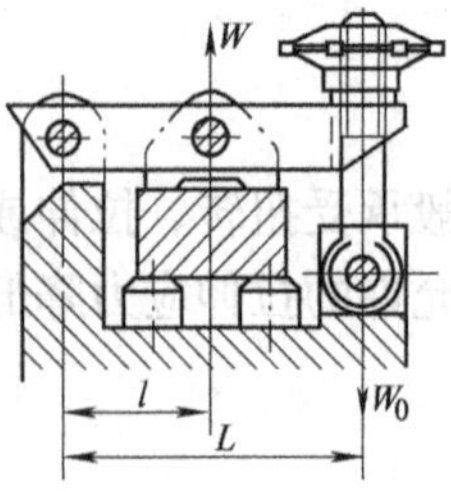	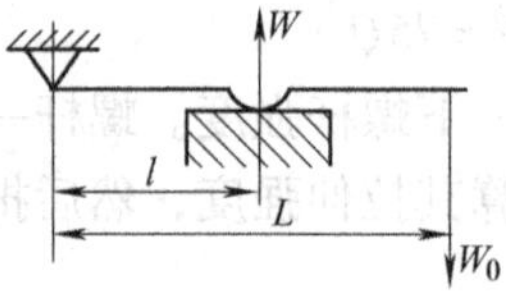	$W=\frac{W_0 L}{l}$ $W>W_0$ 当 $l=\frac{1}{2}L$ $W=2W_0$	1）增大夹紧力 2）最省力 3）应用受工件形状的限制

3. 特殊结构的螺旋压板装置

表3-6中的三种螺旋压板装置，当工件的高度 H 尺寸不同时，需要进行适当调节。现推荐图3-21所示的万能自调式螺旋压板，能适应100mm高度内的不同工件而无须进行调节，它使用方便节省辅助时间，故被广泛应用。

当夹具上安置夹紧装置的空间位置受到限制，不能采用上述各种压板时，可设计各种变型的特殊压板。例如图3-22a为表3-6中第一种压板的变型，不仅结构紧凑，而且螺杆为铰链连接，能快速卸下工件。图3-22b为手动的钩形螺旋压板装置，它必须有导向孔2，其高度 H_1 应适当，应能补偿工件夹紧尺寸的变化。压板1与导向孔保持H9/f9动配合。

如果在装卸工件时要求钩形压板能自动回转，可采用图 3-23 所示的钩形压板 1 可在铣有缺口的导向孔 2 中滑动，其圆柱上有螺旋槽，通过气压驱动压板抬起或下降时，即利用螺旋槽与螺钉 3 端部的配合实现自动回转。

在设计这种装置时，需确定压板的回转角 ϕ 和升程 h 等有关参数。回转角度 ϕ 决定压板的行程 s 和螺旋槽螺旋角 β 的大小(图3-23b)，因此在满足压板离开工件外轮廓边缘的条件下，应尽可能采用较小的回转角(一般取 $\phi = 30° \sim 90°$)，以便减少压板的行程和避免 β 角过大，并保证压板回转的灵活性。

钩形压板在夹紧时受到较大弯曲力矩的作用，因此导向孔 2 的高度应保证支承在钩形压板的上端，以防产生后仰变形。压板的受力分析如图 3-23a 所示，

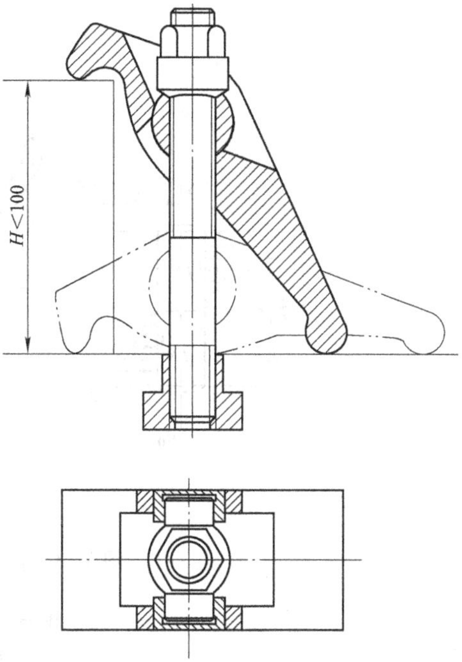

图 3-21　万能自调压板

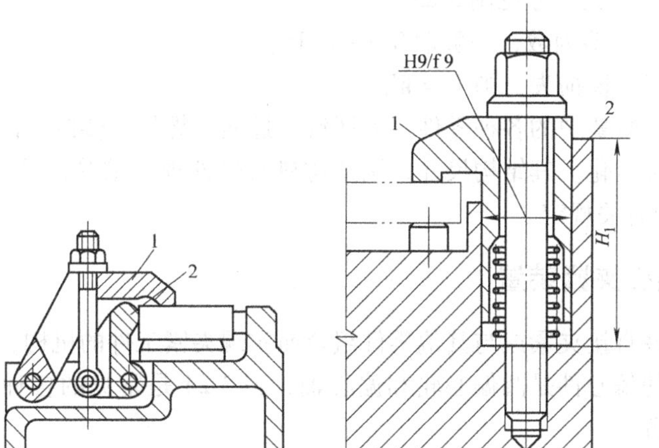

图 3-22　特殊结构的螺旋压板

夹紧时所产生的夹紧力 W 大小可根据静力平衡原理解平衡方程求得，见下式

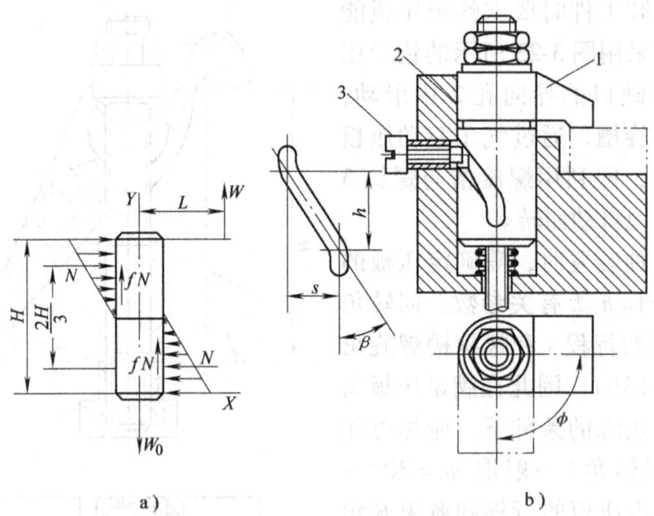

图 3-23　自动回转钩形压板

$$W=\frac{W_0}{1+3\frac{L}{H}f} \tag{3-9}$$

式中　W_0——作用在压板轴线的作用力(N)；

L、H——有关尺寸见图 3-23a；

f——摩擦因数，一般取 0.1 ~ 0.15。

若不考虑摩擦损失，则 $W=W_0$。

螺旋夹紧装置中的各种零件，如螺钉、螺栓、螺母、垫圈、浮动压块和各种压板等都已标准化。其结构尺寸、制造材料及热处理要求等，设计时可按《机械零件手册》中有关规定。

三、偏心夹紧装置

用偏心件直接夹紧或与其他零件组合而实现夹紧工件的机构，称为偏心夹紧装置。常用的偏心件是圆偏心轮和偏心轴，图 3-24 是常见的各种圆偏心轮和压板的夹紧装置。

圆偏心夹紧装置结构简单，夹紧迅速，操作方便，缺点是夹紧力和夹紧行程都较小。一般用于被压表面尺寸误差较小的工件，以及切削过程中振动不大的场合。

1. 圆偏心夹紧原理及其特性

图 3-25 所示的圆偏心轮，其直径为 D，C 为它的几何中心，R 是其几何半径。O 是偏心轮的回转中心轴，OC 是偏心距 e。若以 O 为圆心，r 为半径画圆

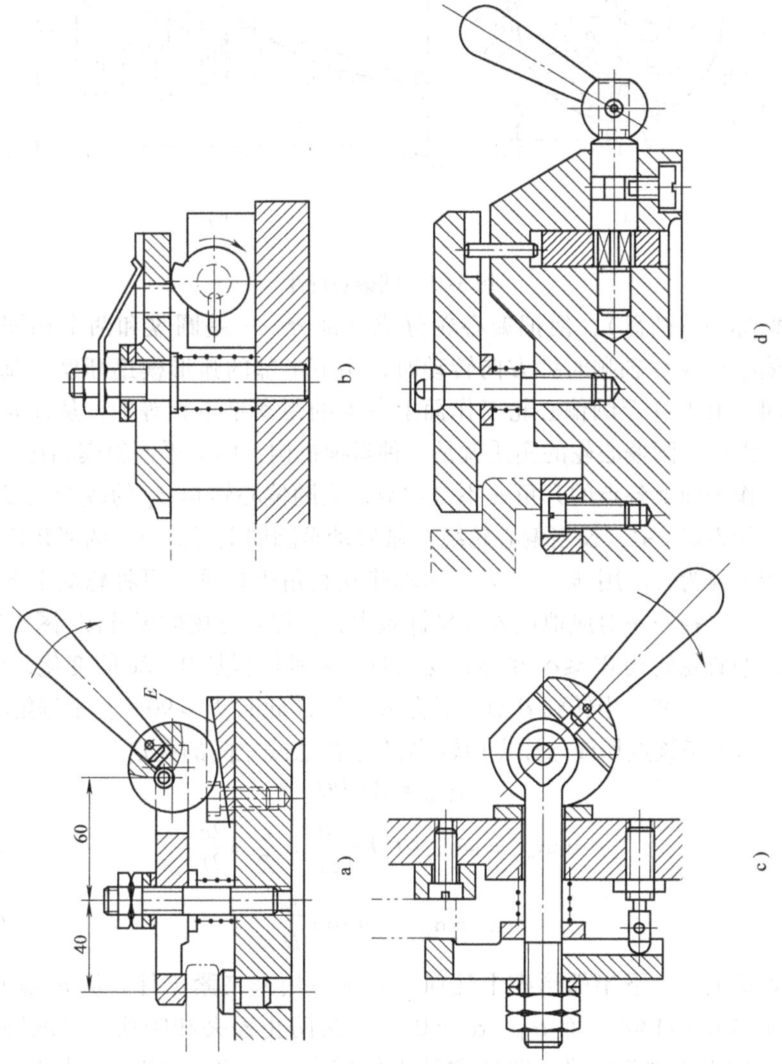

图 3-24　常见的偏心夹紧装置

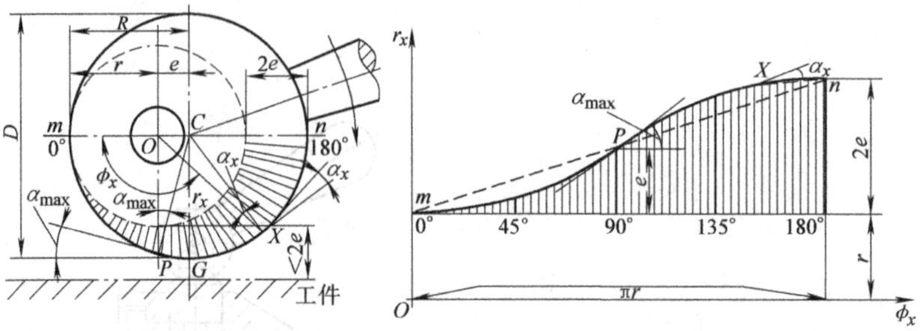

a）　　　　　　b）

图3-25　圆偏心特性

（虚线圆，称为基圆盘），便把偏心轮分成三部分——基圆盘和两个相同的弧形楔。当偏心轮绕 O 轴顺时针方向转动时，用下半部的弧形楔逐渐楔入基圆盘与工件之间，由于 O 至圆偏心轮工作面上各点的距离是不相等的，从而直接把工件夹紧。因此，圆偏心轮的实质就是一种斜楔机构，但与平面斜楔相比，主要特点是其工作表面上各点的升角 α 不是常数，它随偏心转角 ϕ_x 的改变而发生很大的变化。图3-25a中，设当偏心轮绕 O 轴转动至圆周上任意点 x 的回转角 ϕ_x，此时的回转半径为 r_x。用 ϕ_x、r_x 为坐标轴建立直角坐标系，再将轮周上各点的回转角与回转半径一一对应地记入此坐标系中，便得弧形楔的展开图（图3-25b）。

当圆偏心轮转角 $0°\leqslant\phi_x\leqslant180°$ 变化时，夹紧行程从 $0\sim2e$ 间变化，而 α_x 随 ϕ_x 由 $0°\to\alpha_{max}\to0°$，当转到 P 点时升角 α_P 最大（此时 $\phi_x=90°$）。根据解析几何，P 点的升角等于该点切线与该点回转半径 r_P 的法线之间的夹角。

因

$$\alpha_{max}=\angle CPO$$

$$\sin\alpha_{max}=\sin\angle CPO=\frac{OC}{CP}=\frac{e}{R}=\frac{2e}{D} \tag{3-10a}$$

或

$$\alpha_P=\alpha_{max}=\arcsin\frac{2e}{D} \tag{3-10b}$$

从理论上说，下半弧形楔上任何一点都可用来夹紧工件。从 m 点到 n 点，相当于 ϕ 从 $0°\to180°$，而 $\alpha_m=\alpha_n=0°$，故为防止松夹和咬死，常取圆周上的1/6~1/4圆弧作为工作段，即通常其工作转角小于90°，因转角太大，不仅操作费时，也不安全。

为简化计算，常以偏心线 $\overline{OC}$ 处于水平位置时的接触点 G 视为升角最大的夹紧点（因 G 点与 P 点很近，可认为 $\alpha_G\approx\alpha_P=\alpha_{max}$）。圆偏心轮上工作段的选择是以夹紧点 G 为依据而分为两种情况（图3-26）。

1）由 G 至 n 一段圆弧为工作段。用近 G 点夹紧最大极限尺寸的工件，近 n 点夹紧最小极限尺寸的工件，这时夹紧行程略大于偏心距 e。

2）选取相对于 G 点左右对称的一段圆弧($\overset{\frown}{AB}$)为工作段。夹角 γ 通常取 $30^\circ \sim 45^\circ$，夹紧行程可达 $s=1.4e$。

由圆偏心升角 α_x 的变化规律可知，选取$\overset{\frown}{AB}$段的工作性能较好，因该段内的 α_x 变化不大，几乎等于常数，且不会等于0°，故夹紧力和自锁性较稳定，夹紧行程也较大。若选取$\overset{\frown}{Gn}$段时，因各点的 α_x 变化较大，从接近 $\alpha_{max} \to \alpha_n = 0^\circ$变化，偏心轮在近 n 点处夹紧时，自锁性能和夹紧力不稳定，且可能会咬死，虽其夹紧力逐渐增大，但夹紧行程较小。

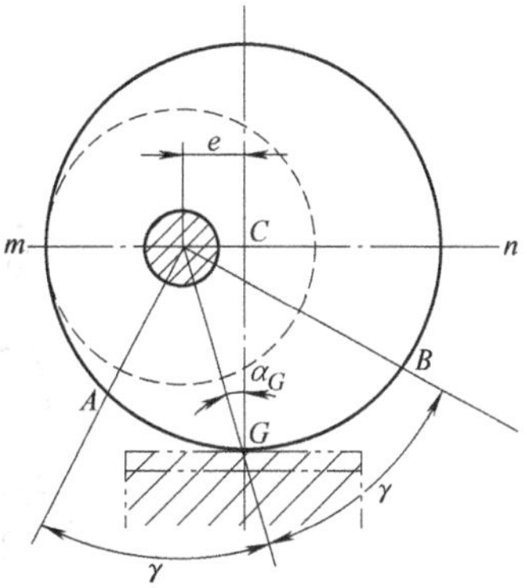

图 3-26 偏心轮工作段的选择

2. 圆偏心轮的自锁条件

圆偏心夹紧必须保证自锁，这是设计圆偏心件必须解决的主要问题之一。要保证自锁性能，与斜楔夹紧一样，应满足下列条件

$$\alpha_{max} \leqslant \varphi_1 + \varphi_2 \tag{3-11}$$

式中 φ_1——圆偏心轮与工件间的摩擦角；

φ_2——圆偏心轮转轴处的摩擦角。

由于回转轴的直径较小，圆偏心轮与转轴之间的摩擦力矩不大，为使自锁可靠，φ_2 可忽略不计，式(3-11)便可简化为

$$\alpha_{max} \leqslant \varphi_1$$

或

$$\tan\alpha_{max} \leqslant \tan\varphi_1$$

因 α_{max}也很小，按三角公式证明，$\tan\alpha_{max} \approx \sin\alpha_{max}$，而 $\tan\varphi_1 = f$，代入上式得

$$\sin\alpha_{max} \leqslant f$$

由式(3-10a)

$$\sin\alpha_{max} = \frac{2e}{D}$$

故得圆偏心轮自锁条件是

$$\frac{2e}{D} \leqslant f \tag{3-12}$$

当$f=0.1$ 时，$\dfrac{D}{e} \geqslant 20$；当 $f=0.15$ 时，$\dfrac{D}{e} \geqslant 14$。这里的$\dfrac{D}{e}$称为偏心率或偏心特性。实际应用时，多采用后一种偏心件，因为它在同等 D 和 ϕ_x 的条件下，具有较大的偏心距和较好的使用性能。

*3. 圆偏心夹紧力的计算

由于圆偏心夹紧实际上也是斜楔夹紧的一种变型，故当圆偏心轮以图 3-25b 中的$\overset{\frown}{mPn}$弧的中点夹紧工件时，其夹紧点 G 的升角 $\alpha_G \approx \alpha_{max}$，此时夹紧力接近最

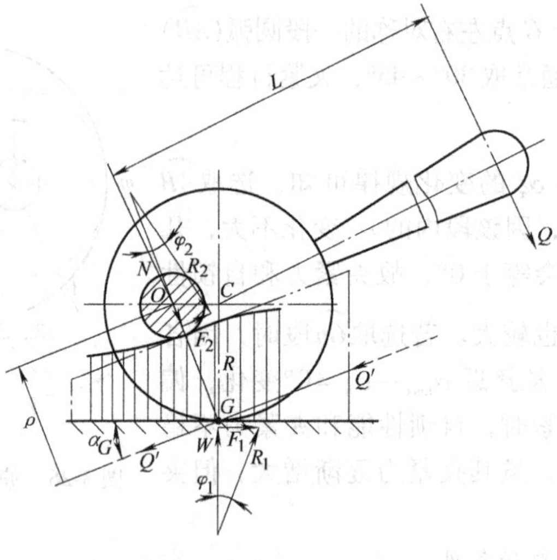

图 3-27 圆偏心夹紧力

小值，一般只须校验该夹紧点的夹紧力。因此在计算夹紧力时，可以把圆偏心轮的工作情况看成是一个塞在转轴和受压表面之间的、升角为 α_G 的假想斜楔（图 3-27）。为此作用于手柄的原始力矩 QL 由转轴将力传至夹紧点 G 变成力矩 $Q'\rho$，此两力矩应相等，即

故
$$Q'=\frac{QL}{\rho}$$

力 Q' 的水平分力 $Q'\cos\alpha_\rho$，即为作用于假想斜楔大端的水平外力。由于 α_G 很小，可认为 $Q'\cos\alpha_G\approx Q'$，因此由斜楔夹紧原理及式(3-5a)得偏心的夹紧力 W（单位:N）为

$$W=\frac{Q'}{\tan\varphi_1+\tan(\alpha_G+\varphi_2)}$$

将 Q' 值代入上式得

$$W=\frac{QL}{\rho[\tan\varphi_1+\tan(\alpha_G+\varphi_2)]} \tag{3-13a}$$

或
$$W=\frac{QL}{\rho\tan(\alpha_G+2\varphi)} \tag{3-13b}$$

若取转轴 O 至夹紧点 G 的回转半径 $\rho=\frac{R}{\cos\alpha_G}$，$\varphi_1=\varphi_2=\varphi$，$\tan\varphi=f=0.15$，力臂 $L=(2\sim2.5)D$，$\tan\alpha_{\max}\approx\sin\alpha_{\max}=\frac{2e}{D}=\frac{2}{D}\times\frac{D}{14}=\frac{1}{7}$，则得特定情况的夹紧力为

$$W=(9\sim11)Q$$

一般手动作用力 Q 为 150N（相当于 15kgf），可得表 3-7 的数值。

表 3-7　手动偏心轮的夹紧力 W

偏心轮尺寸/mm			夹紧力 W/N	偏心轮尺寸/mm			夹紧力 W/N
直径 D	力臂 L	偏心距 e		直径 D	力臂 L	偏心距 e	
40	75	2	1900	65	90	3.5	1400
50	90	2.5	1840	80	130	5	1600
60	130	3	2200	100	150	6	1500

偏心轮的结构已标准化。图 3-28a、b 所示为空套在枢轴上转动的偏心轮，而枢轴是固定不动的。图 3-28c、d 所示的偏心轮则随转轴一起转动。偏心轮非工作表面可根据装卸工件的方便切去一部分外形，也可采用双面偏心轮便于同时夹紧两个工件(图 3-28d)。

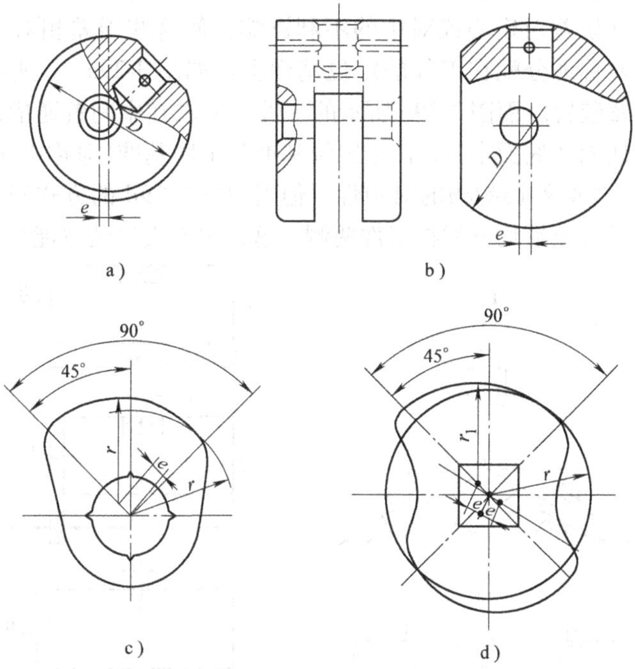

图 3-28　标准偏心轮的结构

圆偏心轮一般用 20 钢制造，经渗碳(渗碳深度 0.8 ~1.0mm)淬硬至 55 ~60HRC。

以上三种基本夹紧装置，都是利用斜面原理以增大夹紧力，但扩力比各不相同，最大的是螺旋夹紧。以表 3-5 中 M10 为例，Ⅰ型夹紧的扩力比 $\frac{W}{Q}=\frac{4200}{25}=168$；而正常的圆偏心夹紧的扩力比为 11；前者比后者大 15 倍，比斜楔夹紧大得更多。在使用性能方面，螺旋夹紧的工作行程不受限制，但夹紧费时。圆偏心夹紧则相反，夹紧迅速，但工作行程小，自锁性能差。这两种夹紧方式一般都用于要求自锁的手动夹紧装置。斜楔夹紧则很少单独使用，常与其他零件组合为增力机构。夹紧装置形式虽多，但多是这些基本夹紧件在新条件下的具体应用，故必须掌握其原理、特性和工作特点，才能创造新的夹紧装置。

*四、定心夹紧装置

在机械加工中，常遇到要求准确定心或对中的工件，如各种回转体零件，以及有对称度要求的表面等，它们往往都以轴线或对称中间平面作为工序基准，如果所选的定位基准与工序基准重合，则可采用同时对工件实现定位与夹紧的定心夹紧装置。

定心夹紧工作原理：定心夹紧的特点是定位与夹紧为同一组件，且各件之间采用等速移动(趋近或退离工件)，或均匀弹性变形的方式，来消除定位副制造误差或定位尺寸误差对定心或对中的不利影响，使这些误差相对于所定对中位置，能均匀而对称地分配在工件的定位基面上。如图3-29a、b所示的工件，适宜使用定心夹紧装置。而图3-29c所示的工件，要求在中间铣通槽，有位置公差要求。若以左侧面及底面定位，由于定位基准与工序基准(对称中间平面)不重合会引起$\Delta_B=\delta$，这必然影响槽的对中性。但若以图3-29d的方式安装工件，则长度尺寸$L\pm\Delta_\delta$的公差平均分配在工件两侧，这种定心夹紧装置能均分定位基准公

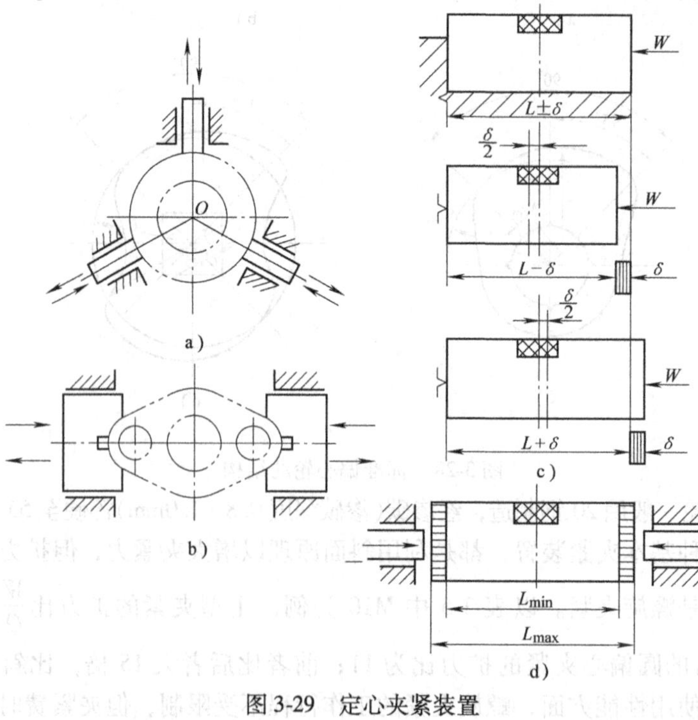

图3-29 定心夹紧装置

差的特点很重要，利用这种“均分公差”特点而设计的定心夹紧装置可分为两类：

（1）按定心夹紧组件等速移动原理工作的装置 如图3-30所示为齿条传动的虎钳式定心夹紧装置，常在打中心孔机床上使用。齿条1、2分别与V形块5和气缸活塞杆4连接，由空套在固定轴上的齿轮3传动，当活塞杆向左移动时，双V形块5、6获得对称对向运动，从而将工件定心夹紧。这种装置也可用等螺距的左、右螺杆代替齿轮—齿条传动。

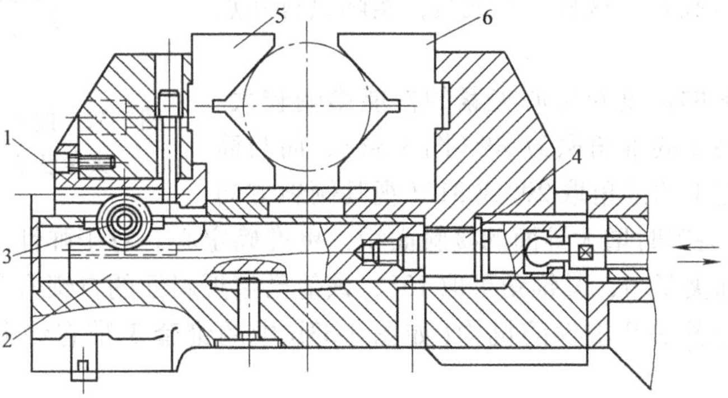

图3-30 虎钳式定心夹紧装置

图3-31为利用斜面及滑柱的定心夹紧装置。当拉动（气动或液动）拉杆1时，三滑块2沿圆锥面径向扩张，使工件3内孔得到定心夹紧，在车床或磨床上加工外圆。

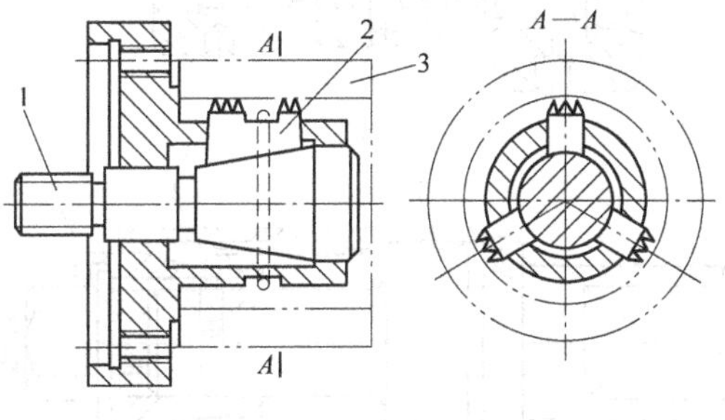

图3-31 圆锥—滑块定心夹紧装置

图3-32所示为偏心式自动定心夹紧装置示意图。它是利用带有偏心圆柱面的零件1在旋转时产生的离心力以及外圆车削时的切削力 F_c 使工件2被滚柱3自动定心和夹紧，F_c 越大则夹紧力越大。

（2）按定心夹紧组件均匀弹性变形原理工作的装置 这类装置的共同特点是利用薄壁弹性零件受力后的均匀弹性变形来实现定心夹紧作用，其定心精度比前一类高，适用于精加工中采用。常见的有以下几种：

1）弹性筒夹定心夹紧装置。如图3-33a所示为用于外圆柱面工件定心夹紧的弹性夹头；图3-33b为用于带孔工件的弹性胀胎。这类装置的主要零件为一个开有3～4条或更多条均布槽的锥面套筒2，称为弹性筒夹，其弹性变形是因其锥面受压而产生。当锥套3在螺母4作用下左移时迫使筒夹2向中心收缩（或向外扩张）变形，从而把工件外圆面（或内孔）定心夹紧。这种定心夹紧，实际只有几点接触。

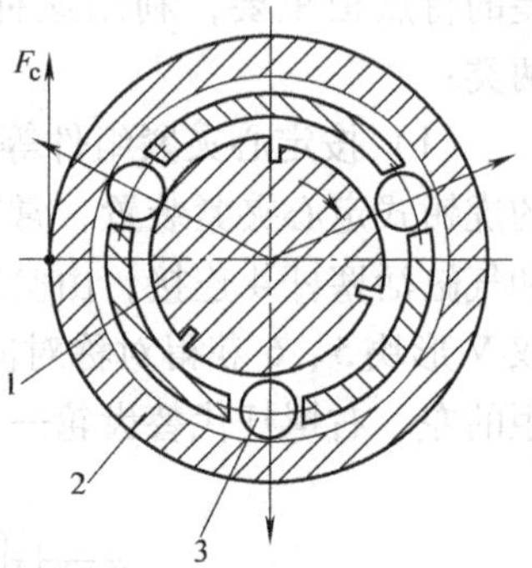

图3-32 偏心式自动定心夹紧装置示意图

弹性筒夹的锥度对定心夹紧的性能影响较大。一般弹性筒夹2的锥角取为30°（图3-34），而与筒夹配合的锥套1的锥角取29°或31°（视其倾斜方向而定），以在夹紧时增大锥面的接触面积，更准确定心。对于弹性胀胎，为了增加夹紧刚性和夹紧力，其锥角可取15°，该值已接近斜面的自锁升角，因此设计时必须考虑设置松开工件的机构（如图3-33b中的锥套3带有钩形环即可松开工件）。

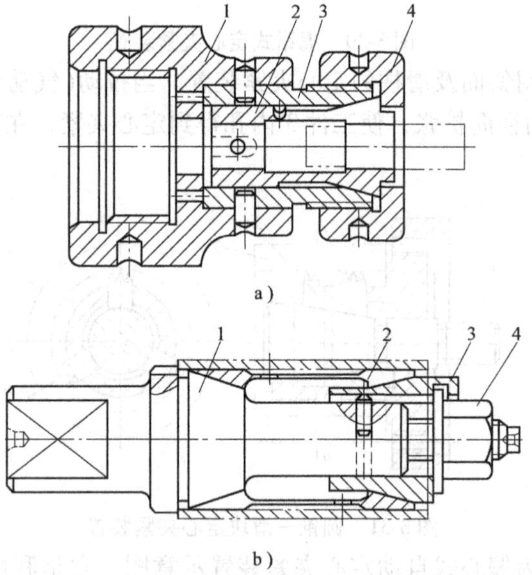

图3-33 弹性夹头和胀胎

1—夹具体 2—弹性筒夹 3—锥套 4—螺母

弹性筒夹的变形不宜过大，故其夹紧力不大。但定心精度可稳定在0.04～0.10mm内，适用于精、细加工工序。对工件定位基准的精度也有要求，其误差应控制在0.1～0.5mm之内，否则会接触不良。

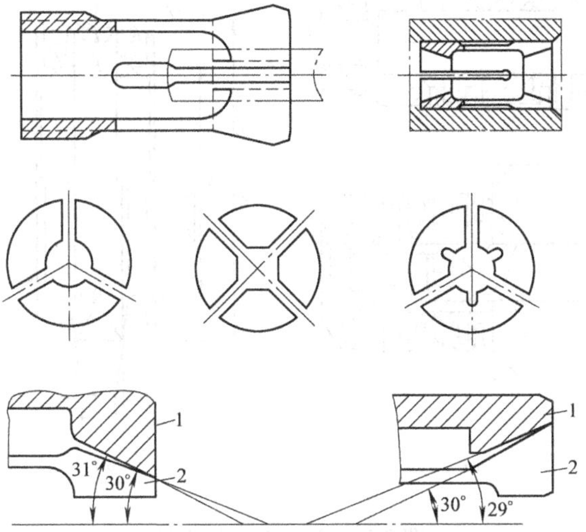

图3-34　弹性筒夹

筒夹应选用强度高、弹性好、耐磨性好、热处理变形小的材料制造。常用T7A、T8A或65Mn、9Mn2V、9SiCr钢，热处理后锥面部分淬硬至55～60HRC，尾部(薄壁部和导向部)淬硬至40～45HRC，工作面应精磨。

2）波纹套定心夹紧装置。这种装置的弹性零件是一个薄壁波纹套(或称蛇腹套)。图3-35a为使用示例，波纹套受到纵向压缩后就均匀地径向扩张，将工件定心夹紧。其特点是定心精度很高，可达ϕ0.01mm，一般可稳定在ϕ0.02mm以内，且结构简单，使用寿命也较长。波纹套的材料为65Mn，热处理后达到45～48HRC，其结构见图3-35b，主要参数有内外径比$d/D \approx 2/3$，d_1比d大2～3mm；壁厚S为0.3～1mm，厚度的不均匀性小于0.03mm，当两个胀胎组合使用时，用于外端的胀胎应取较大值；斜角α为4°～6°；弹性变形量$\Delta_D < 0.003D$(D为定心表面的直径,mm)。

这种高精度波纹套心轴适用于直径大于20mm，标准公差等级不低于IT8孔的定位。缺点是容易损伤工件定位孔表面，此外由于变形量较小，适用范围受到限制。

3）膜片卡盘。这种卡盘的工作原理如图3-36a，膜片1与夹具体相连，推杆3推动膜片1使其产生变形，从而使卡爪2张开，夹紧工件后(图3-36b)，退回顶杆3，靠膜片的弹力使工件定心夹紧。第二章复习思考题中第28题图2-69就是用弹性膜片限位的心轴。

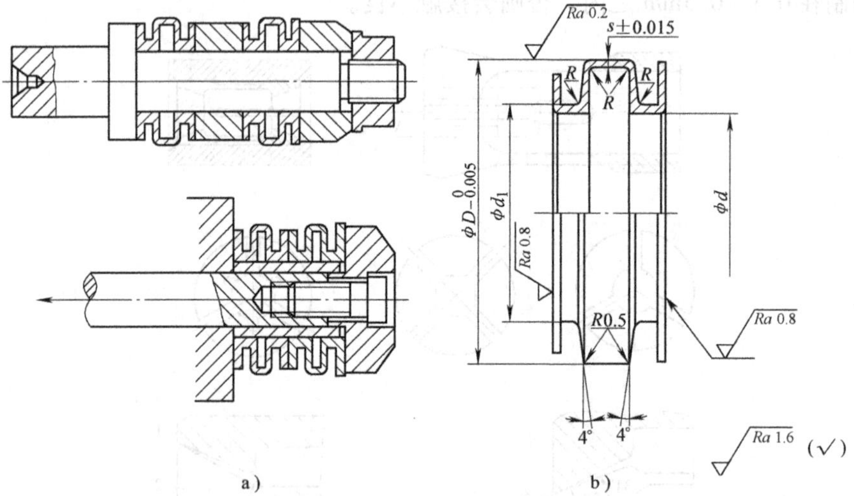

图 3-35　波纹套弹性心轴

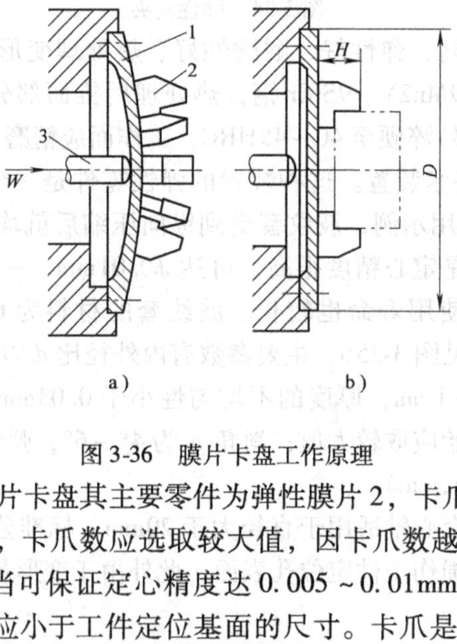

图 3-36　膜片卡盘工作原理

图 3-37 所示为膜片卡盘其主要零件为弹性膜片 2，卡爪 3 的数目一般为 6～16 个，在一定条件下，卡爪数应选取较大值，因卡爪数越多，对保证工件的圆度越有利，如调整适当可保证定心精度达 0.005～0.01mm。这些卡爪所形成的工作表面，其尺寸 D 应小于工件定位基面的尺寸。卡爪是可以更换的，以适应不同尺寸工件的需要，更换完毕后，应重磨卡爪工作面，磨削时使用预胀环 6，直径方向的预胀量一般为 0.4mm 左右。齿轮工件 4 以其分度圆用滚柱保持器 5 在齿间定心夹紧后磨内孔。

膜片卡盘的主要参数是：膜片厚度 b、卡爪数及其外伸量 H。膜片厚度及均匀度误差影响膜片的变形量从而影响定心精度。根据实践经验(图 3-37)，一般

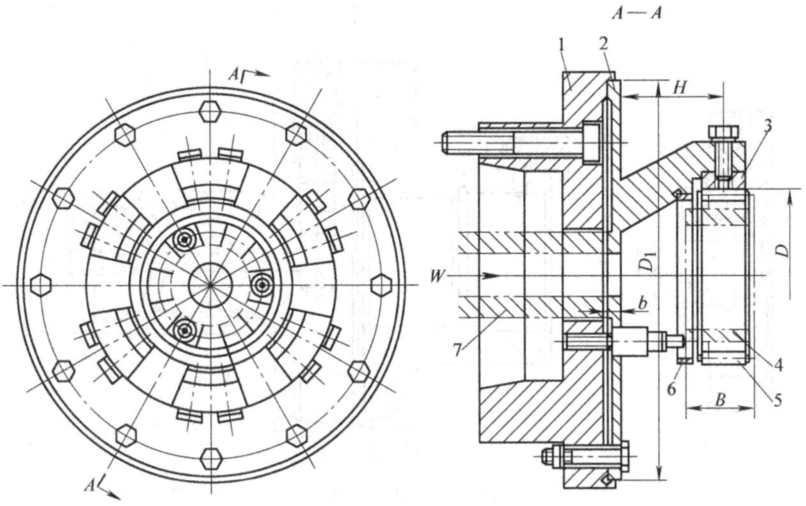

图 3-37 膜片卡盘结构

1—夹具体 2—膜片 3—卡爪 4—工件(齿轮) 5—滚柱保持器 6—预胀环 7—顶杆

取膜片厚度 $b=\left(\frac{1}{20}\sim\frac{1}{30}\right)D_1$，$b$ 不小于 7mm，其不均匀性小于 0.1mm。膜片厚度及卡爪数可参考表 3-8。卡爪外伸量 H 一般取$\left(\frac{1}{3}\sim\frac{1}{4}\right)D_1$，并使卡爪能夹持在工件宽度 B 的$\frac{1}{2}\sim\frac{2}{3}$处为宜。膜片的材料宜用 65Mn 制造，也可用 T7A，淬火硬度 45～50HRC。

表 3-8 膜片卡盘主要结构参数

工作外径 D/mm	10～35	35～55	55～100	100～200	200～260	260～320	320～420
膜片外径 D_1/mm	105	125	155	220～280	320	380	480
膜片厚度 b/mm	6	7	8	11	12	14	15
卡爪数	6	8	8	10	10	16	16

*4）液性介质弹性定心夹紧装置。这是一种高精度的薄壁弹性件定心夹紧装置，液性介质一般采用液性塑料或油液。它可以做成夹头，也可做成心轴（图 3-38），它们的基本结构和工作原理是相同的。弹性零件为一薄壁弹性套 5，其两端与夹具体 1 为过渡配合。两者之间所形成的环形槽与液性介质主通道和柱塞 3 的孔道相通，并灌满液性介质。拧紧加压螺钉 2，使柱塞 3 对密封腔内的介质施加压力，迫使薄壁套产生均匀的径向变形，将工件定心夹紧。

液性塑料在常温下是一种半透明冻胶状物质，具有一定的弹性和流动性，物

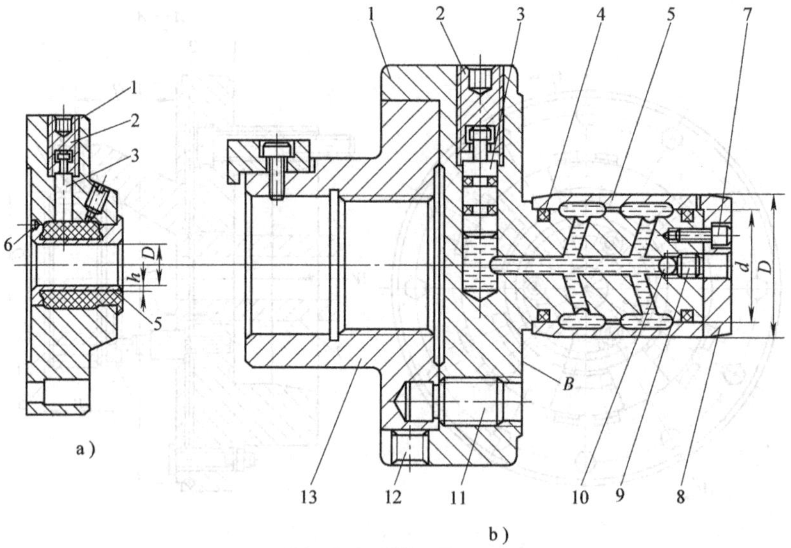

图 3-38　液性介质弹性定心夹紧装置

a）液性塑料夹头　b）以油液作传力介质的弹性心轴

1—夹具体　2—加压螺钉　3—柱塞　4—密封圈　5—薄壁弹性套

6—止动螺钉　7—螺钉　8—端盖　9—螺塞　10—钢球

11、12—校准径向和轴向圆跳动的调整螺钉　13—过渡盘

理性能较稳定。油液一般选用液压油。这两种液性介质在高温下体积缩小甚微。因此在夹具采取有效的防漏措施下的密封腔内。根据帕斯卡原理，能将所受的压力均匀地传递至薄壁套上。一般介质不会从配合缝隙中渗漏。由于密封环形槽的展开面积较柱塞3的断面积大得多，故在柱塞作用下，产生很大的夹紧力（液性塑料介质的单位压力可达 $p=300\times10^5\text{Pa}$）。因此这种装置夹紧可靠，薄壁套与工件定位基面相接触，可达工件长度的80%。定心精度高，一般可保证同轴度误差在 $\phi(0.01\sim0.02)\text{mm}$ 之内，最高可达 $2\sim3\mu\text{m}$，是其他弹簧夹头或心轴难以达到的，但夹持范围较小，故适用于车、磨齿轮、轴承等工件的精加工工序。

设计这类定心夹紧装置，主要是确定薄壁套的结构形式、尺寸、最大变形量以及恰当的布置通道问题，其次就是液性塑料的配制。

图3-39所示是薄壁套的几种典型结构，图中上列的三种用于外胀式夹具，下列的三种用于内胀式夹具。当工件定位基面（外圆柱或内孔）的长度 l 小于直径 D 时，采用图3-39a的结构；如切削力较大，则采用图3-39c结构，以便将它紧固在夹具体上，防止它移动或转动；当 $l>>D$ 时，特别当工件本身为薄壁件时，最好采用图3-39b结构，因为它带有环形加强筋，相当于两个相通的短套，变形后形成两个相连的鼓形，能增加定心夹紧的稳定性和防止由于长套变形大而导致

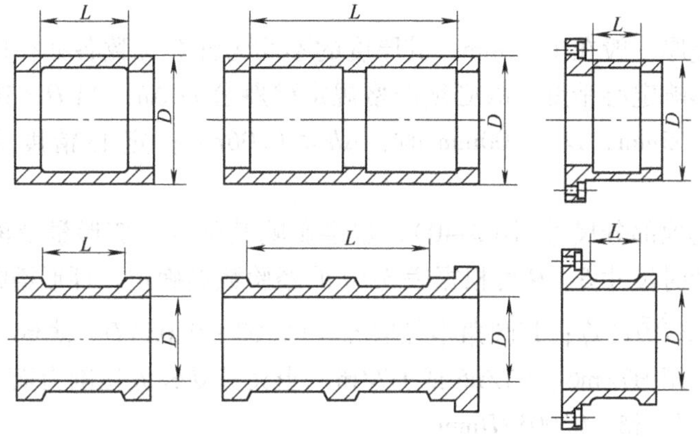

图 3-39　薄壁套的典型结构

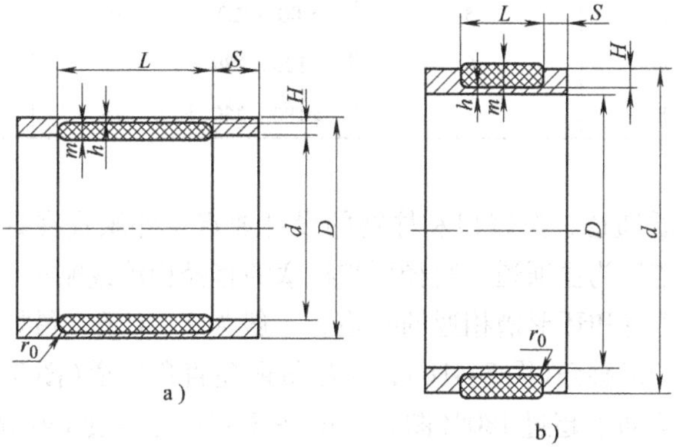

图 3-40　薄壁套的尺寸关系

薄壁工件的变形。

薄壁套的结构尺寸如图 3-40 所示，其薄壁部分的长度 L 及壁厚 h 对工作性能有决定性影响：长度 L 可取等于工件定位基面的长度 l 或略小些(如 $0.8l$)，当定位基面很短时，L 可取 $1.2l$，定位基面很长时则应采用图 3-39b 结构。

薄壁套的壁厚可按表 3-9 的简化公式计算。

表 3-9　薄壁套的壁厚 h　　（单位：mm）

薄壁部分长 L	直径 $D=10\sim50$	直径 $D=50\sim150$
$L>\frac{D}{2}$	$h=0.015D+0.5$	$h=0.025D$
$\frac{D}{2}>L>\frac{D}{4}$	$h=0.01D+0.5$	$h=0.02D$
$\frac{D}{4}>L>\frac{D}{8}$	$h=0.01D+0.25$	$h=0.015D$

薄壁套壁厚一般在1~2mm，其厚度的不均匀性会导致各处径向变形的不一致，将直接影响定心精度，故必须严格规定壁厚公差Δh。当$D<100$mm时，一般取$\Delta h \leqslant 0.05$mm；$D>100$mm时，$\Delta h \leqslant 0.06$mm；定心精度要求很高时，$\Delta h<0.03$mm。

薄壁套其他部分尺寸(图3-40)，也会影响其强度、变形量及液性介质的流动性等，设计时尺寸S、H可根据表3-10的经验数据确定。环形槽的深度m可用经验公式$m=2\sqrt[3]{D}$计算；其圆角半径取$r_0=(0.03\sim0.05)D$。薄壁套两端与夹具体的配合，采用H7/m6、H7/n6或H7/r6。当夹具受较大切削力而又无螺钉紧固时，配合的过盈量$\delta=0.0012D$mm。

表3-10 薄壁套两端尺寸S、H尺寸 (单位:mm)

D	S	H	D	S	H
<30	6	5	>80~120	10	8
>30~50	7	6	>120~180	12	9
>50~80	8	7	>180~250	15	10

对于液性介质通道、浇冒口和柱塞的设计要点：外胀式夹具一般在主体的中心加工出轴向孔道作为主通道，直径可与柱塞的直径相等或略小，表面粗糙度值为Ra1.6μm，与主通道和环形槽相通的孔道，一般为2~4条，最好对称分布，并与主通道形成45°~75°夹角(图3-41b)，应尽量避免直角通道(图3-41a)，使介质在环形槽腹腔内的运动不超过180°(图3-41d,图3-41c是超过180°的情况)，从而使介质受力均匀，减少通道摩擦阻力，有利于均匀变形。对于介质浇注的浇冒口位置要布置适当，否则会使环形槽腹腔内空气排不出去造成胀力不足而失灵，故浇口位置应高于其他部位，以便利用塑料重量下流到各处；冒口应开在可能形成气泡并使塑料最后冷却凝固之处。对于柱塞设计的好坏，将直接影响夹具的使用效果，一般柱塞直径取8~16mm，长度为直径的两倍，其形状误差不大于0.005mm，表面粗糙度值为Ra0.2μm，它与座孔的配合处用研配保证，其间隙在0.01~0.015mm内，柱塞材料选用45钢(淬硬至40~45HRC)或T7(50~55HRC)。柱塞与加压螺钉要分开制造，螺钉的轴线位于切线方向(图3-41d)。对于油液介质，因为设置了O形密封圈，故配合间隙可放宽至0.02~0.06mm。

液性塑料早在1946年以前就应用于夹具中。浇注在夹具中的液性塑料应满足下列要求：①具有一定的稠度和韧度；②可压缩量很小，且在高压下不会引起分解；③具有一定的流动性；④在120°~140℃会溶化为液体状态，以便于浇注；⑤在工作条件下塑料仍保持其物理性能，不腐蚀金属。满足上述条件的液性塑料由三种成分组成：①聚氯乙烯树脂是制造液性塑料的主要原料，它是白色粉末的高分子聚合物，通常含有5万~20万个分子；②邻苯二甲酸二丁酯是无色或微带黄色透明的液体，它是增塑剂，能抵消聚氯乙烯树脂内的分子间的吸引力，从而获得弹性较好而又柔软的优质塑料；③硬脂酸钙，它是稳定剂，是不可缺少的成分，也是一种白色粉末，其作用是防止塑料在加热时很快分解。要获得不同性质的塑料，只要适当改变前两种原料的质量分数即可，若聚氯乙烯树脂含量越少，增塑剂越多，其塑料性质越软，反之越硬。稳定剂一般加入2%就够了。目前常见的液性塑料配方见表3-11。

表3-11 液性塑料配方

原料成分	质量分数(%)		
	甲	乙	丙
聚氯乙烯树脂	12	15	18
邻苯二甲酸二丁酯	86	83	80
硬脂酸钙	2	2	2
为防止塑料粘结金属，可加入润滑剂，可选真空油或锭子油，为上述原料总量的10%			
适用场合	高精度夹具	中心定位或多定位夹具	精度较低的夹具

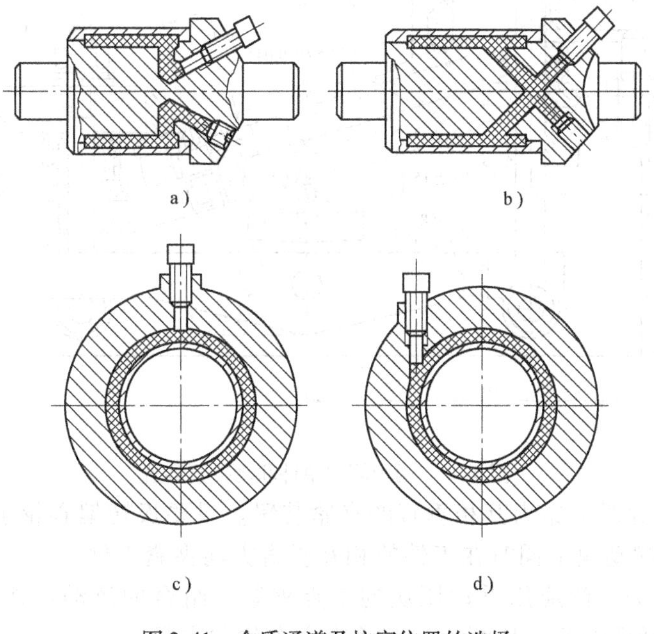

图3-41 介质通道及柱塞位置的选择

a)、c) 不正确 b)、d) 正确

五、联动夹紧装置

根据工件的结构特点、定位基面状况和生产率要求，常需要对同一工件多点夹紧，或在同一夹具中同时安装几个工件实现多件夹紧。所谓联动夹紧装置就是只需操纵一个手柄，就能同时从各个方向均匀地夹紧一个工件，或者同时夹紧若干个工件。这种夹紧装置可简化操作并能节省大量的辅助工时，但结构较复杂，且要增加中间递力机构，需要较大的原始作用力。下面简要介绍常见的联动夹紧装置。

1. *多点联动夹紧装置*

这种装置是将一个原始作用力通过中间递力机构分散到数个夹紧点上对一个工件进行夹紧。其夹紧力的作用点有两点、三点或多点，夹紧力的方向，可以同向或反向、相互垂直或交叉。图3-42所示的夹紧装置，其特点是两个夹紧力方向相同，各构件间为铰链活动连接。拧紧螺母1通过带动平衡杠杆2即能使两压板同时均匀夹紧工件。

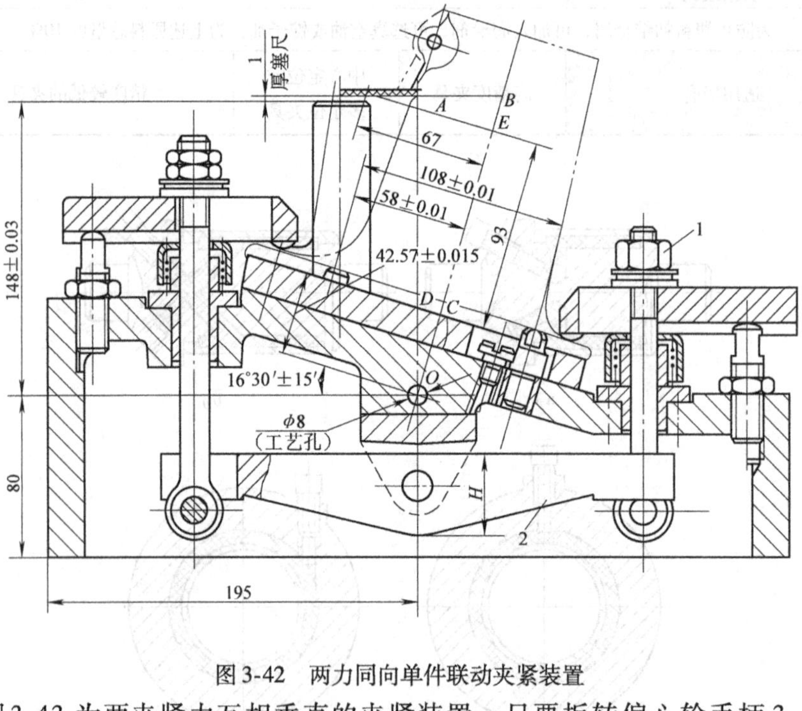

图3-42　两力同向单件联动夹紧装置

图3-43为两夹紧力互相垂直的夹紧装置。只要扳转偏心轮手柄3，就可使压板2和摆动块1同时在工件的相互垂直方向夹紧工件。

图3-44为广泛应用浮动压块的三点夹紧。组合的浮动压块1和摆动杠杆2，在拧紧螺母后，从两个相互垂直方向均匀夹紧工件。

图3-45所示的铣床夹具中具有四力交叉联动的单件夹紧装置。夹紧工件的

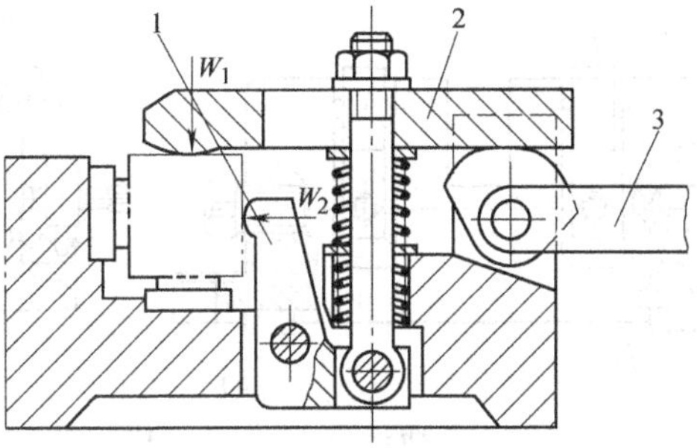

图 3-43　夹紧力互相垂直的压板

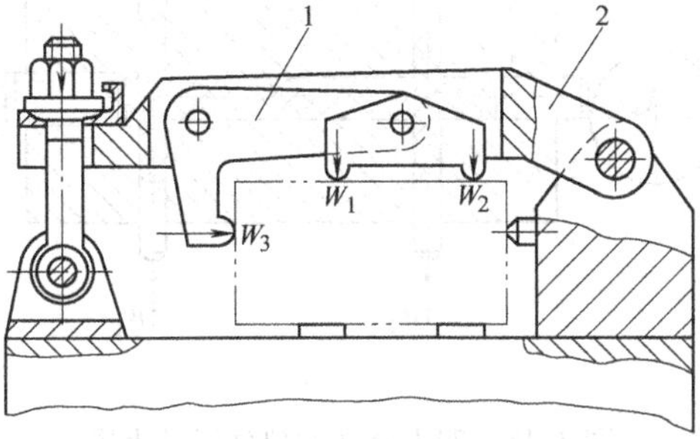

图 3-44　应用浮动压块的多点联动夹紧

过程是：在夹具体 3 内开有如图 3-45b 所示的圆孔空腔，腔内注满液性塑料，夹紧时转动手柄 1 使偏心轮 2 推动柱塞 10，由液性塑料把压力传到四个滑柱 6，迫使滑柱向外推动两对压板 4、5，而同时夹紧工件。加工完毕后，反转手柄松开偏心轮，拉簧 8 将压板自动松开，压回四个滑柱 6，就可卸下工件。

2. 多件联动夹紧装置

这种夹紧装置，多用于夹紧小型工件，它在铣床夹具中应用最为广泛，是提高生产率的有效措施。按照夹紧力的方向和作用情况，一般有以下几种：

（1）平行夹紧　如图 3-46a 所示，各夹紧力互相平行，从理论上说，分配到各工件上的夹紧力应相等（即各夹紧力 $W_i=\frac{W}{n}$，n 为被夹紧的工件数，W 为总夹紧力），但是由于工件定位基面尺寸偏差的存在，若采用刚性压板，则各工件所受的夹紧力必有差异，甚至有的工件夹不紧。因此，为了能均匀的夹紧工件，夹紧件必须做成浮动的或能自动调位的（图 3-46b），使工件的尺寸误差得以补偿。

（2）依次连续夹紧　如图 3-47 所示为铣削小轴上扁平面的夹具，工件以圆柱面和下端的凹槽在 V 形块 2 和支承板 6 上定位。由气缸 5 通过杠杆 4 和顶柱 3 将十个工件依次夹紧，这种施力方式的特点是：夹紧力沿朝向固定部分的方向顺次连续由一个工件传至下一个工件，理论上每个工件的夹紧力等于总夹紧力。这

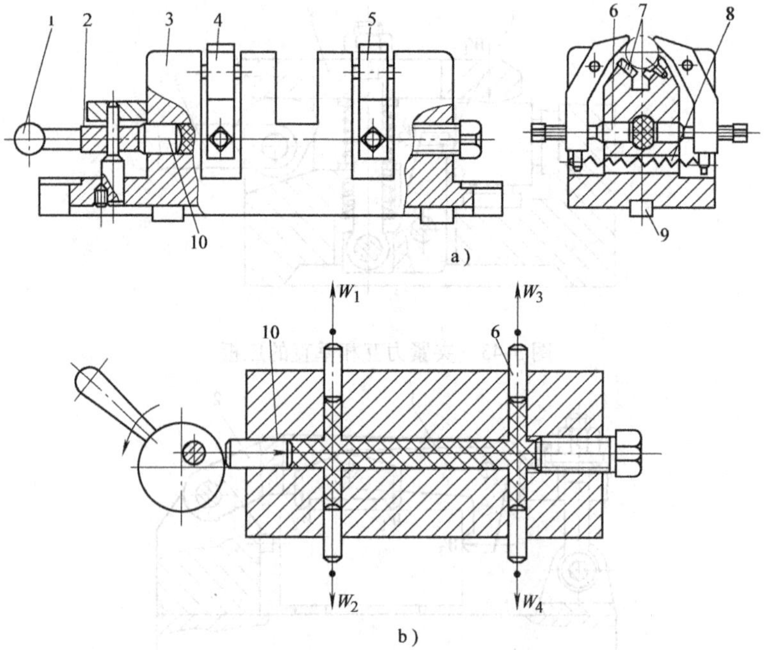

图3-45 四力交叉的单件联动夹紧

1—手柄 2—偏心轮 3—夹具体 4、5—压板 6—滑柱 7—钢制垫片 8—拉簧 9—定向键 10—柱塞

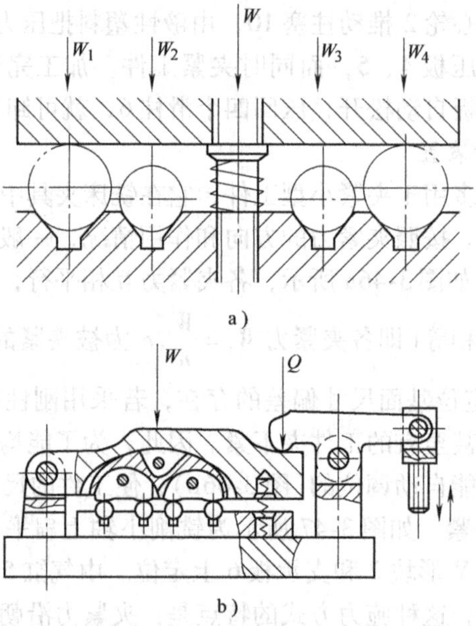

图3-46 平行夹紧装置

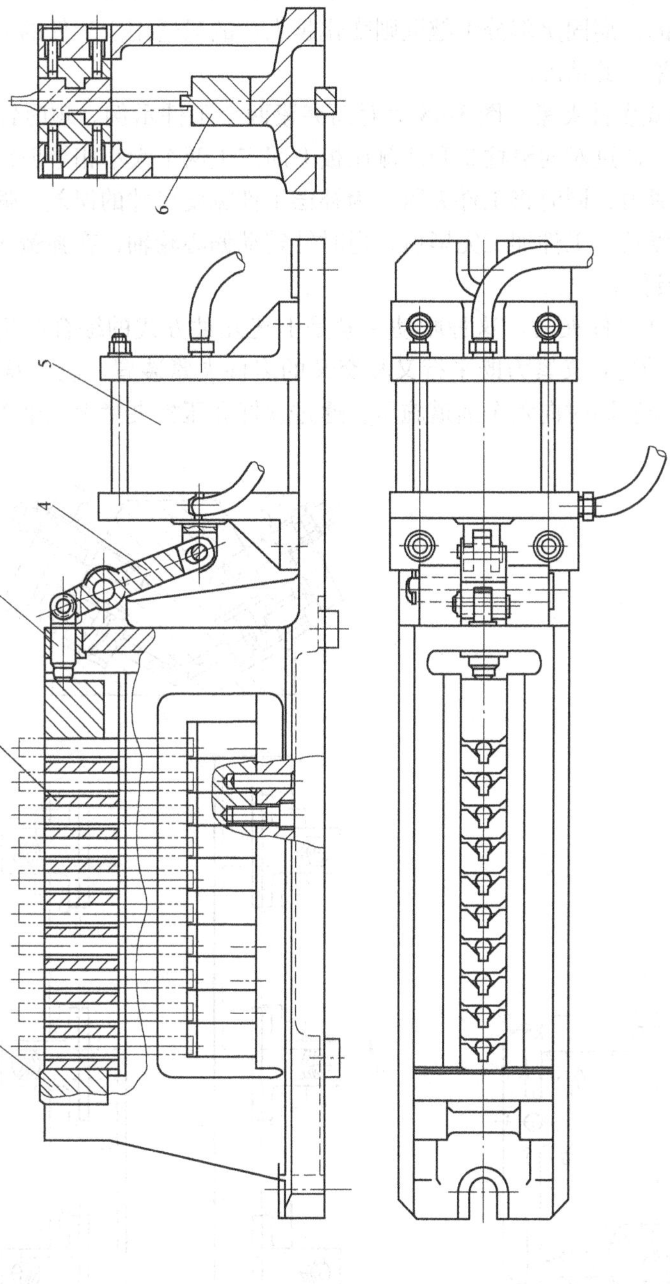

图 3-47　依次连续夹紧的夹具

种夹紧方式由于工件的加工误差和定位夹紧件的误差依次传递逐个积累。所以工件位置是变化的，离固定部分1越远则变化越大。故只适用于工件的加工表面和夹紧力方向相平行的情况。

（3）对向式多件夹紧 图3-48为对向夹紧两个工件示例。顺时针转动双面偏心轮4的轴，通过对向滑柱3和两侧压板1即产生两个大小相等但比原始作用力大的对向夹紧力，同时将工件夹紧。为补偿工件宽度尺寸的误差，偏心的转轴能在导轨5上浮动。工件加工完毕后，逆时针转动偏心轮轴，在弹簧6的作用下松夹，2为夹具体。

（4）复合式多件夹紧 这种联动夹紧是上述几种方式的综合应用，例如图3-49为液压驱动的各夹紧力既平行又相交叉的多件夹紧装置。它是从通道 O 处加压，使液压介质同时向六个通道施压，通过顶杆和压板夹紧十二个工件。

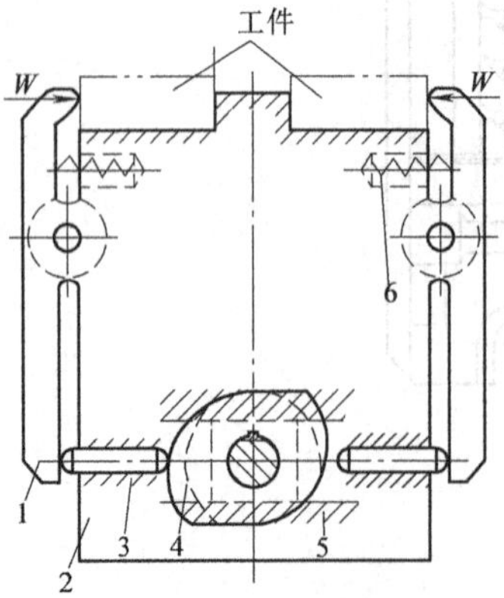

图3-48 对向双面夹紧工件

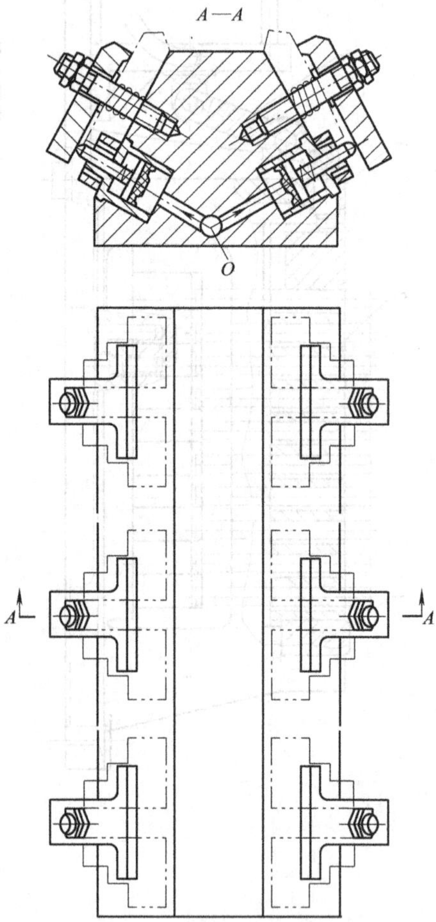

图3-49 交叉平行式多件联动夹紧

3. 设计联动夹紧装置应注意的问题

1）联动夹紧一般要求有较大的总夹紧力，故机构的刚性非常重要。如图3-42的平衡杠杆2和图3-46b的铰链压板，中央处承受最大的弯矩，夹具体的相应部分也承受较大的作用力，因此各零件本身必须有足够的刚度，防止夹紧后发生变形。通常这类零件的截面尺寸都设计得较大，如平衡杠杆受力最大处的截面高度 H 一般取60～80mm，个别甚至达到100mm。

2）对中间递力机构中的杠杆应力求增力作用，并避免采用过多的杠杆。这样使所需要的驱动力最小，结构尽量简单紧凑，以提高机械效率，保证机构的刚性和工作可靠性。

3）为保证夹紧可靠和各工件获得基本一致的夹紧力，联动夹紧装置必须设置必要的浮动环节，并使其有足够的浮动量；同时要适当限制被夹紧工件的数目。因为如平行夹紧装置中工件数过多，则作用于各工件的夹紧力就小。对于连续夹紧装置，由于摩擦的影响，实际上各工件所受的夹紧力也不相等，距原始作用力越远，夹紧力越小。故上述两种情况都要限制同时夹紧的工件数。

*六、机械增力机构

当需要较大夹紧力时，对手动夹紧装置，可采用中间增力机构以扩大夹紧力。常用的机械增力机构有：杠杆、铰链、斜楔等类型；气-液传动装置也兼有增力作用。例如前面学过的图3-2的铣槽通用夹具，就是利用气压作动力源，借助斜面—滚轮—铰链杠杆增力系统扩大夹紧力；图3-14b是通过斜楔、滑柱和不等臂压板达到增力目的；图3-45所示的铣床夹具，通过偏心轮、柱塞、液性塑料传力介质、滑柱等中间零件，把力传至不等臂压板，从而使夹紧力增大许多倍。这些机械增力机构的夹紧力可由下式计算

$$W = Q(i_{p_1} \quad i_{p_2} \quad i_{p_3} \quad \cdots \quad i_{p_n}) \tag{3-14}$$

式中　i_{p_1}、$i_{p_2} \cdots i_{p_n}$——复合机构中各理想的扩力比。

可见增力复合机构的增力倍数是各扩力部分扩力比的连乘积。如图3-14b所示的机构，当采用 $\alpha_2 = 6°$ 小升角段夹紧时，若不考虑滑柱处的摩擦损失，$i_{p_1}=3$，设不等臂压板的 $i_{p_2}=1.5$，则得

$$W = i_{p_1} i_{p_2} Q = 3 \times 1.5Q = 4.5Q$$

采用机械增力机构，对手动夹紧装置，可减轻操作者的劳动强度，对气-液夹具，则可减少动力。但也可能使整个夹具结构复杂化。

1. 斜楔-滚子增力机构

图3-50所示为斜楔增力，滑柱1带有直径为 ϕD 的滚子6，其销轴直径为 ϕd，一般取 $d/D=0.5$，可以减少摩擦损失，提高扩力比，但其自锁性能降低，

故一般用于机动夹紧。图中的斜楔7是直接做在活塞杆上，操纵配气阀4，进入气缸3内的气体推动活塞5使斜楔加压滚子6和滑柱1，从而将放置在夹具体2的工件(共四件)夹紧。

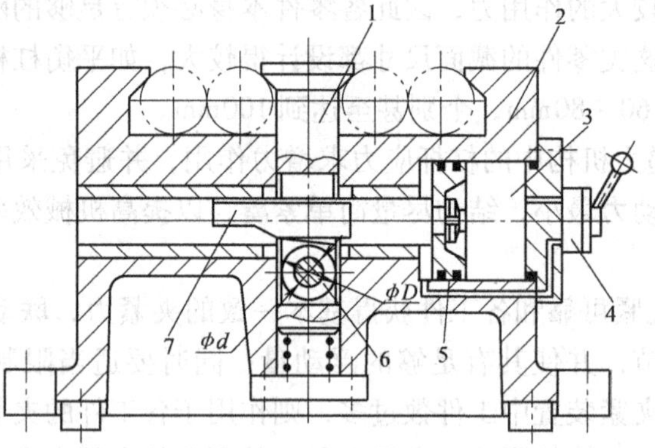

图3-50　带滚子的斜楔增力机构

2. 铰链增力机构

图3-51所示为铰链杠杆增力夹具之一。这种机构是气动夹具中常用的增力机构，其优点是扩力比较大($i=4$)而其摩擦损失较小。

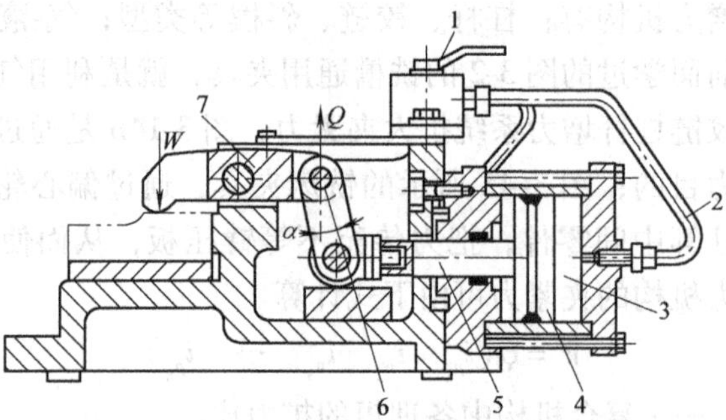

图3-51　铰链—杠杆增力夹具

1—配气阀　2—管道　3—气缸　4—活塞　5—活塞杆

6—铰链杠杆　7—压板

图3-52a、b、c为常用铰链杠杆增力机构的示意图：其中图3-52a为单臂铰链杠杆；图3-52b为单作用双臂铰链杠杆；图3-52c为双作用双臂铰链杠杆，图3-52d为其受力分析。由图3-52d可知，在推力F的作用下，作用于A、B两受力点的合力为R，其水平分力为R_x，垂直分力为Q_1、Q_2，此时铰链杠杆的夹紧力W_1、W_2是随被夹工件的尺寸和杠杆力臂长CA、CB而变化的，倾角α越小，夹紧力几乎可无限增大，但此时杠杆末端A、B行程S也接近于零(表3-12中注4)。在实际应用

中，当夹紧工件为最小尺寸时，α 不应小于5°~8°，以保证夹紧可靠。

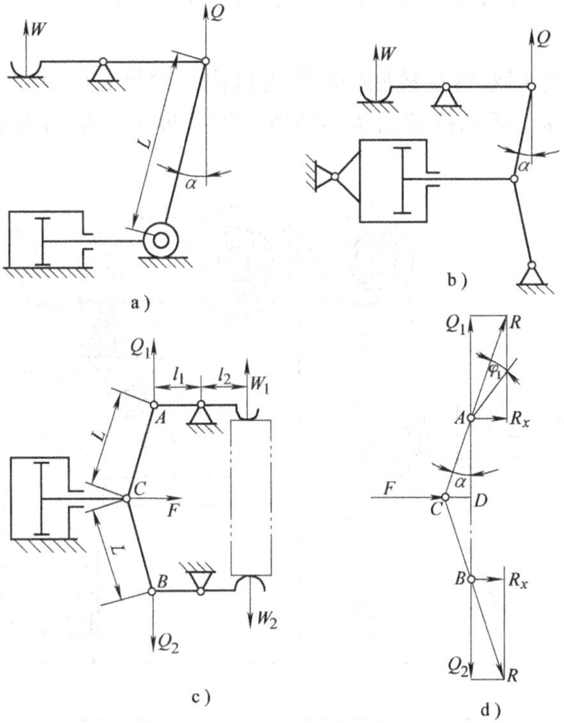

图 3-52　铰链杠杆增力机构示意图

表 3-12 为上述三种铰链杠杆在不同倾角 α 时的作用力及末端行程 S。

表 3-12　不同倾角的杠杆作用力 Q 及末端行程 S

倾角 α_x		5°	10°	15°	20°	25°	30°	35°	45°
单臂杠杆机构	Q 图 3-52a	6.3F	4F	3F	2.3F	1.85F	1.5F	1.3F	0.92F
	S	0.004L	0.015L	0.034L	0.060L	0.094L	0.134L	0.181L	0.310L
双臂杠杆机构	Q 图 3-52b	4.6F	2.5F	1.7F	1.3F	1.0F	0.82F	0.68F	0.48F
	$Q=Q_1+Q_2$ 图 3-52c	9.2F	5.0F	3.4F	2.6F	2.0F	1.64F	1.36F	0.96F

注：1. 表中数值是在 $f=0.1$，$d/L=0.2$，$d/D=0.5$，$\varphi_1=1°10'$的条件下计算的。

2. 图 3-52b 的结构，杠杆末端行程为表中值的两倍。

3. 图 3-52c 的结构，各端行程与单杠杆机构相同。

4. 末端行程 S 是指杠杆末端的最小位移量，以保证夹紧有效。

下面举例说明铰链增力机构的应用。图 3-51 为单臂铰链杠杆的增力夹具，

设倾角 $\alpha=10°$，则杠杆对压板的作用力 $Q=4F$（表3-12），因压板两力臂相等，故压板所产生的夹紧力 $W=Q=4F$；若改变压板两力臂关系，则夹紧力也随之而异。

图3-53为单作用双臂铰链杠杆的增力机构，如果 $\alpha=10°$，则扩力比为2.5。设压板两力臂相等，活塞杆拉力为7000N，则压板所产生的夹紧力 W 为 $7000\times2.5\text{N}=17500\text{N}$。

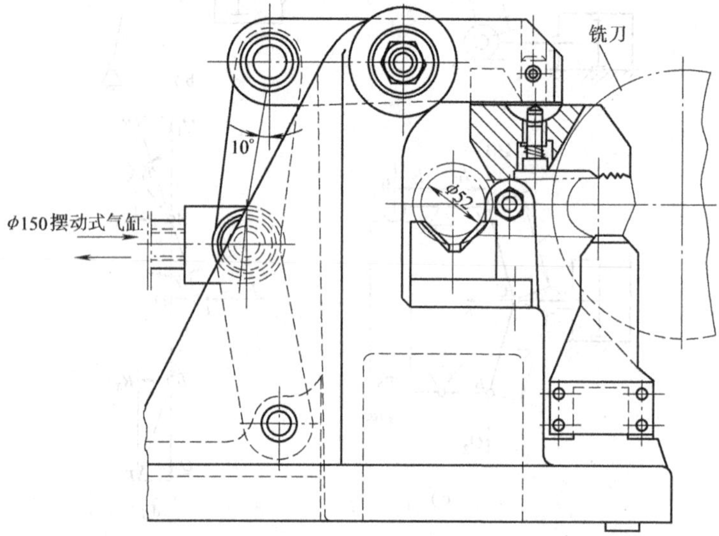

图3-53　单作用双臂铰链杠杆增力机构

图3-54为双作用双臂铰链杠杆同时夹紧工件的增力机构，工件以垂直面和一孔在削边销上定位，铣削缺口。当 $\alpha=10°$ 时，双杠杆对压板所产生的总作用力 $Q=5F$，因夹紧压板的力臂 $l_1>l_2$，故夹紧工件总的夹紧力 $W>5F$。

七、电磁夹紧装置

电磁夹紧装置所产生的夹紧力不大，一般在 $(2\sim13)\times10^5\text{Pa}$ 范围内，适用于夹紧较薄的小型导磁工件。这里仅介绍一种电磁无心磨夹具（图3-55），是广泛应用于磨削轴承环沟道的专用夹具。图3-56a为其工作原理图。在图3-55中，3为磁极，由机床主轴驱动，两个定位支承件2可作径向调整，而支承座1可作圆周调整，使获得合适的支承角 β（图3-56），并使工件中心 O' 和机床主轴中心 O 有一个偏心量 e（$e=0.2\sim0.8\text{mm}$），工件即以端面和外圆在调整好的磁极和两支承上定位。工件装入夹具后，由管接头7处接通电路，使直流电通入线圈5而产生电磁感应，于是磁力线通过工件而将它吸紧在磁极上，由于工件位置对主轴偏心，当磁极转动时，工件受到两个固定支承的限制，就在磁极接触面上产生相对滑动，因而对工件产生相对摩擦转矩

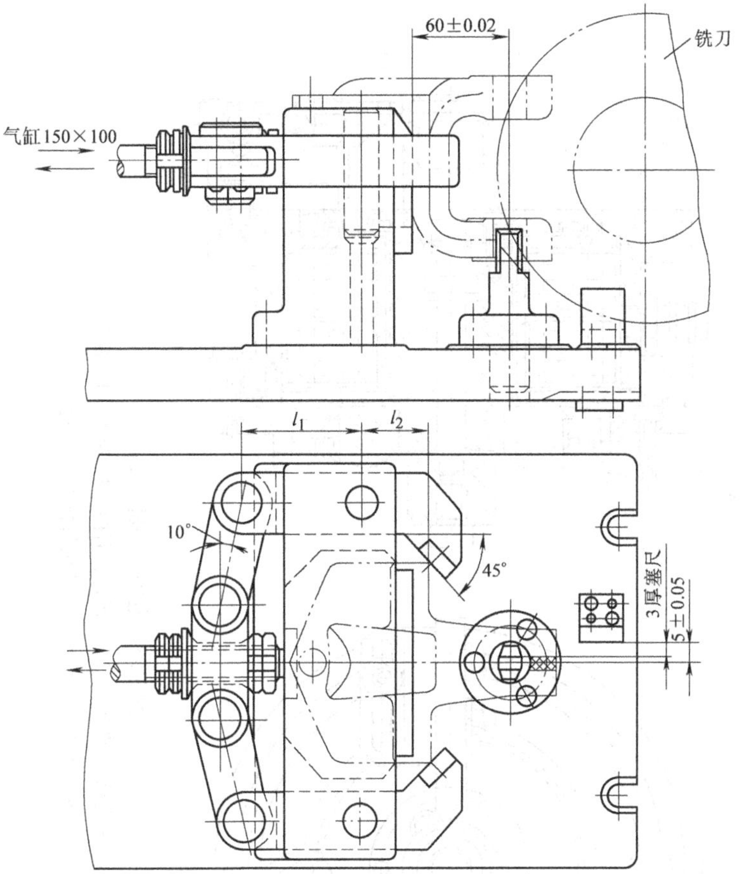

图 3-54　双作用双臂铰链杠杆增力机构

M 及径向夹持力 *F*。*M* 带动工件转动，力 *F* 通过工件的中心 *O*′并与连心线 *OO*′相垂直，且位于两支承的夹角 β 之间，使工件在加工过程中与支承接触稳定。图 3-56b 为以工件的端面及外圆定位，磨削外圆的情况。

用电磁无心磨夹具磨削加工时，加工精度不受机床主轴回转精度的影响，因此可获得很高的加工精度，如加工 ϕ200mm 以内的轴承环时，其圆度误差和壁厚差(相当于内外圆同轴度误差)都能控制在 ϕ0.004～0.01mm 范围内，甚至可以达到 ϕ0.4μm。

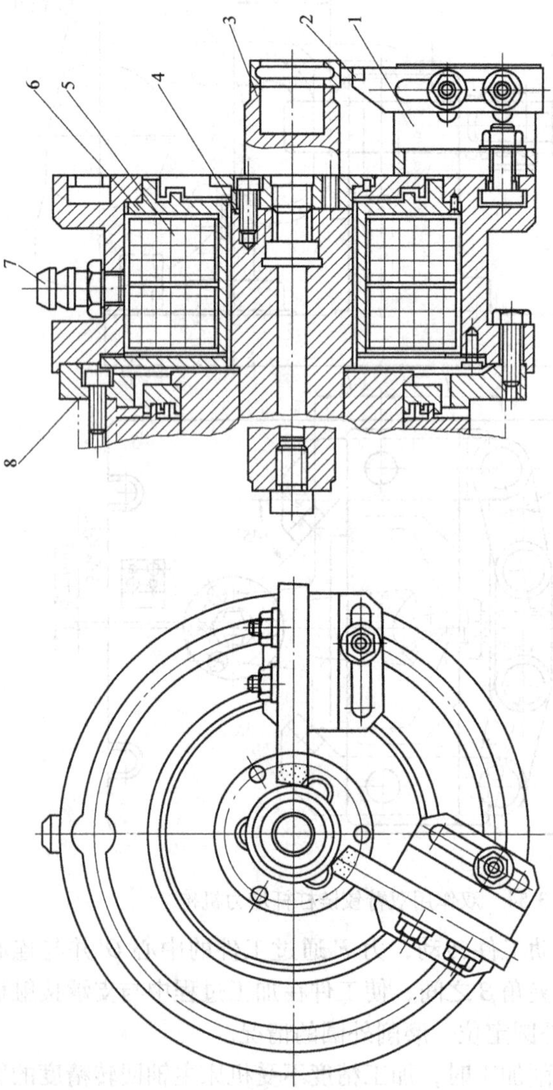

图3-55 电磁无心磨夹具

1—支承座(两块) 2—支承件(两件) 3—磁极 4—铁心
5—线圈 6—线框 7—出线管接头 8—过渡盘

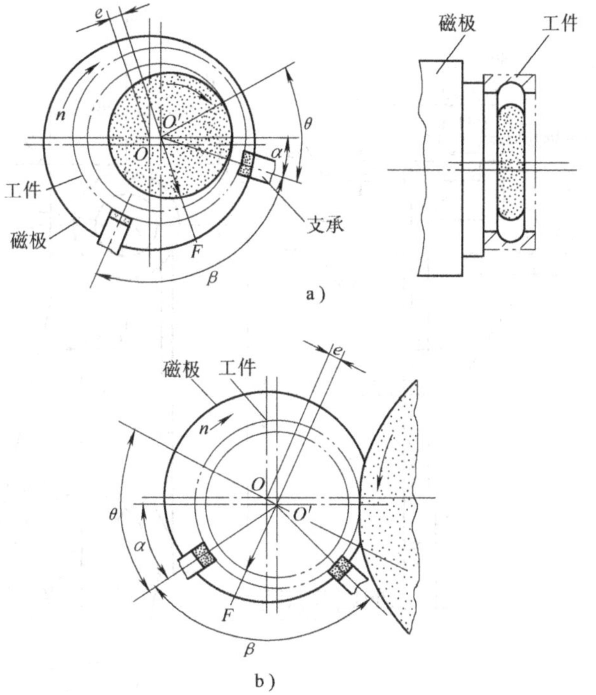

图 3-56 电磁无心磨工作原理

第四节 定位和夹紧装置设计示例

综合以上工件装夹的定位与夹紧的原理、原则、零件和夹具选择、定位和夹紧装置的设计和分析等有关知识，现以实例说明怎样综合运用这些知识。

如图 3-57 所示，在工件拨叉上铣 16H11 槽。根据工艺规程，这是最后一道机加工工序。其加工要求有：槽宽 16H11 由铣刀保证；槽深 8mm；槽侧面对 ϕ25H7 孔轴线的垂直度公差为 0.08mm；与 E 面平行，且保持距离(11 ±0.2)mm；槽底与 B 面平行；以上均由夹具保证，试设计其定位装置和手动夹紧装置。

1. 定位方案分析

先确定要限制的自由度并选择定位基面和定位件。从加工要求考虑，铣通槽只需限制五个自由度($\vec{x}$ 可不必限制)，但为了承受切削力，简化定位装置结构，仍采取完全定位方案。

方案Ⅰ(图 3-58a)，工件以 E 面作主要定位基面，夹具以支承板 1 作限位件限制 $\vec{y}$、$\widehat{x}$、$\widehat{z}$，并以短圆柱销 2 与 ϕ25H7 孔配合限制 $\vec{x}$、$\vec{z}$。为了提高工件装夹

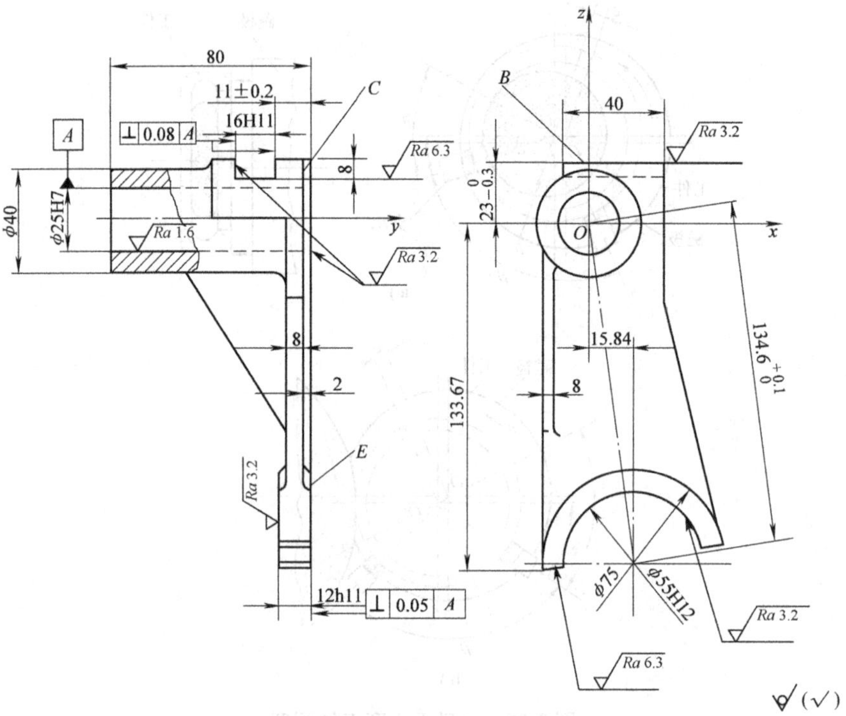

图 3-57　拨叉图

刚度，在 C 处加一辅助支承。这样定位基准 E 与垂直度要求的工序基准 A 不重合，$\Delta_B \neq 0$，不能保证垂直度公差为 0.05mm 的要求，故此方案较差。

方案Ⅱ(图 3-58b)，工件以 ϕ25H7 孔作为主要定位基面，用长圆柱销 3 限制

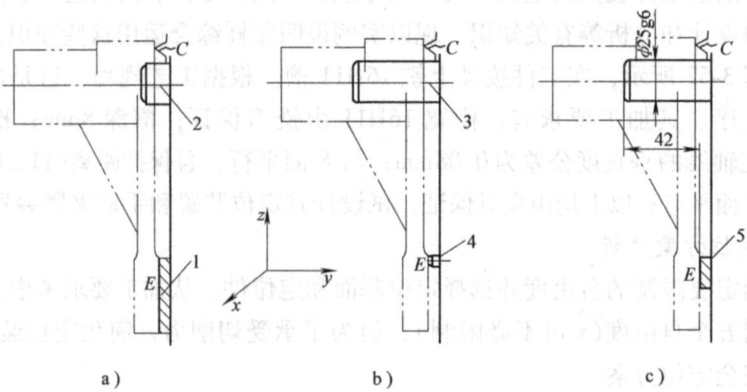

图 3-58　拨叉定位方案分析

$\vec{x}$、$\vec{z}$、$\overset{\frown}{x}$、$\overset{\frown}{z}$，在 E 面用支承钉 4 限制 $\vec{y}$，在 C 处仍放一辅助支承。由于长圆柱销 3 作为主要限位基面，它与工序基准重合 $\Delta_B=0$，容易保证槽侧面与 $\phi25$mm 孔轴线的垂直度。但这种定位方式不利于工件的夹紧，因为辅助支承不能起定位作用，它必须在工件夹紧后才能固定；而且支承钉 4 的支承面积太小，对着它施加夹紧力时，工件极易歪斜变形，夹紧也不可靠。

方案Ⅲ(图 3-58c)，在方案Ⅱ的基础上稍加改进，即用窄长支承板 5 代替支承销 4，限制 $\vec{y}$ 及 $\overset{\frown}{z}$，这样 $\overset{\frown}{z}$ 被重复限制了，属于重复定位。但当对着窄长支承板 5 施加夹紧力时，工件虽会变形，不过由于 E 面与 $\phi25$mm 孔轴线有较高的垂直精度，能保证夹紧可靠。

上述三种方案中以方案Ⅲ(图 3-58c)较好。但按加工要求，还必须限制 $\overset{\frown}{y}$。假如在 B 面处设置防转销(图 3-59a)时，由于此处离 $\phi25$mm 孔轴线距离太近($23^{\ 0}_{-0.3}$mm)，尺寸公差又较大，故防转效果差，定位精度低。若将挡销设置在图 3-59b 所示位置时，由于此处离孔轴线较远，因而防转效果好，定位精度较高，且能承受切削力所引起的转矩。

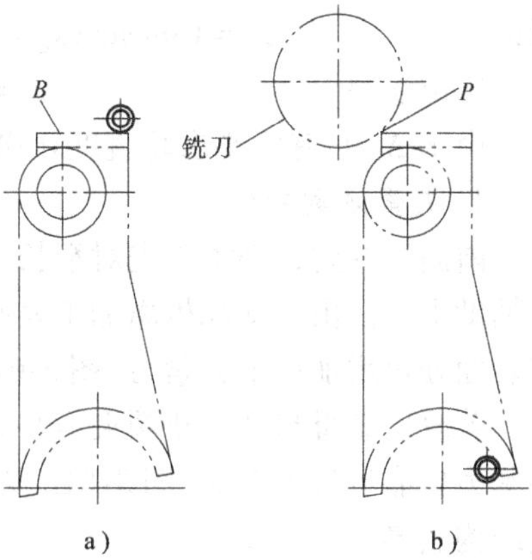

图 3-59　防转挡销的位置

2. 定位误差的分析

本工序的定位误差只需计算槽侧面与 E 面的距离(11 ± 0.2)mm 及槽侧面与 $\phi25$mm 孔轴线的垂直度要求即可。

(1) 对尺寸(11 ± 0.2)mm 的定位误差　采用图 3-58c 的定位方案时，E 面既是工序基准，又是加工尺寸 11 的定位基准，故 $\Delta_B=0$，$\Delta_y=0$，于是 $\Delta_D=0$。

(2) 槽侧面与 $\phi25$H7 孔轴线的垂直度的定位误差　取长圆柱销直径为 $\phi25$g6，查表得：

长销 $\phi25\text{g6}=\phi25^{-0.009}_{-0.025}$mm

孔　$\phi25\text{H7}=\phi25^{+0.025}_{0}$mm

因定位基准与工序基准重合，故 $\Delta_B=0$。

由于定位基准与限位基准不重合，定位基准在两个方向可转动，单方向的转角误差如图 3-60 所示。

$$\tan\Delta_\alpha=\frac{25.025\text{mm}-24.975\text{mm}}{2\times40\text{mm}}=0.000625$$

基准位移误差 Δ_y 如下：

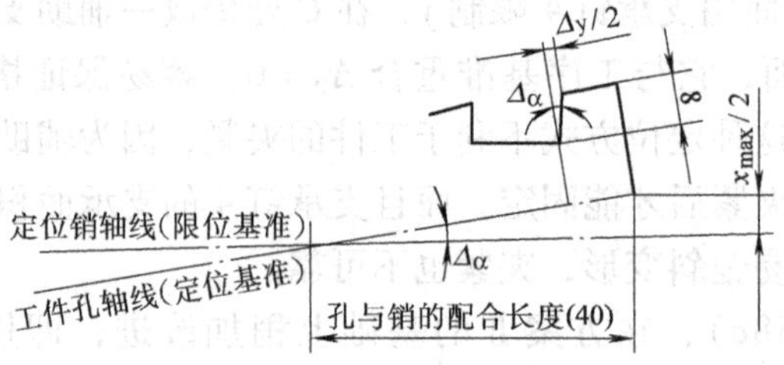

图 3-60 铣拨叉槽时的定位误差

$$\tan\Delta_\alpha = \frac{\Delta_y/2}{8\text{mm}}$$

所以 $\Delta_y = 16\text{mm}\tan\Delta_\alpha = 16\text{mm} \times 0.000625 = 0.01\text{mm}$

定位误差 $\Delta_D = \Delta_y = 0.01\text{mm}$

由于 Δ_D 只有所要求垂直度 0.08mm 的 1/8，故此方案的定位精度足够。

3. *夹紧方案分析*

前面已提到，必须首先对窄长支承板 5(图 3-58c)施加夹紧力，然后才能固定辅助支承。由于支承板离加工表面较远，铣槽时的切削力又大，故需在靠近加工表面处再增加一个夹紧力(图 3-61a)，但由于工件该部位的刚性差，夹紧变形大；若改用螺母与开口垫圈夹压在 ϕ25mm 孔的左端面，拨叉此处的刚性好，且夹紧力更靠近加工表面(图 3-61b)。对着窄长支承板的夹紧件采用钩形压板，可使结构紧凑。

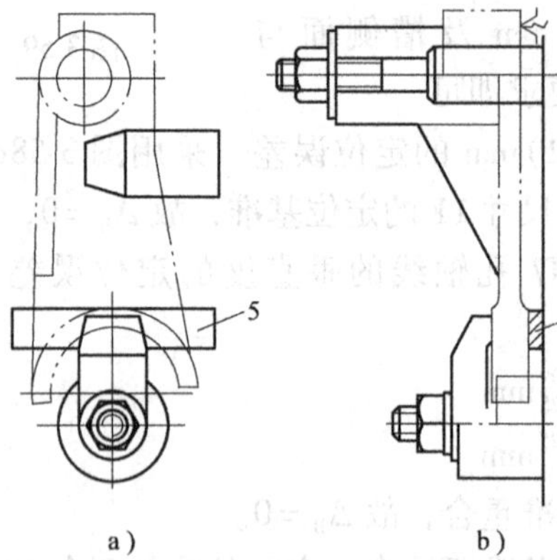

图 3-61 拨叉夹紧方案分析

综合以上分析，拨叉铣槽的装夹方案应如图 3-62 所示。装夹时，先将拨叉放在定位件 4、7、8 上，再拧紧钩形压板 1，然后使辅助支承 5 接触工件后拧紧螺钉 6，最后插上开口垫圈 3 和拧紧螺母 2。

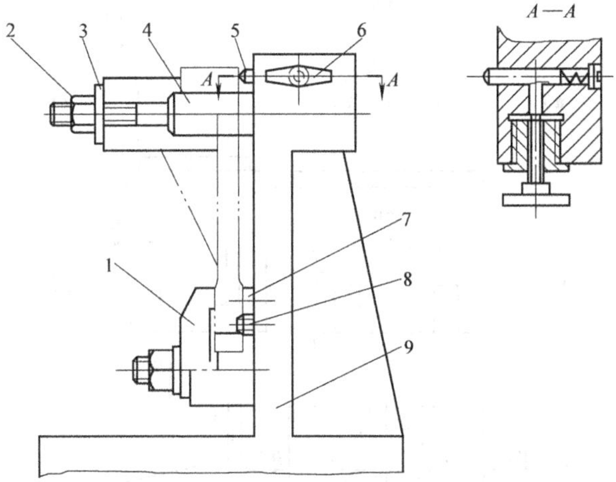

图 3-62　拨叉的装夹方案

1—钩形压板　2—螺母　3—开口垫圈　4—长圆柱销

5—辅助支承　6—螺钉　7—窄长支承板　8—防转挡销　9—夹具体

复习思考题

1. 夹紧装置一般由哪些部分组成？它们的作用是什么？

2. 对夹紧装置的基本要求有哪些？使用不良的夹紧装置将会产生什么后果？

3. 工件在夹具中夹紧的目的是什么？夹紧与定位有何区别？

4. 选择夹紧力的方向和着力点应注意哪些原则？用简图举出几个夹紧力方向和着力点不恰当的例子，说明其可能产生的后果。

5. 试分析图 3-63a ~ f 中各夹紧力的方向和着力点是否合理，为什么？如何改进？

6. 工件在夹具中被夹紧时，会产生哪些变形？这些变形会造成工件增加哪些加工误差？如何减少这些误差？

7. 斜楔夹紧装置必须解决哪三个问题？怎样解决这些问题？

8. 表 3-6 所示螺旋压板三种施力方式中，若改成 $l = L/3$ 不等臂杠杆时，试推导其夹紧力 W 的计算公式。

9. 圆偏心夹紧装置使用在哪些场合？

10. 圆偏心轮有什么重要特性？设计圆偏心轮时，如何选择工作段？其自锁条件是什么？

11. 列表比较斜楔、螺旋、偏心三种夹紧装置的增力原理、扩力比、夹紧力大小、自锁条件、重要特性、使用性能特点及共同点。

12. 自动定心装置的工作原理是怎样的？典型的自动定心装置有哪几种？各应用在哪些场合？

13. 弹性筒夹的锥度与和它相配的锥体的锥度为何不相等？

*14. 设计液性塑料定心夹紧装置的主要问题是什么？试设计工件定位孔径为 ϕ70mm，长

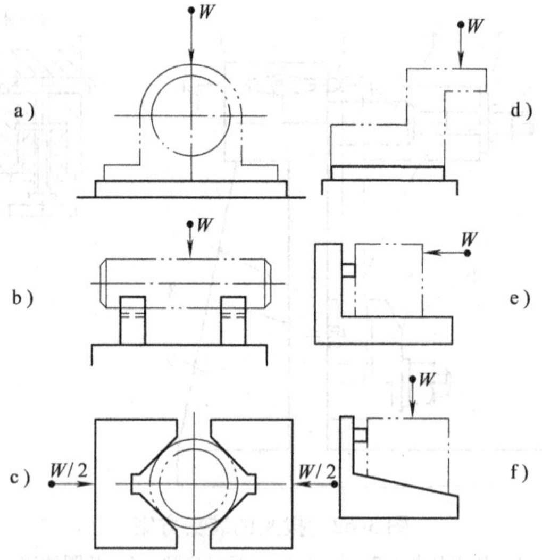

图 3-63 第 5 题图

度 $l=80$mm 的薄壁套，包括薄壁套的结构形式、壁厚及其他结构尺寸(绘草图)。

15. 试述液性介质通道(含浇冒口)的设计要点。

16. 液性塑料的主要原料有哪几种？各有何作用？

17. 试画出多点和多件联动夹紧装置简图，各举一例，并用箭头标明夹紧力的传递方向。

*18. 分析图 3-51 铰链杠杆增力气动铣床夹具的夹紧机构增力原理。它属于图 3-52 中哪一种类型？

19. 试说明电磁无心磨夹具的工作原理及结构特点。

20. 试设计图 3-64 钢套工件钻 $\phi5$mm 孔的定位、夹紧与导向件，用草图表达定位、导向、夹紧方案。

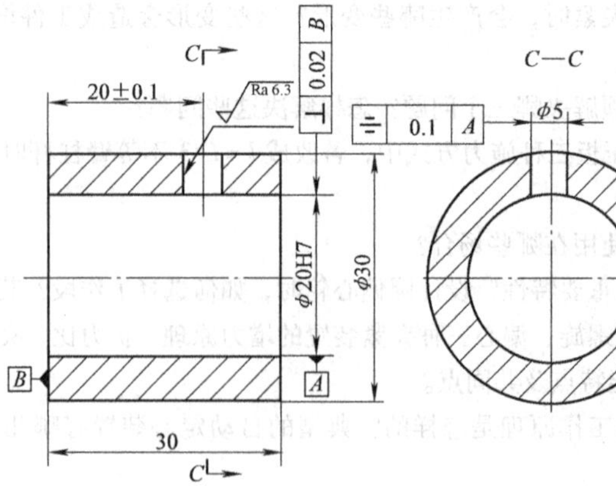

图 3-64 钢套工件

第四章

分度装置与夹具体的设计

培训学习目标 了解分度装置的分度原理及分度误差的分析方法；掌握回转分度装置和端齿盘精密分度装置的结构；熟悉夹具体设计要点。

有些工件要求在夹具的一次装夹中加工一组表面(如精密孔系、槽系或多面体等)，而此组表面常要按一定角度或一定距离分布，这样便要求夹具能在加工过程中进行分度——当工件每加工好一个表面后，应使夹具的某些部分连同工件转过一定角度或移动一定距离。实现上述分度要求的装置就是分度装置。

分度装置可以作为一个独立的部件安装在工作夹具的夹具体上，或者与夹具体制在一起。它使工件加工工序集中，减少装夹次数，从而减轻劳动强度和提高生产率，因此广泛用于钻、铣、镗等夹具多工位加工中。

第一节 分度装置的基本结构

分度装置可分回转分度装置及直线分度装置两大类，由于生产中应用较多的是前一种，故下面主要讨论回转分度装置。

回转分度装置按其回转轴的位置，可分立轴式、卧轴式和斜轴式三种形式，现主要介绍前两种形式。

一、立轴式通用转台

立轴式通用转台的典型结构如下(图 4-1)：转台体 1 固定不动，转盘 2 和转轴 3 用螺钉联接，可在转台体的衬套 4 中转动实现回转分度。转盘底面上的分度孔可按分度需要镗出。为提高分度孔的耐磨性，其中压有分度衬套 6，加工时，对定销 5 插入分度衬套 6 中，对定销下端有齿条与齿轮套 7 啮合。当需要回转分度时，逆时针转动手柄 9，通过螺纹轴上挡销 8 带动齿轮套 7 转动，使对定销 5 从衬套 6 的孔中退出，转盘连同转轴便可转过一个工位，然后在弹簧力的作用下，使对定销 5 插入下一个工位的分度衬套孔内(此时手柄 9 自动顺时针转动)，完成一次分度。当继续沿顺时针方向转动手柄时，螺纹轴便产生少量位移，将弹性开口锁紧圈 10 顶紧，并通过其内锥面迫使锥形圈 13 向下压，从而使转盘 2 紧

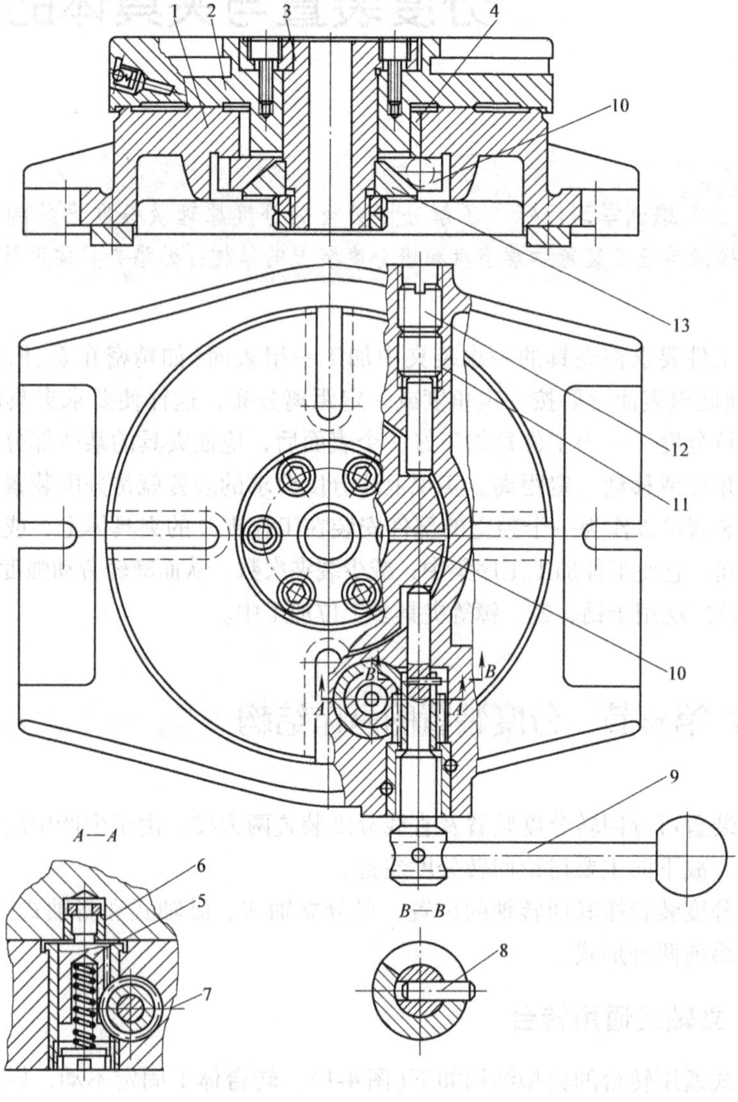

图 4-1　立轴式通用转台

1—转台体　2—转盘　3—转轴　4—衬套　5—对定销　6—分度衬套
7—齿轮套　8—挡销　9—手柄　10—锁紧圈　11、12—调节螺钉　13—锥形圈

贴在转台体 1 上，达到锁紧的目的。齿轮套 7 的端部开有缺口（图 4-1*B*—*B* 剖面），从而可实现先松开转盘，然后拔销，或先插入对定销再锁紧转盘的动作要求。调节螺钉 11、12 用以控制锁紧程度。若受力不大的场合，锁紧机构也可不设置。这种通用转台可在各种专用工作夹具上应用，目前已有标准系列，按转盘直径 *D* 有 250mm、300mm、450mm 等几种规格，并有专业化企业生产。

图 4-2 即为立轴式通用转台的应用实例。图示法兰盘工件需加工圆周上均布平行孔系，工件以底面、圆孔及键槽为定位基面，在工作夹具的定位盘 4 及带键的定位心轴 3 上限位，并以螺母 1 通过开口垫圈 2 把工件夹紧。此工作夹具通过定位盘 4 的底面衬套孔，安装在通用转台的转盘中心定位销 5 中，以确定其正确相对位置，然后用螺钉紧固。另在钻台体上安装一支架 6 及铰链钻模板 7，通过转台的回转分度，可依次加工均布平行孔系各孔。

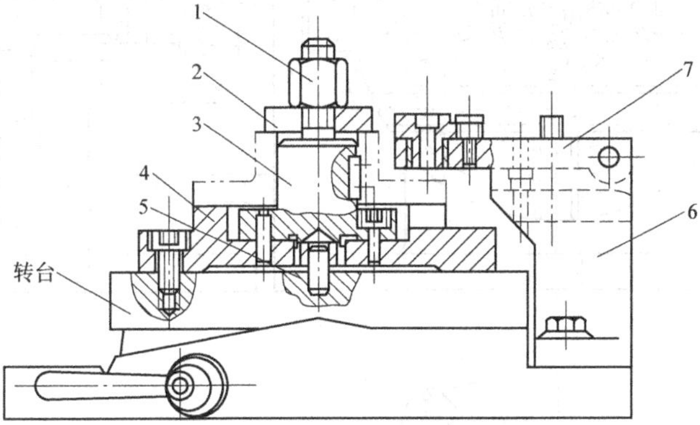

图 4-2　立轴式通用转台的应用实例

二、卧轴式通用转台（图 4-3）

它的工作原理与立轴式基本相同，只是对转台体与转轴的刚性要求更高。转盘 2 和转轴 7 用螺钉紧固可在转台体 1 的衬套 3 中转动，在转轴后端孔中装有移动轴 5，其上开有环形槽，与转轴上两条对称键槽对齐，以两个半圆键相连。移动轴左端的横向孔中装有偏心轴 16，它的中部压入挡销 8，其外面装有转动套 9，转动套的径向孔中则固定一拨杆 10，拨杆的另一端插入削边对定销 11 的孔中。

当需要分度时，可将手柄 15 沿着松开方向扳动，此时偏心轴 16 顺时针转动，挡销 8 也随之转动，在碰到转动套 9 的 *P* 面时，便带动转动套及拨杆 10 一起转动，使削边对定销 11 从转盘的分度衬套 12 中退出，转盘即能回转分度。当转盘转至下一个工位时，对定销在弹簧 14 的作用下，插入下一个分度衬套孔内。此时将手柄15朝相反方向扳动，则偏心轴16在横向孔内的偏心部分，便迫使固定在移动轴5上的螺钉6连同转轴7和转盘2一起向左移动，从而将转盘2锁紧在转台体1上。转轴右端中心孔中压入定位销4供工作夹具在转盘上定位用。另外也可在工作夹具上再设置一定位销或定向键，配入转盘上的M或N处的T形槽内，以确定其角向位置。转盘上的分度孔，可按分度要求镗出。

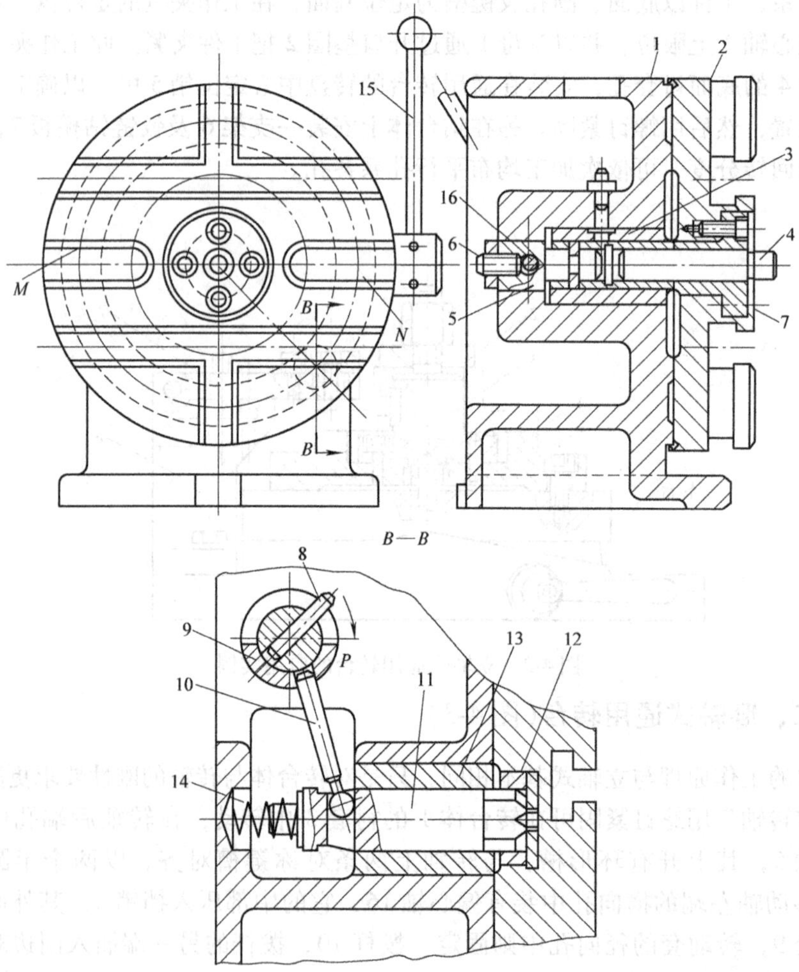

图4-3　卧轴式通用转台

1—转台体　2—转盘　3、13—衬套　4—定位销　5—移动轴　6—螺钉　7—转轴　8—挡销　9—转动套　10—拨杆　11—削边对定销　12—分度衬套　14—弹簧　15—手柄　16—偏心轴

卧轴式通用转台的标准系列按转盘直径有250mm、350mm等几种，其主要尺寸可查阅《机械工程手册》。

◈◈◈ 第二节 回转分度装置的组成

不论设计专用转台还是通用转台，其回转分度装置一般由以下四部分组成：固定部分、转动部分、分度对定装置、抬起与锁紧装置。

一、固定部分

固定部分是分度装置的基体，通过它与机床工作台或机床主轴相连接，故往往就利用夹具体作为其固定部分(即转台体)。

为了保证回转分度装置的精度持久，要求转台体刚性好、尺寸稳定和耐磨损，一般用灰铸铁制造，机械加工前须进行时效处理。

二、转动部分

转动部分是分度装置的运动部件，通过它达到转位的目的。因此工件的定位与夹紧装置往往就设置在转动部分上；采用通用转台时，工作夹具也装在转动部分上。

当转动部分与固定部分为滑动摩擦时，则转轴材料常取45钢、40Cr钢或20钢渗碳淬火，与其配合的轴孔都必须镶上衬套，其材料可用45钢或T7A制成。若采用滚动摩擦时，只需将衬套改用滚动轴承即可。

三、分度对定装置

这是分度装置的关键部分，它主要由分度盘和对定销构成。在大多数情况下，分度盘与转动部分相连接，或直接用转盘作分度盘；而对定销则与固定部分相连接，当然也有相反的情况。

按照分度盘和对定销的相互位置关系，一般分为轴向分度与径向分度两种。前者是指对定销沿着与分度盘的回转轴线相平行方向工作的(图4-4a)；后者是指对定销沿着分度盘的半径方向工作的(图4-4b)。显然从分度装置的外形尺寸、结构紧凑和维护保养来说，以轴向分度为佳，故其应用较多。但因对定销与分度衬套孔之间存在配合间隙从而引起分度误差，为此在分度精度要求高的场合，以采用径向分度为佳。

表4-1为八种常见对定方式的特点及应用场合(对照图4-4中1~8)。

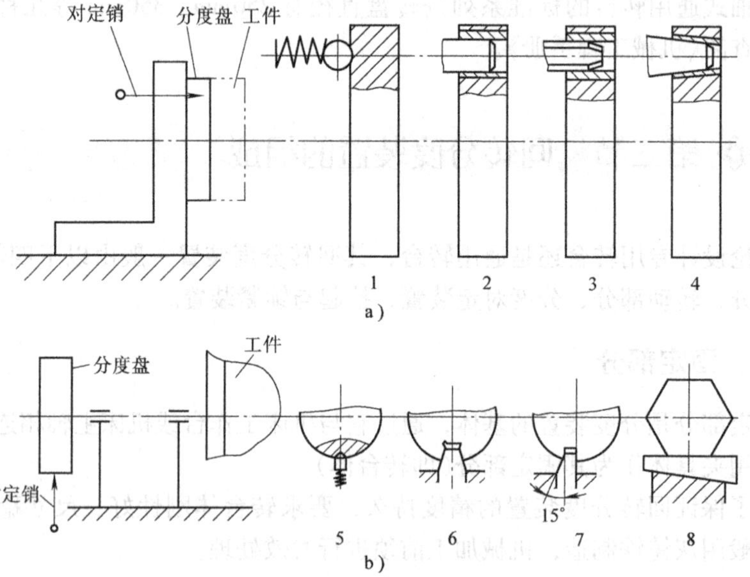

图 4-4　轴向分度与径向分度

a) 轴向分度(1～4)　b) 径向分度(5～8)

表 4-1　常见对定方式的特点及应用场合

图号	对 定 方 式	特　点	应 用 场 合
1	钢球对定	定位不太可靠	切削负荷小，分度精度低
2	圆柱销对定	采用 H7/g6	分度精度不高
3	削边销对定	提高分度精度	轴向分度用
4	圆锥销对定	要有防尘措施	分度精度较高
5	球头销对定	(与钢球对定相同)	
6	双斜面对定	(与圆锥销对定相同)	
7	单斜面对定	误差单边分布	作一般精密分度
8	正多面体对定	结构简单	分度精度一般

操纵对定销的装置，可用手拉式对定销(图 4-5a)、齿条式对定销(图 4-5b)或杠杆式对定销(图 4-5c)。这三种分度对定装置，拔出对定销和分度盘的转位分度均须分别操作，比较费时费力。图 4-6 所示为单手柄操纵上述两个动作的结构。将手柄 6 按逆时针方向转至图示双点画线位置时，连在手柄上的凸块 2 推动对定销 3 下部的圆弧凸台，压缩弹簧使对定销从分度盘 1 的分度槽中退出。此时装在手柄上的棘爪 5 在棘轮 4 上滑过，并嵌入下一个棘轮凹槽中。然后将手柄再按顺时针方向转到图 4-6 所示实线位置，与此同时棘爪便拨动棘轮，连同分度盘

1 和工作台转过一个工位。由于凸块 2 也已移开，因此对定销便在弹簧力的作用下，插入下一个分度槽内。这样手柄每往复转动一次，便同时完成分度与对定两个动作，操作方便迅速。

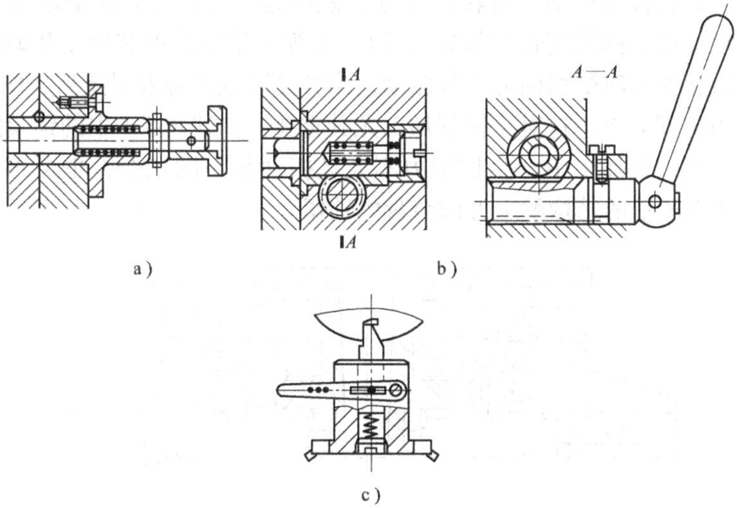

图 4-5　操纵对定销的装置

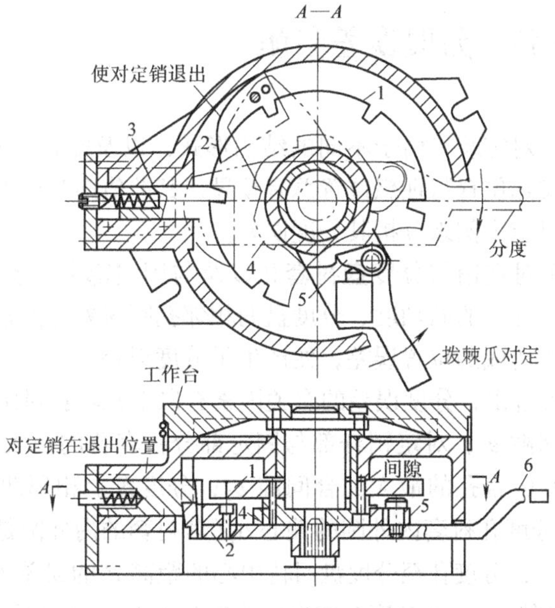

图 4-6　分度与对定联合操纵装置

四、抬起与锁紧装置

对于较大规格的立轴式回转分度装置，为了使转动灵活、省力及减少接触面间摩擦，应在转位分度前，将转位部分稍微抬起，为此可设计抬起装置(图4-7中的四个顶柱通过弹簧把转动部分抬起)。又为了增强分度装置工作时的刚性及稳定性，防止加工时受切削力引起振动，当分度装置经分度对定后，应将转动部分锁紧在固定部分上，这对于铣削加工尤其重要。前述图4-1中的锁紧圈部分10就是锁紧装置。当加工中产生切削力不大且振动较小的场合，也可不设锁紧装置，如图4-6所示的结构就未考虑转盘的锁紧。

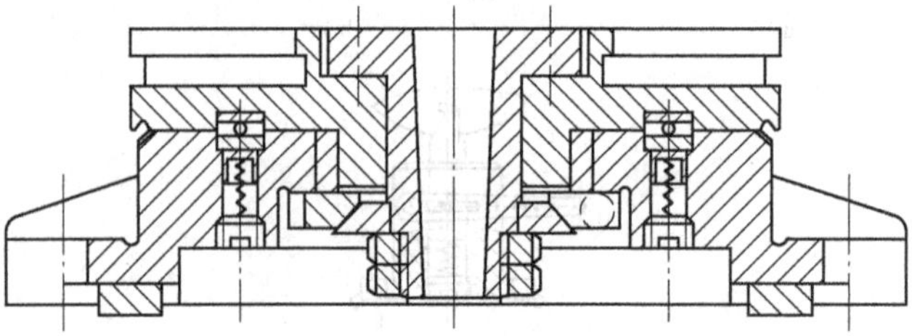

图4-7　抬起装置

第三节　分度误差分析

上述各种分度对定装置由于不同的结构形式，以及配合、制造误差等因素，通过分度得到的实际位置与理想位置总有差异，其差值即为分度误差。现以生产中常用的圆柱销对定为例来分析其分度误差。

图4-8中表示对定销与分度盘衬套孔以及与固定部分衬套孔之间的配合间隙、分度盘衬套内外径的同轴度、分度盘两相邻孔距误差等因素，在一次分度的两个极端情况下所造成的位置误差，便产生了分度误差。

从图4-8中可看出，分度误差的有关因素有以下几项：对定销头部与分度衬套孔的最大配合间隙 ε_1；对定销杆部与固定部分衬套孔的最大配合间隙 ε_2；转盘回转轴与分度盘配合孔的最大配合间隙 ε_3；分度盘上相邻两分度孔间的中心距 a 的误差 Δ_1；分度孔衬套内外圆的偏心 Δ_2(若衬套的内外圆是在一次装夹中加工的则 Δ_2 可不计)；分度孔至分度盘回转中心的距离 R 的误差 Δ_3(这一误差可利用削边对定销来补偿)。因此分度时产生的转角误差 Δ_α，可按下式计算

$$\sin\Delta_\alpha = \pm\frac{\varepsilon_1+\varepsilon_2+\varepsilon_3+\Delta_1+\Delta_2+\Delta_3}{2R} \qquad (4\text{-}1)$$

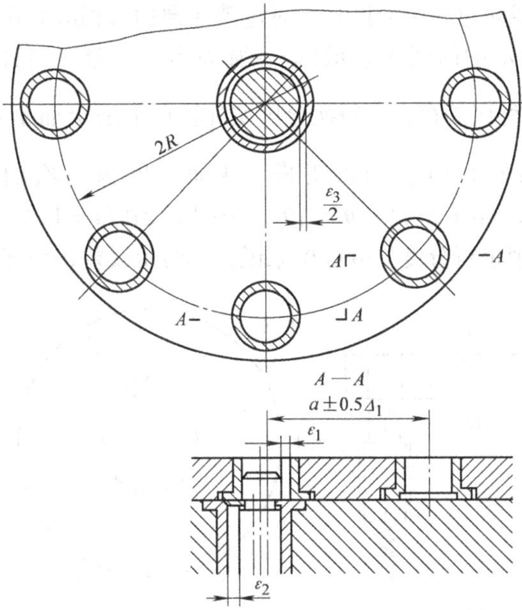

图 4-8 分度误差分析

由于上述因素的影响，使这类分度对定装置的精度不宜高于 ±10″。

目前，分度精度分为：一般精度 ±1′～10′，较精密精度 ±10″左右和精密分度精度约 ±1″。一般精度的结构为钢球或圆柱销对定；较精密及精密分度结构除了用斜面或圆锥销对定外，还设计端面齿盘和钢球盘式精密分度装置。

第四节 精密分度装置简介

前述分度装置都是采用一个对定销依次对准分度盘上的孔或槽来实现分度对定的。按照这种原理所获的分度精度往往不可能很高。随着科技的发展，对某些产品零部件提出越来越高的分度要求，因此各种精密分度装置被创造出来，它们大多是利用“误差平均效应”[⊖]分度原理来获得较高的分度精度。

一、“误差平均效应”分度原理

仍以圆柱销对定的分度装置为例进行对比分析。

图 4-9a 所示为圆柱销对定的分度装置，分度盘上有一组分度孔，转位分度时，

⊖ 误差平均效应是提高机械加工精度的法宝。不仅在原始基准平板的刮削、研磨中应用，而且在一些高精度工量具的精密加工中都可应用。

分度盘绕 $O—O$ 轴线转过一个分度孔，对定销 A 便插入相应的孔中对定。这种对定方法可用图 4-9b 所示的简图来表示(设一圆周为 n 等分)。每次分度的理论转角 $\theta=\dfrac{360°}{n}$，但由于种种误差存在，每次分度实际转角不是 $\theta°$ 而是 $\theta+\Delta\theta_1$，同理第二次分度实际转角为 $\theta+\Delta\theta_2$，依次类推。从而分度盘每次的转角误差相应为 $(\theta+\Delta\theta_1)-\theta=\Delta\theta_1$，$(\theta+\Delta\theta_2)-\theta=\Delta\theta_2$，…即为 $\Delta\theta_i(i=1、2、\cdots、n)$。由此可知，对用单个圆柱对定销进行分度的分度副来说，其转角误差将全部直接输出给工件。

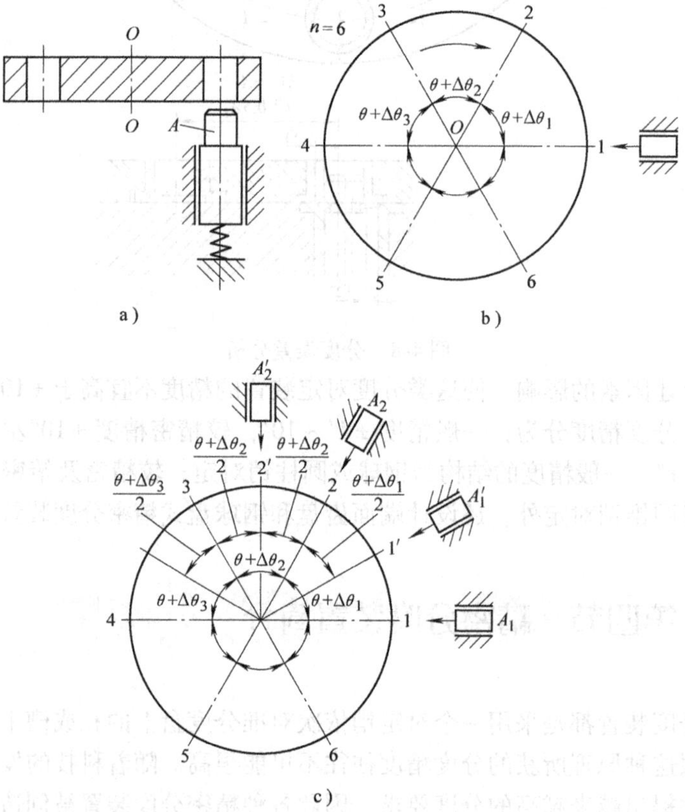

图 4-9 “误差平均效应”分度原理

如果仍用此分度盘，但同时用两个对定销 A_1 和 A_2 来对定(图 4-9c)。两个圆柱销同时对定的效果，就相当于在两销中心有一个 A' 圆柱销在起对定作用。此时，分度运动就不是按 1、2、3、… 等单个分度孔对定，而是按 1-2、2-3、3-4、…相邻两两分度孔同时均匀对定。换句话说，整个分度的动作就转化为由 A' 圆柱销每次按 1-2、2-3、3-4、…的中点位置 1′、2′、3′、…来对定。于是分度盘每次转过的实际角度相应为 $\left(\dfrac{\theta+\Delta\theta_1}{2}+\dfrac{\theta+\Delta\theta_2}{2}\right)$、$\left(\dfrac{\theta+\Delta\theta_2}{2}+\dfrac{\theta+\Delta\theta_3}{2}\right)$、…分度盘每次分度的转角误差为$\left(\frac{\theta+\Delta\theta_1}{2}+\frac{\theta+\Delta\theta_2}{2}\right)-\theta=\frac{\Delta\theta_1+\Delta\theta_2}{2}$、$\left(\frac{\theta+\Delta\theta_2}{2}+\frac{\theta+\Delta\theta_3}{2}\right)-\theta=\frac{\Delta\theta_2+\Delta\theta_3}{2}$、…。由此可见，在分度盘精度相同的条件下，由于采用了两个圆柱销同时均匀对定，所产生的分度转角误差是分度盘上两相邻孔位置误差的平均值，从而使转角误差因均分而减半。若所用的对定销越多，则这种“误差平均效应”也越好，使实际输出到工件上的误差也越小。

为此，可充分利用现有的机械加工手段所能达到的加工精度水平，以及误差平均效应分度原理，能够在不提高基准件（分度盘）的制造精度（指分度位置精度）条件下，而获得极小的分度转角误差。

精密分度装置有端齿分度盘、钢球自动分度盘、电感应分度装置等，它们都是利用“误差平均效应”原理设计的。下面仅介绍常用的端齿盘分度装置。

二、端齿盘分度装置

图4-10所示为做成通用转台形式的端齿盘分度装置。端齿形为三角形的上齿盘（图4-10中*D*—*D*放大图）与转盘10做成一体，下齿盘8用螺钉和圆锥销紧固在底座11上。转位分度时，将手柄4顺时针方向转动，扇形齿轮3便带动与之啮合的齿轮螺母2随之转动。由于齿轮螺母2轴向固定不能移动，因此使组成螺旋副的移动轴1上升，通过轴承内座圈9将上齿盘抬起，啮合着的端齿就脱开，此时转盘便可进行回转分度。分度完毕后，将手柄4反转，转盘即下降，使上、下齿盘重新啮合并锁紧。为了便于确定转盘所需回转的角度，在转盘上焊接有刻度盘5，其圆周上有若干个定位小孔（图4-10中视图*C*），按所需分度的角度，在相应定位小孔中插入定位销7，通过定位器6定位，达到预分度（图4-10中视图*A*）。

在这个分度装置中，上齿盘相当于分度盘，下齿盘的全部齿数相当于对定销数。正是由于上、下齿盘的全部齿都参与对定，充分发挥了“误差平均效应”，从而大大减小了分度输出误差。

端齿盘分度装置具有以下特点：

1）分度精度高。一般分度精度在±3″~±6″左右，最高可达±0.1″。目前我国批量生产的端齿分度盘分三个等级：超精密级、精密级、普通级。

2）分度范围大。端齿盘的齿数可任意确定，以适应各种工件分度需要。例如齿数为360齿的端齿盘，最小分度值为1°，如果做成1440齿，则最小可分0.25°。

3）精度的重复性和持久性好。端齿盘在使用过程中，相当于上下齿盘在不断地磨合对研，因此使用越久，啮合越好，分度精度的重复性和持久性也越好，避免了其他机械分度装置使用时间长而磨损以致降低分度精度的弊病。

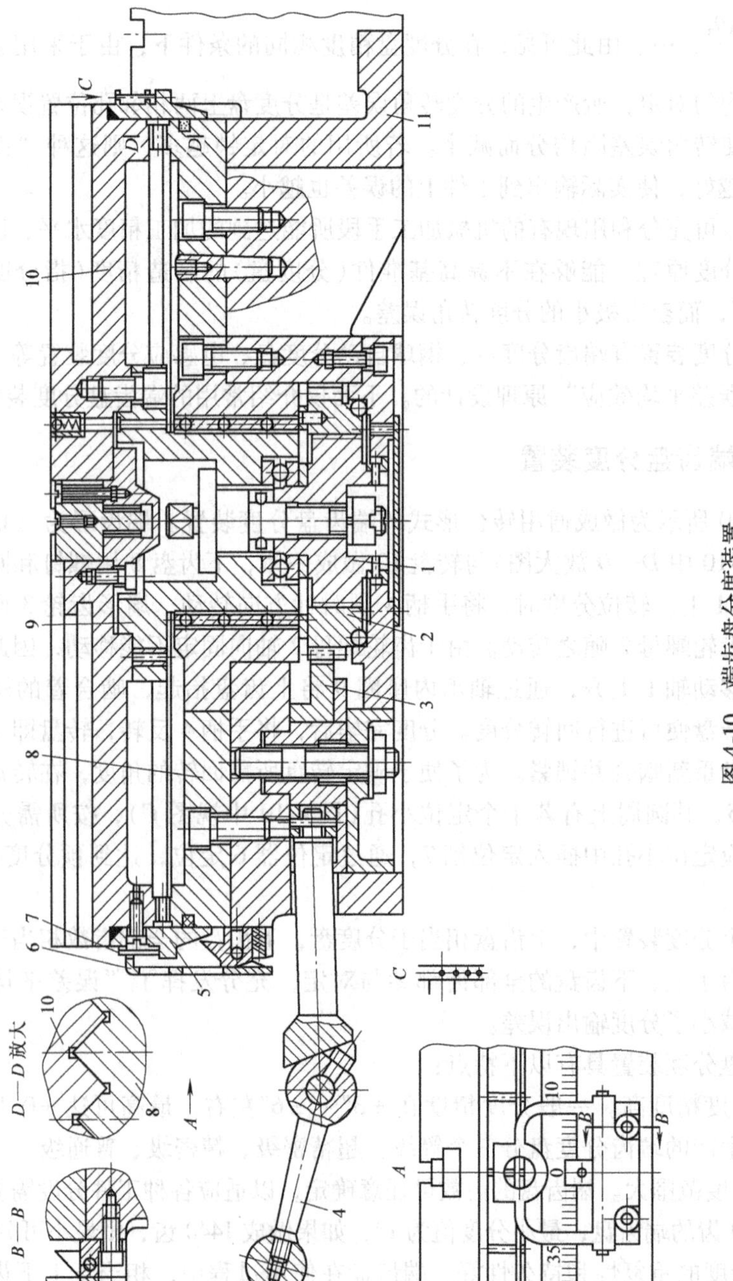

图 4-10 端齿盘分度装置

1—移动轴 2—齿轮螺母 3—扇形齿轮 4—手柄 5—刻度盘 6—定位器 7—定位销 8—下齿盘 9—轴承内座圈 10—转盘（上齿盘） 11—底座

4）若利用双层齿盘结构和差动分度法，可实现角度细分。这可用图4-11来说明：图中1、2、3构成双层齿盘，中齿盘2和上齿盘1啮合的齿数为$z+1$；而和下齿盘3啮合的齿数为z齿。现设$z=120$，则$z+1=121$。当1、2齿盘一起相对下齿盘3顺时针转过一齿时，其转角为$\frac{360°}{z}=\frac{360°}{120}=3°$；然后上齿盘又相对中齿盘逆时针转回一齿，则上齿盘相对下齿盘也逆时针退回一齿，退回的转角为$\frac{360°}{z+1}=\frac{360°}{121}=2.975°$。结果上齿盘相对下齿盘顺时针转过的角度为：

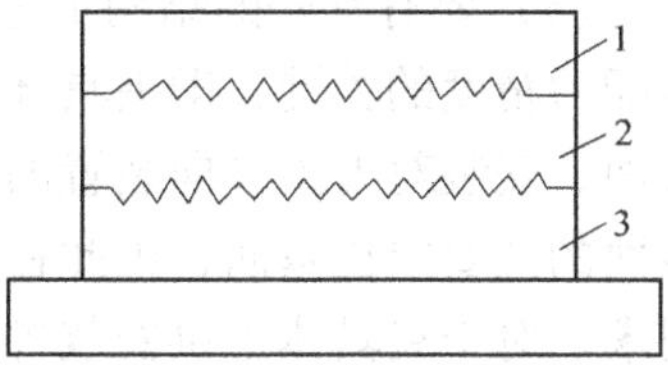

图4-11　差动分度法原理

$$\frac{360°}{120}-\frac{360°}{121}=3°-2.975°=0.025°=1.5'=1'30''$$

这就实现了角度细分，但这种差动分度法因齿盘轴线的偏移会带来一定的分度误差。

5）定位刚性好。由于端齿盘是靠圆周排列的多齿啮合分度对定，无论是受径向力或轴向力的作用，它的定位刚性都很好。

端齿盘分度装置的关键件是精密齿盘，加工较困难，制造费用较高。为此已将齿盘作为标准部件成批生产，并将其精度分成等级，以用于不同分度精度要求的回转工作台。齿盘的材料为40Cr锻钢件，齿部淬火至50～55HRC。成对研磨时要求齿面啮合长度不少于60%、齿数啮合率不少于90%。

第五节　夹具体的设计

夹具体是夹具上最大和最复杂的基础件。在夹具体上要安装各种零部件、机构或装置，以组成该夹具，并通过它将夹具安装在机床上。因此，其形状结构，在很大程度上取决于其上各种零件或装置的结构形式、总体布置的情况以及夹具与机床的连接方式。在加工过程中夹具体须承受作用于夹具上的一切作用力以及所产生的冲击和振动，还要解决切屑积聚和排屑等问题。

一、对夹具体设计的基本要求

（1）应有足够的强度和刚度　夹具体应具有足够的壁厚h，刚度不足处可设置加强筋，其厚度一般取$(0.7\sim0.9)h$，加强筋的高度不大于$5h$，以保证承受夹紧力、切削力，冲击和振动，不致产生不允许的变形。

（2）力求结构简单，装卸工件方便　体积尽可能小，重量轻。特别对手动、移动或翻转夹具，其总重量不超过10kg，以便操作。

（3）要有良好的结构工艺性和使用性　夹具体上有三部分表面是影响夹具装配后精度的关键，即夹具体的安装基面（与机床连接的表面）、安装定位件的表面、安装对刀或导向装置的表面。其中往往以夹具体的安装基面作为加工其他表面的主要定位基面，因此在考虑夹具体结构时，应便于达到这些表面的加工与要求。对于夹具体上供安装各零部件的表面，一般应铸出3～5mm凸台，以减少精加工面积。不加工毛面与工件表面之间应保证有如下空隙：工件是毛面时取8～15mm；工件是光面时取4～10mm；以免安装时发生干涉。

（4）结构尺寸大小适当且稳定　通常夹具体设计不作力学分析计算，而是参照类似夹具体结构，用经验类比法估计确定。铸造夹具体要进行时效处理；焊接夹具体要进行退火处理，以防日久变形。夹具体的壁厚和转角处变化要缓和、均匀，以免产生过大内应力。

（5）排除切屑问题要解决　加工过程中所产生的切屑，有一部分将落在夹具体上，若切屑积聚过多，将严重影响工件可靠定位和夹紧。为此应采取必要措施。当切屑不多时，可适当加大定位件工作表面与夹具体之间的空间或增设容屑沟槽；当加工中产生大量切屑时，应在夹具体上专门设计排屑用的斜面（α取30°～50°）或排屑槽，以便切屑落入腔内自动排出夹具体外（图4-12）。

（6）夹具在机床上安装要稳定、安全、可靠　夹具体的重心尽量低，支承面积足够大，夹具体底面中部一般应挖空。大型夹具要设置起吊环，较大的夹具体要设置座耳。

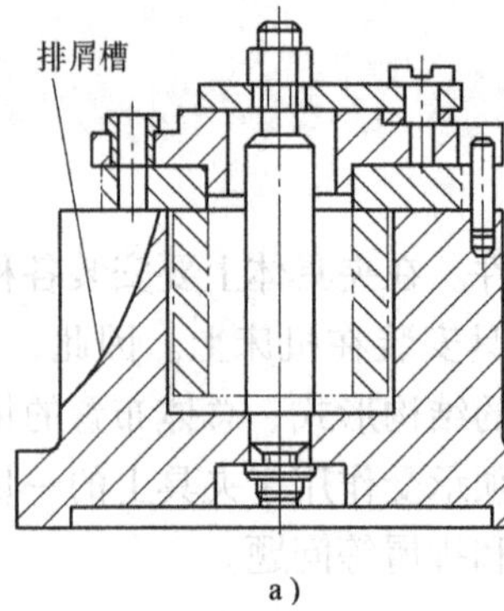

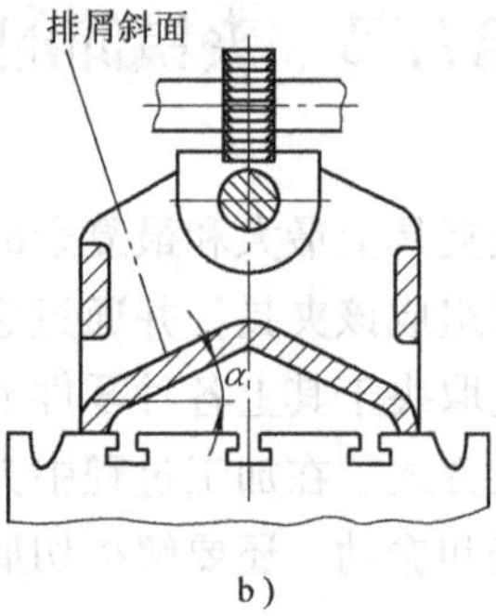

图4-12　夹具体自动排屑结构

二、夹具体毛坯的类型

由于各类夹具结构形态变化多端，使夹具体难以标准化，但其结构形式不外乎如图 4-13 所示三类，即开式结构(图 4-13a)、半开式结构(图 4-13b)和框架式结构(图 4-13c)，供参考选用。

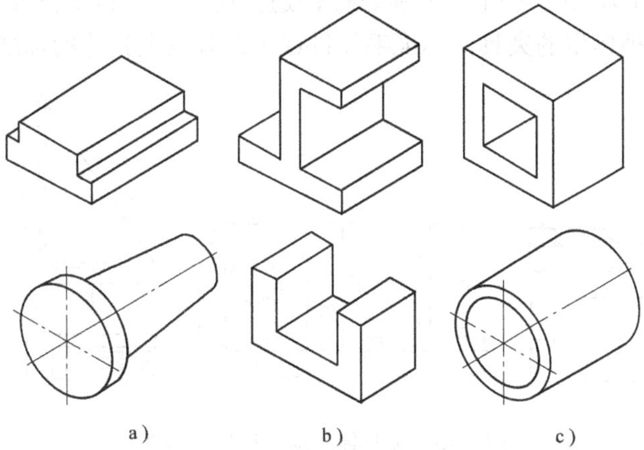

图 4-13　夹具体结构形式

夹具体毛坯常采用以下四种(图 4-14)：

(1) 铸造夹具体(图 4-14a)　铸造夹具体可铸出各种复杂形状，工艺性好，具有较好的抗压强度、刚度和抗振性。但生产周期长，需进行时效处理，以消除内应力。常用灰铸铁 HT150、HT200，要求强度较高时用铸钢 ZG270—500，要求质量较轻时用铸铝 ZL104。目前铸造夹具体应用较广。

(2) 焊接夹具体(图 4-14b)　焊接夹具体由钢板、型材焊接而成。取材方便、生产周期短、成本低、重量轻(壁厚较铸造夹具体薄)。但焊接后热应力较大，易变形，需退火处理，以保证加工尺寸的稳定性。

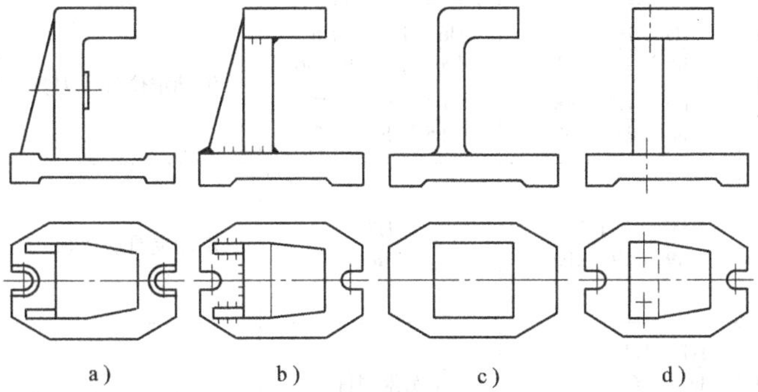

图 4-14　夹具体毛坯类型

(3) 锻造夹具体(图 4-14c)　锻造夹具体适用于形状简单、尺寸不大、要求强度和刚度较大的夹具体。锻造毛坯也需经退火处理。

（4）装配式夹具体（图4-14d） 装配式夹具体具有制造成本低、周期短、精度稳定等优点，有利于夹具标准化、系列化，也便于夹具的计算机辅助设计。它往往由标准的毛坯件、零件及个别非标件通过螺钉、销钉等连接组装而成。图4-15所示为几种典型的夹具体标准毛坯件或可组装成夹具体的标准件。

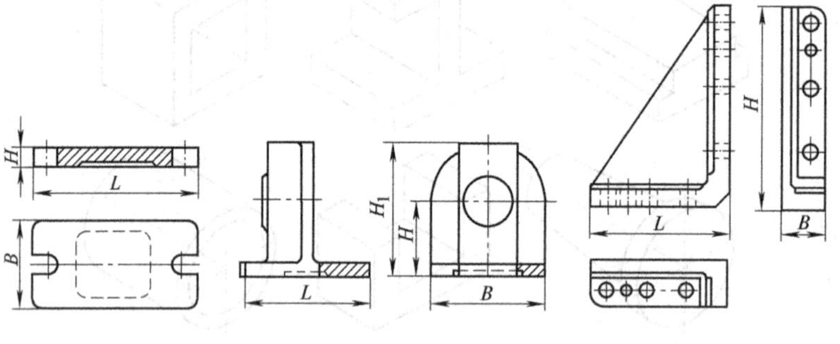

图4-15 夹具体标准毛坯件及零件

三、有关夹具体的技术要求

为了说明夹具体与各主要零件配合表面（或孔）的尺寸公差和配合精度，设计时可参见表4-2。

表4-2 夹具主要零件间常用的配合选择

工作形式	精度要求		示例
	一般精度	较高精度	
定位件与工件定位基面间	$\frac{H7}{h6}$，$\frac{H7}{g6}$，$\frac{H7}{f7}$	$\frac{H6}{h5}$，$\frac{H6}{g5}$，$\frac{H6}{f5 \sim f6}$	定位销与工件基准孔
有引导作用并有相对运动的零件间	$\frac{H7}{h6}$，$\frac{H7}{g6}$，$\frac{H7}{f7}$ $\frac{H7}{h6}$，$\frac{G7}{h6}$，$\frac{F8}{h6}$	$\frac{H6}{h5}$，$\frac{H6}{g5}$，$\frac{H6}{f5 \sim f6}$ $\frac{H6}{h5}$，$\frac{G6}{h5}$，$\frac{F7}{h5}$	滑动定位件、刀具与导套
无引导作用，但有相对运动的零件间	$\frac{H7}{f9}$，$\frac{H7}{g9 \sim g10}$	$\frac{H7}{f8}$	滑动夹具底座板
无相对运动的零件间	$\frac{H7}{h6}$，$\frac{H7}{r6}$，$\frac{H7}{r6 \sim s6}$ $\frac{H7}{m6}$，$\frac{H7}{k6}$，$\frac{H7}{js6}$	（无紧固件） （有紧固件）	固定支承钉定位销

有时为了夹具在机床上找正方便，可在夹具体侧面（或圆周）加工出专门用

于找正的基面，用以代替对零件定位基面的直接测量，但该找正基面与零件定位基面之间必须有严格的位置公差要求。

专用夹具各主要零件的设计技能实例见第七章技能训练4。

复习思考题

1. 什么是回转分度装置？它由哪几部分组成？各部分的主要功能是什么？

2. 常见的对定方式有哪几种？各用于什么场合？操纵对定销的装置有哪几种？各有何特点？

3. 以圆柱销对定装置为例来分析它的分度误差从何产生？

4. 什么是误差平均效应？试用图4-9来表达误差平均效应分度原理。

5. 端齿盘分度装置具有哪些特点？请简要说明。

6. 对夹具体设计时有哪些基本要求？常见的夹具体毛坯有哪几种？夹具体与各零件精度之间应提出哪些方面的技术要求？

7. 图1-3钻模的回转分度装置中，分度孔所在圆的直径为ϕ86mm，衬套内孔与对定销的配合为$\phi 12\frac{H7}{g6}$，试求其最大分度误差。

第五章

专用夹具设计与制造的必备专业知识

培训学习目标 熟悉和了解典型专用夹具的结构特点、基本要求、设计步骤与制造要点；能对钻、镗、车、磨、铣类加工工艺所需的较复杂的专用夹具提出设计方案(草图或设计总图)和改进意见。

各类专用的机床夹具，由于各类机床的加工工艺特点及夹具与机床的连接方式不尽相同，因此每一类专用夹具在其零部件的结构、总体结构和技术要求等方面都有其各自的特点，从而对夹具的设计也提出了不同的要求。本章通过对钻、镗类，铣床类和车、磨类典型的机床夹具进行剖析探讨，以便进一步掌握各类专用夹具的结构特点、制造要点以及设计技能。

第一节 各类典型专用夹具的结构特点和设计知识

一、钻、镗类专用夹具

在钻床上钻孔或在镗床上镗孔，不便于用试切法把刀具调整到规定的加工位置。如采用划线法加工，其加工精度和生产率又较低，故当生产批量较大时，常使用专用钻、镗类夹具。在这类专用夹具上，一般都装有定位件，有规定尺寸的钻套或镗套，通过它引导刀具进行加工，此时被加工的孔径主要由定尺寸的钻头、铰刀等保证，而孔的位置精度则由夹具的钻套或镗套的位置精度来保证，并有助于提高刀具系统的刚性，防止钻头(或镗刀杆)在切入后引偏，从而有利于提高孔的尺寸精度和改善表面粗糙度。此外，由于不需划线和找正，工序时间大为缩短，因此可显著地提高工效，这就是钻、镗类夹具的主要特点。

1. 钻床专用夹具的类型与结构

钻床夹具的种类繁多，一般分为固定式、回转式、翻转式和盖板式等，习惯上都称之为钻模。

（1）固定式钻模　在使用过程中，钻模和工件在钻床上的位置固定不动，用于在立钻上加工较大的单孔或在摇钻上加工平行孔系。若要在立钻上使用这种钻模加工平行孔系，则需要在钻床主轴上安装多轴传动头。

在立钻上安装钻模时，一般应先将装在主轴上的定尺寸刀具(精度要求高时用检验棒代替刀具)伸入钻套中，以确定钻模在钻床上的位置，然后将其紧固。这种加工方式钻孔精度较高。

图 5-1 所示为固定式钻模的结构，工件用一个平面、一个外凸圆柱及一小孔作定位基准，用开口垫圈和螺母夹紧。钻模的使用读者可自行分析。

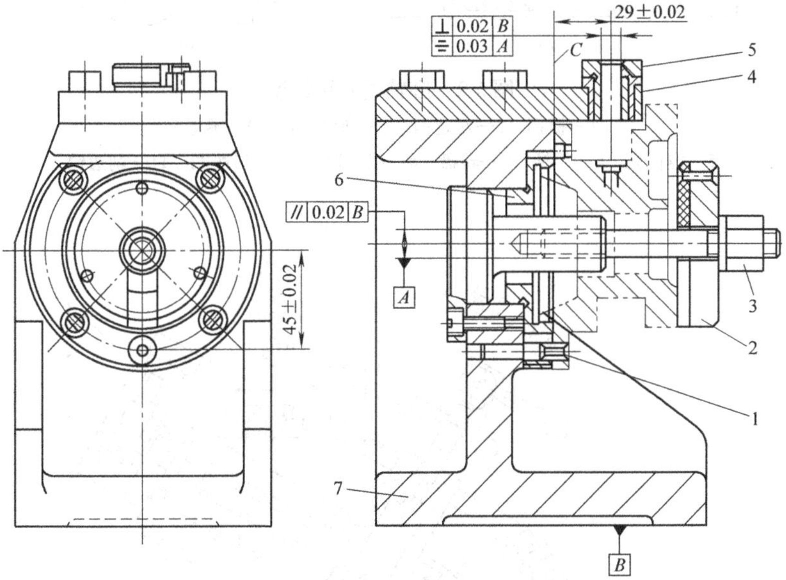

图 5-1　固定式钻模

1—削边定位销　2—开口垫圈　3—螺母　4—钻模板　5—钻套　6—定位盘　7—夹具体

（2）回转式钻模　这类钻模主要用于工件被加工孔的轴线平行分布于圆周上的孔系。该夹具大多采用标准回转台与专门设计的工作夹具联合成钻模。图 4-2 即为一例，由于该钻模采用了回转式分度装置，可实现一次装夹进行多工位加工，既可保证加工精度，又提高了生产率。

回转式钻模的结构形式，按其转轴的位置可分立轴式(图 4-2)、卧轴式(图 1-3 和图 5-2)和斜轴式(图 5-3)三种。

（3）翻转式钻模　这类钻模主要用于加工小型工件分布在不同表面上的孔，如图 5-4 所示为加工套筒工件上四个互成 60° 的径向孔的翻转式钻模。当钻完一

组孔后，翻转60°钻另一组孔。夹具的结构虽较简单，但每次钻孔前都需找正钻

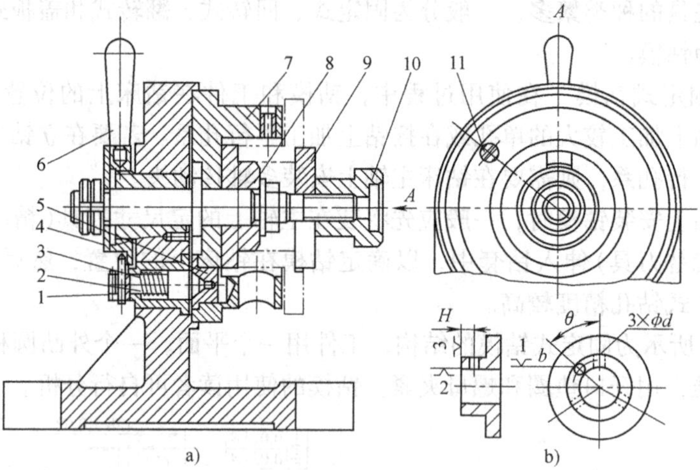

图5-2 卧轴式回转钻模

1—横销 2—对定销 3—弹簧 4、10—螺母

5—定位套 6—手柄 7—转盘 8—限位销 9—开口垫圈 11—削边销

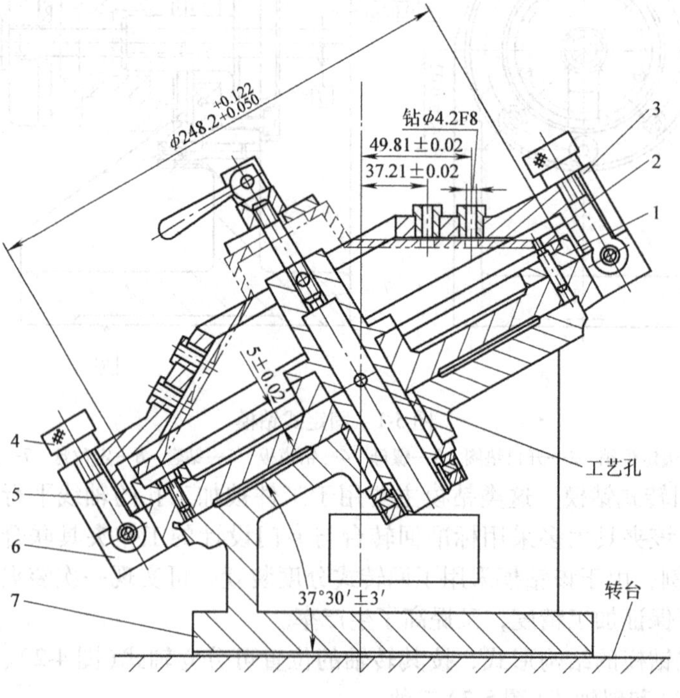

图5-3 斜轴式回转钻模(工作夹具)

1—定位环 2—削边定位销 3—钻模板 4—螺母 5—铰链螺栓 6—转盘 7—底座

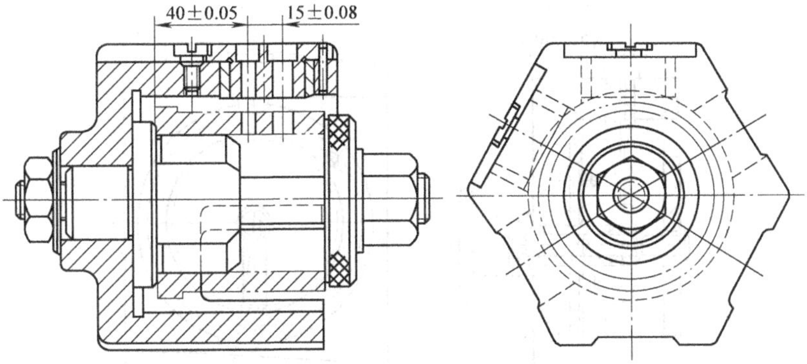

图 5-4　60°翻转式钻模

套对于钻头的位置，辅助时间较长，且翻转费力。因此钻模和工件的总重量不能太重，一般以不超过 10kg 为宜，且加工批量也不宜过大。

图 5-5 是适应小件钻孔的另一种翻转式钻模，它用四个支脚来支承钻模，装卸工件时，必须将钻模翻转 180°。

箱式和半箱式钻模是翻转式钻模的又一种典型结构，它们主要用来加工工件上不同方位的孔。其钻套大多直接装在夹具体上，整个夹具呈封闭或半封闭状态，夹具体的一面至三面敞开，以便于安装工件。

图 5-4 也是箱式翻转钻模。图 5-6 所示为半箱式翻转钻模，利用它加工某壳体工件上有 5°30′要求的两小孔 ϕ6F8。

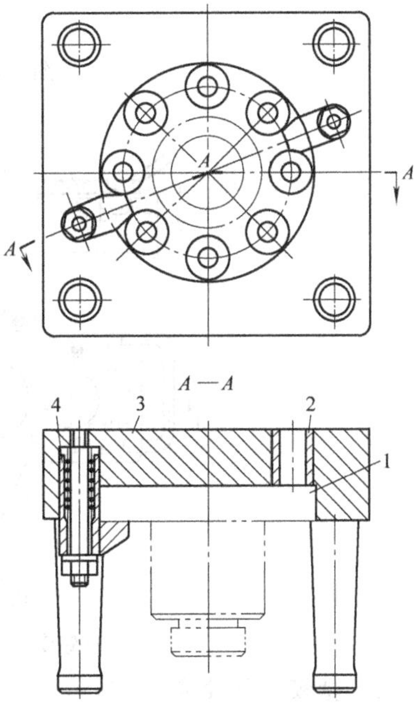

图 5-5　翻转支柱式钻模

1—工件　2—钻套　3—钻模板　4—压板

(4) 盖板式钻模　这类钻模在结构上不设夹具体，并将定位、夹紧件和钻套均装在钻模板上。加工时钻模板直接覆盖在工件上来保证加工孔的位置精度。图 5-7 是加工车床溜板箱 *A* 面上的孔用的盖板式钻模，由图可知，其定位销 2、3，支承钉 4 和钻套都装在钻模板 1 上，且免去了夹紧装置。

盖板式钻模结构简单，省去了笨重的夹具体，特别对大型工件更为必要。但盖板的重量也不宜太重，一般不超过 10kg。它常用于大型工件（如床身、箱体等）上的小孔加工中。

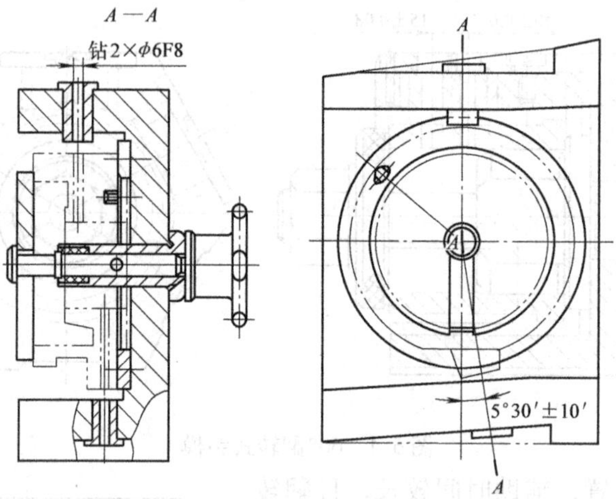

图5-6 半箱式翻转钻模

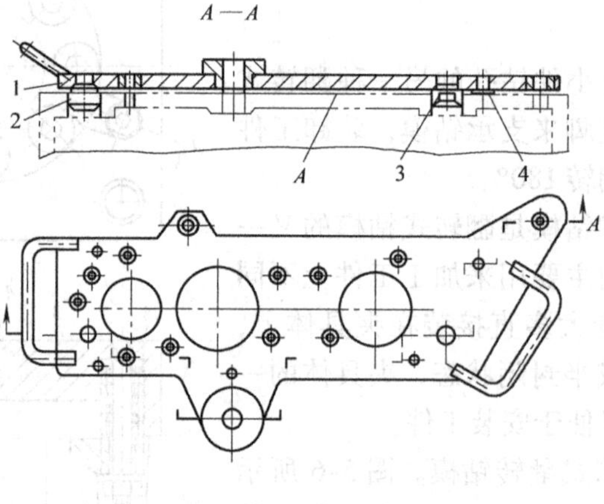

图5-7 盖板式钻模

1—钻模板 2、3—定位销 4—支承钉

2. 钻模设计要点

（1）钻模类型的选择 钻模类型及结构特点已如前述，在选择时，主要根据工件的形状、尺寸大小、被加工孔相对于定位基准的位置、孔的数目和精度要求、工件的重量和生产批量以及企业工艺装备的技术状况等具体条件所决定。

（2）钻套的设计 为了保证被加工孔的位置精度，需正确选择刀具引导方式和钻套的结构。

钻套是钻模特有的对刀导向件，用它确定刀具和钻模间的相互位置。钻套经常装在与夹具体联系的钻模板上或直接装在夹具体上，使钻套在钻模中的位置得以确定。为此，各钻套之间以及钻套相对于限位表面的相互位置精度必须十分注意。

常用的钻套已标准化，如果标准钻套不能满足工序要求或钻模结构要求时，则应设计专用钻套。

图5-8所示为各种标准钻套(分别按JB/T 8045.1～3—1999设计)。图5-8a、b为固定钻套，前者无台肩，后者有台肩，适用于钻套端面作轴向定距的情况。钻套外圆以过盈配合直接压入钻模板或夹具体孔内。钻套使用一定时间后，其内孔将被刀具旋转摩擦而逐渐磨损，寿命约为10000～15000次。固定钻套磨损后，必须从座孔内压出钻套，并重新修正座孔，再配换新钻套，修配复杂和费工。此外，这种钻套不能进行多工步的孔加工，而只局限于进行钻、扩、铰中的一种，故常用于孔径不大或两孔间距离较小的场合。图5-8c为可换钻套，它的外圆以间隙配合装入固定衬套(其标准按JB/T 8045.4—1999)的孔中。有时也可用过渡配合直接装在钻模板或夹具体的孔内。为防止钻套随刀具转动或被切屑顶出，常由固定螺钉紧固(螺钉按JB/T 8045.5—1999)。更换这种钻套不需重新修正座孔，故适用于大批量生产用的钻模中。图5-8d、e所示为快换钻套，当更换钻套时，不必像可换钻套那样要拧下螺钉，只需将钻套朝逆时针方向转过α角度，即可向上取出。因此可在一道孔加工工序中连续进行钻、扩、铰多工步加工，广泛用于大批量生产的钻模中。当钻削深孔时，快换钻套通常只在开始一段钻削时使用，钻出一定深度后，为便于排屑，将钻套取下，靠已钻出的孔作继续加工的引导。

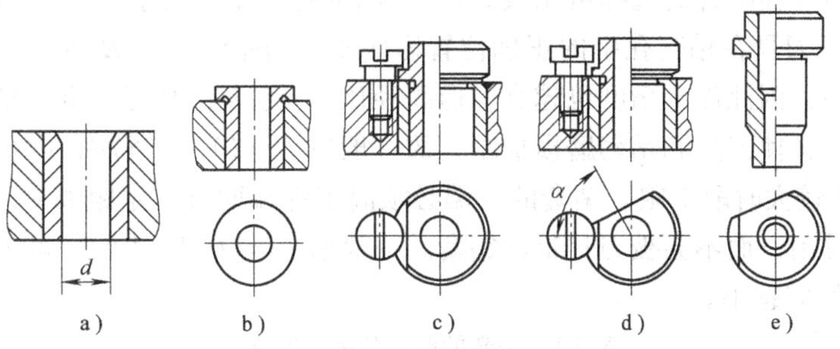

图5-8　各种标准钻套

a)、b) 固定式钻套　c) 可换式钻套　d)、e) 快换钻套

图5-9所示为特种钻套，可供设计专用钻套时参考。图5-9a为削扁钻套，用于被加工两孔距离很近的场合。图5-9b为加长钻套，用于当钻模板不能紧靠工件加工部位的场合。图5-9c为加工间断孔时用的特种钻套，其特点是带有中间钻套，以防刀具引偏。图5-9d、e为在弧面和斜面上加工孔用的特种钻套。

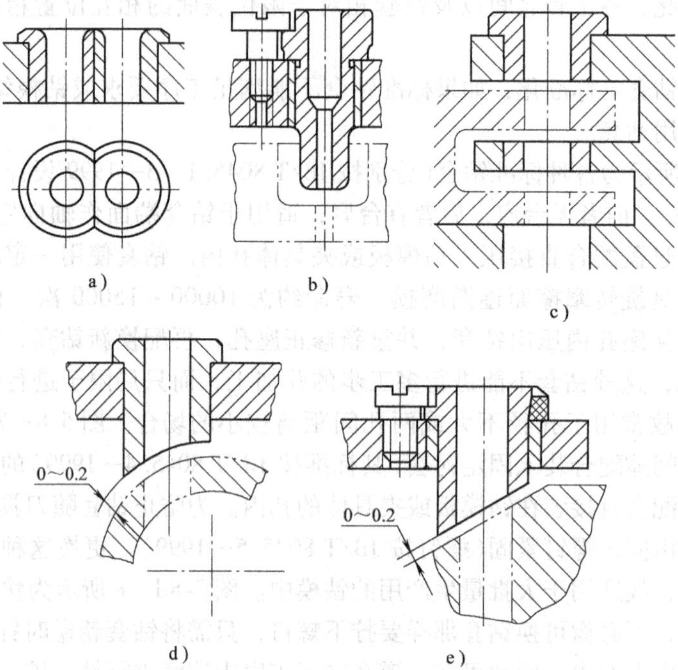

图5-9 特种钻套示例

a）削扁钻套 b）加长钻套 c）间断孔用钻套

d）弧面钻套 e）斜面钻套

钻套内外径配合的选择可见表5-1，其同轴度误差不大于$\phi0.01$mm。钻套的高度H对于刀具在钻套孔中的正确位置影响很大（图5-10），H越高则刀具轴线的偏斜越小，因此加工精度也越高；但高径比H/d越大，则刀具带入钻套孔内的切屑也越多，使刀具和钻套磨损加剧。故一般取$H=(1\sim2.5)d$，内径d较小时取上限，d较大时取下限。钻套的下端必须离工件端面有一定距离C，以使大部分切屑易排出，而不会被刀具带进钻套。一般取$C=(0.3\sim1)d$，被加工材料越硬，则C值应越小。

表5-1 钻套的配合公差带的选择

配合关系		配合公差带
钻套与刀具（当孔径精度IT8）		钻套孔径公差可选F8、G7、G6
钻套与衬套	固定式①	H7/g6，H7/f7，H7/h6，H6/g5
	可换式	F7/n6，F7/k6
	快换式	
钻套（或衬套）与钻模板		H7/n6，H7/r6

① 如果钻套引导的是刀具的导柱部分，也可选用。

当钻斜孔、不通孔、沉头孔及锪平面时，为了保证深度公差。在钻模上需设置对刀面。一般可利用带台肩钻套的端面或设置专用对刀块及支承销等。

特别要注意的是钻套一般用来引导至少具有两个切削刃的刀具，如钻头、锪钻、铰刀、丝锥等，这些刀具在加工时具有自动定心作用，因此实质上钻套主要是在加工初期起预防引偏的作用（图5-10a），而当刀具切入形成孔的全直径后，引导刀具的将主要是已加工出来的孔而不是钻套，特别是在加工深孔时或由于刚度较小的细长钻头本身还有一定弹性，因而仍不能很好地防止刀具引偏（图5-10b）。如果增加钻套高度，有利于防止刀具引偏，但一般只适用于刀具转速不高的场合。这是因为防止引偏过程本身是使作用在刀具上的不平衡侧向压力由钻套壁来承受之故。此时刀具的转速越高，钻套的磨损也越严重。

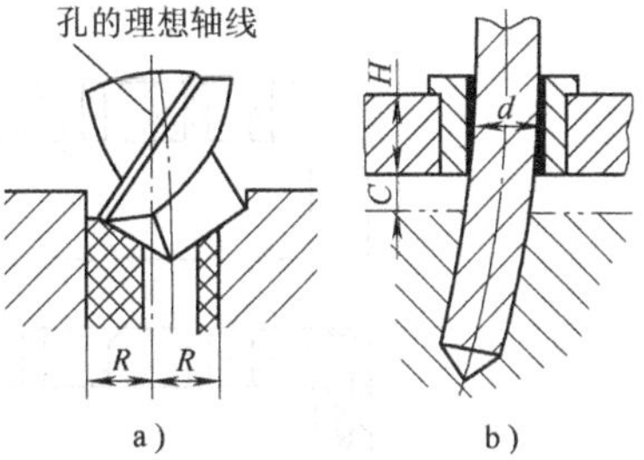

图 5-10　钻套的高度和钻头的引偏

刀具的引偏也和操作者有关，在刀具引入钻套之前，操作者应使刀具轴线足够准确地对准钻套轴线，此时可设法稍许移动一下钻模（对非固定式钻模），或微量移动摇臂钻床主轴等调节手段。

钻套必须有很高的硬度和耐磨性，一般采用 T10A 钢经淬硬至 58 ~ 64HRC；大直径钻套（$d>25$mm）也可用 20 钢经渗碳（渗碳深度 0.8 ~ 1.2mm）淬火至 58 ~ 64HRC。

（3）钻模板的设计　钻模板多装配在夹具体或支架上，或与夹具上的其他零件相连接。常见的钻模板有如下几种类型：

1）固定式钻模板（图 5-11a）。钻模板 1 与夹具体 2 可以铸成一体，也可以焊接或装配在夹具体上，钻套的位置精度较高，但要注意不妨碍工件的装卸。

2）铰链式钻模板。钻模板 1 与夹具体 2 为铰链连接（图 5-11b），铰链轴和孔的配合，按基轴制间隙配合 G7/h6，钻模板和支座上的凹槽应配制，控制 0.01 ~ 0.02mm 的间隙，并保证钻模板处于水平位置，加工时钻模板需用菱形螺栓 5 锁紧。

3）可卸式钻模板（图 5-11c）。钻模板 1 以两对角孔与夹具体 2 上的圆柱销 3 和削边销 4 上定位，并用两个铰链螺栓 5 将钻模板和工件一起夹紧。加工完毕需先将钻模板卸下，才能卸下工件。这种钻模板装卸费时费力，且钻套的位置精度较低，故应用较少。

设计钻模板时应注意如下问题：

1）钻模板上安装钻套的座孔距定位件的位置应具有足够的精度。对于铰链式钻模板尤其应注意提高该项精度。

2）钻模板应具有足够的刚度，以保证钻套轴线位置的准确性。钻模板的厚

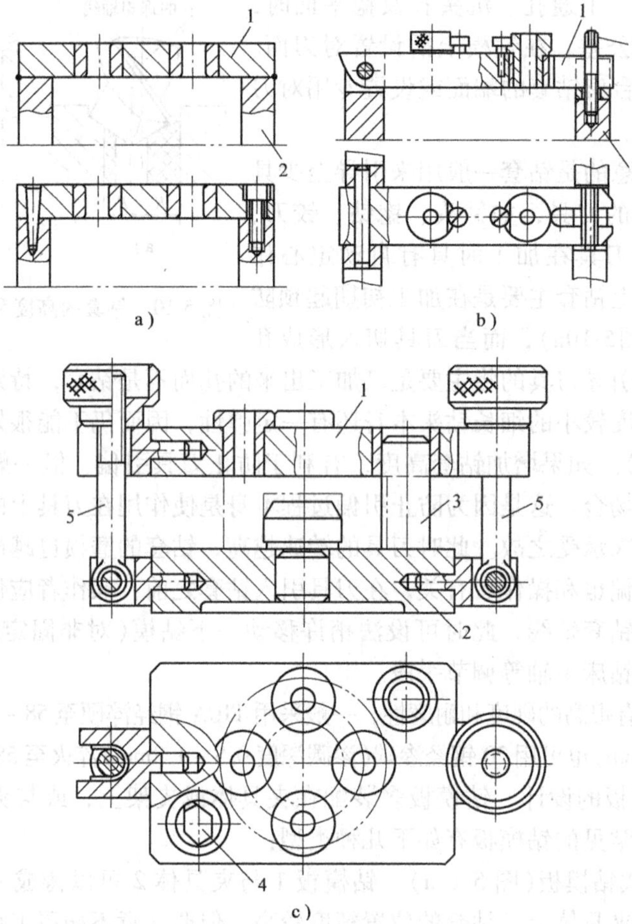

图 5-11 钻模板形式

1—钻模板 2—夹具体(支架) 3—圆柱销 4—削边销 5—螺栓

度可按钻套高度确定，一般在 15 ~ 30mm 之间。如果钻套较高，也可将钻模板局部加厚、设置加强筋。钻模板不宜承受夹紧力。

3) 保证加工的稳定性。

*3. 镗床专用夹具的结构特点

镗床夹具习惯上称为镗模，它广泛应用于各类镗床、多轴组合机床等来加工箱体类、支架类零件上的精密孔系，其孔的加工精度和位置精度可不受镗床精度的影响，而主要由镗模的精度保证。

镗模在结构方面与钻模非常相似，也采用了刀具导向件——镗套。与钻套布置在钻模板上一样，镗套也是按工件被加工孔的坐标位置布置在一个或几个导向支架(镗模架)上。镗模体与镗床工作台的连接方式与铣床夹具有相似之处(参看本节“三”），从而保证镗套轴线与镗床进给方向（主轴轴线）一致。由于箱体孔系的加工精度一般要求较高，因此镗模的制造精度比钻模高得多。

镗模的结构类型主要取决于镗套的布置方式，而在布置镗套时，主要考虑镗杆刚度对加工的影响，因此根据被加工孔的长径比（l/D）而分为以下几种形式：

（1）单支承引导（图5-12）　图5-12a所示为单支承前引导，镗套布置在刀具的前方，主要用于加工孔径 $D>60$mm，$l/D<1$ 的通孔，它便于在加工中观察和测量，特别适合需要锪平面、攻螺纹的工序；缺点是切屑易带入镗套之中，镗杆和镗套易于磨损，刀具的行程较长。

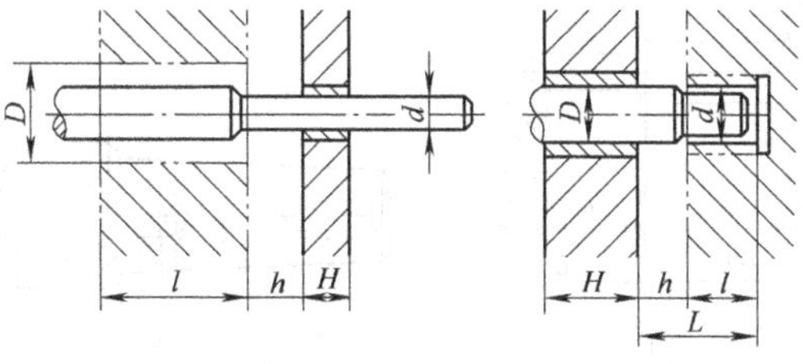

图5-12　单支承引导

a）单支承前引导　b）单支承后引导

图5-12b为单支承后引导，镗套布置在刀具的后方，主要用于镗 $D<60$mm 的通孔和不通孔，这种方式装卸工件和换刀较方便。适用场合分两种情况：当 $l/D<1$ 时，镗杆引导部分的直径 d 可大于 D，故镗杆刚性较好，加工精度较高；当 $l/D>1\sim1.25$ 时，$d<D$，以便缩短 h 和 L，保证镗杆刚度，一般 $h=(0.5\sim1)D$，其值在20～80mm之间，以便于装拆刀具和进行测量。

（2）双支承引导　采用双支承引导时，镗杆和机床主轴用浮动连接（图5-13a、c为浮动接头），这样所镗孔的位置精度主要取决于镗模精度，而不受机床主轴回转精度的影响，故两镗套必须严格同轴。双镗套的布置有两种方式：图5-13a为前后单支承引导，工件介于两套之间。主要用于加工孔径较大，且 $l/D>1.5$ 或一组同轴线的孔。其缺点是镗杆较长，刚度较差，更换刀具不便；当 $L>10d$ 时，由于前后孔相距较远，应增加中间引导支承，以提高镗杆刚度。

（3）双前引导　因条件限制不能使用前后引导时，可在刀具后方布置双镗套（图5-13b）。此法既有双支承引导的优点，又避免了它的缺点。但镗杆伸出支承的距离 $L<5d$，以免悬伸过长，同时镗杆导引长度 $L_2>(1.25\sim1.5)L$，以增强其刚度和轴向移动时的平稳性。

为缩短镗杆长度，当采用预先装好的多把镗刀镗一组同轴等径通孔时，在镗模上可设置让刀机构（图5-14），使工件相对于镗杆轴线偏移或抬高一定的距离，待刀具通过后再回复原位。所需最小让刀偏移量

$$h_{\min}=Z+x_2$$

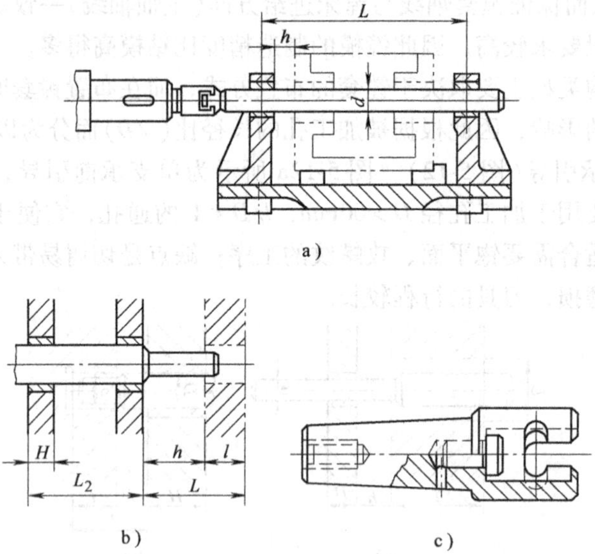

图 5-13 双支承引导

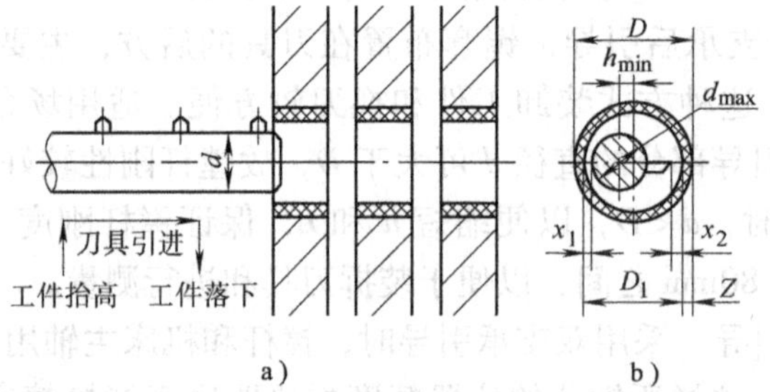

图 5-14 镗杆的让刀偏移量

这时允许的镗杆最大直径为

$$d_{max}=D_1-2(h_{min}+x_1) \tag{5-1}$$

式中 Z——孔的单边加工余量，$Z=\dfrac{D-D_1}{2}$(mm)；

x_1——镗杆与毛坯孔壁之间隙；

x_2——镗刀尖通过毛坯孔时所需间隙；

D_1——毛坯孔直径。

4. 典型镗模结构分析

双支承引导精镗车床尾座体 ϕ60H6 孔的镗模 图 5-15 所示为成批生产条件下精镗尾座体中孔(图右下角)的镗模，其采用的镗孔工具见图 5-16。

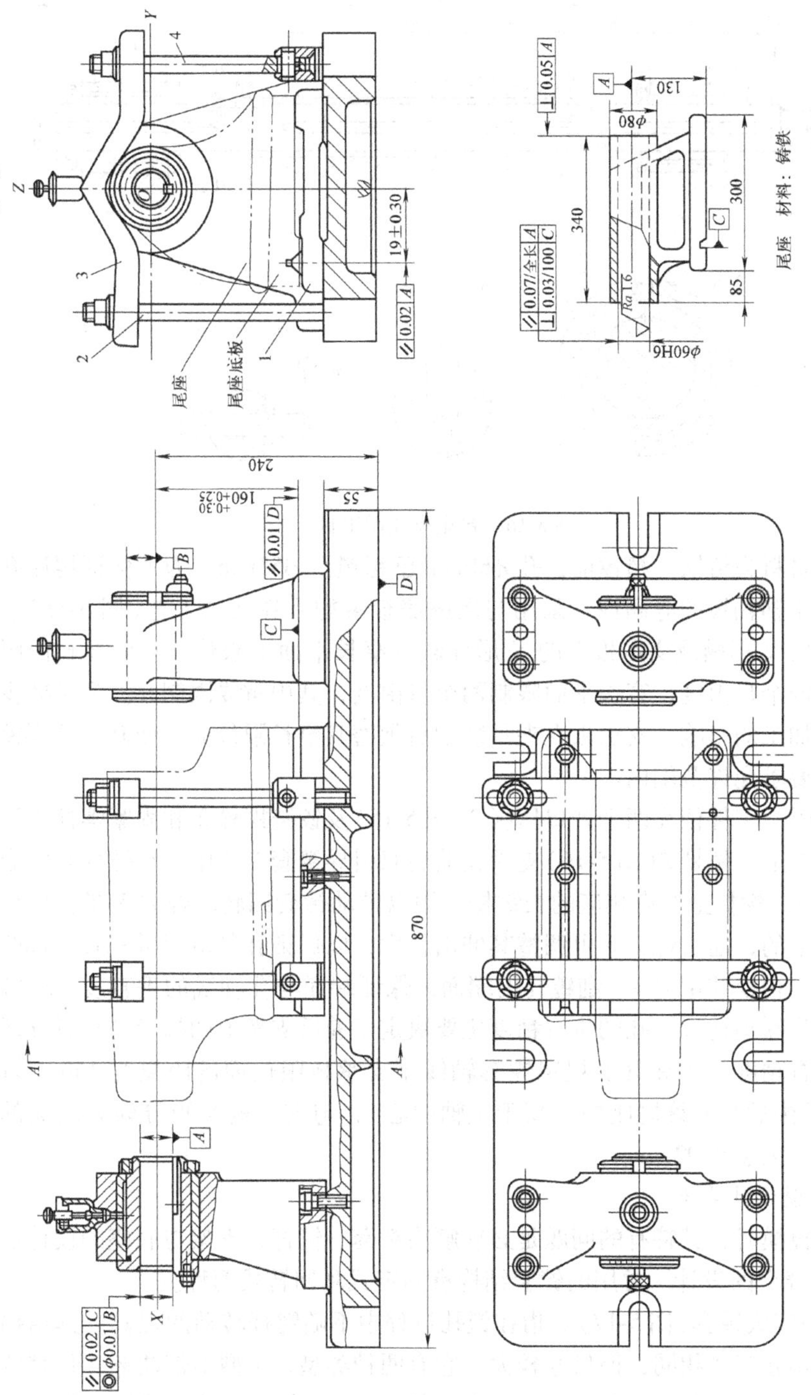

图 5-15 双支承引导卧式镗模

1—支承板 2—铰链螺栓 3—开口压板 4—固紧螺栓

材料：铸铁

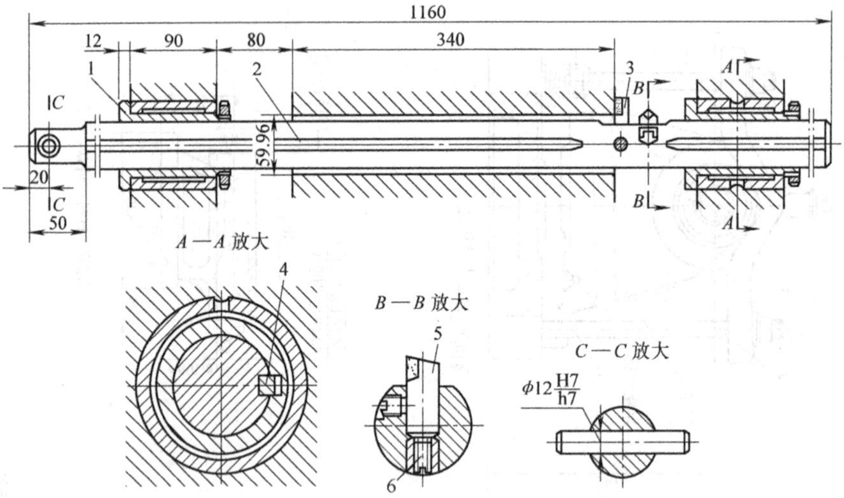

图 5-16 镗尾座孔用工具

工件材料为铸铁。精镗前，孔 ϕ60mm 已粗镗至 ϕ55mm。为了保证尾座孔轴线与车床主轴轴线的等高性，采用与尾座底板装配后镗孔的工艺(图 5-15)。然后以底板的 V 形槽及支承板 1 的 V 形导轨及窄长平面上限位。V 形导轨面限制拼装件的四个自由度，窄长平面限制两个自由度，其中重复限制 $\widehat{y}$。为了减少重复定位对加工的影响，支承板在夹具装配后须磨其窄长限位面，使其定位误差控制在技术要求允许范围内。

镗孔时，工件依靠两个开口压板 3(图 5-15)及铰链螺栓 2 和固紧螺栓 4 压紧在支承板 1 上。镗杆 2(图 5-16)支承在前后双引导镗套 1 之中，在镗杆与镗套之间装入键 4，镗杆上开有相应的长键槽，用以带动镗套回转。镗刀 5 是在镗杆安装之后装上的，通过螺钉 6 可调整其伸出长度，以保证孔径的尺寸精度。ϕ60H6 孔镗好后，再换装刮刀 3，刮镗孔的端面，保证端面与孔轴线的垂直度。镗杆与机床主轴为浮动连接，孔的位置精度主要决定于前后支架上的镗套与夹具支承板的相对位置精度。故夹具上规定镗套轴线至支承板限位面的距离为 $160^{+0.30}_{+0.25}$mm (因车床装配后只允许尾座中心高于主轴中心)，与支承板 V 形导轨和底面的平行度误差不大于 0.02mm。

5. 镗模设计要点

设计镗模时，其特有的问题是必须解决镗套、镗杆、支架与底座的设计。

(1) 镗套的设计　常用的镗套结构有固定式和回转式两种。

1) 固定式镗套(图 5-17)。指在镗孔过程中不随镗杆转动的镗套，其结构形状和可换钻套基本相同，但尺寸较大。它有两种类型，A 型不带油杯，只宜低速下工作。B 型则带有压配式油杯，内孔开有油槽，以便在镗孔中滴油润滑，故可适当提高切削速度。这两种固定式镗套均已标准化。

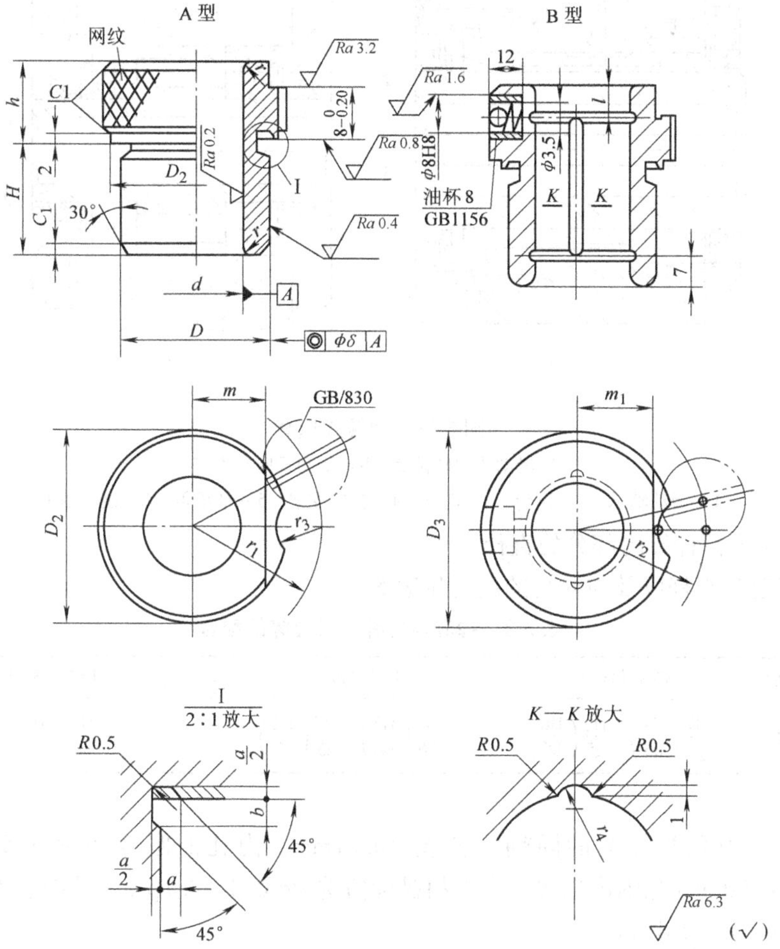

图 5-17　固定式镗套

2）回转式镗套（图 5-18）。随镗杆一起转动，适用于在较高速度下镗孔（线速度 $v \geqslant 24\text{m/min}$），刀杆在镗套内只有相对移动而无相对转动，两者配合较紧，可防止微小切屑落入镗套内，以免两者迅速磨损甚至咬死。回转式镗套有滑动式和滚动式两种，后者适用于高速镗孔。

镗套的长度 H 直接影响导向性能，一般取：

固定式镗套　$H=(1.5\sim2)d$

滑动式镗套　$H=(1.5\sim3)d$

滚动式镗套　$H=0.75d$

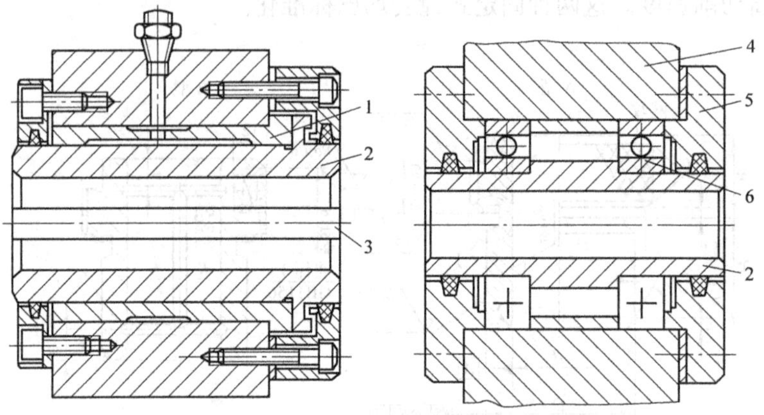

a)　　　　　　　　　　　　b)

图5-18　回转式镗套

a）滑动式回转镗套　b）滚动式回转镗套

1—滑动轴承　2—镗套　3—键槽　4—镗模支架　5—轴承盖　6—滚动轴承

式中，d 为镗杆导向部分的直径。

镗套和镗杆以及与衬套的配合见表5-2。

表5-2　镗套与镗杆、衬套等的配合

配合表面	镗套与镗杆	镗套与衬套	衬套与支架
配合性质	$\frac{H7}{g6}\left(\frac{H7}{h6}\right)$，$\frac{H6}{g5}\left(\frac{H6}{h5}\right)$	$\frac{H7}{h6}\left(\frac{H7}{js6}\right)$，$\frac{H6}{h5}\left(\frac{H6}{j5}\right)$	$\frac{H7}{h6}$，$\frac{H6}{n5}$

镗套内孔与外圆的同轴度公差 $\phi0.01$mm，内孔的圆度和圆柱度公差在 0.01～0.002mm范围内选取，表面粗糙度值选 Ra 0.4～0.1μm。外圆表面粗糙度值选Ra 0.8～0.4μm。

镗套的材料选用灰铸铁HT200、青铜、粉末冶金或用钢制成，硬度应低于镗杆的硬度。在生产批量不大时多用铸铁，负荷大时采用50钢或20钢渗碳，淬硬至55～60HRC。

（2）镗杆的设计　在设计镗模的结构前须先设计镗杆，主要是确定其直径和长度。镗杆直径 d 受到加工孔径 D 的限制，但应尽量大些，一般取 $d=(0.6\sim0.8)D$。设计镗杆时，D、d 与镗刀截面 $B\times B$ 之间，应符合下式关系

$$\frac{D-d}{2}=(1\sim1.5)B \tag{5-2}$$

选用上述数据时，需作具体分析，例如要求不卸下镗杆的情况下测量孔径时，直径应选下限值；若镗杆较长，为提高镗杆刚性，则取上限值。

如图 5-19a 所示镗杆引导部分的结构是在圆柱引导部分直接车出螺旋油槽，这种结构最简单，但与镗套接触面大，润滑也不好，很难避免切屑进入而产生“咬死”现象。图 5-19b、c 是开有直槽和螺旋槽的镗杆，它与镗套的接触面小，沟槽可以容屑，用于 $v<20\text{m/min}$ 的场合。当直径较大时($d>50\text{mm}$)可采用图 5-19d 所示镶滑块的引导结构。由于它与导套接触面小，且铜滑块的摩擦较小，可以提高切削速度，磨损后可在滑块下加垫片，再修磨外圆，保持原直径，滑块数量为 4 ~6 条。

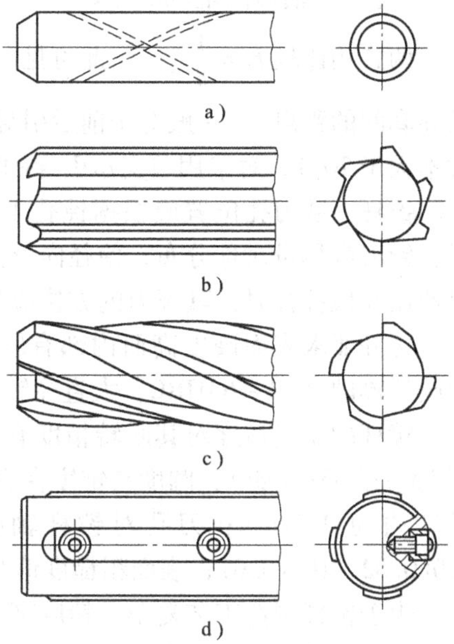

图 5-19　镗杆引导部分的结构

镗杆的长度与加工孔的长度或孔的轴向距离以及送进方式等有关。送进方式不同，所引起的镗杆的变形差很大。当采用工件送进时(图 5-20a)，镗杆在切削力 F 作用下产生的挠度 f_1 为

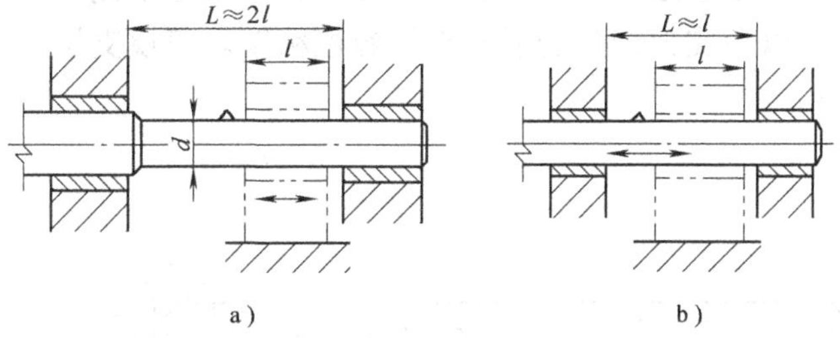

图 5-20　送进方式与镗杆长度的关系

$$f_1=\frac{F(2l)^3}{48EJ}=\frac{Fl^3}{6EJ}\quad(\text{mm}) \tag{5-3}$$

当采用镗杆送进时(图 5-20b)，挠度 f_2 为

$$f_2=\frac{Fl^3}{48EJ}\quad(\text{mm}) \tag{5-4}$$

式中　F——切削力(N)；

E——材料的弹性模量(N/mm^2)；

J——轴惯性矩(mm^4)。

两式相比较 $f_2 = \frac{1}{8}f_1$。由此可见，设计镗杆时，应尽量缩短其工作长度 L(指两导套间的距离)。一般对于前后引导的镗杆，其长径比以 $L/d < 10:1$ 为佳，最大不大于20:1；对采用单支承引导的镗杆，$L/d < 4 \sim 5$ 为好。

镗杆上装刀孔位置应根据镗孔工序图确定。在同一根镗杆上安装几把镗刀时，镗刀应尽量对称分布，使径向分力平衡，以减少镗杆变形。在同一镗模上同时使用几根镗杆时，其镗刀的方位应尽可能错开。

镗杆要求表面硬度高而内部有较好的韧性，因此采用20钢、20Cr钢制造，渗碳后淬硬至61～63HRC，大直径镗杆也可用45钢、40Cr或65Mn钢制造。

镗杆的制造精度对其回转精度有很大影响，故其引导部分直径公差带取g6(粗镗)或g5(精镗)；圆度与锥度在直径公差的1/2内；镗杆的直线度在500mm长度内为0.01mm；刀孔对镗杆轴线的对称度为0.1～0.01mm，垂直度为100:0.02～100:0.01；表面粗糙度值为 Ra 0.4～0.2μm。

由于镗杆制造工艺复杂、精度高，其制造成本远高于镗套，故在已有镗杆的情况下，一般是用镗套按镗杆尺寸配作，此时应保证两者的配合间隙小于0.01mm。

(3) 支架和底座的设计　镗模支架是组成镗模的重要零件之一，它是供安装镗套和承受切削力用的，因此必须有足够的刚性和稳定性，在结构上应有较大的安装基面和设置必要的加强筋。要注意！支架上不允许安装夹紧装置和承受夹紧反力，以免支架产生变形而破坏镗模精度。镗模支架的典型结构和尺寸可参阅表5-3。

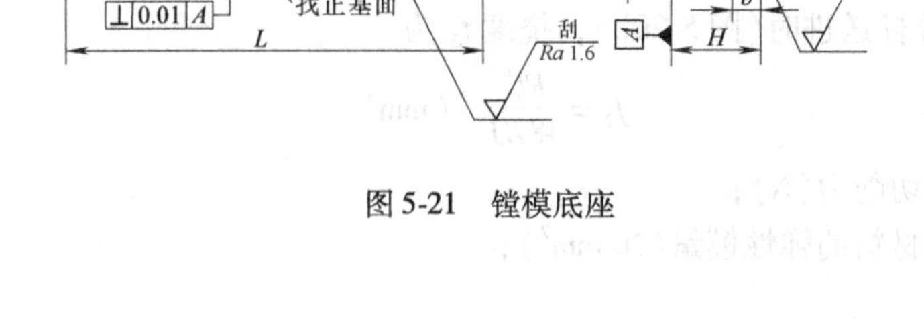

图5-21　镗模底座

表 5-3　镗模支架典型结构及其尺寸　（单位：mm）

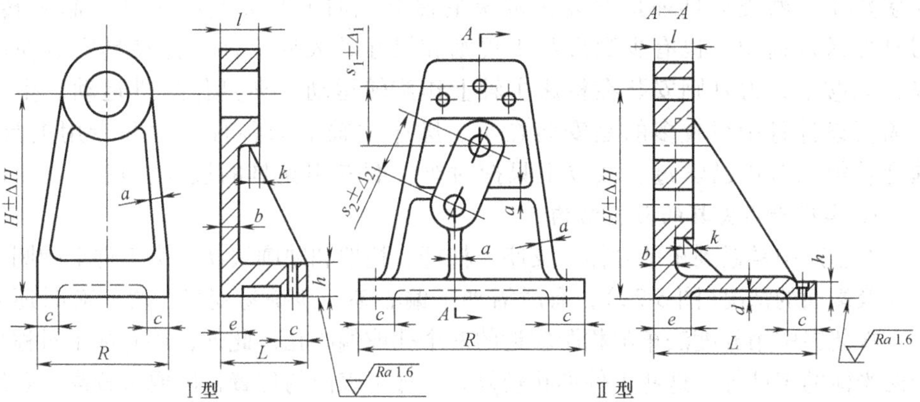

型式	H	B	L	$s_1\pm\Delta_1$ $s_2\pm\Delta_2$	a	b	c	d	e	h	k	l
Ⅰ	按工件尺寸取	$\left(\frac{1}{2}\sim\frac{3}{5}\right)H$	$\left(\frac{1}{3}\sim\frac{1}{2}\right)H$	按工件尺寸取	10 ~ 20	15 ~ 25	30 ~ 40	3 ~ 5	20 ~ 30	20 ~ 30	3 ~ 5	按镗套尺寸取
Ⅱ		$\left(\frac{2}{3}\sim1\right)H$	$\left(\frac{1}{3}\sim\frac{2}{3}\right)H$									

注　材料为铸铁。若选用铸钢时，厚度可适当减薄。

为了增强镗模底座的刚度，除了保证适当的壁厚外，合理设置加强筋是主要措施之一。通常采用十字筋，这样可减少交接处的面积，使铸造应力均匀，不致变形。筋与筋之间的空间容积应相等，一般取 100mm × 100mm。底座高度 H 一般与夹具总高度之比推荐取 1/7（其他夹具比值为 1/10），其最小高度应大于 150 ~ 160mm（图5-21）；底座的上平面，应按所要安装的各零部件的位置做出相应的凸台，高度约 3 ~ 5mm，加工后经磨削或刮研，与有关零部件的安装面紧贴。凸台表面与夹具的安装基面平行或垂直，其误差不超过0.01mm/100mm。为了保证镗模在镗床上定向的准确性和便于找正定位件的位置，可在底座侧面精加工出窄长的找正基面。该面的表面粗糙度值为 Ra1.6μm（刮），平面度误差小于 0.05mm，并与底面垂直，其误差在 0.01mm 之内。

二、车、磨类专用夹具

由于车床夹具和圆磨床夹具有许多相似之处，因此合在一起介绍。

车床和圆磨床主要用于加工工件的内外圆柱面、圆锥面、回转成形面、螺纹面及端平面等。这些表面都是围绕机床主轴的回转轴线而形成的，所以大多数车、磨类夹具都是安装在机床主轴上，加工时夹具随主轴一起旋转，刀具作送进运动。也有少数形状不规则和尺寸较大的工件，把夹具安装在床身或床鞍上，刀具则安装在机床主轴上作旋转运动，夹具作送进运动。生产中需要设计且用得较多的是安装在车、磨床主轴上的各种心轴和专用夹具，前者在第二章中已学过，故以下只探讨车、磨专用夹具的设计特点。

1. 车床专用夹具的典型结构

在生产中常遇到车削壳体、支座、杠杆、托架和缺圆块状等类工件上的圆柱表面及端面的情况(图 5-22)，有时需加工偏心轴、薄壁易变形工件，有时还需在一次装夹中用分度法车削相距较近的两个孔或偏心孔，此外，还有加工对称平分两半体的工件等。这些工件形状较复杂，加工表面的位置精度要求较高，若用通用卡盘装夹比较困难，有时甚至不可能满足要求。当生产批量较大时，使用花盘或其他附件装夹工件，生产率又不能满足生产纲领的要求，故需设计专用夹具。下面介绍几种车床专用夹具的结构特点。

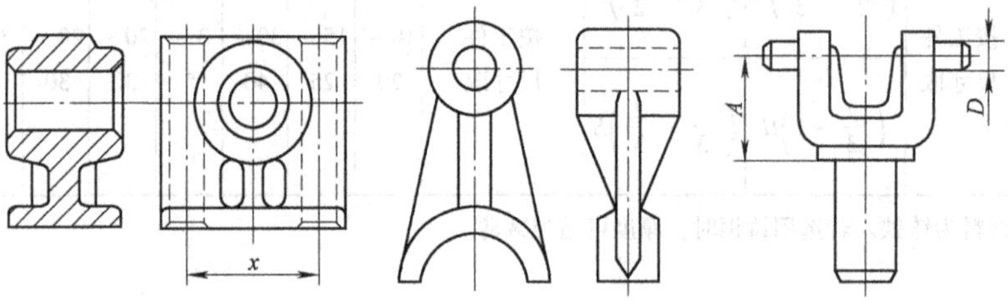

a） b） c）

图 5-22 外形为非圆形工件实例

a）支座 b）连杆 c）托架

(1) 直角铁式车床夹具 图 5-23 为车削横拉杆接头工序图。本工序要加工 M24×1.5-6H-LH 内螺纹，其轴线与上道工序已加工好的 ϕ34mm 孔及 M36×1.5-5H 螺孔轴线保持垂直度误差小于 0.05mm，并距已加工好的端面 A 为 27mm。按工艺要求，根据基准重合原则，选用 A 面、ϕ34mm 孔和 ϕ32mm 外圆作为定位基面，实现完全定位。考虑到 M24 孔的壁厚均匀，采用定心夹紧装置。图 5-24 为该工序所使用的车削夹具。它由直角铁式专用夹具和过渡盘 1 两部分组成，专用夹具以夹具体 2 上的定位止口与过渡盘的凸缘相配合并加紧固，形成一个夹具整体。在装配时应使夹具体止口的轴线(代表专用夹具的回转轴线)和过渡盘的定位圆孔同轴。夹具上的定位销 7，其轴线与专用夹具的轴线正交，其台肩平面与该轴线相距(27±0.11)mm 作为基面 A 的限位，销的外圆与工件 ϕ34mm 孔相配，共限制了五个自由度，至于另一个回转自由度，由对中夹紧装置予以约束。当拧紧带肩螺母 9 时，钩形压板 8 将工件压紧在定位销的台肩上，同时拉杆 6 向上作

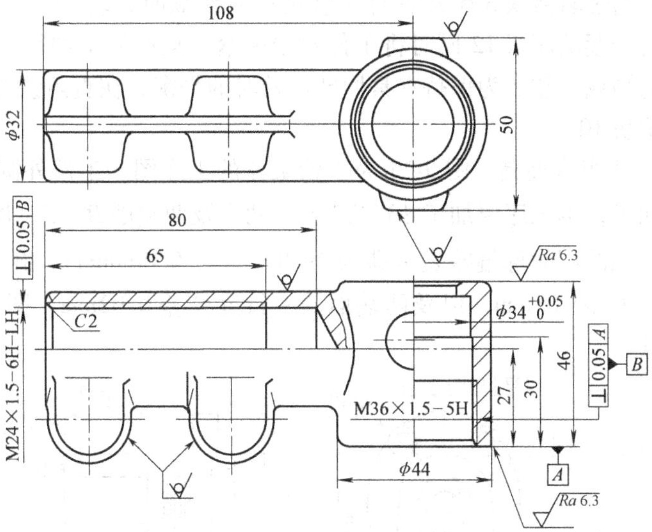

图 5-23　横拉杆接头工序图

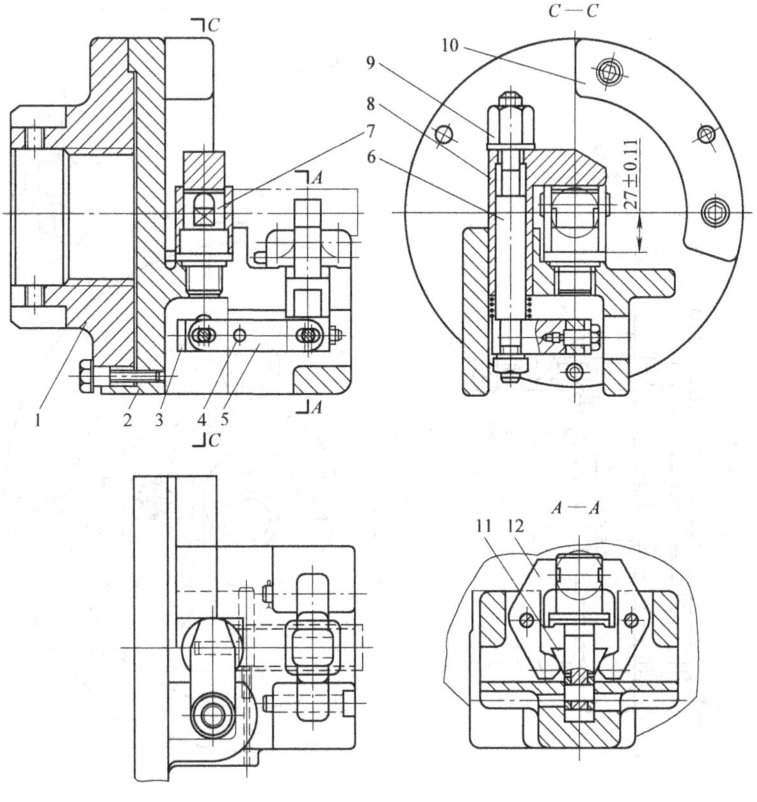

图 5-24　直角铁式车床夹具

轴向移动，并通过联接块3带动杠杆5绕销钉4作顺时针转动，于是将楔块11拉下，通过两个摆动压板12同时将工件对中夹紧，从而使工件待加工孔的轴线与专用夹具的轴线一致。为保持夹具回转运动时的平衡，在直角铁的相对位置设置了平衡配重块10。

（2）圆盘式车床夹具　图5-25为齿轮泵体的工序图。工件外圆 $\phi70_{-0.02}^{\ 0}$mm 及端面 A 已加工，本工序要加工 $\phi35_{\ 0}^{+0.027}$mm 两孔及两端面 B、T，并要保证孔心距 $30_{-0.02}^{+0.01}$mm（如改用对称偏差表示即为29.995mm±0.005mm），孔 C 对 $\phi70$mm 的同轴度公差为 $\phi0.05$mm，以及两端面的平行度公差0.02mm。图5-26为所使用的车削夹具。

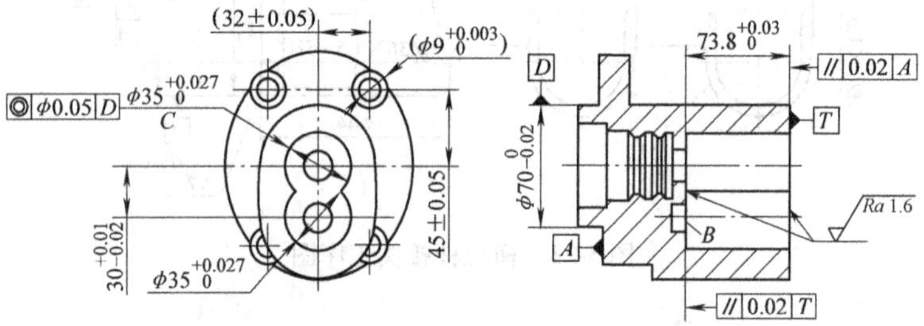

图5-25　齿轮泵体工序图

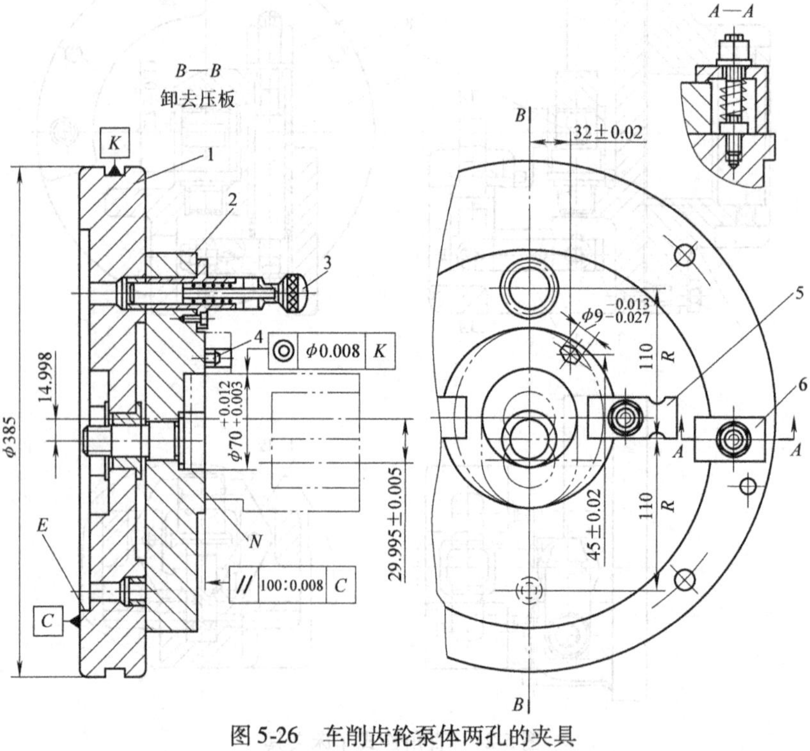

图5-26　车削齿轮泵体两孔的夹具

工件以端面 A、外圆 $\phi70$mm 及角向小孔 $\phi9^{+0.03}_{0}$mm 为定位基准，夹具的转盘 2 上的 N 面、圆孔 $\phi70$mm 和削边销 4 作为限位基面，用两副螺旋压板 5 压紧。转盘 2 则由两副 L 形压板 6 压紧在夹具体 1 上。当第一个 $\phi35$mm 孔加工好后，拔出对定销 3 并松开压板 6，将转盘连同工件一起回转 180°，对定销即在弹簧力作用下插入夹具体上另一分度孔中，再夹紧转盘后即可加工第二孔。专用夹具利用本体上的止口 E 通过过渡盘与车床主轴连接，安装时可按找正圆 K(代表夹具的回转轴线）用指示表校正夹具与机床主轴的同轴度。

为了保证技术要求，本夹具设计中采取了如下措施：①控制定位时的配合间隙和转盘上定位圆孔 $\phi70$mm 与找正圆 K 的同轴度，以保证工件上孔 $\phi35$mm 与 $\phi70$mm 外圆的同轴度要求；②控制转盘 2 上端面 N 对 C 面的平行度及对 K 轴线的垂直度，以保证工件的 T 和 B 对 A 面的平行度要求；③控制转盘定心轴的配合间隙及其回转轴线与找正圆 K 轴线的中心距为 $\frac{29.995\text{mm}}{2}=14.998\text{mm}$ 的尺寸精度和分度精度，以保证 $\phi35$mm 两孔加工时的孔心距达到 $30^{+0.01}_{-0.02}$mm 的要求。

（3）回转分度车床夹具（图 5-27）本夹具用在车床上加工如图 5-28 所示的阀体工件上的三个平行孔 $\phi20$H6 及 $\phi25$mm 沟槽。夹具操作方便，分度装置结构简单，但分度精度不高。它的特色在于按三点共圆的几何特性设计该分度机构。工件以底面、后端面和侧面六点定位，用两块铰链式压板 2 通过摆动压块 6 和一个滚动螺钉夹紧。通过转盘 5 分度使工件获得三个孔的加工位置，转盘的回转中心是由三孔的位置尺寸决定的。经计算，转盘中心对车床主轴轴心的坐标距离为 (27.5 ± 0.02)mm 和 (1.25 ± 0.02)mm。夹具在加工完第一孔后，松开转盘上三个压紧螺钉，拉出对定销 4，使转盘转过 $103°40'\pm5'$，然后再推进对定销使与另一分度销 3 接触，销紧转盘即可加工第二孔；用相同方法再转过 $76°20'$即可加工第三孔。为保证夹具的平衡，两平衡块 1 可沿圆周方向进行适当调节。

（4）液性塑料定心夹紧车床夹具　本夹具采用液性塑料定心夹紧机构（图 5-30），用于精车后桥壳体的止口内孔 $\phi333^{+0.08}_{0}$mm 及端面（图 5-29）。工件以 $\phi93.5^{-0.125}_{-0.175}$mm 孔定位于薄壁套 5 上，另以 $\phi110^{-0.24}_{-0.59}$mm 孔通过内锥套 6 限位于外锥套 11 上，共限制 5 个自由度。拨杆 12 仅用来拨动工件，防止车削时打滑。

安装时，先将工件放在薄壁套 5 上，然后将内锥套 6 放入 $\phi110$mm 圆孔中，再把开有内花键的外锥套 11 沿着夹具体 2 的外花键装上。将外锥套 11 旋转 30°，使内、外花键错开，此时拧紧螺母 10，于是平板 3 右移，推三根顶杆 4 将工件压向外锥套 11，即可限制工件的轴向位置。与此同时，压板 9 又推动三个柱塞 7 顶入液性塑料使薄壁套 5 径向外胀，把工件定心夹紧。加工完毕后，松开螺母 10，将外锥套 11 转回 30°，使内、外花键对齐，便可将外锥套 11、内锥套 6 连同工件一起从夹具上取出。为便于测量，以外锥套 11 的端面为测量基准，通过

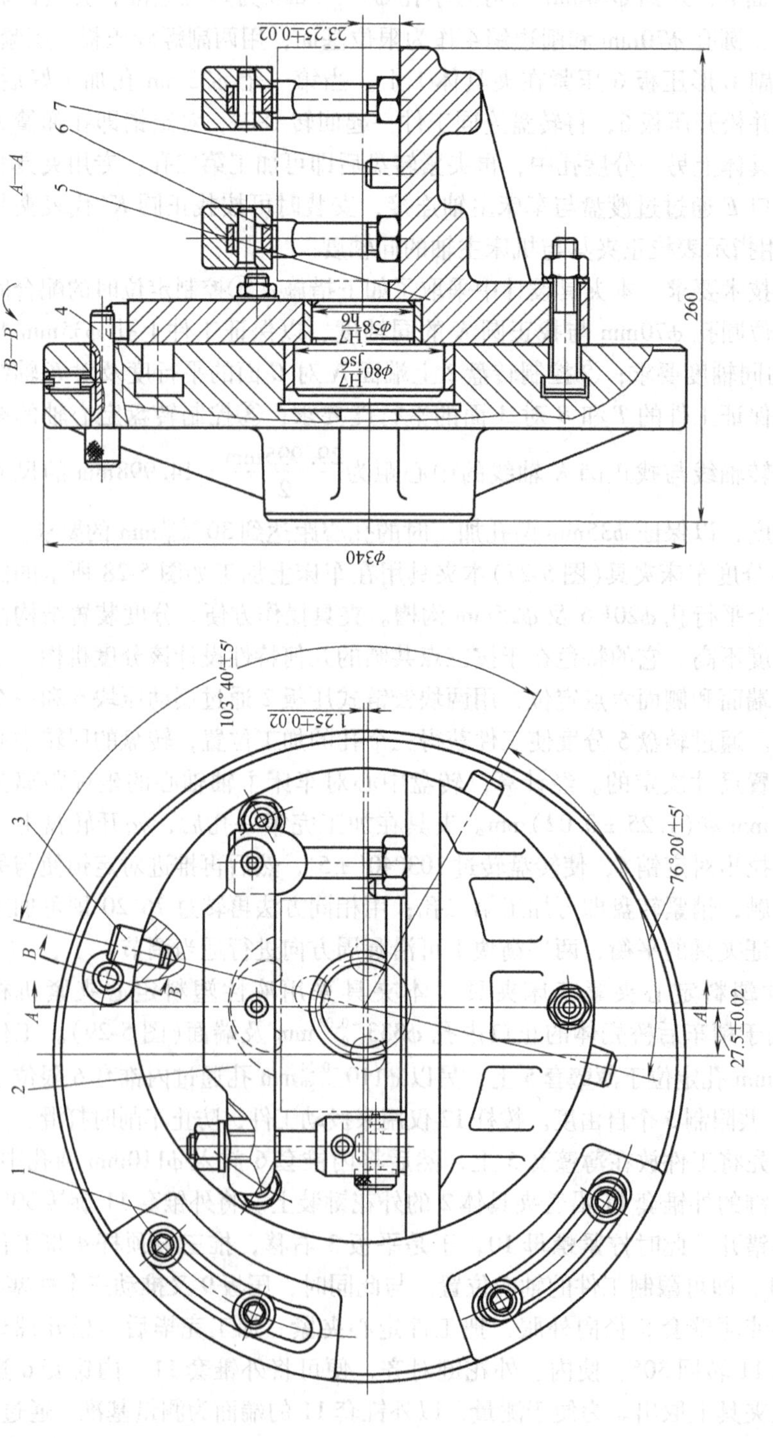

图 5-27　回转分度车床夹具

1—平衡块　2—压板　3—分度销　4—对定销
5—转盘　6—摆动压块　7—挡销

换算测量尺寸(119.43 ±0.01)mm，便可保证图 5-29 中加工尺寸(174.43 ±0.04)mm。此夹具使用性能稳定，定心精度高，操作方便。

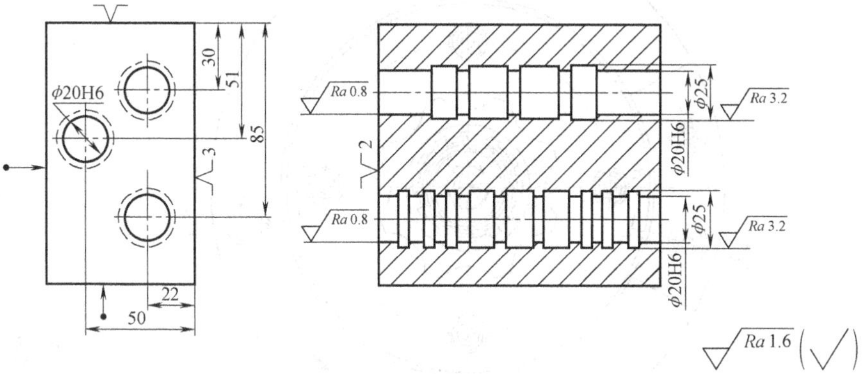

图 5-28　阀体工件工序图

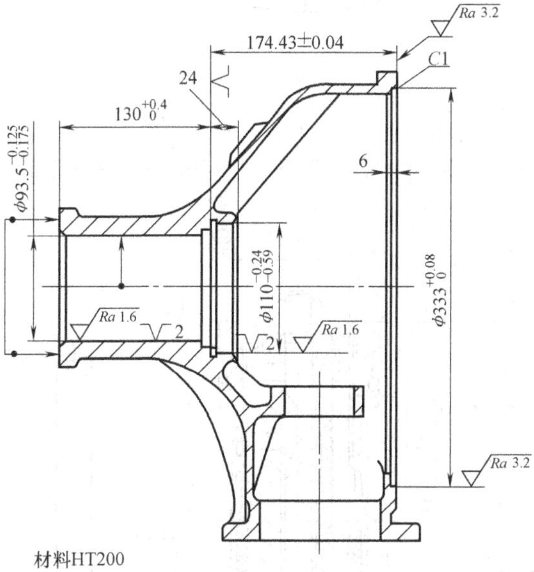

图 5-29　后桥壳体工序图

2. 车床夹具设计要点

1）夹具的定位件或装置必须保证工件加工面的轴线与机床主轴的回转轴线重合；当被加工的回转表面与工序基准之间有尺寸联系或相互位置精度要求时，则应以夹具轴线为基准来确定限位表面的位置(如图 5-24 中的 27mm ±0.11mm)。

2）由于车床夹具在加工过程中，除受切削转矩的作用外，还受到离心力的作用，转速越高离心力越大，会降低夹紧力。因此，对于夹紧装置所产生的夹紧力必须足够大，且自锁性要好，要防止夹具变形。此外还要特别注意夹具的平衡。

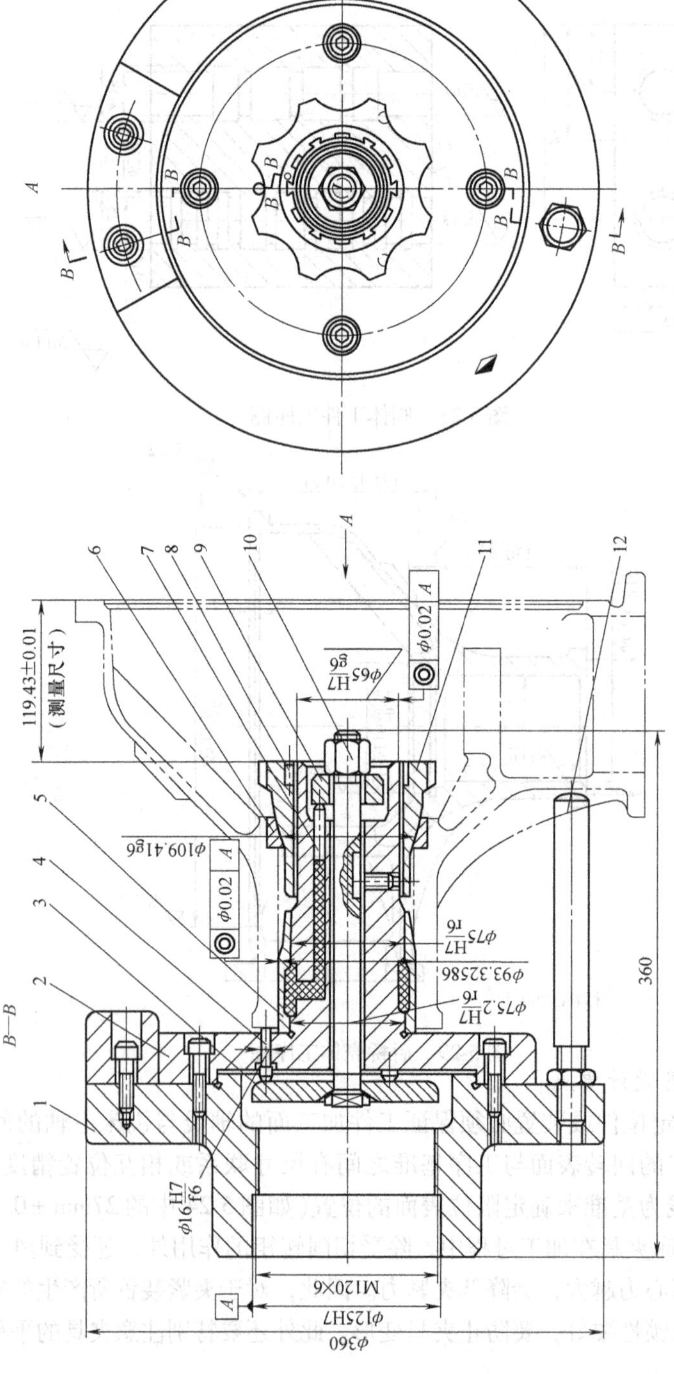

图 5-30 液性塑料车床夹具

1—过渡盘 2—夹具体 3—平板 4—顶杆 5—薄壁套 6—内锥套 7—柱塞 8—挡销 9—压板 10—螺母 11—外锥套 12—拨杆

3）注意夹具与机床主轴的连接方式。为使夹具回转轴线与机床主轴轴线有尽可能高的同轴度，根据夹具径向尺寸的大小，它在主轴上有两种安装方式（图 5-31）：

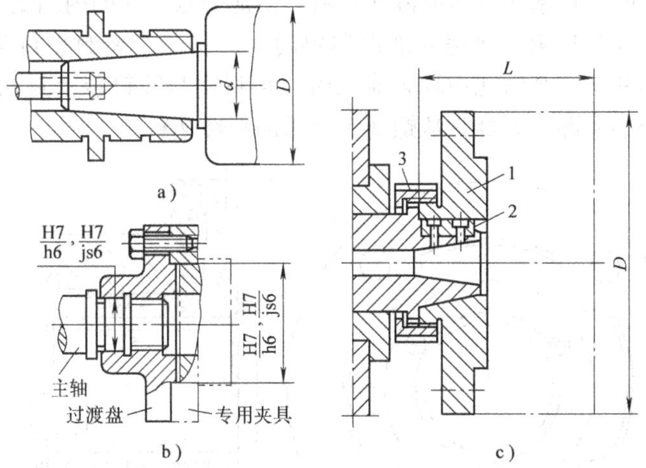

图 5-31 车床夹具与主轴的连接

① 径向尺寸 $D<140$mm 或 $D<(2\sim3)d$ 的小型夹具（图 5-31a），一般设计锥柄直接安装在主轴锥孔中，并用长螺栓从主轴孔后面穿过拉紧，这种连接方式定心精度较高。

② 径向尺寸较大的夹具，一般在专用夹具与车床主轴间增加一个过渡盘（图 5-31b），夹具以其定位止口按 H7/h6 或 H7/js6 装配在过渡盘的凸缘上，并用螺钉紧固；过渡盘与主轴轴颈也如上配合，并有螺纹和主轴联接。为了提高定心精度，过渡盘在与车床主轴联接后，再将其凸缘精车一刀，作为车床附件备用，因此设计车削夹具时，往往不用重新设计过渡盘，而只需按其凸缘来配专用夹具的止口尺寸。如果车床主轴前端为圆锥体并有凸缘的结构（图 5-31c），则过渡盘 1 以圆锥体定心，用空套在主轴上的螺母 3 来锁紧，车削转矩则由键 2 传递，这样夹具安装稳定且定心精度高，但端面要求紧贴，在制造上要求较高。

4）车削夹具一般是在悬臂状态下工作，为保证加工的稳定性，夹具结构应力求紧凑、轻便，悬臂尺寸 L 要短，使夹具重心尽可能靠近主轴。为保证安全，夹具上各零部件一般不允许突出夹具体的最大圆形轮廓之外，对于非圆盘式夹具，要有平衡要求，可设置配重块或加工减重孔来平衡。

3. 磨床专用夹具的典型结构

由于磨削工件相比车削工件对于加工精度和表面粗糙度要求更高，且材料大多经过淬火热处理，特别是工艺结构要素复杂繁多，于是对专用夹具的定位、夹紧装置有特殊的要求。

下面介绍几种磨床专用夹具的典型结构：

（1）液性塑料胀胎磨夹具　由于磨削工件的同轴度要求高，广泛使用各种液性塑料夹具。这里再介绍一种在内圆磨床上用的胀胎磨夹具(图5-32)。当拧紧加压螺钉3时，柱塞4就压缩液性塑料，使薄壁胀套6的内圆受到均匀的压力将工件压紧。注意！第一次浇入液性塑料时，应将三个密封螺钉7全部卸下排气，待液性塑料从三个螺孔中均匀流出时，再将密封螺钉装上封死，防止渗漏。为弥补缝隙处的渗漏，要经常从螺塞5处添加液性塑料。

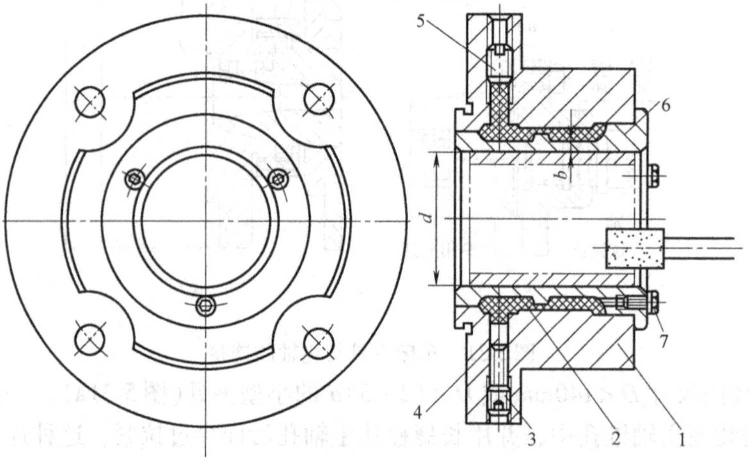

图5-32　液性塑料胀胎磨夹具

1—夹具体　2—液性塑料　3—加压螺钉　4—柱塞
5—螺塞　6—薄壁胀套　7—密封螺钉

（2）磨削内孔及端面专用夹具　图5-33所示为磨削锥齿轮内孔及端面的夹具，用于内圆磨床。其定位特点是用三个在同一半径上均布的钢球3限位，并以锥齿轮的分度圆(或节圆)作定位基准，而锥齿轮外圆又与定位盘2的内圆相配，用三个压爪4压紧齿轮的背锥。压爪的动作则由拉杆1受气压或液压操纵。根据齿轮模数选择用于限位的钢球直径大小，尽可能以分度圆定位。同一组三个钢球的等径差不大于0.002mm。

（3）异形工件专用磨床夹具　图5-34所示为在内圆磨床上磨削手提式风动工具壳体(工件6)内孔的夹具。夹具以过渡盘11与内圆磨床连接，拉杆1受气压或液压操纵拉动。工件6以内孔及端面定位，限制5个自由度，当拉杆1向左移动时，带动连接盘4及三个圆柱爪5沿锥面滑动收缩，爪口即压紧工件。加工完毕后，拉杆1向右移动，拧紧在拉杆上的螺母，螺母内的三个弹簧10推动套筒8和连接盘4向右沿三根导向销7滑动，从而使圆柱爪5松开。本夹具适用于大批量生产。

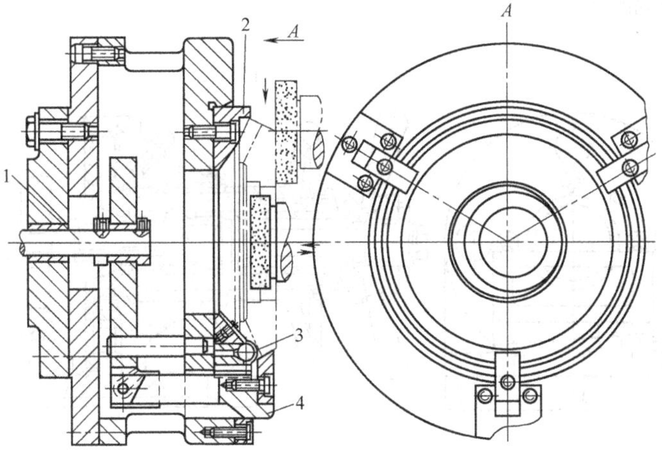

图 5-33　磨削锥齿轮内孔及端面的夹具

1—拉杆　2—定位盘　3—钢球　4—压爪

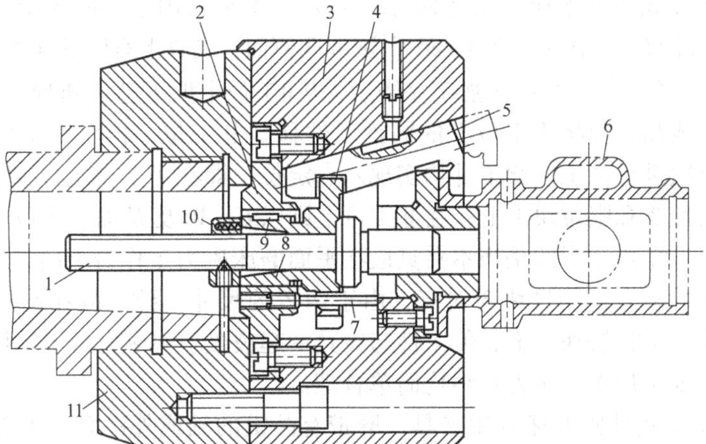

图 5-34　异形工件专用磨床夹具

1—拉杆　2—盘　3—夹具体　4—连接盘　5—圆柱爪(3 件)

6—工件　7—导向销(3 件)　8—套筒　9—键

10—弹簧　11—过渡盘

（4）磨扁方夹具　图 5-35 所示为在平面磨床上磨扁方的专用夹具，适用于对称度要求较高的工件。夹具用弹簧筒夹 3 定位和夹紧工件，由支承滑块 4 及支承座 6 组成辅助支承架，利用 10°的斜面调节所需支承面的高度。根据工件拟磨扁方的要求，利用夹具的分度盘2来分度。整个夹具用T形螺栓固定在平面磨床工作台的T形槽内。

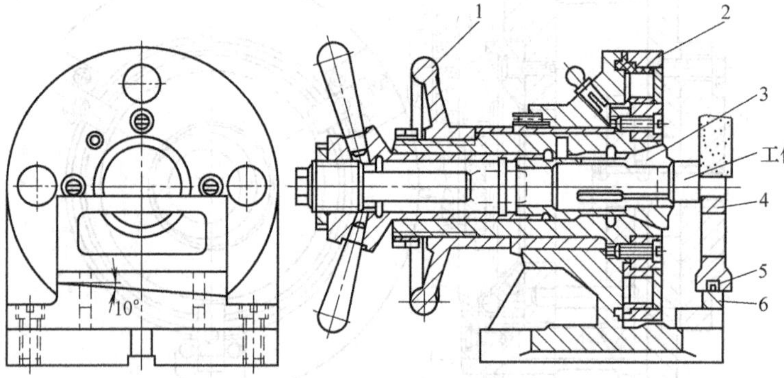

图5-35 在平面磨床上磨扁方的专用夹具
1—手轮 2—分度盘 3—弹簧筒夹 4—支承滑块
5—导向销 6—支承座

（5）两工位平面磨床专用夹具(图5-36) 本夹具用于平面磨床上加工连杆校正块工件(图5-36中右下角)的$86_{-0.08}^{-0.05}$mm两侧面，夹具上有Ⅰ、Ⅱ两个工位，每一工位各装若干个工件。当一次加工完毕后，从Ⅱ工位上取下已达到$86_{-0.08}^{-0.05}$mm尺寸要求的同批成品，而将Ⅰ工位上的同批工件移到Ⅱ工位，再在Ⅰ工位上装上工件，即可再次进行加工。此工件均实现六点定位：即在Ⅰ工位上以*M*、*W*、*H*三面定位于拼块3和限位块1上；在Ⅱ工位上则以*G*、*W*及*H*面，定位于拼块3和限位块1上。需要注意的是当本夹具放在平面磨床磁力工作台上时，应使拼块3和隔磁板4与磁力台的拼块3对齐，由于两者的尺寸一致，故在旋开磁力开关时，磁力线被引到拼块3上，使工件与夹具一起被吸引到磁力台上，用螺钉6将工件顶住，即可加工。本夹具结构简单合理。

（6）摆动式外圆磨床专用夹具 磨带有凸键的轴或外键套类工件，其底圆通常可在工具磨床上磨削，但加工质量差(呈多菱形)、效率低。若在外圆磨床上由于凸键的干扰，又难于磨削。现设计一个将工件的旋转运动改为正反摆动，就可避免凸键干扰，实现底圆的磨削。图5-37为用于M131外圆磨床上加工凸键轴底圆的专用夹具，图中*B*—*B*剖面即为工件外形。为了实现运动要求，夹具采用曲柄连杆机构，共分前后两部分：前一部分以夹具底座安装于磨床工作台面上；后一部分则以深沟球轴承安装于顶尖轴上，顶尖轴装在磨床主轴锥孔中。

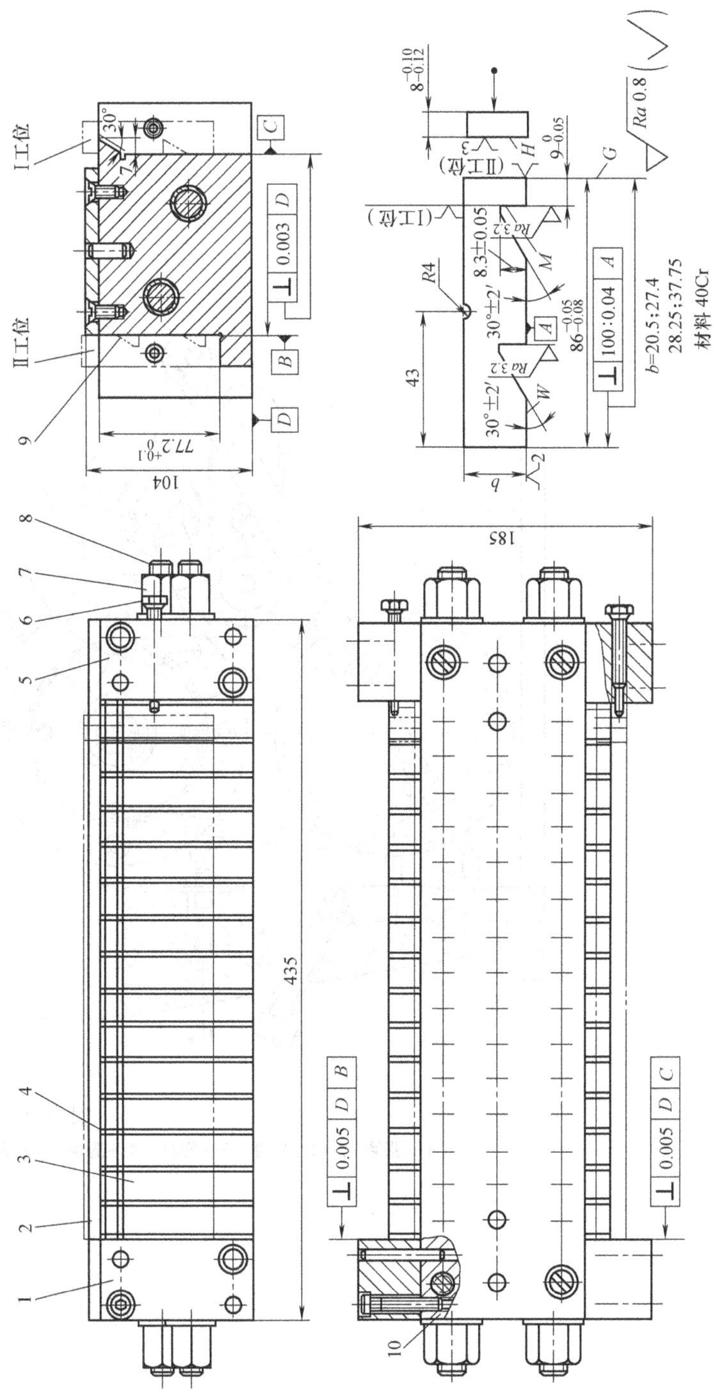

图 5-36　两工位平面磨床专用夹具

1—限位块　2—连接板　3—拼块　4—隔磁板　5—支承块
6—螺钉　7—螺母　8—双头螺栓　9—隔磁管　10—挡块

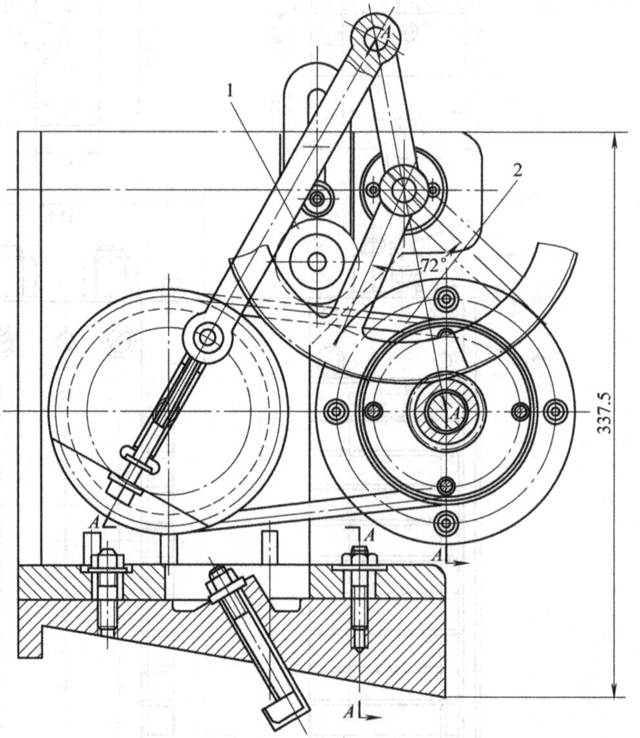

图5-37　磨凸键

1—张紧轮　2—V带　3—螺杆　4—滑块　5—大V带轮

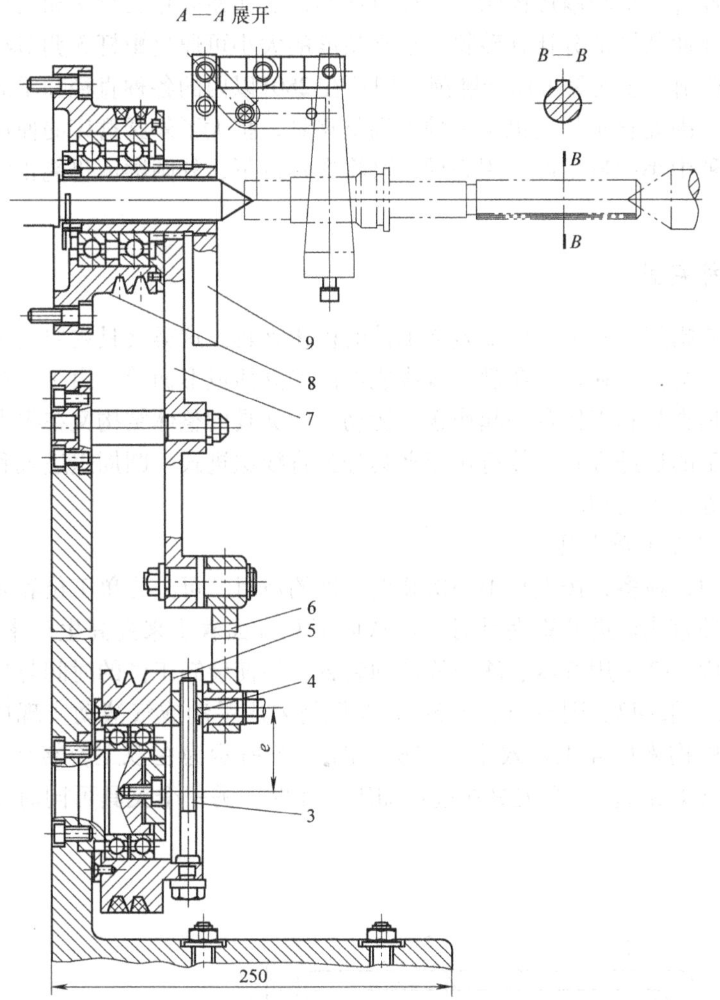

轴底圆夹具

6—连杆　7—扇形齿轮　8—小 V 带轮　9—齿轮拨盘

使用时将主动的小V带轮8固定在磨床主轴的法兰盘上，调整张紧轮1，使V带2松紧适当。滑块4装在大V带轮5上，并与其回转轴偏移一个距离e，形成曲柄传动，通过连杆6带动扇形齿轮7作往返摆动，从而使齿轮拨盘9和工件一起作正反转动，并使凸键部分让开砂轮。摆动角度的大小可通过螺杆3调节滑块4的偏心距e来控制。该夹具可用于磨削圆周角在280°以内的各种直径和不同宽度的凸键轴底圆，因此它实际上也是一种可调整夹具，扩大了外圆磨床的使用范围，适用于多品种中小批量生产。用完后，可将夹具拆下，外圆磨床仍能正常使用。

三、铣床专用夹具

铣床专用夹具是指用于各类铣床上装夹工件的机床夹具。这类夹具主要用于加工零件上的平面、沟槽、缺口、花键、直线成形面和立体成形面等。由于在铣削加工中多数情况是夹具和工作台一起作送进运动，而夹具的整体结构又在很大程度上取决于铣加工的送进方式，故将铣床夹具分为直线送进式、圆周送进式和沿曲线靠模送进式等三种类型。

1. 直线送进的铣床专用夹具

在铣床夹具中用得最多，按夹具中一次装夹工件的数目，可分为单工位和多工位两种。设计这种直线送进的铣夹具时，可从以下几方面着手来提高生产率：①采用联动夹紧机构；②采用气压、液压等传动装置；③使装卸工件的时间与加工的机动时间重合。图3-42、图3-45、图 3-47 等都是采用手动或气液动实现单件或多件联动夹紧机构来提高工作效率的实例。图 5-38 所示为在双工位转台 3 上安装两个工作夹具 1 和 2。一个夹具在进行加工工作时，另一个夹具可同时装卸工件。

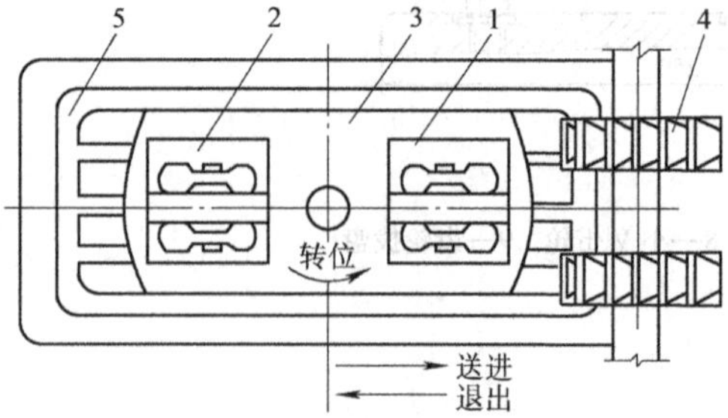

图 5-38 双工位转台工作原理

采用摆式铣加工法，也可用图5-38加以说明。此时不需要转台3，而将夹具1和2直接安装在铣床工作台5上，铣刀4不加工时位于夹具1和2之间。当工作台向右送进时，铣刀加工装在夹具2上的工件，此时，即可在夹具1上装卸工件和清除切屑。待夹具2上的工件加工完毕，工作台退至中间位置，然后继续以工作进给向左送进，此时又可在夹具2上装卸工件。如此往复循环，不仅可使辅助时间与机动时间重合，而且还能充分利用工作台的有效行程。但由于加工时，有一次是顺铣，另一次为逆铣，因此，工作台的进给螺旋副中，必须有消隙装置。

图5-39为单工位铣斜面夹具，用于成批生产中加工杠杆类零件(见图5-39右下方工序简图)上的斜面。工件以已经精加工的长孔 ϕ22H7 和端面在夹具的圆柱定位销7限位，限制工件的五个自由度，为了保证被加工斜面与圆柱体上削边平面的相互位置要求，以可调支承9限制工件的转动自由度。由于该工件形状特殊，刚性较差，若其毛坯是同批铸造的，可调支承钉5只须每批调整一次，但装夹时须把杠杆臂压紧在支承钉9上。如果在另一杠杠臂下方另设置一个弹性辅助支承则可免去这一动作。工件的夹紧以钩形压板8(具体结构与图3-22b相似)为主力，并在接近加工表面处采用浮动的辅助夹紧机构，使有足够的夹紧刚性，避免加工时产生振动。其结构和工作原理如下：当工件定位、夹紧后，机构中两个卡爪2和3能沿轴线对向移动，弹簧使两个卡爪张开。进行辅助夹紧时拧转螺母，使卡爪2向右移动并通过锥套4推卡爪3向左移动，同时将工件上刚性较差部分夹紧；继续拧转螺母，则锥套4使卡爪3末端(圆周上开有三条槽)的弹性筒夹胀开使之卡紧在夹具体1中，从而完成辅助夹紧及锁紧任务。

由于加工表面形状特殊，故设计了非标准的对刀块6(见图5-39中 K 视图)，并通过定向键5的键宽尺寸为18h8与机床工作台的T形槽联接。

2. 圆周送进的铣床专用夹具

圆周铣削法的送进运动是连续不断的，能在不停机的情况下装卸工件，因此是一种生产效率很高的加工方法，也适用于较大批量的生产。

图5-40所示为在立式铣床上连续铣削拨叉的夹具简图，通过电动机、蜗杆-蜗轮机构带动转台6回转。夹具上能同时装夹12个工件，拨叉以圆孔及端面、外侧面在定位销2及挡销4上定位，由液压缸5驱动拉杆1通过开口垫圈3将拨叉夹紧。图中 AB 是切削区域，CD 为装卸区域。

另一种圆周送进铣床夹具是与机床附件回转台一起使用的，如图5-41所示的在立式铣床上铣削叶轮叶片的内外圆弧面的夹具。夹具以圆柱销8与机床回转台相连接，并用两螺栓将夹具体10固紧在转台上。铣削时，叶轮以 A 为轴心随转台一起回转，加工圆弧面。每加工完一片叶片的内圆弧面后，

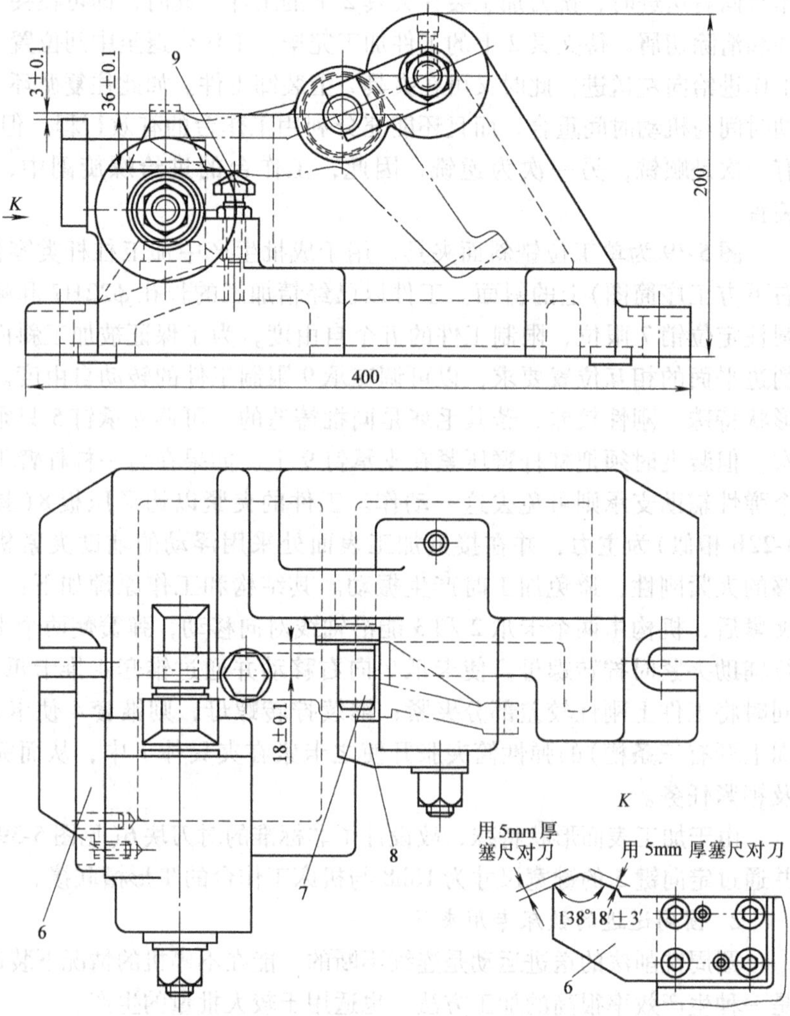

图 5-39　单工位

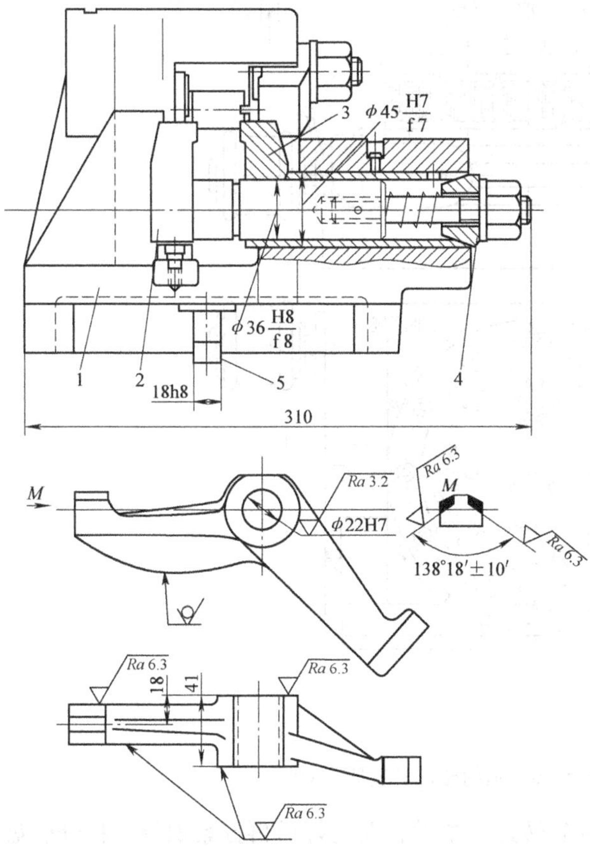
3
$\phi45\frac{H7}{f7}$
$\phi36\frac{H8}{f8}$
1
2
5
4
18h8
310
M
Ra 3.2
ϕ22H7
Ra 6.3
M
Ra 6.3
138°18′±10′
Ra 6.3
Ra 6.3
18
41
Ra 6.3
材料：铸铁

铣斜面夹具

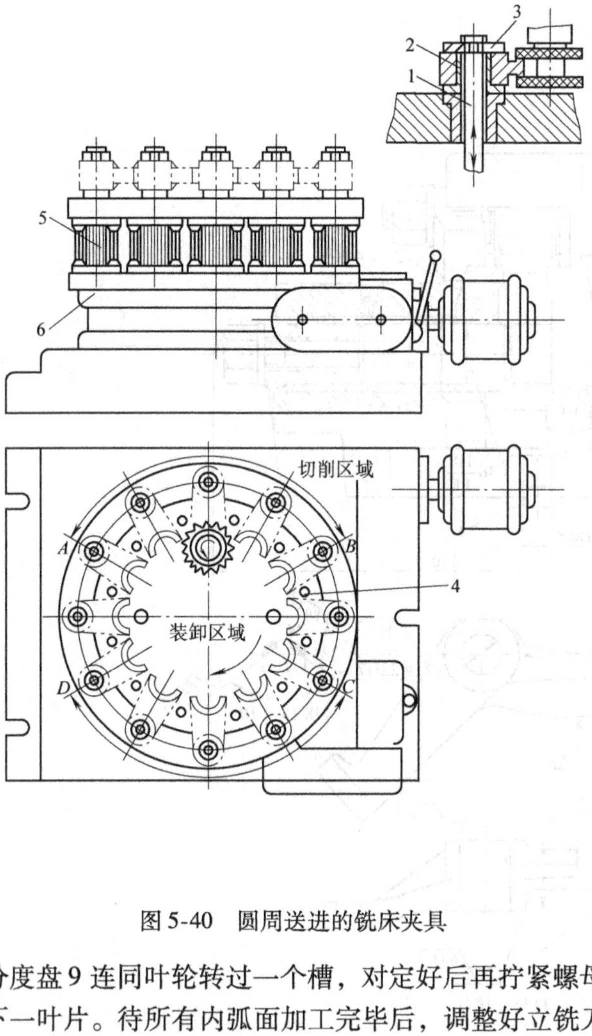

图 5-40　圆周送进的铣床夹具

松开螺母 7 将分度盘 9 连同叶轮转过一个槽，对定好后再拧紧螺母，将分度盘夹紧，顺次铣削下一叶片。待所有内弧面加工完毕后，调整好立铣刀，依照相同方法加工每片叶片的外圆弧面。叶轮以内孔、端面和槽在夹具的心轴 3、支座 2 和销 5 上定位。旋转螺母 1 经传动销 6 和开口垫圈 4 将工件压紧。

3. 沿曲线靠模送进的铣床夹具

工件上的各种成形面(直线、曲线和立体)，可以在靠模铣床上按照靠模(用木、石膏等材料预制)仿形铣削，也可以设计专用靠模夹具在一般万能铣床上加工。靠模夹具的作用是使主运动和由靠模获得的辅助运动合成为加工所需的仿形运动。图 5-42a 为直线送进靠模夹具的仿形部分，靠模板 2 和工件 4 分别安装

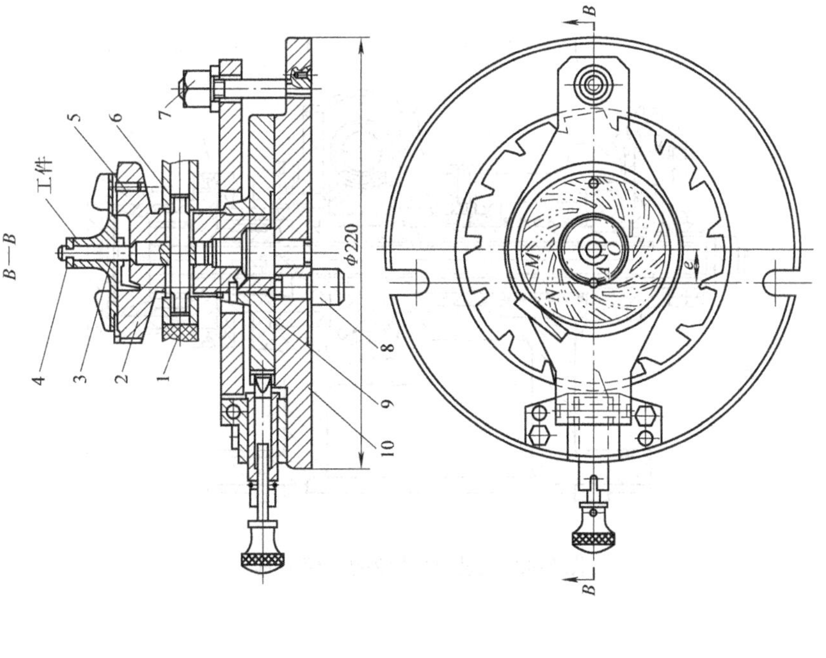

图 5-41　铣叶片内外圆弧面的夹具

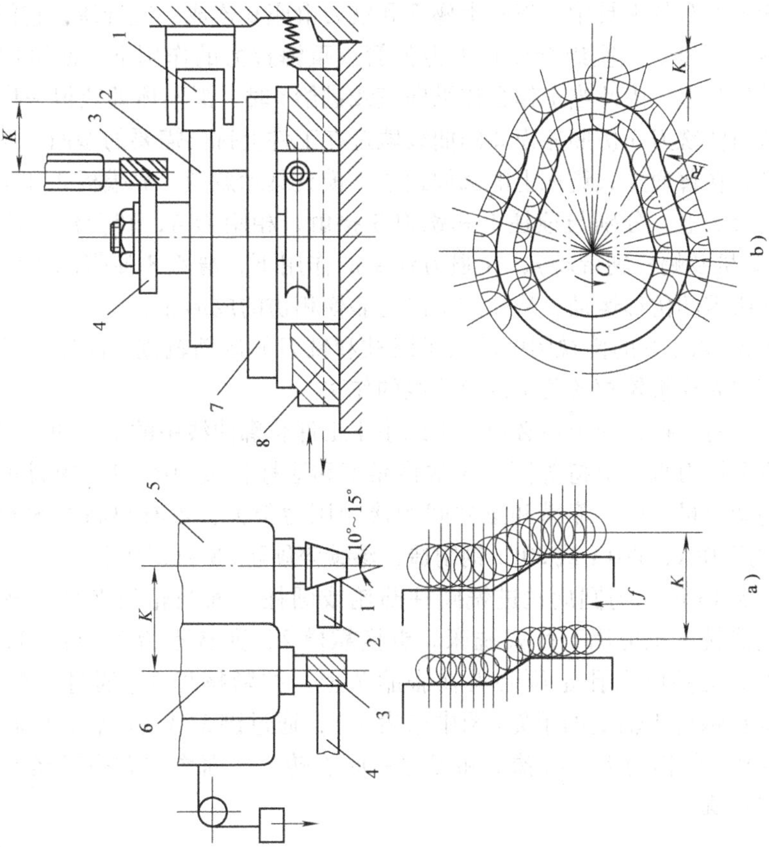

图 5-42　机械式靠模夹具

在机床工作台的夹具中，滚柱滑座5和铣刀滑座6连成一组合体，它们的轴线距离K保持不变。滑座组合体在强力弹簧或重锤拉力的作用下，使滚柱1始终压在靠模板2上。因此当工作台作纵向直线进给f时，滑座体即获得一横向辅助运动，从而使铣刀3仿照靠模2的曲线轨迹在工件上铣出需要的型面。图5-42b所示为安装在普通立式铣床上的圆周送进靠模夹具示意图。靠模板2和工件4安装在回转台7上，分别与滚柱1和铣刀3接触，相距为K，转台作等速圆周运动（由电动机及蜗杆副带动），在强力弹簧的作用下，滑座8便带动工件相对于刀具3作所需的仿形运动，从而加工出与靠模相仿的成形面。

图5-42a、b的俯视图中反映了滚柱和铣刀的运动轨迹，即反映了工件成形面轮廓与靠模板轮廓的关系以及曲线的作法。

加工时，铣刀的半径必须等于或小于工件轮廓曲线中的最小曲率半径。滚柱直径应和铣刀直径保持等同。通常将靠模和滚柱作成10°～15°的斜角，以获得必要的调整量。由于靠模和滚柱间的接触压力很大，需有很高的耐磨性能，因此，常用T8A、T10A或20Cr钢制造，渗碳淬硬至58～62HRC。

图5-43所示为圆周送进铣圆柱凸轮或圆柱端面凸轮的夹具，该夹具既可用于立式铣床也可用于卧式铣床。更换靠模2、弹簧胀胎7，可进行不同工件的加工。工件以内孔定位装夹在胀胎7上，拧紧螺母8，通过拉杆6使之胀紧。旋转蜗杆4轴上的手轮（图中未表示），通过键5带动心轴3回转。在滚轮1和靠模2的作用下，心轴3和工件一面旋转，一面作左右往复运动，铣出凸轮曲线轮廓。

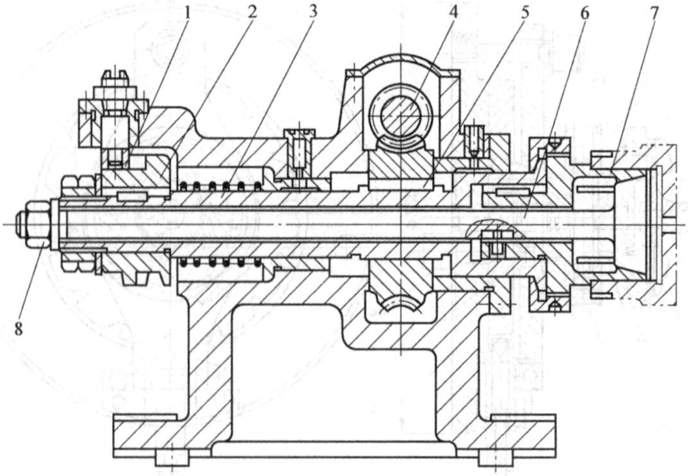

图5-43 铣圆柱凸轮的靠模夹具

4. 其他铣床专用夹具

图5-44所示的铣床专用夹具是在卧式铣床上加工凸轮轴的 $R14$ 半圆形键槽（见图5-44中右下角）。工件以 $\phi40h6$ 及 $\phi28.45_{-0.10}^{0}$mm 外圆放在双V形块4、6上定位；另以后端面轴向限位于挡板7上；为控制凸轮与键槽的相对位置，设计浮动的V形板5对凸轮表面作角向限位，从而完成六点定位。工件定位后向下扳动手柄10，通过铰链板3带动楔块8上升，借楔块两侧斜面使左右两对压板9绕支点回转，把工件夹紧。由于斜面倾斜角小于摩擦角（式3-3），故压板在工作过程中不会自行松开。键槽铣完后，向上扳动手柄（手柄共有两个，分别布置在工件两定位外圆处），楔块在拉簧的作用下向下移，两对压板绕支点转开，使工件松开。本夹具操作迅速方便，但排屑不太理想，适用于成批生产。

图5-45是一种多件装夹的铣床夹具。图5-45中右下角为工件的工序图。本工件（气门摇臂）以 $\phi21H7$ 圆孔及其端面定位在心轴3的外圆和台肩上，并以 $R12.5$mm 的底面定位在支承板5上，实现六点定位。为了提高生产率，夹具上设计两根定位心轴3可各装五个工件，要注意的是这两根定位心轴的台肩厚薄不同，工件之间用尺寸一致的垫圈隔开，以保持适当距离。然后将心轴3装在夹具顶尖2和支承轴10之间，并使两根心轴上工件的加工部位（$R12.5$mm），分别交叉靠在限位支承板5上。拧紧螺钉9，通过液性塑料使十个柱塞4一齐上升，分别将十个工件顶紧在支承板5上。最后扳动球面螺母11，通过联动压板推动两根支承轴10，把两列工件依次轴向夹紧。

为了节约辅助时间，四根心轴3可做成两套，在机加工过程中，另一套两根心轴可事先装上或拆下工件。为了便于对刀，夹具上设计有V形对刀块7，调整时用 $\phi25$mm 对刀检验棒放在对刀块与圆弧成形铣刀间，以确定刀具与加工面的正确位置。本夹具结构合理，设计构思周密，操作方便，多件装夹效率高，适用于较大批量生产。

5. 铣床夹具设计要点

在设计铣床夹具时，应充分注意铣削加工的特点：一般切削用量较大，而且是多刀齿断续切削，故切削力较大又是变化的，加工时容易产生振动。为此要求工件定位可靠，夹紧装置要有足够的夹紧力，夹具本身也应具有足够的刚度和强度。此外由于铣削加工的万能性，常遇到结构形体不规则的工件，因此还要尽量采用快速装卸工件的装置，以节省辅助时间。在夹具结构上的重要特征是采用定向键和对刀件（装置）来确定夹具（含工件）与机床、刀具之间的相对位置，下面对此作进一步叙述。

（1）定向键的设计　定向键是用来确定夹具在机床上的纵向位置的零件，通过它与机床T形槽的配合，使夹具与纵长方向与工作台的纵向行程方向一致，并承受切削时产生的转矩，减轻夹具体和工作台紧固螺栓的负荷，加强夹具的稳

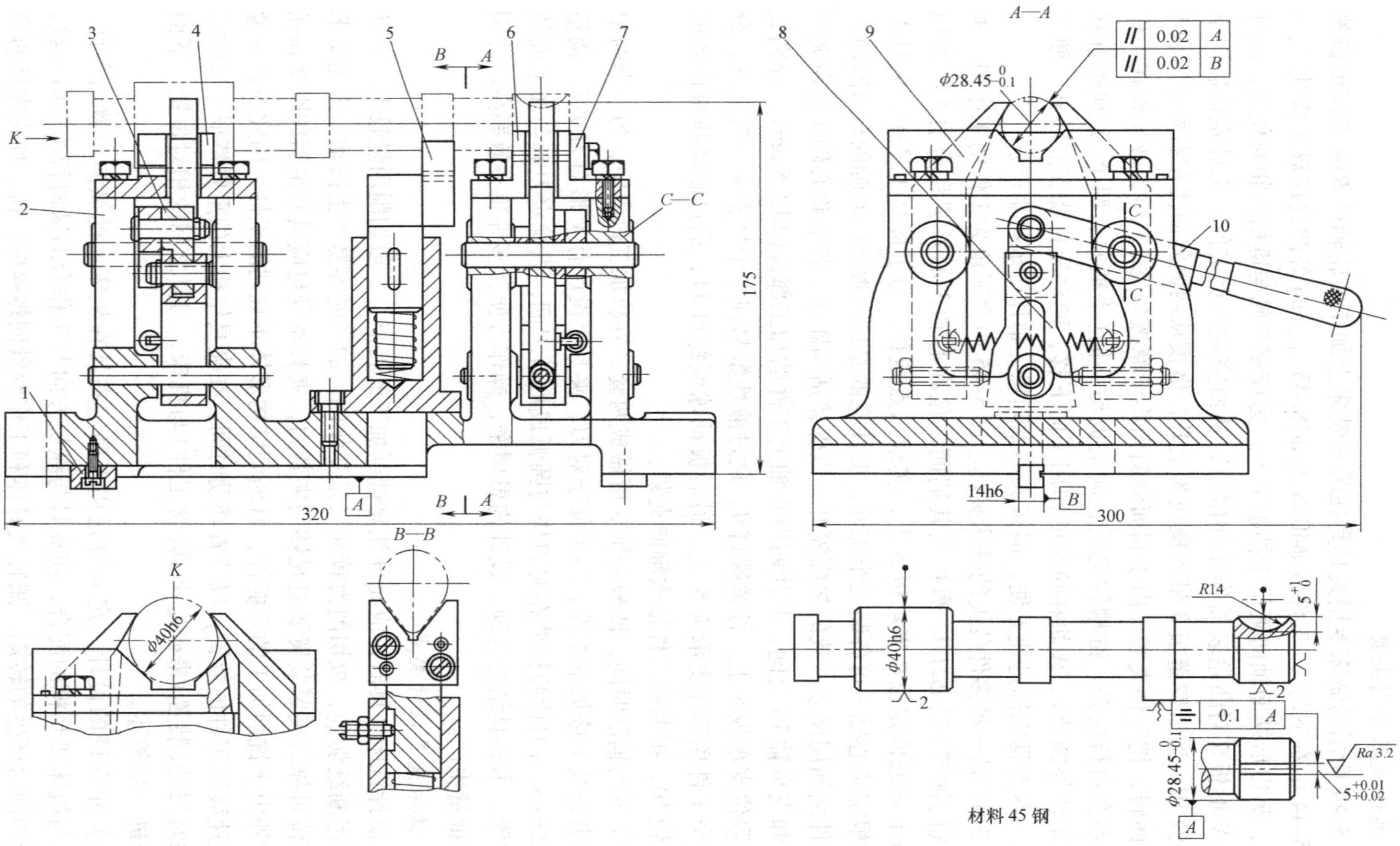

图 5-44 铣凸轮轴半圆键槽专用夹具

1—定向键 2—夹具体 3—铰链板 4、6—V 形块 5—V 形板 7—挡板 8—楔块(2 件) 9—压板(4 件) 10—手柄(2 件)

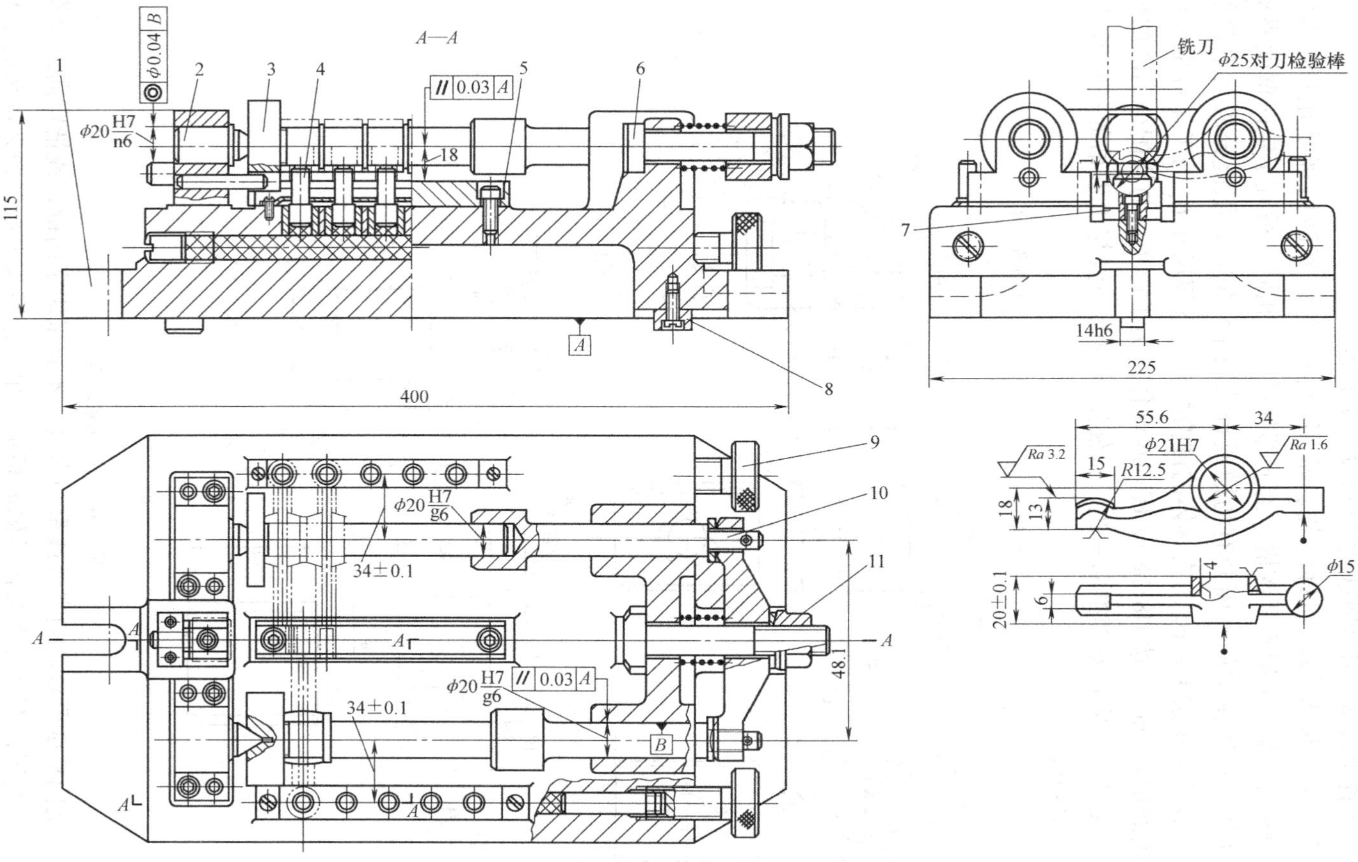

图 5-45　多件装夹的液性塑料铣床夹具

1—夹具体　2—顶尖(2 件)　3—心轴(4 件)　4—柱塞(10 件)　5—支承板　6—螺钉　7—V 形对刀块　8—定向键(2 件)　9—夹紧螺钉(2 件)　10—支承轴(2 件)　11—球面螺母

固性。故在铣床和镗床夹具上被广泛采用。定向键一般设置两个，其距离在键槽内尽可能布置得远些。小型夹具也可只设一个长键。

图 5-46a 是标准的定向键结构。常用两种结构，其断面都是矩形（JB/T 8016—1999）。其中 A 型不开沟槽，上下部分尺寸 B 相同，适宜于定向精度要求不高时采用；B 型在键的侧面开有沟槽或台阶（图 5-46b），把键分成上下两部分，其上部尺寸 B 按 H7/h6 与夹具体的键槽配合，下部尺寸 B_1 与工作台 T 形槽配合，留磨量 0.5mm，按 H8/h8 或 H7/h6 配作。为了避免键与槽配合间隙的影响，装配夹具时，应将双键推向一边，只使定向键的一侧与 T 形槽的一侧紧贴，以提高定向精度。

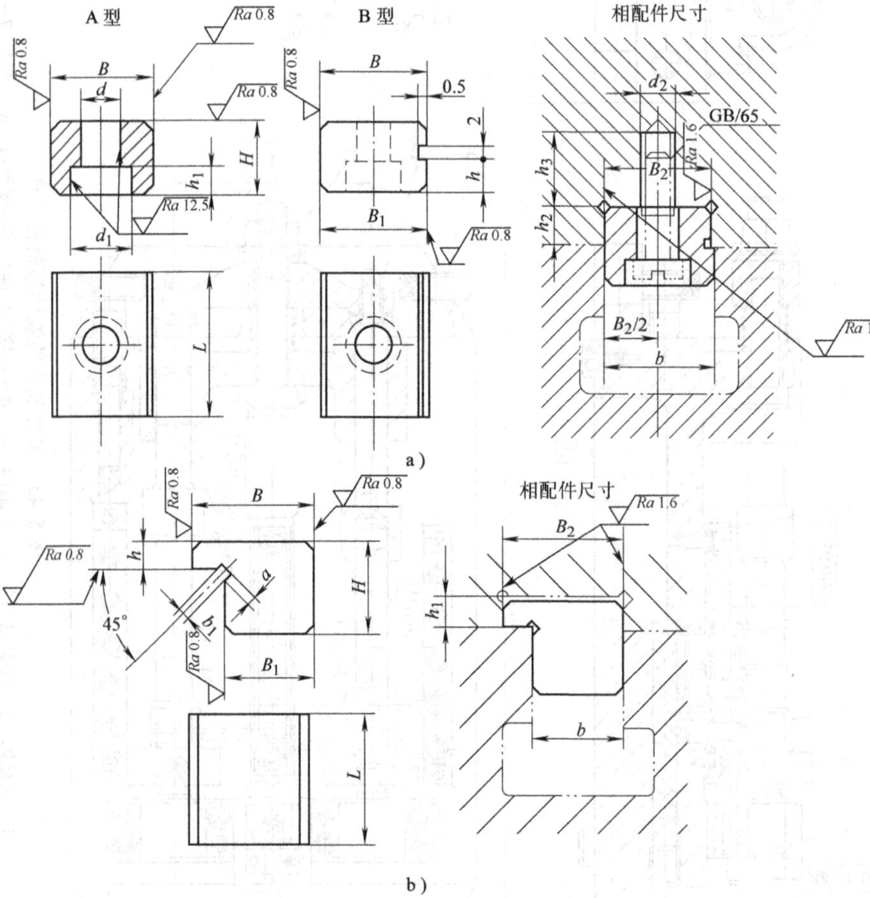

图 5-46　定向键结构

对于定向精度要求高的夹具或重型夹具，不宜采用定向键，或把定向键仅作夹具初定位之用，而多在夹具体的侧面精加工出一条窄长平面作为夹具在机床上安装的找正基面。

（2）对刀装置的设计　对刀装置由对刀块和塞尺组成，用来确定刀具与夹具的相对位置。

图5-47是标准的对刀块结构。其中图5-47a为圆形对刀块(JB/T 8031.1—1999)，在加工单一水平面时对刀用；图5-47b为方形对刀块(JB/T 8031.2—1999)，在调整铣刀两垂直位置对刀用；图5-47c为直角对刀块(JB/T 8031.3—1999)，安装在顶面，在加工两垂直面或键槽时对刀用；图5-47d为侧装对刀块(JB/T 8031.4—1999)，用途与图5-47c相同，但安装在侧面。

图5-48是各种对刀块的应用举例，其中图5-48a～d是标准对刀块的使用示例，图5-48e是两种特殊对刀块的使用示例。

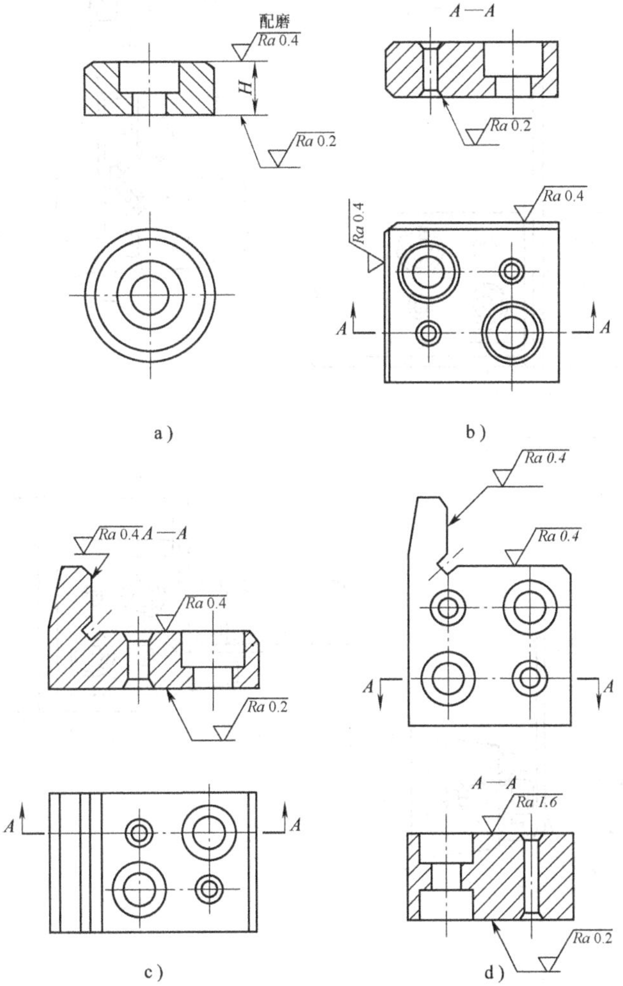

图5-47　标准对刀块结构

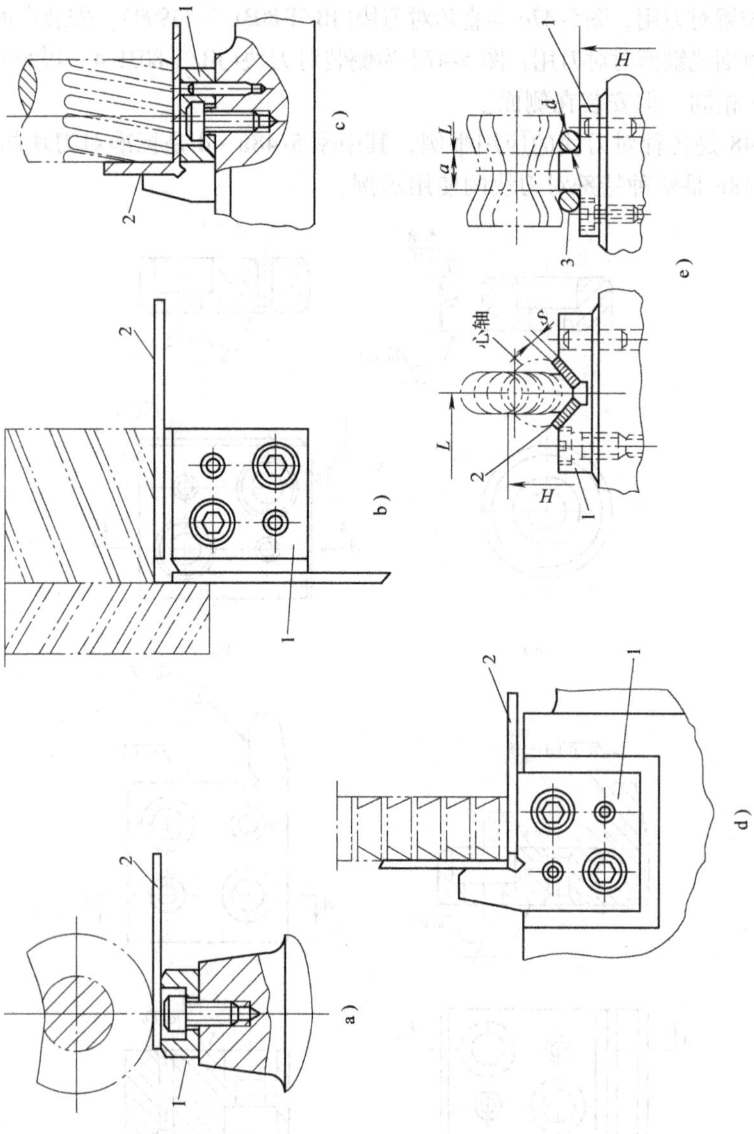

图 5-48　各种对刀块使用示例

1—对刀块　2—对刀平塞尺　3—对刀圆柱塞尺

使用对刀块时需同时应用平塞尺或圆柱塞尺，它们均已标准化(图5-49)。采用塞尺的目的，是为了避免刀具与对刀块直接接触，以免两者过早磨损。使用时，将塞尺放在刀具与对刀块之间，凭抽动的松紧感觉来判断。

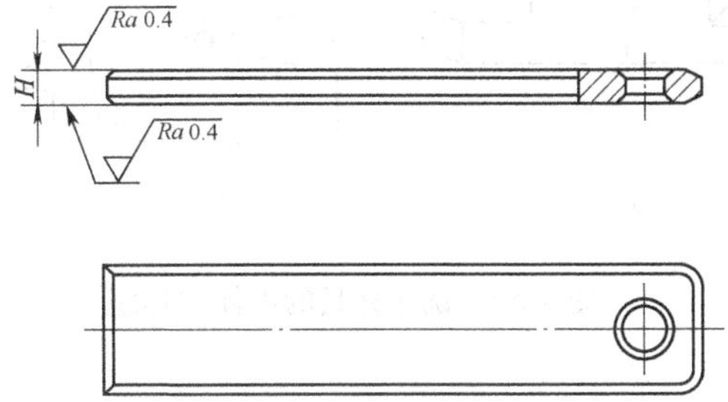

a)

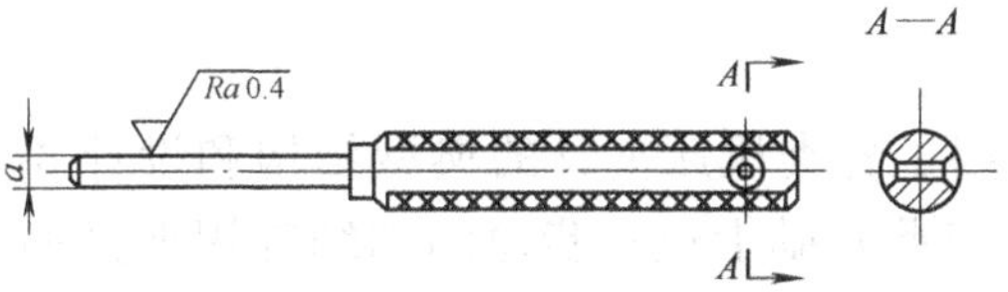

b)

图5-49　对刀用的标准塞尺

a) 平塞尺　b) 圆柱塞尺

(3) 铣床夹具整体设计的注意点　在进行夹具的整体结构设计时，应尽量使各种装置布置得紧凑些，为了提高夹具在机床上安装的稳固性，除要求夹具体有足够的强度和刚度外，还应注意使工件的加工面尽可能靠近工作台面，以降低夹具的重心。为此，夹具总体的高宽比(H/B)应限制在1～1.25范围内(图5-50)。如果工件加工部位是悬臂式，并远离定位、夹紧位置时，一定要设计辅助支承(图5-39)。夹具体底面与工作台的接触面积要大，使切削力的作用线一定要落在该平面内，因此夹具体应合理设置加强筋和耳座。常见的耳座结构如图5-50b、c所示，其结构尺寸已标准化。若夹具体的宽度尺寸 B 较大时，可在同一侧设置两个耳座，双耳的距离要与铣床工作台两条T形槽间距一致。

此外铣加工时会产生大量的切屑，故要充分考虑切屑排除要有一定的空间，使切屑流出通畅，清理方便。对于不易清除切屑的部位，最好设计防护罩。对采用切削液的夹具，还要考虑切削液的流向和回收。

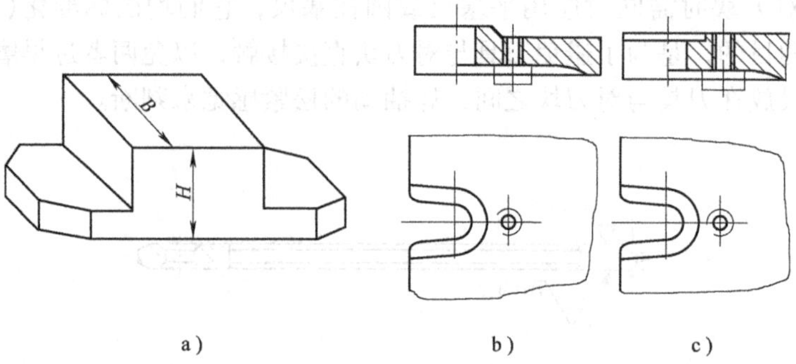

图 5-50　铣床夹具的本体和耳座

第二节　专用夹具设计的基本方法和制造特点

前面已分别介绍了各类机床夹具的典型结构和设计要点，为专用夹具的设计打下了基础。在此基础上进一步总结归纳专用夹具的设计、制造方法中的一些带有共同规律性和需要解决的问题，如专用夹具设计的基本方法和步骤，研究制订夹具技术要求的原则，工件在夹具中加工精度的分析，夹具总图上尺寸公差的标注，并讨论专用夹具制造方面的特点和有关的技术问题等。

一、专用夹具设计的基本要求和步骤

1. 设计基本要求

专用夹具设计的基本要求是“好用、好造、好修”，其中好用是主要的，但也要兼顾后两个要求。换句话说，设计夹具时必须使工件加工质量、生产率、劳动条件和经济性等四方面达到辩证的统一。其中能稳定地保证加工质量又是最基本的要求。为了提高生产率，夹具采用先进的结构和机械传动机构以及快速高效的夹紧装置，以缩短辅助时间，这往往会增加夹具的制造成本，但当工件的批量增加到一定规模时，因单件工时下降所获得的经济效益将得到补偿，从而降低工件的制造成本。因此所设计的夹具其复杂程度和工作效率必须与生产规模相适应，才能获得良好的技术-经济效果。但是，任何技术措施都会遇到某些特殊情况，故对以上四方面有时也有所侧重。例如对于位置精度要求很高的工件加工，往往着眼于满足加工精度要求；对于精度要求不高而生产批量较大的工件，则着重考虑提高夹具的工效。总之，在考虑上述四方面基本要求时，应在满足工件加工要求的前提下，力求使夹具工艺性和使用性好，并根据具体情况处理好生产率

与劳动条件、生产率与经济性的关系，力图解决主要矛盾；但也不忽视排屑和排液、操作安全、恢复其加工精度和符合操作者的习惯等问题。

2. 夹具设计的步骤

(1) 明确设计任务与收集和研究原始资料　在已知生产纲领的前提下，研究被加工零件的零件图、工序图、工艺规程和设计任务书，对工件进行工艺分析：了解工件的结构特点、材料，本工序的待加工表面、加工要求、加工余量、定位基准、夹紧部位及所用的机床、刀具、量具等。根据设计任务书还需收集有关技术资料，如机床的技术参数、夹具零部件的标准、各类夹具图册或同类夹具图样，并了解企业的工装制造水平，以供参考。

(2) 构思夹具结构方案，绘制结构草图　这是极为重要的步骤，其中包括确定工件的定位、夹紧方案，设计定位与夹紧装置，同时根据需要确定其他装置、专用零件和夹具体的结构及其在机床上的安装方式，再绘制夹具草图并标注尺寸、公差及技术要求。

(3) 进行必要的分析计算　工件加工精度较高时，应进行加工精度分析。有气压、液压等机械传动机构的夹具，需计算夹紧力。当有几种夹具设计方案时，可进行技术-经济分析，选择效益较高的方案。

(4) 绘制夹具装配总图　夹具总装图应按国家制图标准绘制。绘图比例最好采用1:1。主视图按夹具面对操作者的方向绘制。总图应把夹具的工作原理、各装置的结构及其相互关系表达清楚。工件的外形轮廓用双点画线绘出，被加工表面要显示出加工余量(可用交叉网纹表示)；工件可看作透明体，不遮挡后面的线条。总图上要标注必要的尺寸、公差和技术要求，并编制夹具零件明细表及标题栏。

(5) 绘制夹具的专用零件图　在确定这些零件的尺寸、公差或技术要求时，应注意使其满足夹具总图的要求㊀。对所选用的标准件，只需在总图的零件明细表中注明该件的主要规格及标准的编号，以及制造材料、件数和热处理、表面处理要求等，不必绘制零件图。

专用夹具设计实例见第七章技能训练5~9。

二、工件在夹具中的加工精度分析

1. 影响工件加工精度的因素及误差不等式

用夹具装夹工件进行加工时，其工艺系统中影响工件加工精度的因素很多，

㊀ 夹具制造都是单件生产，零件精度要求较高时，通常是在夹具装配时用修配法保证的。因此在零件图中有时在某尺寸上注明“装配时与××件配作”或“装配时精加工”或“见总图要求”等字样。

与夹具有关的因素如图 5-51 所示。除了前面已学过的定位误差 Δ_D 外，还有刀具与对刀件产生的对刀误差 Δ_T，夹具在机床上的安装误差 Δ_A，夹具上定位件、对刀件与安装基准三者间因制造不准确造成的夹具制造误差 Δ_Z，以及因机床运动精度、刀具精度、刀具与机床的相互位置精度、工艺系统的受力变形和热变形等因素造成的加工方法误差 Δ_G。因此，为了保证工件规定的加工精度，必须采取各种举措来限制和减少上述各种误差，并将总误差 $\sum\Delta$ 控制在本工序加工要求的工件公差 δ_K 之内。即

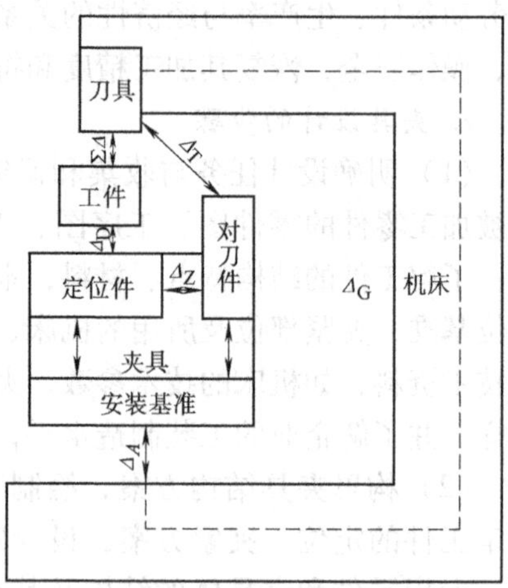

图 5-51　工件在夹具中加工时的各项误差

$$\sum\Delta = \Delta_D + \Delta_A + \Delta_T + \Delta_Z + \Delta_G \leqslant \delta_K \tag{5-5a}$$

上式称为误差计算不等式，各误差代号分别代表在某一加工尺寸方向上有关的误差最大值。若夹具要保证的加工尺寸不只是一个时，则每个尺寸都要满足自己的误差不等式。

误差不等式在夹具设计中是很有用的，因为它反映了夹具保证加工精度的条件，可以帮助我们分析所设计（或采用）的夹具在加工过程中产生误差的原因，以便探索控制各项加工误差的途径，为制订、验证、修改夹具技术要求提供定量依据。例如在加工方法确定之后，根据企业积累的经验数据可确定 Δ_G、Δ_A、Δ_T 和 Δ_Z 的适当允许值，则可将 Δ_D 控制在下式范围

$$\Delta_D \leqslant \delta_K - (\Delta_A + \Delta_T + \Delta_G + \Delta_Z) \tag{5-5b}$$

又如在装有对刀或导向装置的夹具中，若所确定的定位方式便于计算 Δ_D，则可由下式解决对刀装置设计的有关问题。此时不等式为

$$\Delta_T \leqslant \delta_K - (\Delta_D + \Delta_A + \Delta_Z + \Delta_G) \tag{5-5c}$$

据上所述，有必要进一步研究确定各项加工误差的特点、方法及其与制订夹具技术要求的内在联系（参看第七章训练 8）。

2. *各项加工误差的特点及确定方法*

工件定位误差分析已在前面详细论述了，下面再分析一下其他各项误差：

（1）夹具在机床上安装误差 Δ_A　安装误差是夹具的安装基面偏离了规定位置，使工序基准发生移动而在工序尺寸方向上产生的误差。这种误差产生的原因一般有两种情况：①因夹具的限位基面与安装基面之间的位置误差

而引起。图 5-52 所示的心轴限位基准 A、B 对顶尖孔轴线或对锥柄 C 轴线的同轴度误差就是 Δ_A。又如图 5-53 所示为翻转式钻模，由于夹具的限位基面 A 与安装基面 B 的平行度误差 Δ 使钻模产生倾斜角 β，从而引起被加工孔对限位基面 A 的垂直度误差，这就是钻模的安装误差 Δ_A。②因夹具安装基面的制造误差及机床配合面的间隙引起。如图5-54所示车夹具的转角误差 β 就是由于夹具安装基面 2 与机床主轴 1 的配合间隙引起的。又如图5-55所示的铣夹具的转角误差 β 是由于定向键与工作台 T 形槽之配合间隙引起的。这些转角误差就是安装误差 $\Delta_A = \arctan\beta = Z/L$。

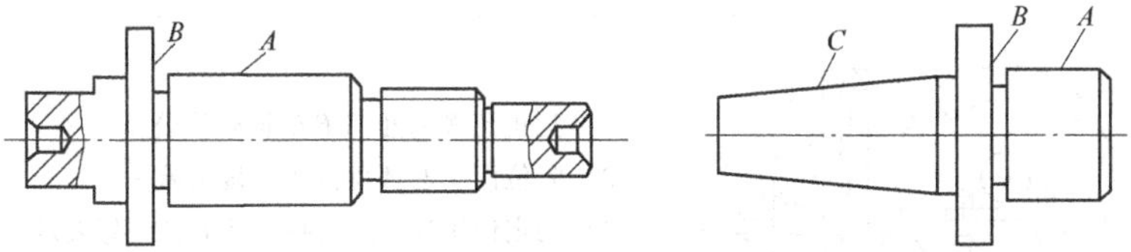

图 5-52　心轴的安装误差 Δ_A

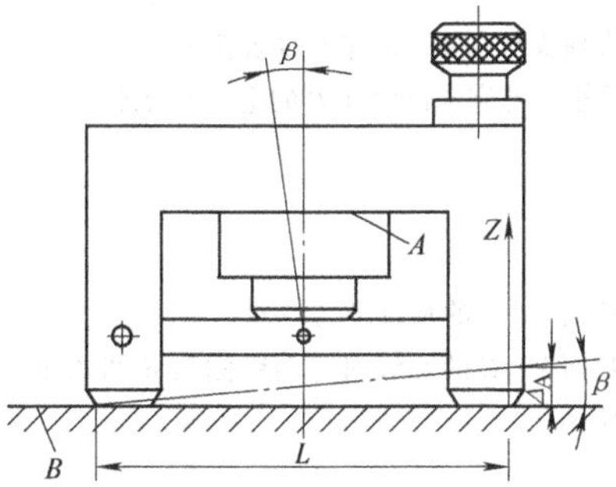

图 5-53　钻模的安装误差 Δ_A

A—夹具限位基面　B—安装基面

β—夹具转角　Δ_A—Z 方向误差

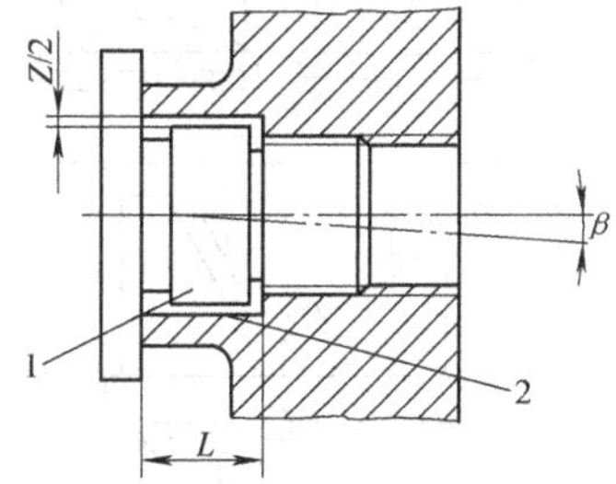

图 5-54　车夹具的转角误差

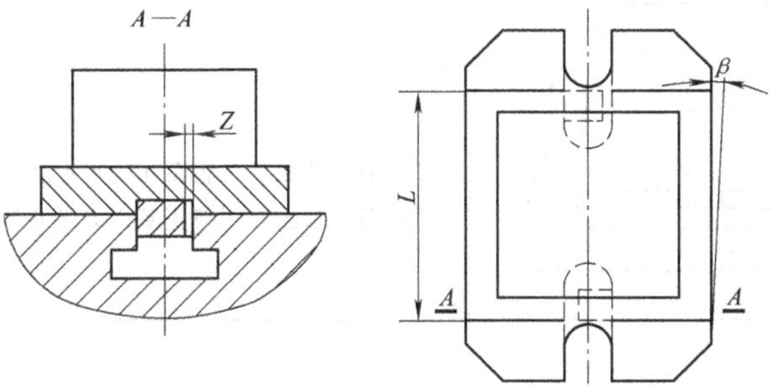

图 5-55　铣床夹具的转角误差

各种夹具在机床上的安装误差Δ_A的数值都较小，在夹具设计时都可用表5-4中示例的位置公差加以限制。

表5-4 夹具上与安装误差有关的位置公差示例

名称	序号	夹具简图	控制Δ_A的位置公差要求
车床夹具	1	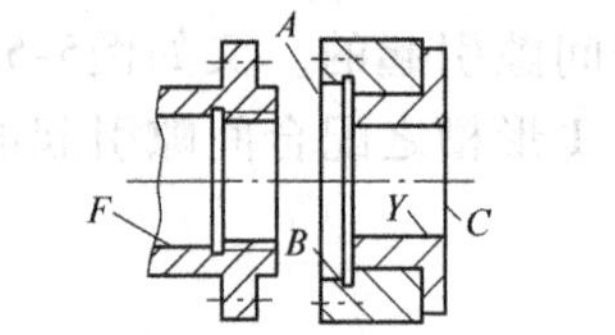	1）装配后，限位基面Y对主轴孔F的同轴度公差…… 2）夹具的限位基面Y对止口B的同轴度公差……；C面对A面的平行度公差……
	2	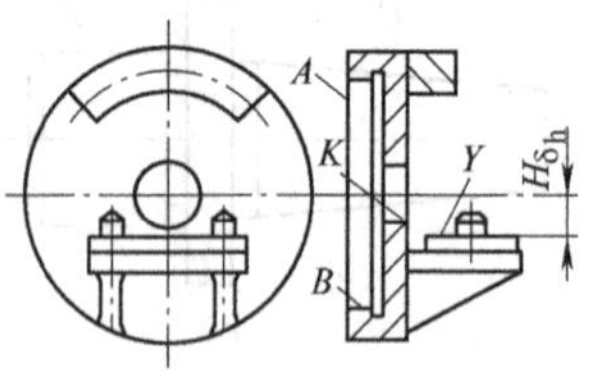	1）找正孔K对止口B的同轴度公差…… 2）限位面Y对A面的垂直度公差…… 3）两定位销连心线与找正孔K的位置要求……
铣床夹具	3	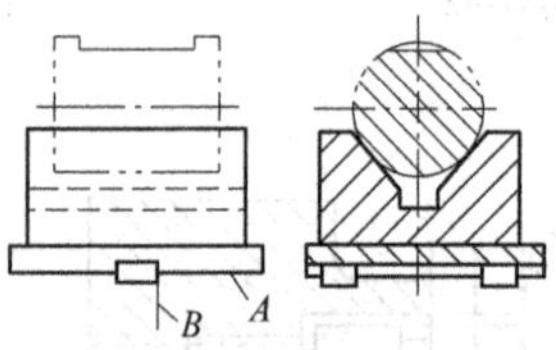	1）V形块轴线与底面A的平行度公差…… 2）V形块轴线与定向键侧面B的垂直度公差……
	4	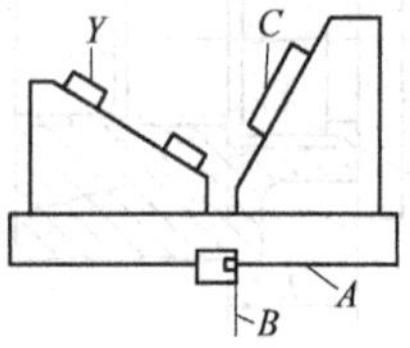	1）限位基面Y、C的垂直度公差…… 2）限位基面Y、C的交线对定向键侧面B和底面A的平行度公差……
钻床夹具	5	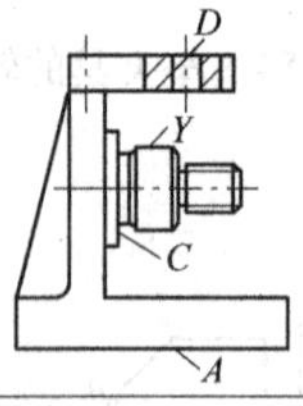	1）限位基面Y的轴线对底面A的平行度公差…… 2）限位基面C对底面A的垂直度公差……
镗床夹具	6	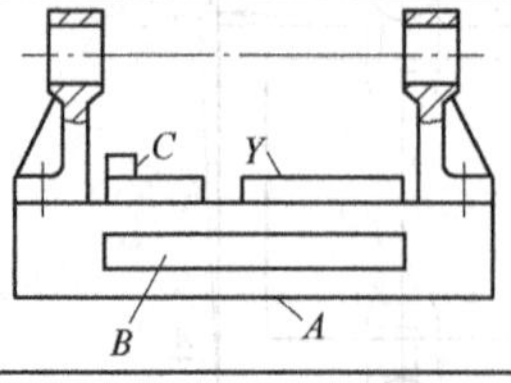	1）限位基面Y对底面A的平行度公差…… 2）限位基面C对找正基面B的垂直度公差……

（2）对刀误差Δ_T　由于夹具上的对刀（或导向）装置对定位件的位置不准确，

将导致加工表面的位置发生变化，由此而造成的加工尺寸误差即为对刀误差 Δ_T。

1）使用铣床夹具加工时，常采用对刀块和标准塞尺对刀（图1-1），其对刀误差 Δ_T 为

$$\Delta_T = \delta_s + \delta_h$$

式中　δ_s——塞尺厚 s 的制造公差；

δ_h——对刀块工作面至限位基面的尺寸 H 的公差，可按经济加工精度给定，一般取 0.06～0.1mm。

2）在钻模上加工孔，采用如图 5-56 所示的导向装置时，导引孔的轴线位置误差受下列因素的影响：

δ_L——钻模板底孔至定位件的尺寸公差。

e_1——快换钻套内外圆的同轴度（图 5-56 中未示出）。

e_2——衬套内外圆的同轴度（图 5-56 中未示出）。

x_1——快换钻套与衬套的最大配合间隙。

x_2——刀具与钻套的最大配合间隙。

x_3——刀具在钻套中的偏斜值，$x_3 = \frac{x_2}{H}\left(B + S + \frac{H}{2}\right)$；在加工短孔时，$x_3$ 按刀具平移量计算。

以上各项随机性误差不可能同时出现最大值，故对于这些随机性变量按概率法合成后，刀具的位置误差 Δ_T（单位：mm）为

$$\Delta_T = \sqrt{{\delta_L}^2 + e_1^2 + e_2^2 + x_1^2 + x_2^2 + (2x_3)^2} \quad (5\text{-}6)$$

3）对于车、磨类夹具，一般不必采用导向件。当采用径向对刀时，其误差也只影响加工面的尺寸，而不影响加工面的位置误差，故其 Δ_T 为零。

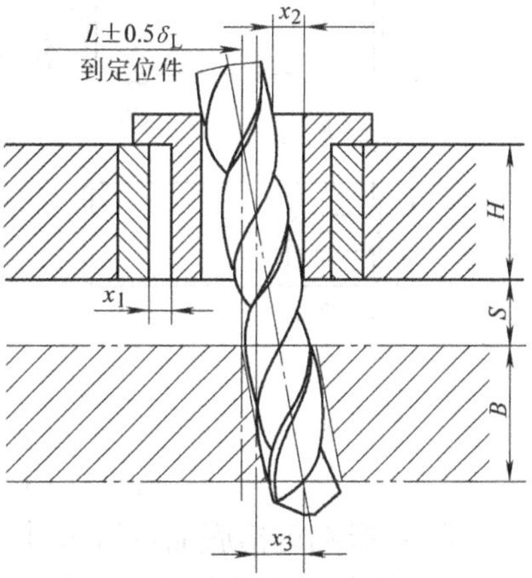

图 5-56　与钻模导向装置有关的误差

（3）夹具制造误差 Δ_Z　夹具制造误差的大小取决于夹具零件的加工精度和夹具总装时的调整与修配精度。如图 5-1 所示钻模中，影响被加工孔的位置精度的夹具误差有：导向钻套 5 的轴线对安装基面 B 的垂直度 $\Delta_{Z_1}=0.02\text{mm}$；钻套轴线到限位基面 C 的尺寸公差 $\Delta_{Z_2}=0.04\text{mm}$[⊖]；还有该轴线对定位盘 6 的轴线 A 的对称度 $\Delta_{Z_3}=0.03\text{mm}$。这三项制造误差按概率法合成就是被加工孔位的夹具误差 $\Delta_Z=\sqrt{\Delta_{Z_1}^2+\Delta_{Z_2}^2+\Delta_{Z_3}^2}$。此外，定位盘轴线 A 对夹具安装基面 B 的平行度误差，若看作

⊖ 若被加工孔的定位尺寸（29±0.02）mm 公差 δ_L 已考虑在对刀误差 Δ_T 中，则在计算夹具误差时可不重复计 Δ_{Z_2} 值。

夹具制造误差 $\Delta_{Z_4}=0.02\text{mm}$，它会影响钻套轴线的垂直度，但因 B 面为平面，在夹具安装时可不计安装误差 $\Delta_A=0$。另外若与图5-53比较，也可把 Δ_{Z_4} 看作为 Δ_A。因此，当夹具制造误差涉及对刀误差和安装误差时，在计算总误差式(5-5)中应当去掉重复的误差。

（4）加工方法误差 Δ_G　加工方法误差是指工件在直接切削过程中所产生的、对加工尺寸精度直接有影响的误差。因该项误差影响因素多，又不便于定量计算，故常根据经验为它留出工件公差的1/3。计算时可按 $\Delta_G=\delta_K/3\sim\delta_K/2$ 选取。

3. *夹具加工误差分析实例*

图5-57a为在立铣上用直柄铣刀加工键槽的工序图。工件外圆已精车，直径为 $\phi32_{-0.016}^{\ 0}\text{mm}$，加工要求是：要保证键槽宽 $10_{\ 0}^{+0.07}\text{mm}$，总长25mm，槽底至外圆下母线尺寸为 $27_{-0.20}^{\ 0}\text{mm}$，键槽对轴线的对称度公差为0.10mm。图5-57b为定位和对刀方案。为了保证键槽底面与轴线的平行度要求，夹具体底面 A 应与90° V形块标准心棒 $\phi32\text{mm}$ 的轴线平行，其平行度公差取0.02mm/100mm。对刀块位置尺寸定为(5.018±0.03)mm，试分析该夹具能否满足加工精度要求。

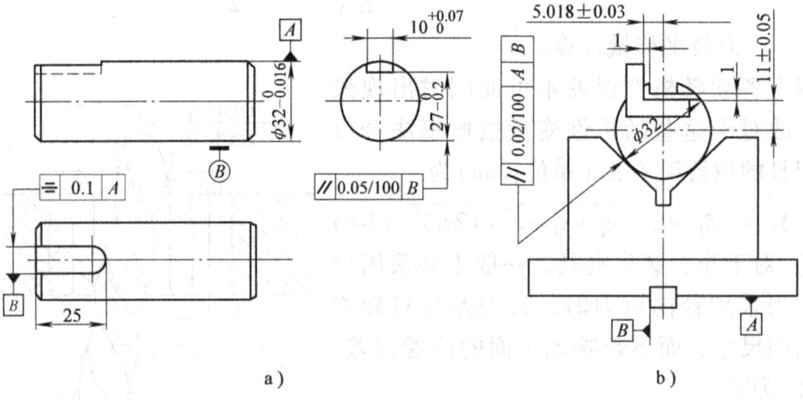

图5-57　铣键槽工序图及定位对刀方案

（1）影响键槽底面位置尺寸 $27_{-0.20}^{\ 0}\text{mm}$ 的误差

1）定位误差可按式(2-10)计算，即

$$\Delta_D=0.207\delta_d=0.207\times0.016\text{mm}=0.0033\text{mm}$$

2）安装误差：因键槽加工长度为25mm，故

$$\Delta_A=25\text{mm}\times\frac{0.02}{100}=0.005\text{mm}$$

3）对刀误差按经济加工精度选取 $\Delta_T=0.06\text{mm}$

于是总误差为

$$\sum\Delta=\Delta_D+\Delta_A+\Delta_T=0.0033\text{mm}+0.005\text{mm}+0.06\text{mm}=0.0683\text{mm}$$

现键槽底面位置公差为0.2mm，即使出现一些其他误差(如 Δ_Z 及 Δ_G)也不

会超出要求。

（2）键槽对称度误差

1）定位误差Δ_D：因基准重合，且V形块具有对中性，故$\Delta_D=0$。

2）安装误差$\Delta_A=25\text{mm}\times\frac{0.02}{100}=0.005\text{mm}$

3）对刀误差仍按经济加工精度选取$\Delta_T=0.06\text{mm}$

4）加工方法误差Δ_G：所用直柄键槽铣刀的制造误差对键槽位置度也有影响，此属Δ_G。根据刀具标准，直柄键槽铣刀尺寸为$\phi10^{-0.019}_{-0.042}\text{mm}$，公差为0.023mm，故$\Delta_G=0.023\text{mm}$。

各项误差总和为

$$\sum\Delta=\Delta_A+\Delta_T+\Delta_G=0.005\text{mm}+0.06\text{mm}+0.023\text{mm}=0.088\text{mm}$$

显然也未超出技术要求。以上误差分析说明此夹具能保证加工精度。[⊖]

三、夹具总图技术要求的制订

制订夹具总图的技术要求以及标注必要的装配、检验尺寸和几何公差要求，是夹具设计中的一项重要工作。因为它直接影响工件的加工精度，也关系到夹具制造的难易程度和经济效果。通过制订合理的技术要求，来控制有关的各项误差，使满足误差不等式的要求。

1. 夹具总图上应标明的尺寸及技术要求

通常应标注以下五种尺寸或相互位置要求：

1）夹具外形的最大轮廓尺寸，以表示夹具在机床上所占的空间位置和活动范围，便于校核该夹具是否会与机床、刀具等发生干涉。

2）与定位有关的尺寸公差和几何公差。如确定定位件工作部分的配合性质、限位表面的平直度或等高度要求，以及限位表面间的位置公差等，以便控制定位误差Δ_D。

3）夹具与机床有关的联系尺寸公差及技术要求，来确定定位件对机床装夹面的正确位置，以便于控制夹具安装误差Δ_A（见表5-4）。

4）夹具定位件与刀具的联系尺寸公差或相互位置要求，以控制对刀误差Δ_T。

5）各组成连接副的配合公差及其他影响夹具制造和使用的以文字表达的特殊要求等。

2. 与工件加工尺寸公差有关的夹具公差的确定

由误差不等式可知，对夹具精度要求显然要比工件的相应精度要求高。设夹

⊖ 当误差不等式不能满足工序加工精度要求时，设计者可根据企业生产条件来减小其中一项或几项误差；若某项误差难以计算时，可按经济加工精度选取。

具上的线性尺寸和角度公差以 δ_j 表示，则一般取：

1）$\delta_j = \left(\frac{1}{5} \sim \frac{1}{2}\right)\delta_K$，常用的比值为$\frac{1}{3} \sim \frac{1}{2}$。

2）工件加工尺寸为自由尺寸时，δ_j 取为 ±0.1mm 或 ±10′。

3）加工表面没有提出相互位置要求时，δ_j 不超过$\frac{0.02 \sim 0.05}{100}$mm。

在确定 δ_j/δ_K 比值时，对于生产规模较大，夹具结构较复杂而加工精度要求不太高时，可以取得严格些，以延长夹具使用寿命。而对于小批量生产或加工精度要求较高的情况，则可取稍大些，以便于制造。可供设计时选取的夹具公差值，见表5-5及表5-6。

表5-5　夹具尺寸公差值的选取

工件的尺寸公差值/mm	夹具相应尺寸公差占工件公差值
<0.02	3/5
0.02～0.05	1/2
0.05～0.20	2/5
0.20～0.30	1/3
自由尺寸	1/5

表5-6　夹具角度公差值的选取

工件的角度公差值	夹具相应角度公差占工件公差值
0°1′～0°10′	1/2
0°10′～1°	2/5
1°～4°	1/3

必须注意！在选取夹具某尺寸公差值时，不论工件上相应尺寸偏差值是单向还是双向的，都应转化为对称分布的偏差，然后取其1/3～1/2按对称分布的双向偏差值标注在总图上。

将单向不对称分布的尺寸偏差值 Δ，换算成双向对称分布的尺寸偏差值 Δ'，可按图5-58来计算

$$\left.\begin{aligned} A' &= A + \left(\frac{\Delta_{上} + \Delta_{下}}{2}\right) \\ \delta_K &= \Delta_{上} - \Delta_{下} \\ \Delta' &= \frac{\delta K}{2} \end{aligned}\right\} \quad (5\text{-}7)$$

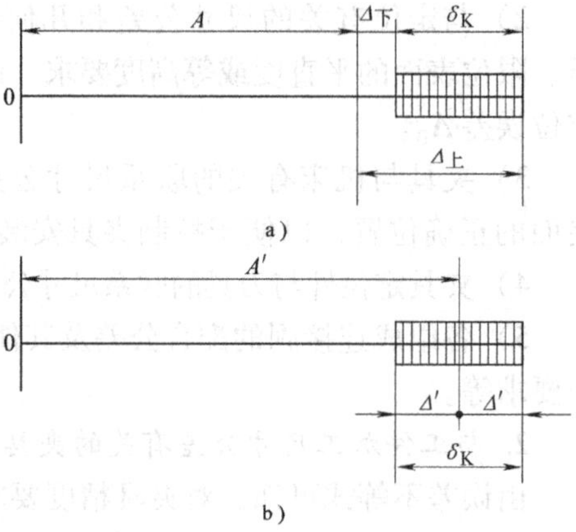

图5-58　单向不对称偏差与双向对称偏差的换算

式中的代号见图5-58。

3. 各类机床夹具总图上的技术要求摘要

各类机床夹具的技术要求大致包括以下内容：

（1）钻、镗类夹具

1）各限位表面对夹具安装基面的垂直度或平行度。

2）钻导套轴线对安装基面的垂直度或平行度(表5-7)。

3）钻导套中心距或其轴线与限位基面的尺寸要求及位置公差要求(表5-8)。

4）若干个同轴钻导套的同轴度。

5）限位基面本身的平直度、等高度，以及限位基面、钻导套轴线对夹具找正基面的垂直度或平行度等。

表5-7　钻导套轴线对夹具安装面的位置公差值　（单位:mm）

工件加工孔对定位基面的垂直度	钻导套轴线对夹具相应底面的垂直度
0.05～0.10	0.01～0.02
0.10～0.25	0.02～0.05
0.25以上	0.05

表5-8　钻导套中心距或导套轴线至限位基面的距离　（单位:mm）

工件孔心距或孔轴线至基面的公差	钻导套中心距或导套轴线至限位基面的公差
±0.05～±0.10	±0.01～±0.05
±0.10～±0.25	±0.02～±0.05
±0.25以上	±0.05～±0.10

（2）铣、刨类夹具

1）限位基面对夹具安装面的垂直度、平行度。

2）对刀块对限位基面的位置公差(表5-9)。

3）对刀块工作面及定向键侧面与限位基面的平行度或垂直度(表5-10)。

4）限位基面本身的平直度、等高度及位置公差等。

表5-9　按工件公差确定对刀块至限位面的公差值　（单位:mm）

工件尺寸公差	对刀块与限位面平行和垂直	对刀块与限位面不平行、不垂直
<±0.10	±0.02	±0.015
±0.10～±0.25	±0.05	±0.035
±0.25以上	±0.10	±0.08

表5-10　对刀块及定向键工作面对限位面的位置公差值

工件加工面对定位基准的位置公差值/mm	对刀块、定向键工作面对限位面的公差值/(mm/100mm)
0.05～0.10	0.01～0.02
0.10～0.20	0.02～0.05
0.20以上	0.05～0.10

(3) 车、磨类夹具

1) 夹具安装定位基面的轴线对机床回转轴线的同轴度(表5-11)。

2) 限位面对回转轴线的平行度、垂直度或同轴度以及距离公差。

3) 限位面间的平行度、垂直度和等高度等。

表5-11　车、磨夹具的同轴度公差值　(单位:mm)

工件的径向圆跳动量	定位件轴线对回转轴线的径向圆跳动量	
	心　轴　类	一般车床夹具
0.05～0.10	0.005～0.010	0.01～0.02
0.10～0.20	0.010～0.015	0.02～0.04
0.20以上	0.015～0.03	0.04～0.06

四、制订夹具几何公差和工序精度分析示例

用经验法确定夹具几何公差，往往带有盲目性，当所设计的夹具用于加工时，如工件出现废品，有时很难判断是因为夹具精度不当，还是其他原因所造成，因此必须根据误差不等式来加以验证。

为使夹具能可靠地保证工序精度和有合理的使用寿命，加工总误差$\sum\Delta$与加工工件公差δ_K之间，应有一合适的差值，即

$$\delta_K - \sum\Delta = \varepsilon \tag{5-8}$$

式中，ε为精度储备量，夹具的磨损公差包括在精度储备量中考虑。

在进行工序精度分析时，可能出现如下情况，需采取相应的处理方法：

1) 在粗略估算时，$\sum\Delta$值可按式(5-5)用算术加法合成。如果$\sum\Delta$与δ_K值很接近，即ε很小，此时可将各项随机性误差类似式(5-6)用概率法合成，以能获得较合适的ε。

2) 当$\sum\Delta > \delta_K$时，需要对企业工具车间的设备和技术水平，对某些组成误差值加以修正，然后再次用概率法合成，使满足式(5-8)要求。

3) 若修正某些组成误差值会引起夹具制造上的困难时，可以采用尺寸链调整环或装配后作补充加工等举措来保证夹具装配精度。

下面举一个钻模制订几何公差和工序精度分析示例：要设计图 5-59a 所示工件的钻模见图 5-59b，要求保证两 $\phi4^{+0.018}_{0}$mm 孔的孔边距为 $30^{+0.06}_{0}$mm 及孔 I 的位置尺寸(20 ±0.1)mm。试确定夹具有关的技术要求并进行工序精度分析。

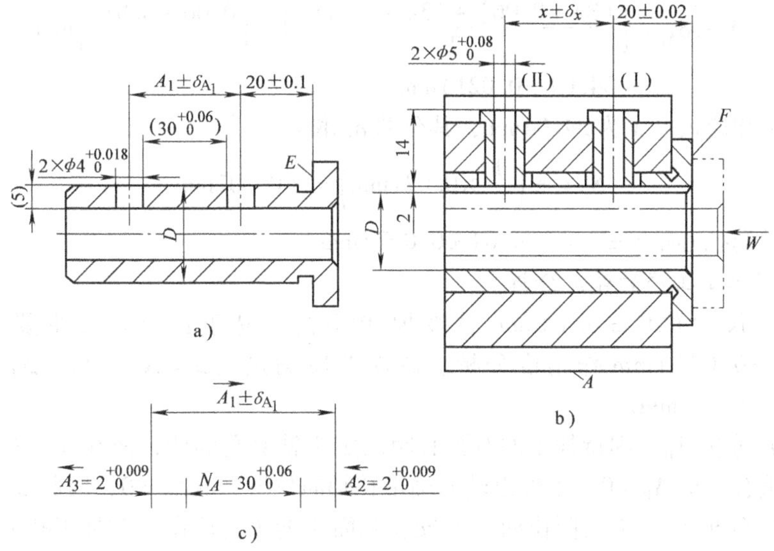

图 5-59　加工双孔的钻模简图

1. *确定夹具的几何公差等技术要求*

工件以外圆柱面 D 及大端内端面 E 定位。由于被加工双孔径和孔边距的尺寸公差较严，故分钻、铰两工步进行加工，并采用专用钻头和铰刀以及固定式钻套引导刀具，刀具后引导部分与钻套内径配合选为 $\phi5\dfrac{H6}{g5}$，以减少导向误差。

根据加工要求，并参照上述规定制订技术要求如下：

1）夹具限位基面 F 对安装基面 A 的垂直度公差 0.01mm。

2）F 面对主要限位基面 D 的轴线的垂直度公差 0.01mm。

3）双钻套轴线对 A 面的垂直度 0.03mm/100mm。

以上各要求均可用几何公差标记在总图上。

钻套的位置尺寸及公差确定如下：

钻套 I 的位置尺寸为 20，其公差取为

$$\delta_j = \pm\left(0.1\text{mm}\times\frac{1}{5}\right) = \pm0.02\text{mm}$$

故夹具上的尺寸为(20 ±0.02)mm。

为确定双钻套孔心距 x 及公差 δ_x，需先求出工件上两孔心距尺寸 A_1 及公差 $\pm\delta_{A_1}$。画出尺寸链简图(图 5-59c)，孔边距为封闭环 N_A，尺寸$\overrightarrow{A_1+\delta_{A_1}}$为增环，

两孔半径为减环，其值为$\frac{4+0.018}{2}$mm $=2+0.009$mm $=\overleftarrow{A_2}=\overleftarrow{A_3}$，根据尺寸链原理可得双孔心距的尺寸 A_1 为 $34^{+0.06}_{+0.018}$mm，按式(5-7)改为对称偏差得

$$A_1 \pm \delta_{A_1} = \left[\frac{(34+0.06)+(34+0.018)}{2}\right] \pm \left(\frac{0.06-0.018}{2}\right)\text{mm}$$
$$=(34.04 \pm 0.021)\text{mm}$$

故夹具上相应尺寸 x 为 34.04mm，其公差 δ_x 取为

$$\delta_x = \pm\left(\frac{1}{3}\times 0.021\text{mm}\right) = \pm 0.007\text{mm}$$

双钻套孔心距 $x \pm \delta_x = (34.04 \pm 0.007)$mm。

2. 对加工工序的精度分析

加工尺寸(20 ± 0.1)mm 精度要求不高，易于保证。故主要对尺寸(34.04 ±0.021)mm 作精度分析。总误差应满足 $\sum\Delta = \Delta_D + \Delta_A + \Delta_T + \Delta_G + \Delta_Z \leqslant \delta_K = 0.042$mm。

(1) 分析 Δ_D 因待加工的双孔心距决定于钻套孔间距，故在加工孔Ⅱ时也属基准重合，即 $\Delta_B = 0$；工件以端面确定孔轴向位置，故$\Delta_Y = 0$，因此 $\Delta_D = 0$。

(2) 分析 Δ_A 夹具限位面 F 对安装基面 A 的垂直度误差对加工孔的位置尺寸 20 ±0.1mm 有影响，但在加工孔Ⅱ时，对孔间距无影响，故安装误差只考虑钻套轴线对底面 A 的垂直度误差所造成的加工尺寸误差，即

$$\Delta_A = \frac{0.03}{100}(14+2+5)\times 2\text{mm} = 0.0126\text{mm}$$

(3) 分析 Δ_T

1) 由钻套的位置误差 δ_x 所引起的对刀误差 $\Delta_{T_1} = \pm 0.007\text{mm} = 0.014\text{mm}$。

2) 刀具在钻套中的偏移量，按平移计算，以铰刀为对象分析，已知钻套孔径为 $\phi 5^{+0.008}_{0}$mm，铰刀导引部分直径为 $\phi 5^{-0.004}_{-0.009}$mm，考虑到最坏情况，得铰刀偏移量为 $\Delta_{T_2} = 2(0.008\text{mm} + 0.009\text{mm}) = 0.034\text{mm}$；故得 $\Delta_T = 0.014\text{mm} + 0.034\text{mm} = 0.048\text{mm}$。

(4) 分析 Δ_G 及 Δ_Z 因在 Δ_T 中已计入刀具直径误差，故 $\Delta_G = 0$；在 Δ_A 和 Δ_T 中已计入夹具制造误差故 $\Delta_Z = 0$。

将以上各项误差代入误差不等式得

$$\sum\Delta = 0 + 0.0126\text{mm} + 0.048\text{mm} + 0 + 0 = 0.0606\text{mm} > \delta_K = 0.042\text{mm}$$

可见该钻模难以保证这一尺寸的加工精度，需对有关组成误差加以修正。若能适当减小 Δ_A 和 Δ_{T_2}，就可使 $\sum\Delta < \delta_K$。

现将钻套轴线对 A 面的垂直度公差改小为 0.02mm/100mm，则得 $\Delta_A = \frac{0.02}{100} \times$

21mm ×2 =0.0084mm；再使钻套孔与铰刀导引部分直径的配合改为配作法，控制其配合间隙在0.004 ~0.009mm内，则得 $\Delta_{T_2}=2\times0.009\text{mm}=0.018\text{mm}$；此时

$$\sum\Delta=0.0084\text{mm}+0.014\text{mm}+0.018\text{mm}=0.0404\text{mm}<0.042\text{mm}$$

若按概率法合成时

$$\sum\Delta=\sqrt{0.0084^2+0.014^2+0.018^2}\text{mm}=0.0243\text{mm}$$

可得精度储备量 $\varepsilon=\delta_K-\sum\Delta=0.042\text{mm}-0.0243\text{mm}=0.018\text{mm}$

因此可认为，经修正后的各项技术要求的公差是合适的，能满足加工要求。

*五、夹具的制造特点和结构工艺性

专用夹具一般都在企业的工具车间按单件生产方式制造。由于夹具主要零件的精度和夹具装配精度较高，故通常采用调整、修配、就地配作或装配后补充加工等方法来保证。故设计夹具时，必须注意夹具结构的工艺性，且在尺寸标注、几何公差等技术要求制订方面，能适应这一工艺特点，否则会给夹具制造、检验和维修带来困难。

为使夹具的结构具有良好的工艺性，设计时需妥善解决如下主要问题：

1. 夹具尺寸链的封闭环应便于用调整、修配法保证装配精度

用调整、修配法保证夹具装配精度，通常是通过移动某零件或部件、修磨某零件的尺寸、在零件或部件间加入垫片等方法来进行。因此夹具结构中某些零部件要具有可调性、作为补偿环的零件应留有余量，还须有合适的装配基准。对装配基准的要求是：其位置不再作调整或修配，而且其他零件对该基准进行调整或修配时，不发生互相干扰或牵连现象。

如图5-60的镗模，用于镗主轴箱体上的孔系(工件1见图5-60中右下角)。镗模以 *E* 面和 *C* 面为限位基面，工件在支承板3、4的顶面及3的侧面上定位，用止推支承5限制纵向位移(图中夹紧机构未表示)。夹具装配时要求保证：

1）镗套Ⅰ的坐标尺寸 *A*、*B* 的精度。

2）左右支架2中各孔轴线的同轴度和支承板3、4的限位平面及3的侧面 *C* 以及找正基面 *D* 应具有规定的平面度和垂直度。

镗模支架2与夹具体6是分开制造的。在加工支架上各孔时，以孔Ⅰ为孔系的基准，并保证了四孔之间的相互位置精度。但孔Ⅰ轴线与支承板间的相对位置则要靠装配来保证。装配过程有两种方案：

1）以孔Ⅰ为装配基准来配准支承板3、定向键7和找正基面 *D*，此法欲保证技术要求不仅装配不便也难以达到要求。

2）以夹具体6的底面和找正基面 *D* 为装配基面，修刮好定向键的平行度，然后先装配支承板3、4保证与底面的平行度要求，再调整支承板3的侧面 *C* 使之与 *D* 平行，最后根据 *C* 面和夹具体底面找正两支架的位置，这样就容易保证

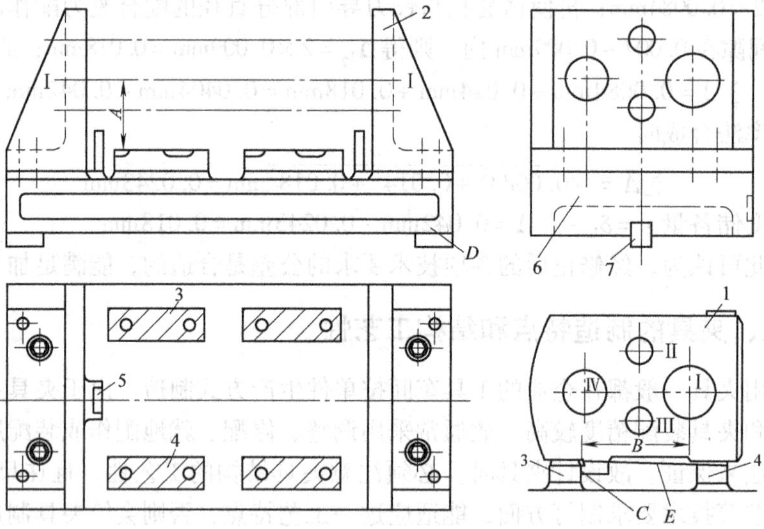

图 5-60 镗模简图

装配精度。在预装时，可用附加磨削支承板 3、4 平面的方法来保证装配尺寸 A 和平行度要求。此外，该镗模结构具有可调性，即把支架与夹具体分为两体后，不仅支架上的孔系可在坐标镗床上很精确地镗好，而且在装配支架时又能用检验棒迅速地调整好支架孔的同轴度，最后用定位销和螺钉紧固支架的位置，这样对整个夹具加工和获得很高的装配精度都非常有利。

2. 用工艺孔解决装配精度测量的难题

工件加工和测量中，常会遇到加工斜面、斜面上钻孔或钻空间斜孔等加工问题，这些问题反映在夹具设计上即为基面之间、钻套轴线与基面间、对刀块与限位表面间呈一定的空间角度关系。为使夹具上这些既不平行又不垂直的表面间，保持规定的尺寸和相互位置精度关系，这在制造工艺和测量技术上都是个难题，而应用工艺孔常是解决这类难题的有效方法。

图 5-61 所示，在钻模上钻一空间斜孔。工件要保证的尺寸 l 和 $\alpha\pm3'$，而此尺寸无法测量。故在夹具体上设计加工一工艺孔 A，通过测量工艺孔 A 至钻套座孔间的距离 L 来保证尺寸 l 和 α 角的公差要求。在夹具制造和检验时，只要在工艺孔中插入检验棒，就能测得尺寸 L。图 5-61b 为尺寸 L 的几何关系图，显然

$$L=(B+l)\cos\alpha-R\sin\alpha$$

式中，l、R、α 都是已知的，B 是夹具设计时给定的。

由上例可见，设置工艺孔的目的是为了便于夹具制造和测量。因此设计工艺孔时应注意以下要点：

1）工艺孔的位置应尽可能设计在不淬硬的夹具体上，且应易于加工和

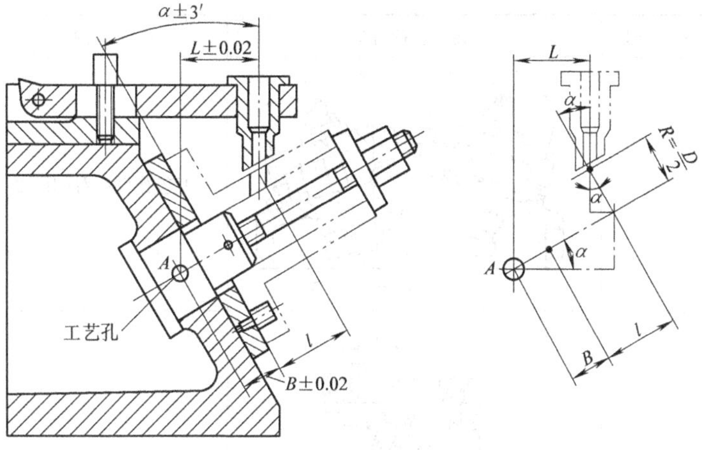

a)　　　　　b)

图 5-61　工艺孔的应用实例

测量。

2）选择工艺孔位置时，应考虑尽量减少与它相关的坐标尺寸，以简化尺寸换算。

3）工艺孔的位置尺寸最好取整数，并标注双向公差，一般距离公差值取 ±0.01～0.02mm，角度公差值取工件公差值的 1/5 左右。

表 5-12 为通常工艺孔位置的设计示例。

表 5-12　工艺孔位置的设计示例

名　称	序　号	夹具简图	说　明
车床夹具	1	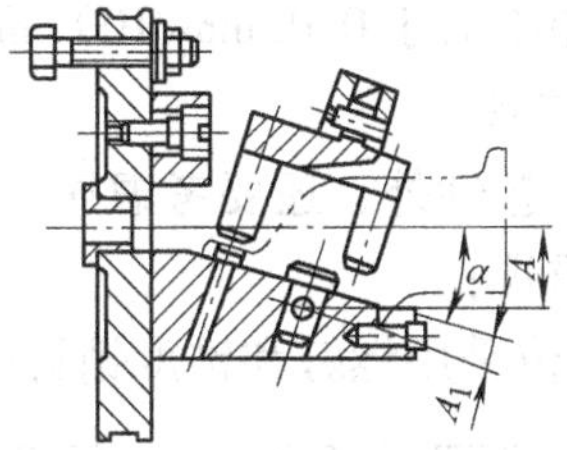	工艺孔设在一个基面上
铣床夹具	2	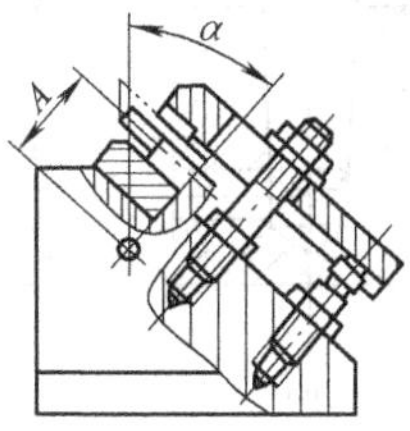	工艺孔设在两基面相交处

（续）

名　称	序　号	夹具简图	说　明
铣床夹具	3	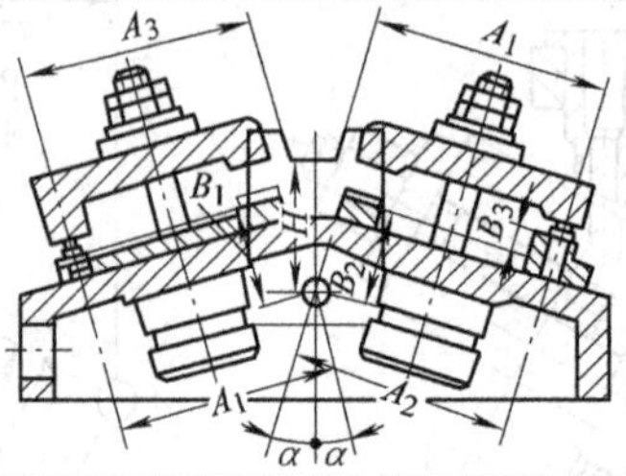	工艺孔设在对称面处
钻模	4	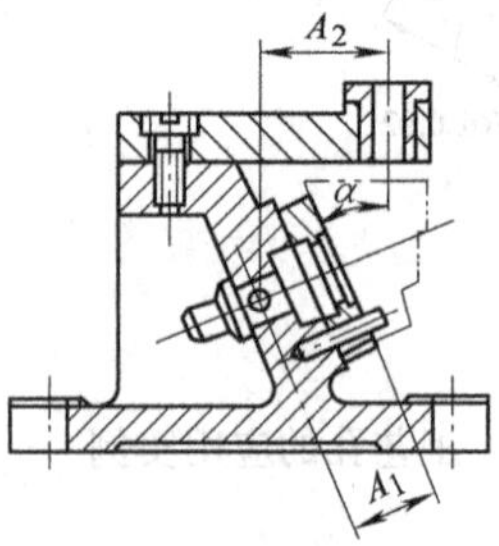	工艺孔设在一个基面上
钻模	5	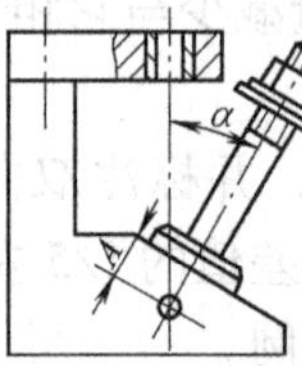	工艺孔设在两基面相交处

4）工艺孔的直径一般取 ϕ6H7、ϕ8H7、ϕ10H7，与检验棒的配合采用 H7/h6。工艺孔轴线对基面的位置公差不大于 0. 05mm/100mm。

3. 注意夹具加工和维修的工艺性

设计夹具时，除了考虑装配工艺性外，还要考虑加工工艺性及夹具磨损后维修方便等问题。以下实例应引起重视：

1）夹具零部件之间的联接定位采用螺钉和锥度销钉(图 5-62)。

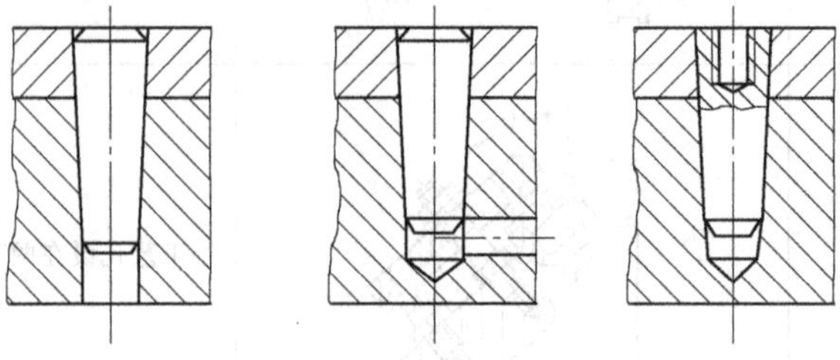

a)　　b)　　c)

图 5-62　销钉连接的工艺性

2）使用无凸缘套筒时，如压在不通孔内且配合又较紧的，为便于装配及维修时取出套筒，应采取图5-63所示的套筒底部结构，即在筒底设计螺孔或铣出径向缺口槽，以便拔出套筒。

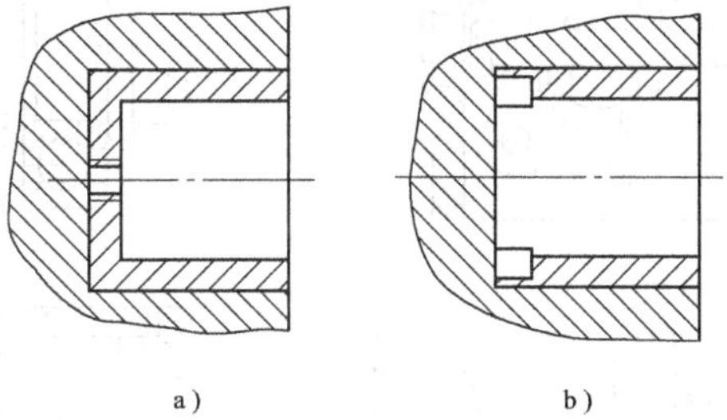

图5-63　在不通孔内的套筒结构

3）在结构允许的情况下，应尽量减少加工面积(如安装底平面)，以降低加工成本。图5-64是减小孔加工深度的实例。

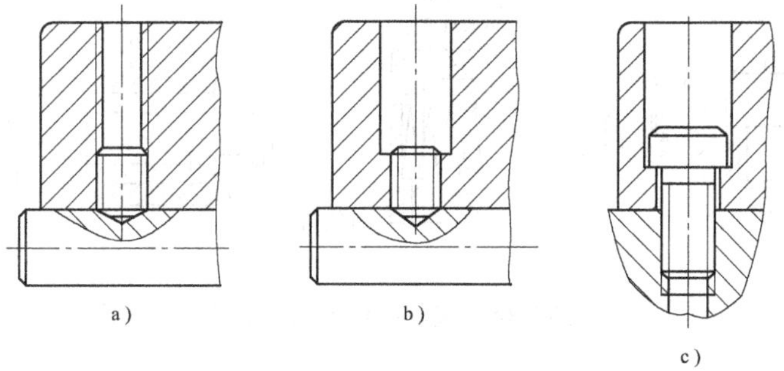

图5-64　减小孔加工深度实例

a）成本高　b）较好　c）好

4）在拆卸夹具时，应不受其他零件的妨碍，如图5-65所示，为了把螺母1拧出，应在本体3和盖2上设计一个大于套筒扳手外径的孔。

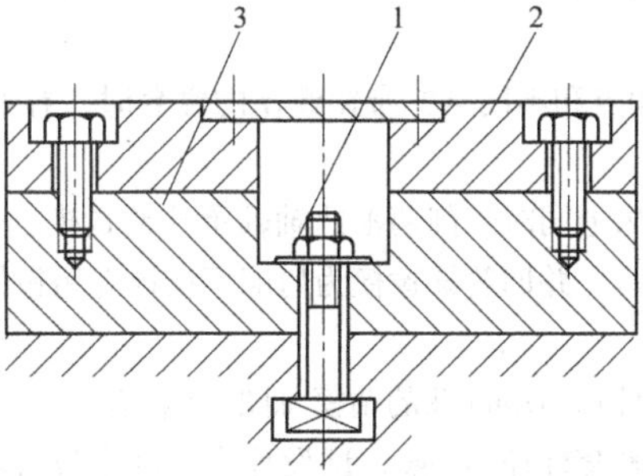

图5-65　便于拆卸螺钉的结构

图5-66所示是在夹具结构设计工艺性中的重要示例。

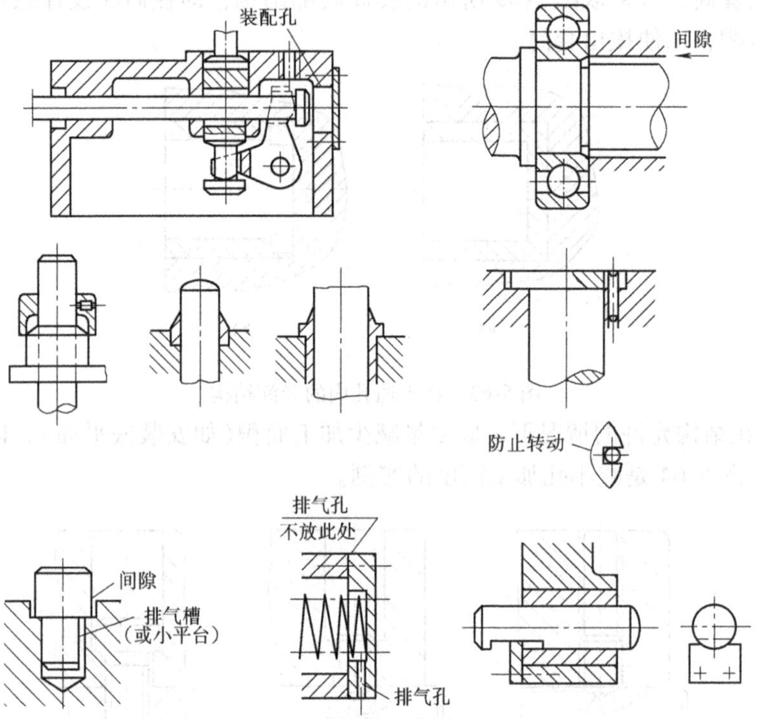

图5-66　夹具结构工艺性示例

复习思考题

1. 试述设计钻、镗类专用夹具的主要特点。

2. 常见的典型钻模有哪几种结构？各有何特点？常见的标准钻套和钻模板有哪几种？设计钻模时应注意什么问题？

*3. 镗模与钻模有何共同点和不同点？布置镗模的镗套时，有哪几种形式？设计镗模时需解决哪几个特有的问题？

*4. 图5-67为在金刚镗床上同时镗削两根曲轴轴承孔的镗模，试分析该镗模的结构(包括工件定位、夹紧、加工与装卸)，并回答该镗模为何能不设计专用镗杆支承和镗套，又如何保证所镗孔的加工精度？

5. 绘制图3-64钢套工件钻 $\phi5$mm 孔的钻模总图。(参看第三章复习思考题20)

*6. 磨削图5-68所示的轴套外径 $\phi70g6$，试设计小锥度定位心轴式的磨床夹具(已知磨床头架主轴孔锥度为莫氏4号)。

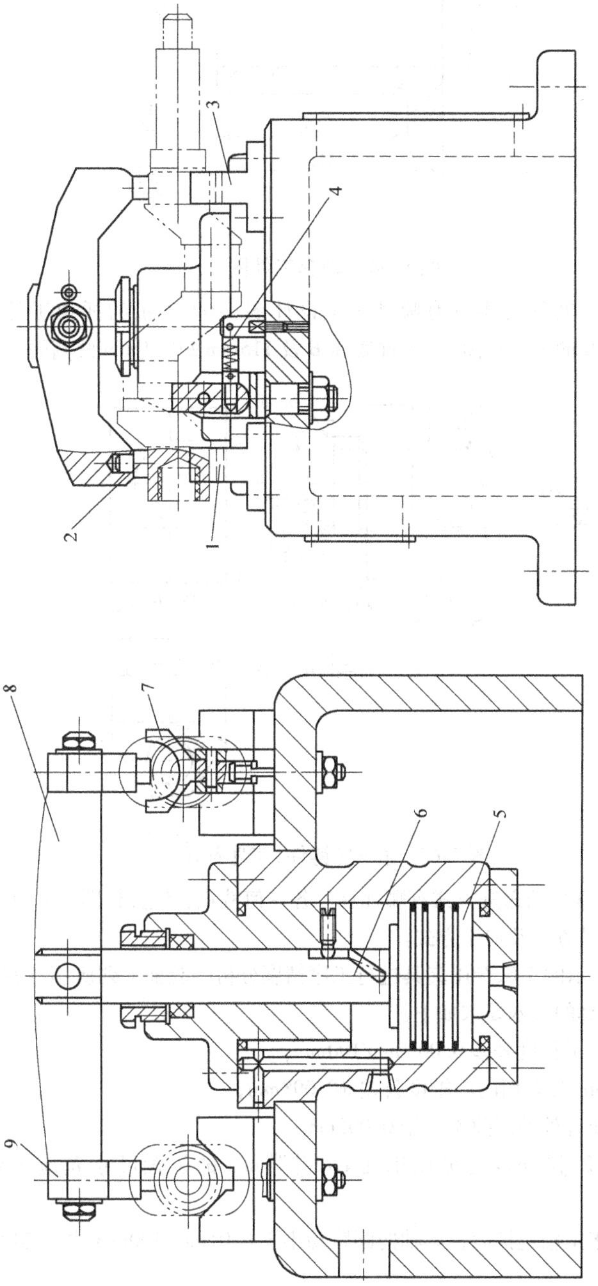

图 5-67　镗削曲轴轴承孔的镗模

1、3—V 形块　2—浮动压块　4—弹簧　5—活塞　6—活塞杆　7—(保证工件的定位端面紧靠在 V 形块 1 的侧面上的)转动叉形架(2 套)　8、9—浮动压板

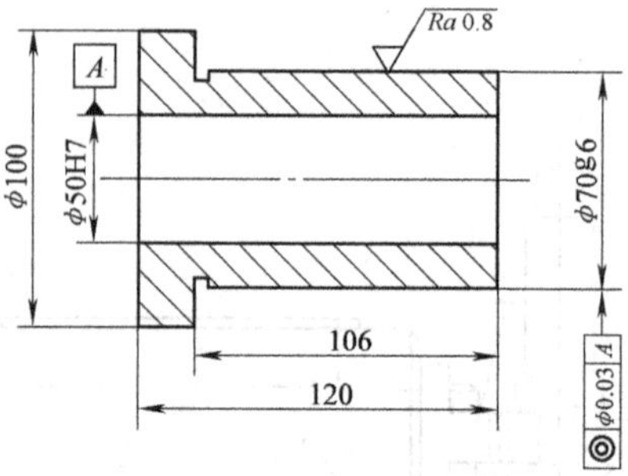

图 5-68 轴套工件图

7. 设计车、磨类夹具的要点有哪些？试设计图 5-69 所示的托架工件车 ϕ75H7 孔、ϕ100h7 孔及端面 *A*、*C* 的夹具总图。（工件底面 *B* 及 115mm ±0. 10mm 两侧面均已加工完毕）

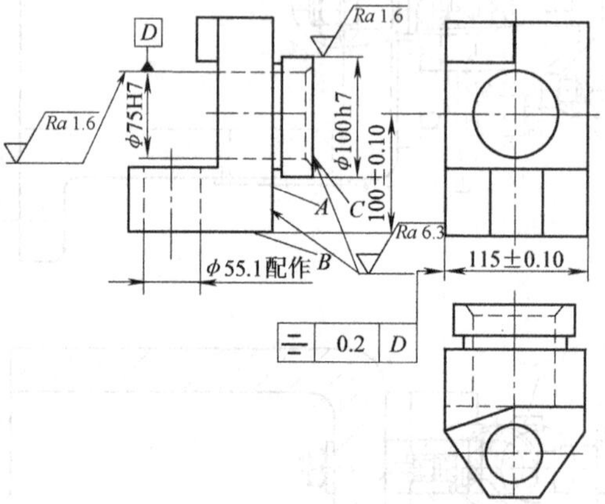

图 5-69 托架(铸件)工序简图

8. 铣床专用夹具常见的送进方式有哪几种？各有何特点？试分析图 5-70 所示的铣床夹具的定位、夹紧件、送进方式及加工方式。

*9. 试对图 5-26 所示的车床专用夹具进行工序精度分析，验证下列所制订的技术要求能否保证加工要求？该夹具的技术要求如下：

1）*N* 面对 *C* 面的平行度公差 0. 008mm/100mm；

2）孔 $\phi70^{+0.012}_{+0.003}$mm 对 *K* 面的同轴度公差 ϕ0. 008mm；

3）分度回转轴配合处的间隙不大于 0. 005mm；

4）两分度孔 $\phi12^{+0.019}_{0}$ mm 与分度销孔 $\phi12^{+0.019}_{0}$ mm 的位置尺寸 *R* 应一致，误差不大于 0. 008mm；

5）过渡盘和车床主轴连接后，其轴向圆跳动小于 0. 01mm/100mm（根据实测，主轴径向圆跳动量为 0. 005mm）。

10. 试述图 5-2 及图 5-3 钻模的结构特点和主要区别。

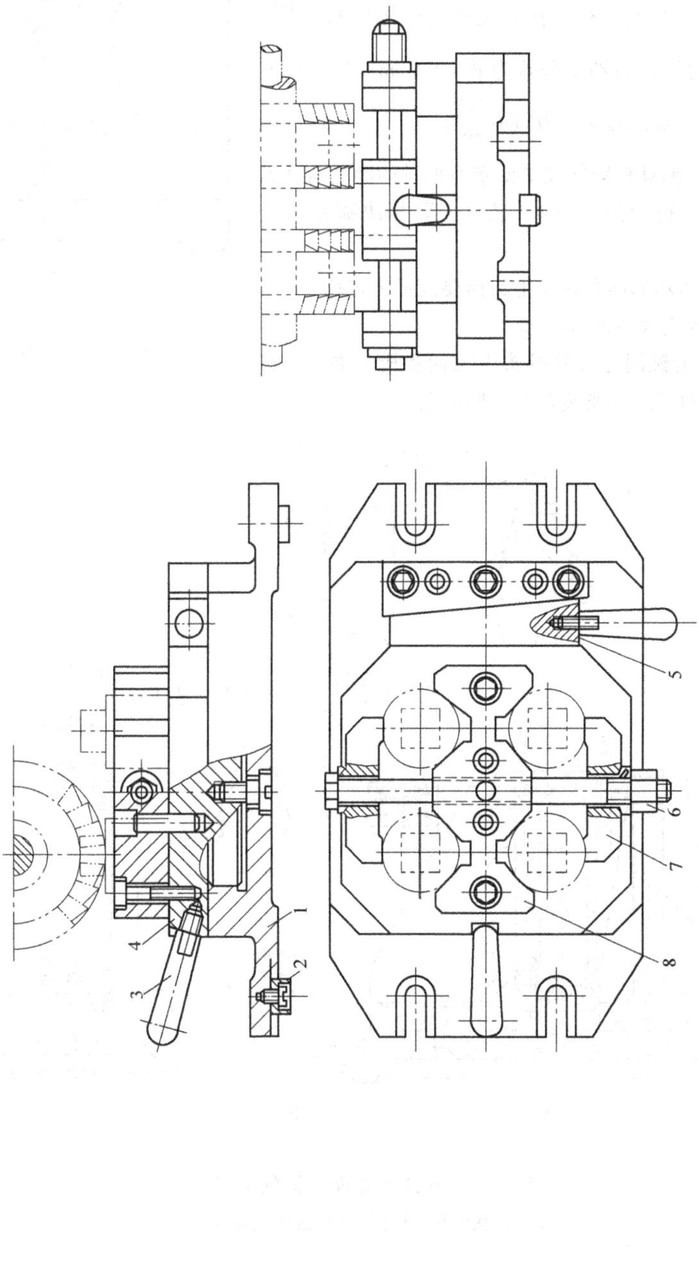

图 5-70 轴端铣方头夹具

1—夹具体 2—定向键 3—手柄 4—回转座 5—楔铁 6—螺母 7—压板 8—V 形块

*11. 图4-2钻模中工件欲钻削六个 ϕ12mm 在圆周上均分的平行孔系，按照图示分度机构，分析计算其分度误差(参照式4-1)：

设：1)工件六孔等分要求 60°±20′；2)工件定位基准孔与被加工孔心距 R 为(80±0.20)mm；3)图示立轴式通用转台的结构与图4-1相同，分度对定机构采用菱形对定销，对定销与分度转盘和导套、衬套孔的尺寸配合均为 $\phi 20\ \frac{H7}{g6}$；4)分度盘衬套内外径同轴度公差为 ϕ0.005mm；5)分度盘回转轴与转台体衬套孔的配合为 $\phi 50\ \frac{H7}{g6}$。

12. 如何确定夹具总图的技术要求？夹具的制造有何特点？要使夹具的结构有良好的工艺性，要解决哪些主要问题？

*13. 图5-71所示的斜孔钻模上为何要设置工艺孔 A？试计算工艺孔中心到钻套轴线的距离 x。

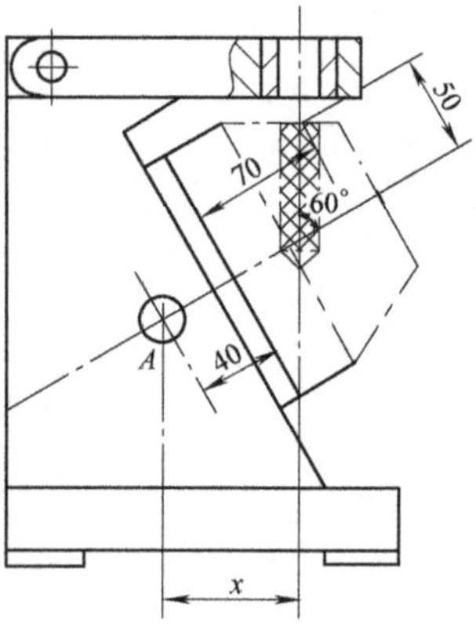

图5-71　斜孔钻模

14. 图5-72为铣涡轮叶片榫头上端面和槽的夹具，试述工件的定位、对刀及夹紧装置的结构特点。

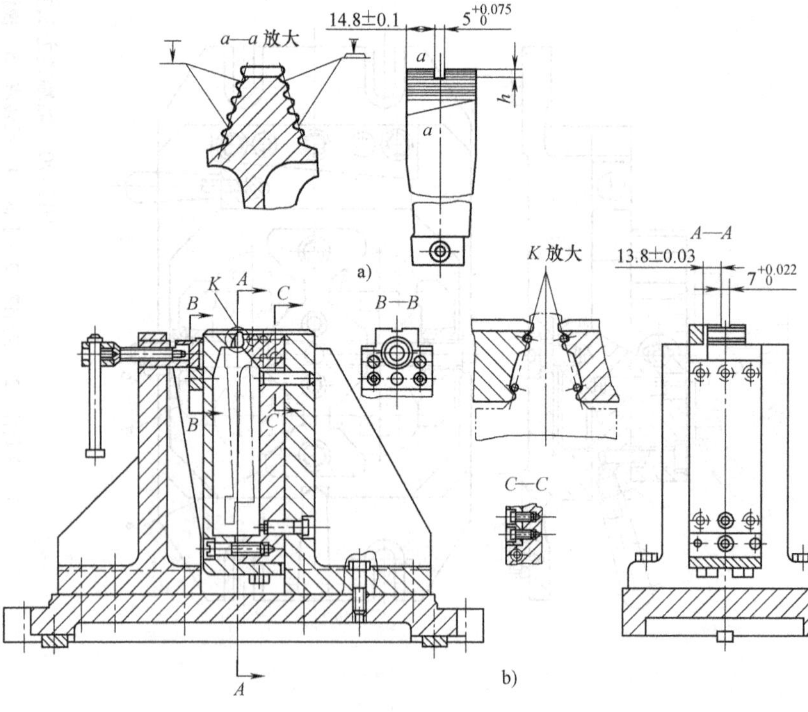

图5-72　铣叶片上端面和槽的夹具

a）涡轮叶片工序图　b）铣床夹具

*15. 图 5-73 所示的钻模上设计一个 ϕ8mm 工艺孔，要计算钻套的坐标尺寸(x_1,y_1)，试画出坐标轴转换时($\theta=90°-\alpha$)的几何关系简图，写出计算表达式。(注:图中尺寸 D_1、α、m、L、x_1 均为已知)

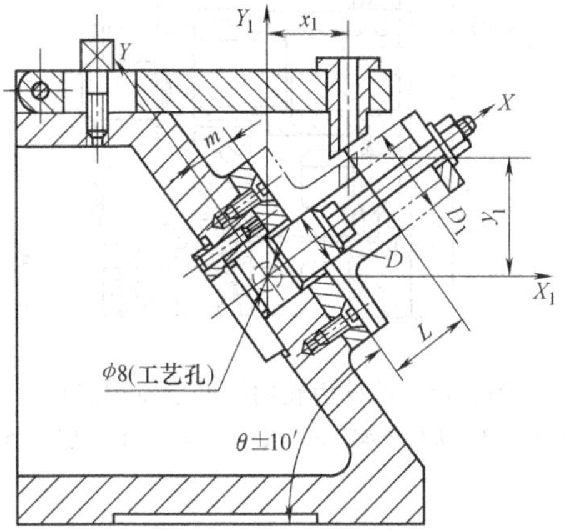

图 5-73 钻模上 ϕ8 工艺孔及其位置尺寸计算

16. 图 5-74 所示专用车床夹具，其定位、夹紧装置有何特点？试述该夹具的工作原理。

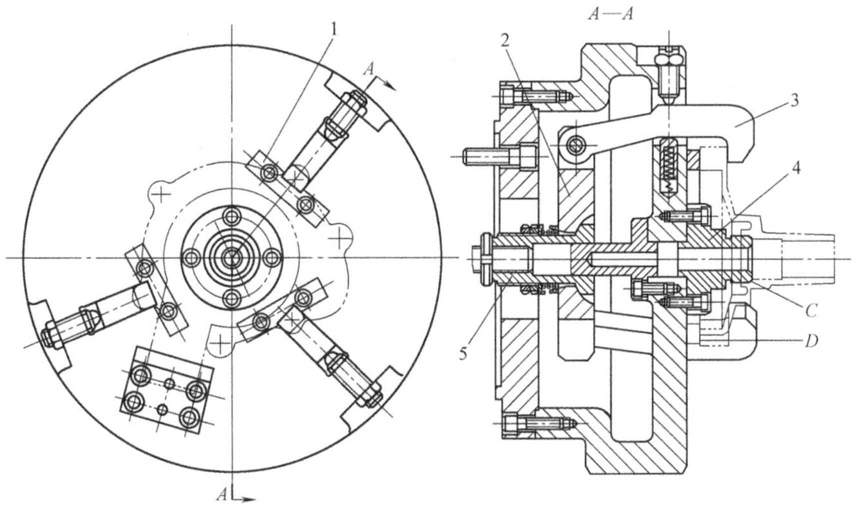

图 5-74 专用车床夹具

1—支承板 2—联接盘 3—夹爪(3 件) 4—心轴 5—联接套

17. 试述图 5-75 所示磨圆柱齿轮内孔专用夹具的定位、夹紧装置的特点，并说明该夹具的工作原理。

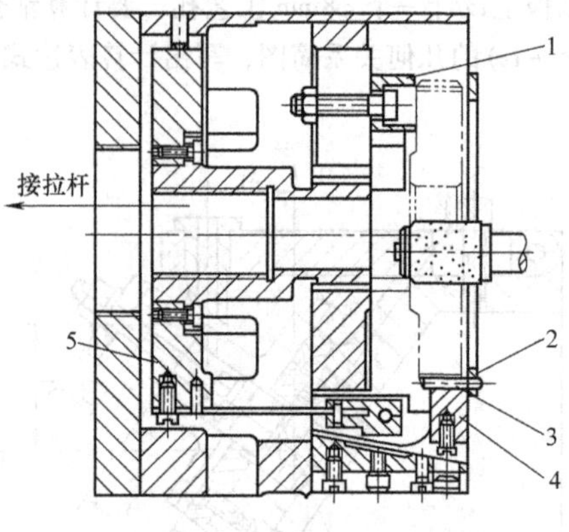

图5-75 圆柱齿轮内圆磨削专用夹具

1—定位块 2—滚柱支架 3—滚柱(3个) 4—夹爪 5—滑块

第六章

成组夹具与组合夹具

培训学习目标 了解现代机床夹具的发展趋势。熟悉成组夹具、组合夹具的特点与应用，并初步掌握组合夹具的调整和组装知识。

第一节 现代机床夹具的发展

在现代机器制造业中，作为工艺装备重要组成部分的现代机床夹具，创新发展迅速，其发展趋向具有以下几个特点：

1. 功能组合化、可调化

由于多品种、小批量的生产方式将成为今后的主要生产形式。机床夹具必须要适应产品快速更新换代的要求。

从实践科学发展观、强调可持续发展来看，专用机床夹具的发展需解决两个主要方面问题：一是要解决专用夹具扩大使用范围，使其实现经快速调整后即可加工同一类型的一组工件，以避免专用夹具在产品和工艺一有修改就不能继续使用的矛盾；二是要解决不能重复使用的夹具的报废问题。按照发展循环经济和改善资源环境的思路，使专用夹具实行组合化的原则，用少数元件能组合成新的夹具以满足多种加工需要。特别是随着数控机床等的大量出现，如何使用可调化或组合化夹具来适应各类机床的需要，已成为当前机床夹具又一重要发展方向。近年来，在传统应用的基础上都有了新的发展。

2. 传动高效化、自动化

夹具传动的高效化和自动化表现在定位、夹紧、分度、转位、联锁、翻转、工件传送和自动上下料等各种动作的应用。国内外对各种自动化机构都给予足够的重视和深入的研究。

此外，为减少夹紧辅助时间和减轻工人劳动强度，在现代机床夹具上已普遍采用机械化和自动化的高效传动件，如采用多个液压缸、各种自动夹紧装置以及各种增压器的应用等，都反映了夹紧装置的重大进展。

3. 夹具结构标准化、模块化

完善夹具结构的标准化，不仅指制订现有夹具零部件的标准，而且应制订各种类型夹具结构的标准。世界各国都很重视这项工作，在我国也已有一定的基础。如曾公布过《机床夹具零件及部件　支承钉》国家标准 GB/T 2226—1991，现又改用机械专业标准 JB/T 8029. 2—1995。以便使有一部分零部件能在各类专用夹具上通用，促使夹具的设计、制造和装配工作简化；而且有可能出现一批专业制造夹具标准零部件的企业，使原来单件生产制造的夹具转变为专业化生产，从而缩短生产准备周期，降低单位产出能耗。

模块化是在夹具标准化和组合化的基础上发展起来的新型夹具。目前国外已在基础件、支承件、动力件等方面开发了模块化夹具的雏形，如模块式虎钳，采用不同规格的钳口和动力合件，即可装夹不同形状和尺寸的工件。

4. 制造的精密化

随着高精尖机电产品和高精度机床的大量涌现，势必要求机床夹具也相应精密化。如定心夹具的定心精度目前可达微米级甚至亚微米级。采用高精度的球头顶尖支承工件可加工出轴的径向圆跳动量在 1μm 以下。又如高精度精密分度转台，分度精度可达 ±0. 1″。在孔系组合夹具基础板上，孔的节距精度可达几微米。

5. 采用新结构、新工艺、新材料来设计制造夹具

随着工艺技术水平的创新和提高，在夹具制造中采用了一些新结构和新工艺。例如有的企业采用环氧树脂胶接的装配夹具，不仅节省了坐标镗床加工精密孔系的工作量，还缩短了夹具的制造周期。在新材料方面，针对夹具中定位件和导向件容易磨损的问题，已改为采用硬质合金来制造。为解决畸形工件和非导磁工件装夹困难的问题，出现了采用一分石蜡和三分松香浇成的磨床夹具。实践证明，这些新材料具有一定的力学性能，并能满足加工中定位的要求，同时又简化了制造工艺。

*第二节　成组夹具

成组夹具是随成组加工工艺的发展而出现的，成组加工工艺是成组技术在机械加工中的具体应用。所谓成组技术是通过一定的手段(分类方法)把不同产品的多种机械加工工件，分类归组，根据同一组工件共同的工艺路线，配备相应的工艺设备和工艺装备，用适当的布置形式，按工件组来组织机械加工的一种技术。它能使中、小批量生产获得接近大批量生产的技术—经济效果。

由于成组夹具实际上是一种专用可调夹具，故其设计方法与专用夹具设计基本相同。它由基本部分和可换调整部分组成；前者是所有元件共用的部分，后者是专用部分。

在设计成组夹具前，必须分析研究必要的原始资料，通过对各种资料的分析，对加工工件分类归组，即把符合“三相似”原则的工件划归为同一组。所谓“三相似”，指工件的结构要素和工艺相似(加工工序和定位基准相似)，工艺

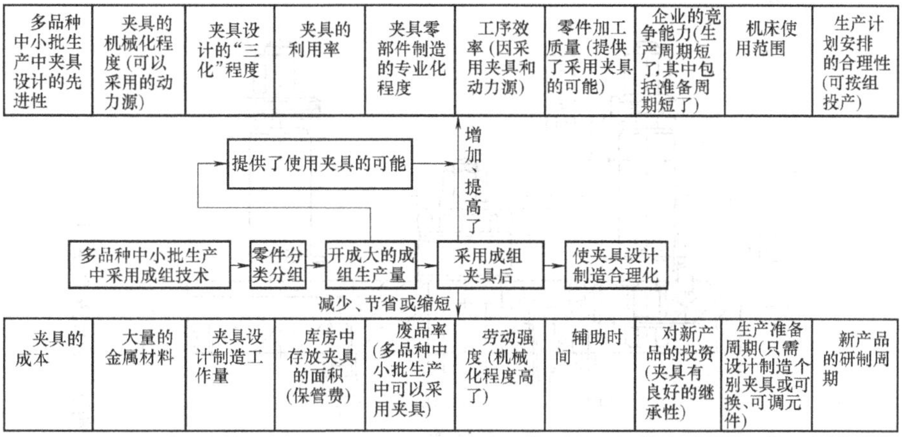

图 6-1　成组夹具的技术—经济效果

特征相似(加工表面与定位基准的位置关系相似)，以及尺寸、材料相似(组内工件均在同一尺寸段范围内，且制造材料相同)。在一个调整组中，工件的种类不宜过多，一般为 3 ~ 5 种为宜。以上作为成组夹具结构方案的设计基础。

设计成组夹具时，首先确定一个能代表组内工件主要特征的工件称之为复合件，以此作为主要设计对象进行夹具结构构思依据。然后再设计调整部位。调整、可换元件的设计原则，应保证成组夹具调整时间最短，力求简单可靠。一般有下列三种方法：①更换法，根据工件加工要求及有关尺寸变化更换调整件的方法。②调节法，不更换调整件，仅调节其在夹具中的相对位置。③复合调整法，同时兼用更换和调节的双重作用，也叫更换调节件。

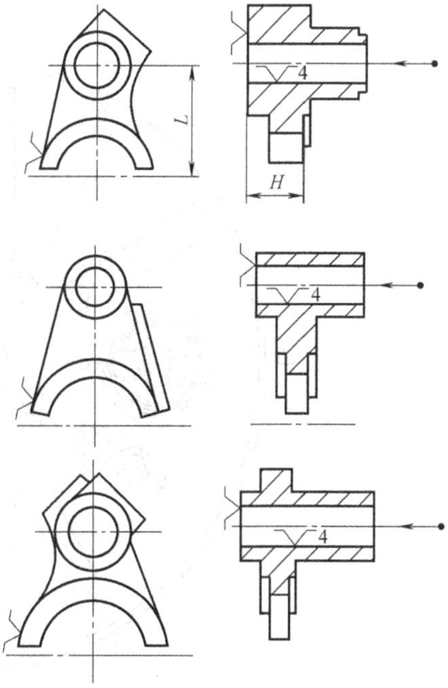

图 6-2　多种拨叉成组加工件

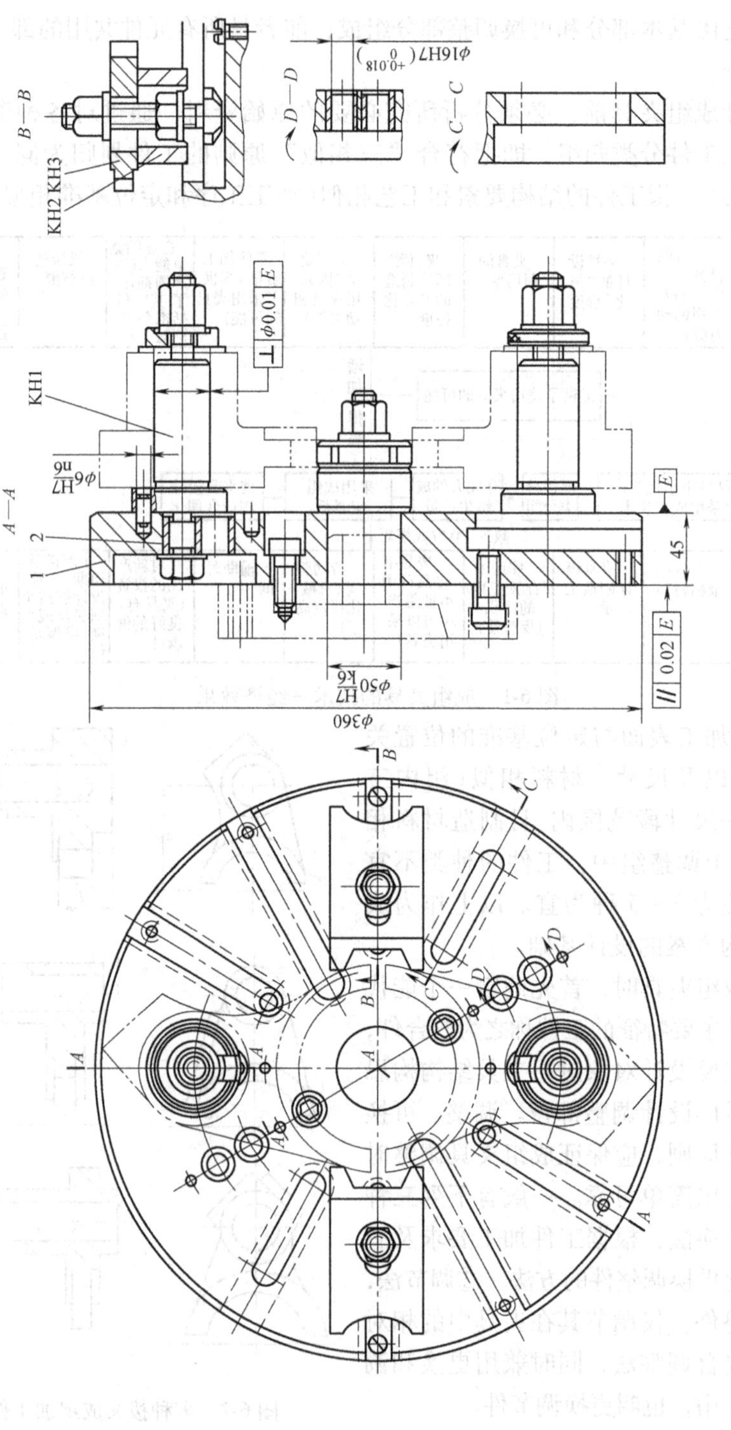

图 6-3　加工拨叉圆弧面及端面的成组车床夹具

应用成组夹具可能取得的技术、经济效果如图 6-1 所示。

图 6-2 所示为加工多种拨叉叉部圆弧面及其一个端面的成组加工件简图，它们符合三相似原则。图 6-3 所示为加工该组工件的成组车床夹具。车削时两件同时加工，夹具体 1 上有两对定位套 2(定位孔 ϕ16H7)，可用来安装 4 种可换定位心轴 KH1，以加工 4 种中心距 L 不同的工件。若将可换定位心轴装在 C-C 剖面的 T 形槽内，则可加工中心距在一定范围内变动的同类工件。可换垫套 KH2 及可换压板 KH3 按工件叉部的高度 H 选用更换，并固定在与两定位心轴连线垂直的 T 形槽内，作防转限位及辅助夹紧用。图 6-4 是不同拨叉工件调整方法的实例。此夹具可用于车削对称平分两半体组合件。

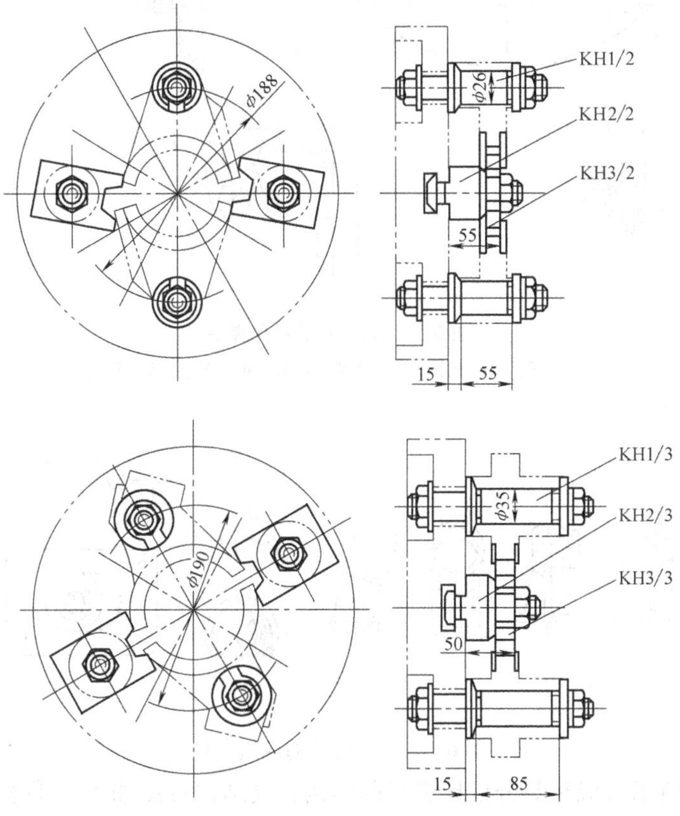

图 6-4　成组夹具调整方法示例

图 6-5 所示为成组车倾斜孔的夹具。它的回转角形支架 4 不但可与滑块 5 一同移动，而且可在 0° ~ 50°范围内绕圆销 2 转过某角度，以适应加工不同角度倾斜孔的中小型工件(图 6-6)。经淬硬的支架 4 的基面上有 T 形槽和可换定位套 3，以便安装可调更换件和夹紧件。

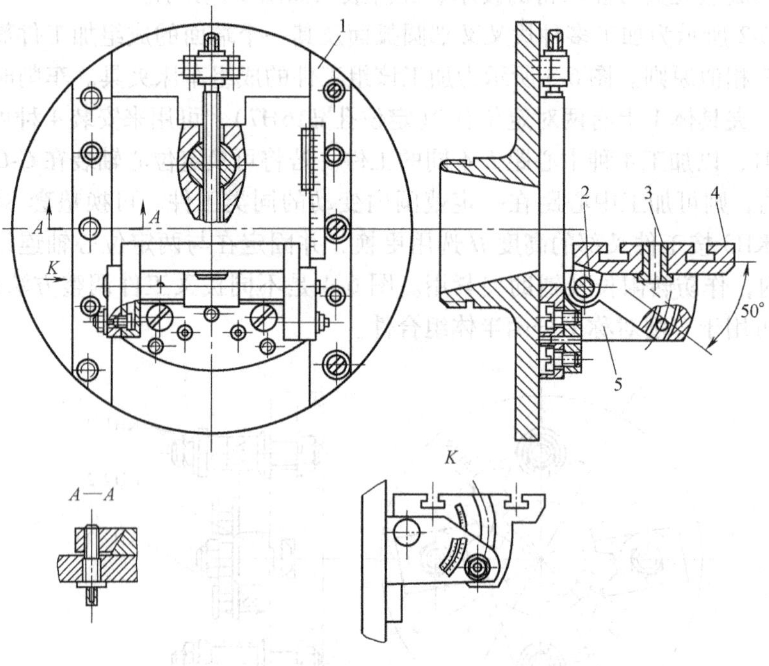

图6-5　成组车倾斜孔夹具

1—花盘　2—圆销　3—可换定位套　4—支架　5—滑块

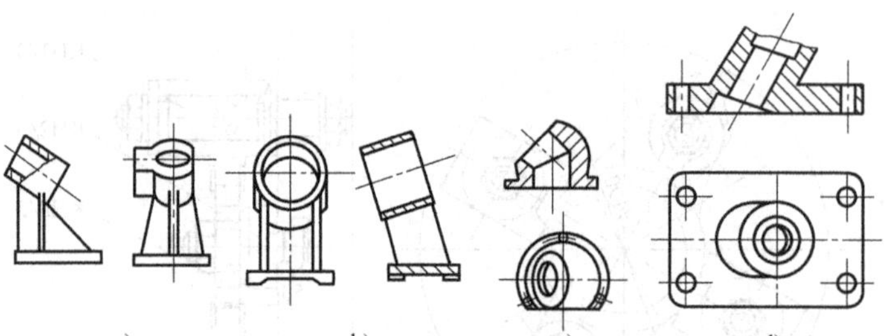

图6-6　加工斜孔的成组工件

图6-7所示为成组等分铣床夹具的实例，其结构特点如下：①本夹具用偏心轴9进行分度自锁，结构简单、操作方便，可作2、3、4、6等分铣削；②在分度心轴5上，若卸去夹头组件6，加装过渡盘后，可安装自定心卡盘；也可在分度心轴的莫氏3号锥孔中，安装各种带锥柄的夹头；③底座3为卧、立两用结构。本夹具的适用范围如下：利用夹头组件6可加工图6-8中a、c、d、e等用外圆柱面定位的工件上铣通槽，四方、六角等；对用内孔及端面定位的工件(图6-8b、f)可用带锥柄心轴夹持，进行多件铣削等分槽加工；若在底座基面上

垫块使其与铣床顶针座等高后，可代替分度头使用。

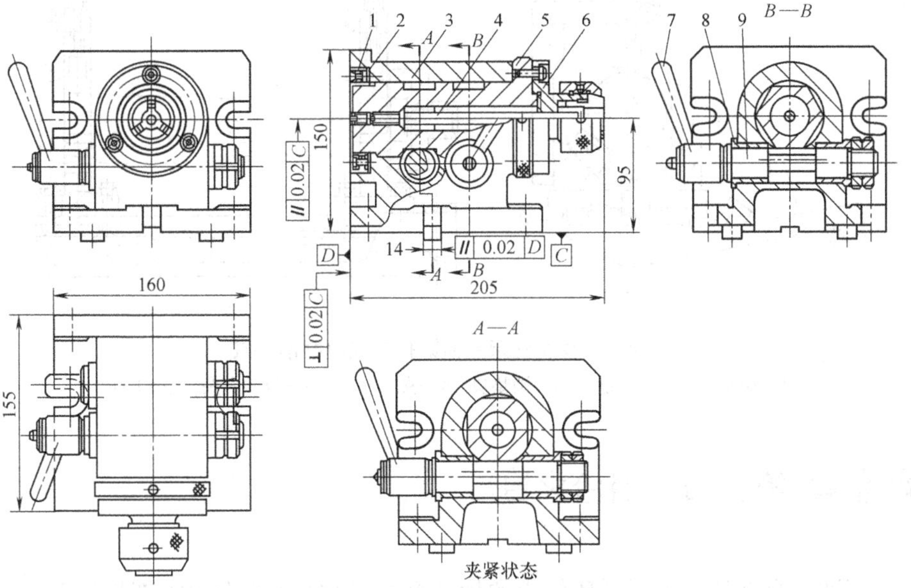

图 6-7　成组等分铣床夹具

1—螺母　2—垫圈　3—底座　4—定位杆　5—分度心轴　6—夹头组件

7—手柄　8—衬套　9—偏心轴

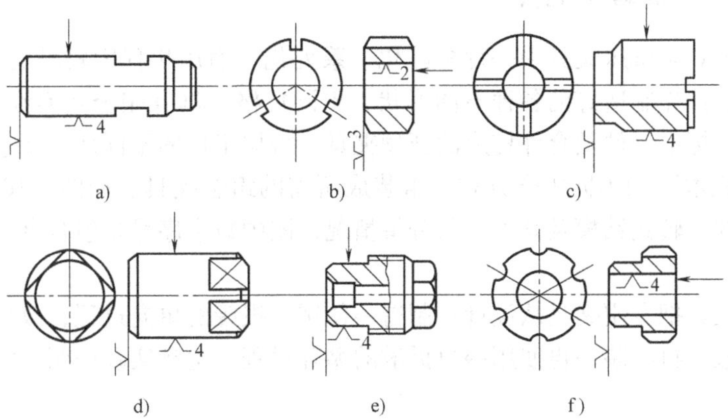

图 6-8　铣削等分槽的成组件

图 6-9 是一种常用的磨削机床主轴锥孔的成组磨削夹具。夹具中的 V 形支座 2 上装有可更换的圆垫块 3，它可调节为 15 种不同尺寸，以适用于 71 种不同定位轴径的主轴或套筒内孔的磨削加工。

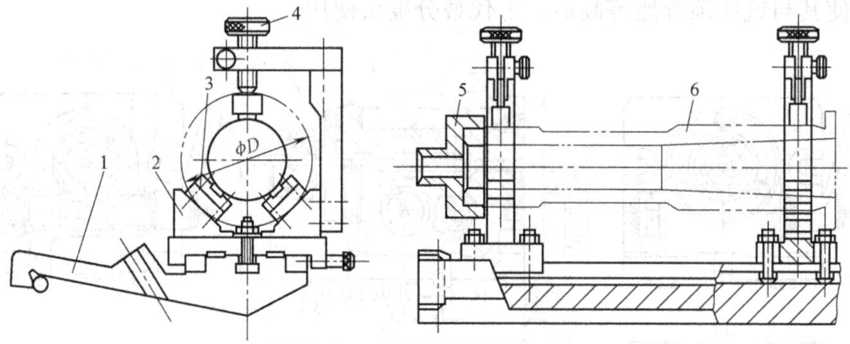

图 6-9　磨削机床主轴锥孔的成组磨削夹具

1—垫板　2—V 形支座　3—圆垫块　4—夹紧螺钉　5—带动卡头　6—工件

第三节　组合夹具

所谓组合夹具是由可循环使用的标准夹具零部件(或专用零部件)组成易于连接、拆卸或重组的夹具。我国从 20 世纪 50 年代开始使用，到目前为止已有自己独立的组合夹具系统。

一、工作原理与特点

组合夹具是机床夹具中一种标准化、系列化、通用化程度较高的工艺装备。它是由一套预先制造好的各种不同形状、不同规格、具有完全互换性和高精度、高耐磨性的标准元件及合件构成的新型夹具。根据工件的不同加工要求，可采用类似“搭积木”的不同组合方式，组装成所需的组合夹具。如图 6-10 所示为一套组装好的回转式钻模及其拆开与分解情况，图中数字序号是组合夹具的元件分类与组成。

组合夹具把专用夹具从设计→制造→使用→报废的单向过程，改变为组装→使用→拆散→再组装→再使用→再拆散的循环过程。生产实践证明，它具有以下特点：

1）结构灵活多变又易于掌握。如一个拥有 2 万个元件的组合夹具组装站㊀，只需几个小时的组装周期可代替专用夹具几个月的设计制造周期，每月可组装出各类组合夹具 400 多套，以适应各种需要，从而可缩短生产准备期 90% 以上。

㊀ 为提高工装水平和系数，我国有些城市已建立组合夹具组装站，可以代用户组装各种组合夹具，使多品种、小批量企业的工艺装备情况达到大批量生产的水平，从而提高工效、降低成本。

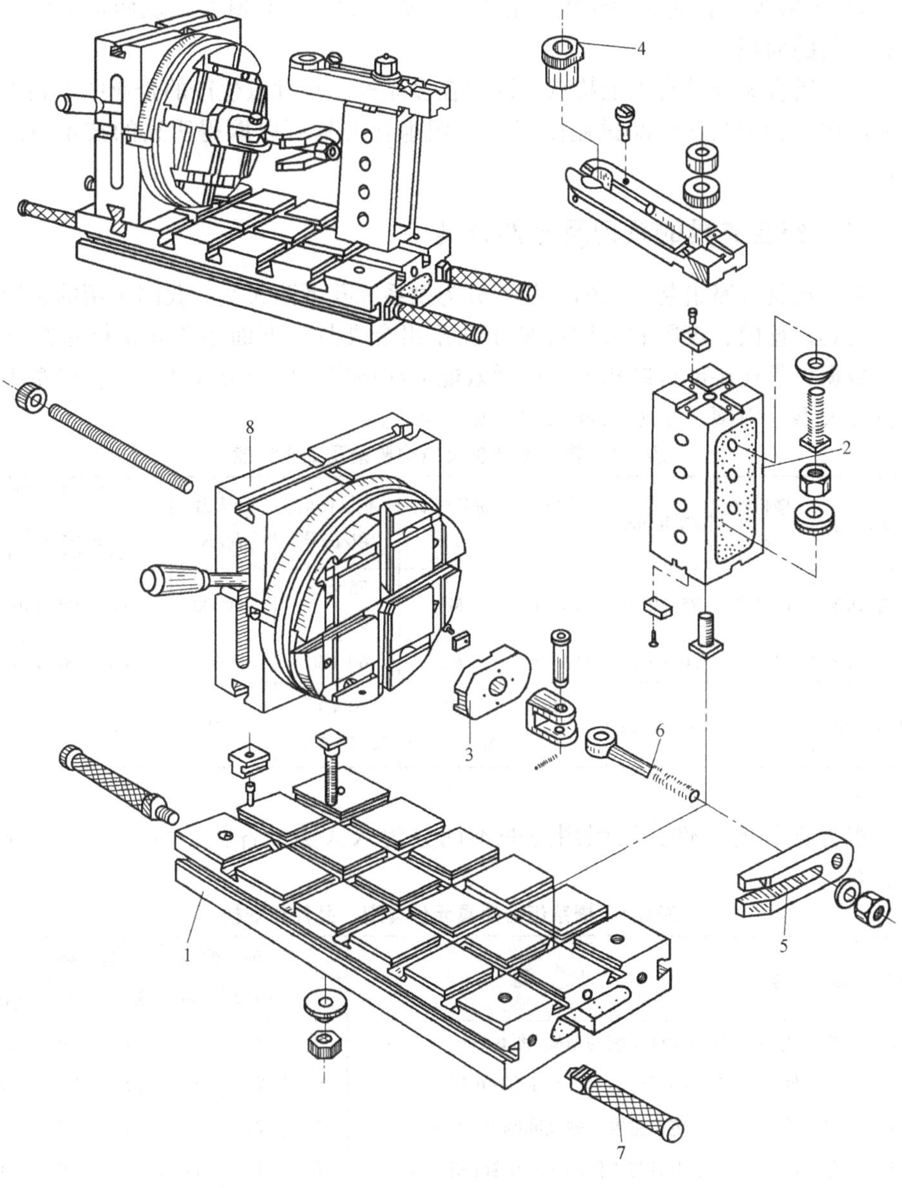

图 6-10 组合夹具组装与分解图

1—基础件 2—支承件 3—定位件 4—导向件 5—夹紧件 6—紧固件 7—其他件 8—合件

2）可降低材料消耗和节约人力。由于组合夹具元件可长期反复使用，因而大大节省了设计制造专用夹具的工作量，节省了制造专用夹具的材料。一套中等复杂程度的专用夹具约需金属材料 10 ~ 30kg，而组合夹具每次使用仅折旧消耗 0. 3 ~ 1kg，从而可节约 95% 以上的材料。

3）可减少存放夹具的面积。由于专用夹具数量逐年减少，从而可减少车间存放夹具的面积。

由于组合夹具具有以上特点，因而在多品种、小批量生产的企业中得到了有效的应用。特别在新产品试制阶段，使用组合夹具可以取得明显的技术—经济效益。

二、组合夹具的系列及元件分类

组合夹具按照组装基面的形状，分为槽系和孔系两大类。我国采用的是槽系组合夹具，德国、英国和美国都采用孔系组合夹具。下面主要介绍槽系组合夹具。根据夹具连接部位结构要素的承效能力和适应工件外形尺寸大小，槽系组合夹具分大型、中型、小型三种系列，见表6-1。

表6-1 槽系组合夹具结构要素及工作性能

名称代号	槽口宽/mm	槽距/mm	连接螺栓/mm	键用螺钉/mm	支承件面积/mm²	最大载荷/N	工件最大尺寸 $\frac{长}{mm}\times\frac{宽}{mm}\times\frac{高}{mm}$
大型 DZY	$16^{+0.08}_{0}$	75 ±0.01	M16 ×1.5	M5	75 ×75 90 ×90	200000	2500 ×2500 ×1000
中型 ZZY	$12^{+0.08}_{0}$	60 ±0.01	M12 ×1.5	M5	60 ×60	100000	1500 ×1000 ×500
小型 XZY	$8^{+0.015}_{0}$ $6^{+0.015}_{0}$	30 ±0.01	M8 M6	M3 M3，M2.5	30 ×30 22.5 ×22.5	50000	500 ×250 ×250

组合夹具的元件，按照用途的不同分为八大类，各类名称、品种和规格见表6-2。

表6-2 槽系组合夹具元件类别、品种和规格

序号	类别	功能	品种数			规格数		
			大型	中型	小型	大型	中型	小型
1	基础件	各类元件安装的基础(图6-11)	3	9	8	9	39	35
2	支承件	为骨架元件，承上启下(图6-12)	17	24	34	105	230	186
3	定位件	保证定位精度、强度和刚度(图6-13)	7	25	27	30	335	236
4	导向件	确定刀具与工件的相对位置(图6-14)	6	12	17	16	406	300
5	夹紧件	保证工件定位后的正确位置(图6-15)	6	9	11	13	32	31
6	紧固件	把各种元件连接紧固(图略)	15	16	18	96	143	133
7	其他件	除上述元件外的单一元件(图6-16)	8	18	13	25	135	74
8	合件	由若干元件组装成的独立部件(图6-17)	2	6	11	4	13	22

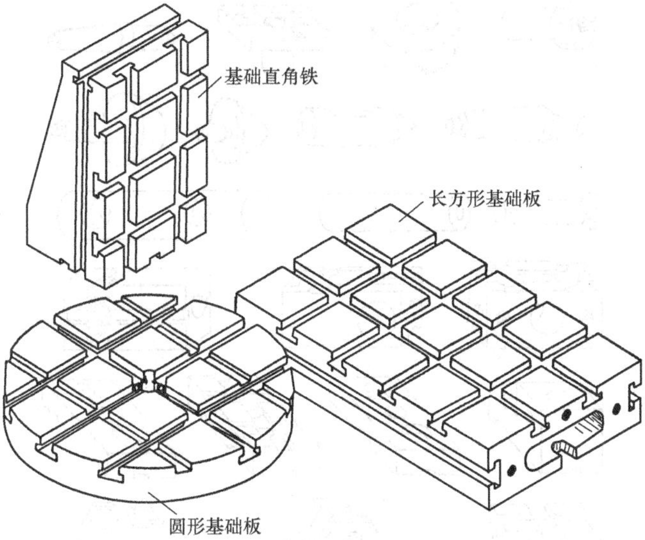

图 6-11　基础件示例

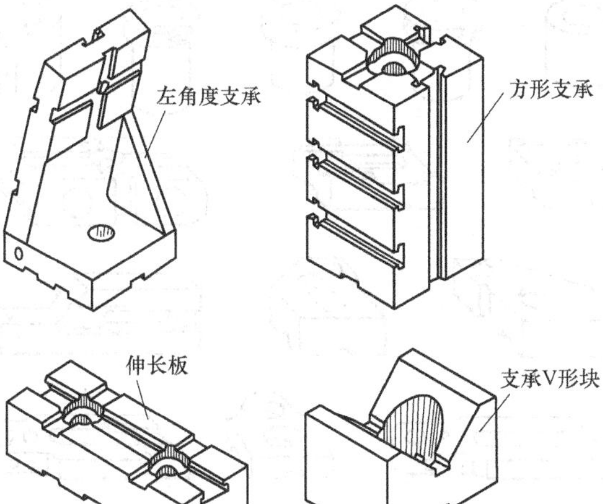

图 6-12　支承件示例

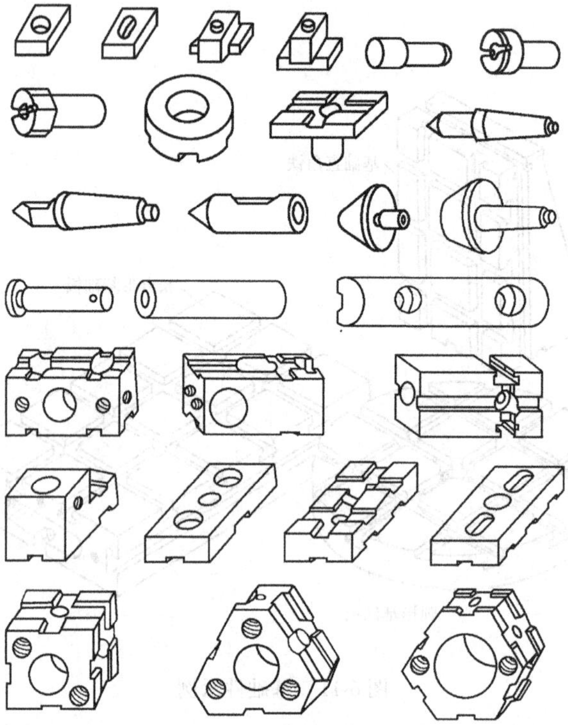

图 6-13　定位件示例

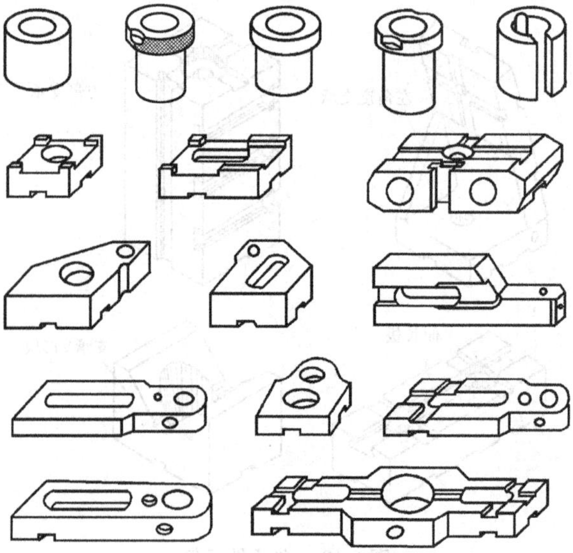

图 6-14　导向件示例

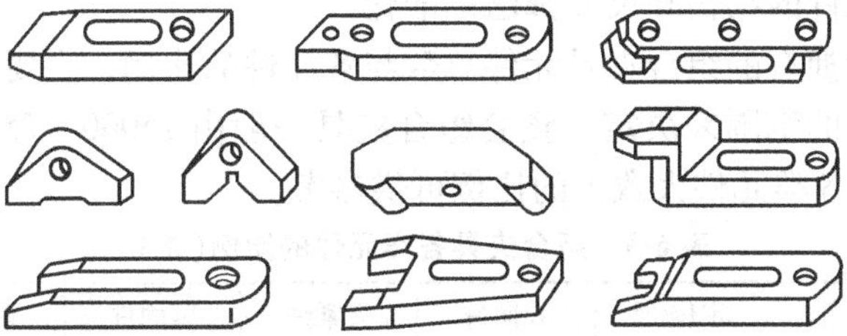

图 6-15　夹紧件示例

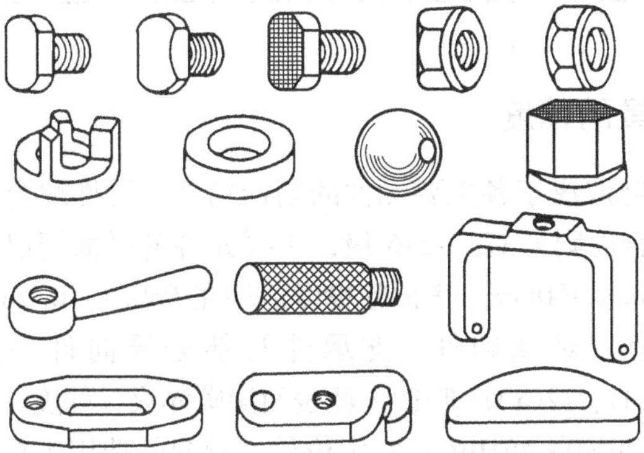

图 6-16　部分其他件示例

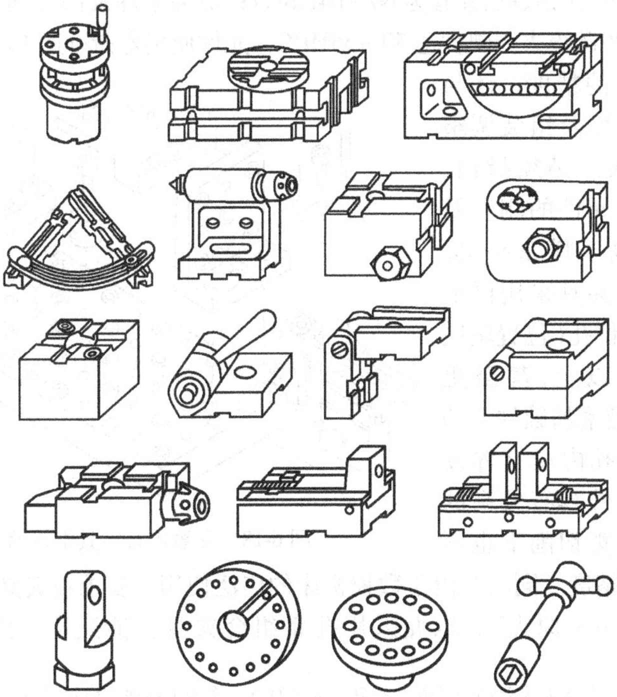

图 6-17　各组合件示例

以上各类元件的结构和尺寸都已标准化。

一个企业所拥有的组合夹具元件总数与各元件的比例，主要根据企业的生产性质和使用夹具的范围来决定。整套组合夹具一般由15000～25000个元件组成为宜，表6-3为各类元件大致占的比例可供参考。

表6-3　组合夹具各类元件的比例(%)

基础件	支承件	定位件	导向件	夹紧件	紧固件	其他件	合件
0.5～1.5	13～18	13～17	2～8	3～5	50～60	2～6	1～2.5

三、组合夹具的精度

组合夹具的精度取决于各主要元件的制造精度。元件配合面一般为IT6～IT7级，而导向件的配合面则为IT5～IT6级，主要元件各平面间以及槽、孔彼此间的位置误差小于0.01mm/100mm，表面粗糙度值均在*Ra*0.4～0.8μm之间。为了保证互换性和高耐磨性，对基础件、支承件及部分导向件一般都选用合金钢20CrMnMo、20CrMnTi、12CrNi3制造，经表面渗碳淬火，硬度达58～62HRC，也可选40Cr制造，淬硬至40～45HRC；对定位件、导向件选用工具钢T10、T12制造，淬硬至48～54HRC(钻、铰、镗套为60～64HRC)；对夹紧件及部分其他件可用20钢制造，经表面渗碳淬火，硬度达50～55HRC，元件使用寿命可达10年。

组合夹具的精度，还与夹具的整体刚度及组装调整精度直接有关。必须指出，孔系组合夹具元件的刚度及调整精度要高于槽系夹具。这是因为孔系夹具采用网形排列的精密定位孔(位置精度达±0.01mm以上，甚至更高)。代替了槽系基础件上的T形槽，而且孔内压有淬硬钢套，使基础件具有较高的刚度，即使在重切削下也不影响工件加工精度。同时又由于数控机床的广泛使用，要求在夹具上能设置有编制程序的基准——原点㊀，因此采用孔系组合夹具更能适应。图6-18是德国

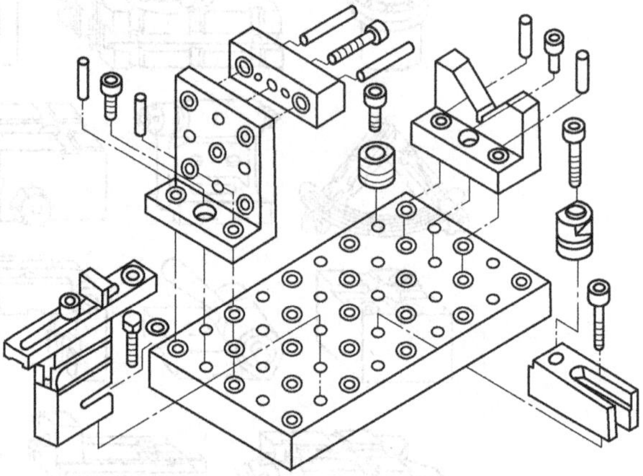

图6-18　孔系组合夹具组装示意图

㊀ 数控机床工作台及夹具的基础件上都分别设置原点，作为工件加工位置零点，以便使用零点编程法确定加工位置的坐标。

BIÜCO 公司生产的孔系组合夹具组装示意图。

根据我国多年的生产实践证明，在机床、刀具和加工条件都正常的情况下，使用组合夹具加工一般可达表 6-4 中的位置精度。

表 6-4　组合夹具所能达到的位置精度

组合夹具	位置精度的项目	误差
钻模	钻、铰两孔间孔心距误差	±0.05mm/100mm
	钻、铰两孔间的垂直度误差	0.03mm/100mm
	钻、铰均布孔各孔间的孔距误差(用分度台)	±0.03mm
	钻、铰均布孔各孔间的角度误差	±1′
	钻、铰上、下两孔间的同轴度误差(用双导向)	ϕ0.02mm/100mm
	钻、铰孔与底面的垂直度误差	0.03mm/100mm
	钻、铰斜孔的角度误差	±5′
车夹具	镗两孔的孔心距误差	±0.02mm/100mm
	加工孔与工件基面的平行度或垂直度误差	0.02mm/100mm
镗模	镗两孔间的孔心距误差	±0.02mm/100mm
	镗两孔间的垂直度误差	0.02mm/200mm
	镗两孔间的平行度误差	0.01mm/200mm
	镗两孔间的同轴度误差	ϕ0.01mm/100mm
铣、刨夹具	加工斜面的角度误差	±2′
	加工两面的平行度或垂直度误差	0.03mm/100mm
平磨夹具	磨斜面的角度误差	±30″
	磨平面与基面的平行度或垂直度误差	0.015mm/100mm

四、组合夹具的组装实例

根据组合夹具组装任务书(是由工艺人员按工艺要求,对将组装的夹具提出的一种指示性文件)作为组装夹具的依据。现列举一个组装实例：图6-19 所示为齿轮箱盖的工序简图。本工序要求加工 $\phi15^{+0.019}_{0}$ mm 和 $\phi20^{+0.023}_{0}$mm 两同轴孔，其同轴度公差为 ϕ0.1mm，孔心的坐标为 70mm 与(33 ±0.1)mm，工件以底面及 $\phi65^{+0.06}_{0}$ mm 双孔定位。由图可见，被加工孔位于两侧，孔径精度要求较高，但其位置

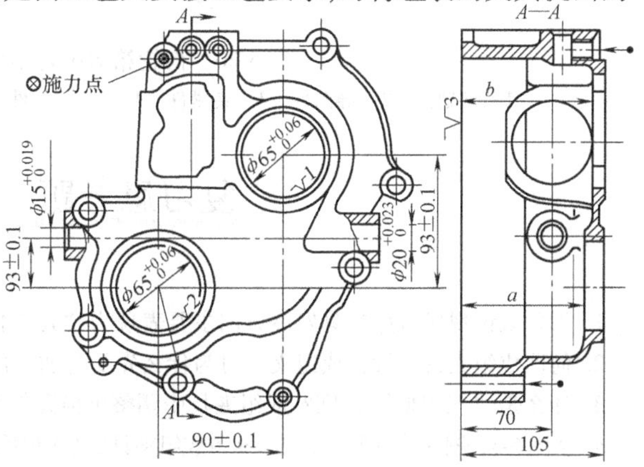

图 6-19　齿轮箱盖工序简图

精度要求较低。另外工件刚性较差，这是拟定组装方案时应予注意的。由于孔加工须从两侧面进行，而工件质量不大，故可考虑组装成翻转式钻模。组合夹具以一面两销限位，夹紧力方向应使工件底面紧贴基础件支承面，施力点应选在工件刚性较好的螺栓孔处。图 6-20 就是按照上述思路组装的组合钻模。第七章技能训练 10 是另一个组合夹具的组装实例。

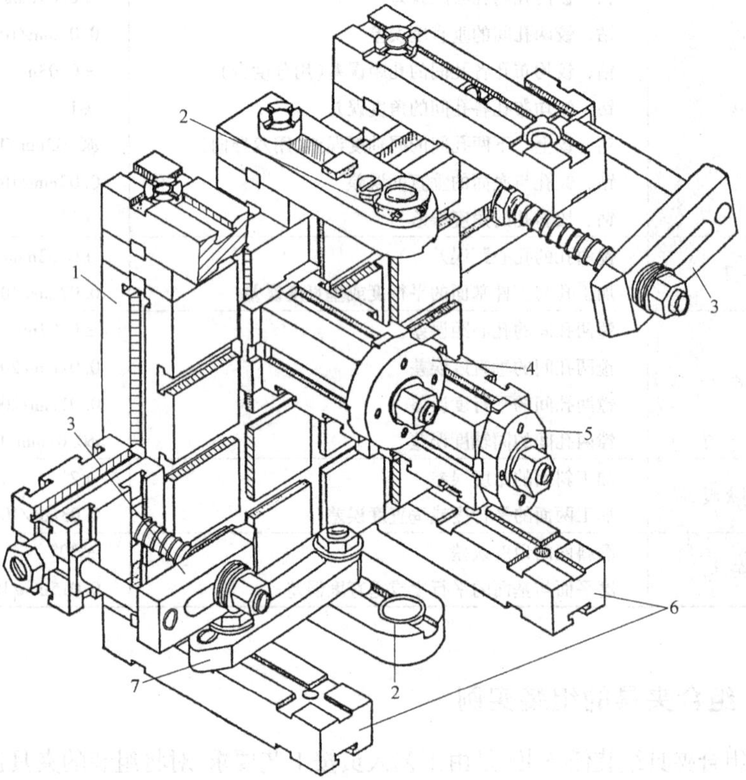

图 6-20　齿轮箱盖组合钻模

1—基础件　2—导向件　3—夹紧件　4、5—定位件　6—支承件　7—其他件

复习思考题

1. 为什么说现代机床夹具发展方向主要表现为“几个化”？
2. 何谓成组夹具？设计成组夹具时为什么先要对加工件进行分类归组？
3. 什么是“三相似”原则？成组夹具中调整可换元件有哪几种方法？
4. 从图 6-3、图 6-5、图 6-7、图 6-9 各成组夹具的结构中你能归纳出成组夹具的结构特点吗？

*5. 图 6-21 所示为成组车削轴套件偏心卡盘，可适用于偏心轴类工件的车、镗工序，

图6-22为其可换元件和加工工件组简图。试述该成组夹具的结构特点与使用调节方法。

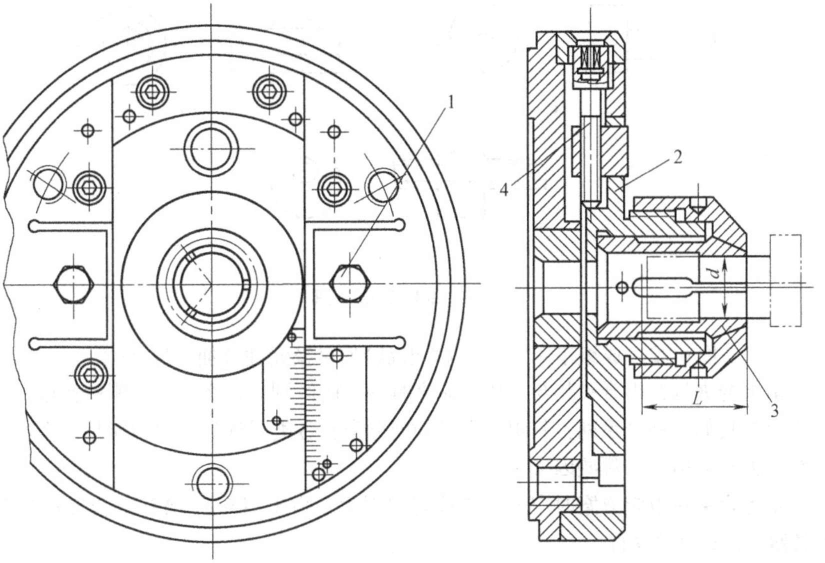

图6-21　成组车床夹具(偏心卡盘)

1—螺钉　2—滑块　3—弹簧筒夹　4—螺杆

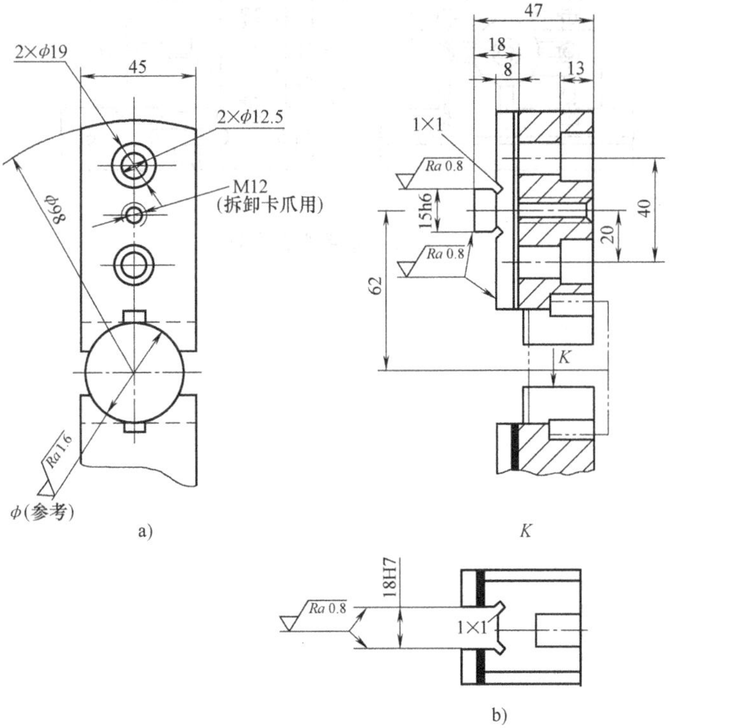

图6-22　成组车床夹具(偏心卡盘)的可换元件及加工件

可换元件

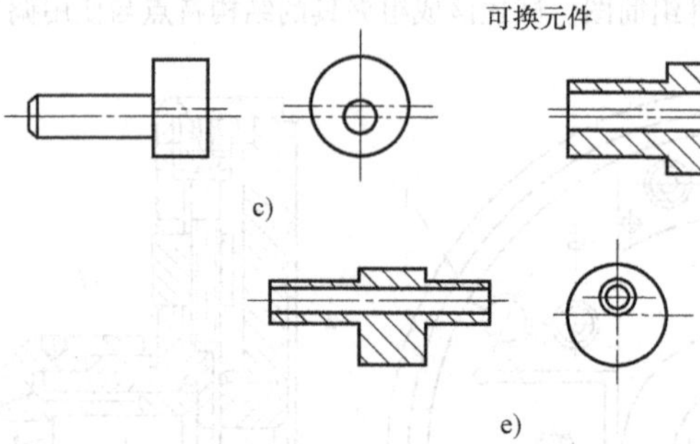

加工工件组简图

图 6-22　成组车床夹具(偏心卡盘)的可换元件及加工件(续)

6. 何谓组合夹具？组合夹具与专用机床夹具最大的区别是什么？它有哪些特点？

7. 组合夹具如何划分系列？其组成元件如何分类？各类元件的主要功能是什么？

8. 组合夹具的精度与哪些因素有关？

9. 拟定组合夹具组装方案时应考虑哪些有关因素？指出图 6-23 槽系组合夹具上 1 ~ 8 各元件的名称及该夹具的功能。

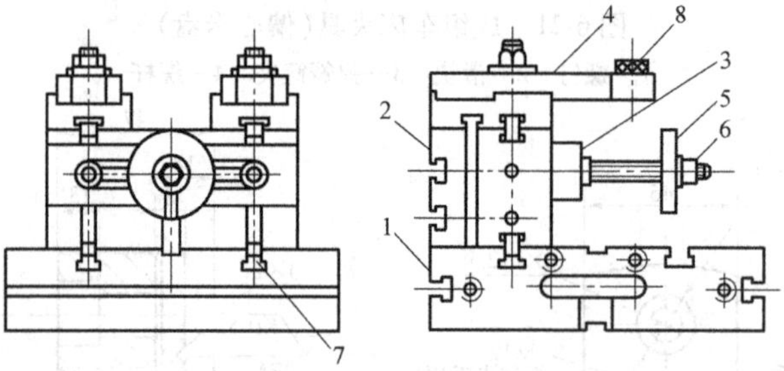

图 6-23　槽系组合夹具

第七章

设计机床专用夹具技能训练实例

培训学习目标 通过技能训练实例，进一步提高学员对工件定位夹紧方案的确定以及对专用夹具的总体分析能力和设计能力；并能对所用夹具提出改进意见。

• 训练1 根据工序加工要求确定限制工件自由度及选择定位件的实例

表7-1中，横向①、②、③三项目为已知条件，④、⑤、⑥三项目为训练答案。训练时可用纸挡去后三项目，确定项目④、⑤、⑥各工件的有关答案。

• 训练2 一面双孔定位误差分析实例

钻连杆盖(图7-1)四个ϕ3mm小孔时的定位方式如图7-2a所示，定位件的设计步骤如下：

(1) 确定ϕ12mm双销的中心距 双销中心距的基本尺寸L_d应等于工件双定位孔中心距的平均尺寸L_D，其公差一般取$\delta_{L_d}=\left(\frac{1}{3}\sim\frac{1}{5}\right)\delta_{L_D}$，故取$L_d=(59\pm0.02)$mm。

(2) 确定圆柱销直径及公差 因连杆盖第一定位孔径D_1为$\phi12^{+0.027}_{0}$mm，故取$d_1=D_1\min=12$mm，公差带取g6，即销直径为$12^{-0.006}_{-0.017}$g6。

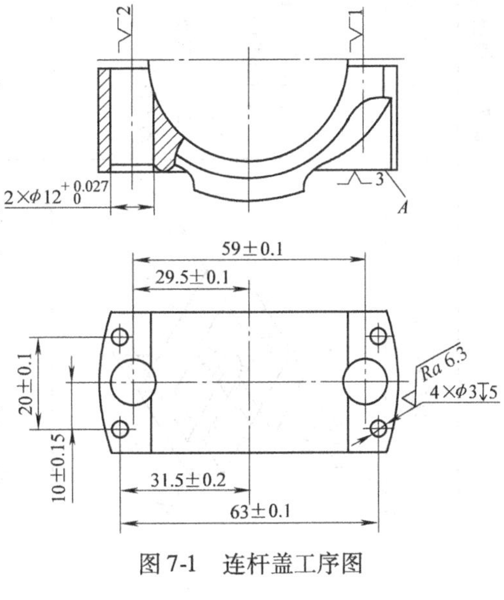

图7-1 连杆盖工序图

表 7-1　根据加工要求确定限制工件自由度及选择定位件

<table>
<tr><th>①工序简图</th><th colspan="2">②加工技术要求</th><th>③机床与刀具</th><th>④必须限制的自由度</th><th>⑤应选用的定位件</th><th>⑥各零件分别限制的自由度</th></tr>
<tr><td rowspan="3">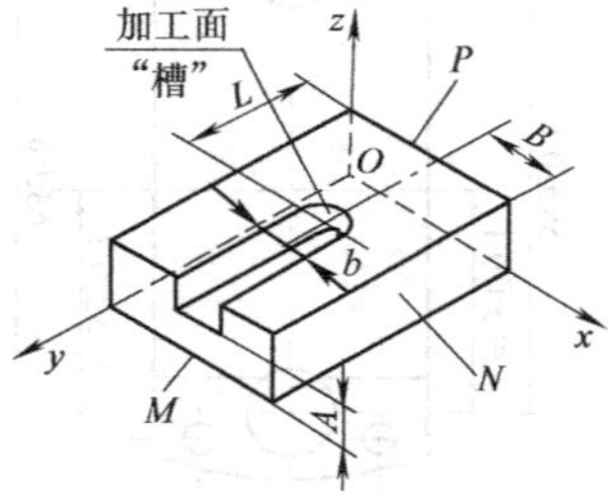</td><td colspan="2" rowspan="3">1）尺寸 A、B、L
2）槽侧面与 N 面的平行度
3）槽底面与 M 面的平行度</td><td rowspan="3">立式铣床、立铣刀(定径 b)</td><td rowspan="3">$\vec{x}$、$\vec{y}$、$\vec{z}$
$\widehat{x}$、$\widehat{y}$、$\widehat{z}$</td><td>M 面 3 个支承钉</td><td>$\vec{z}$、$\widehat{x}$、$\widehat{y}$</td></tr>
<tr><td>N 面 2 个支承钉</td><td>$\vec{x}$、$\widehat{z}$</td></tr>
<tr><td>P 面止推支承钉</td><td>$\vec{y}$</td></tr>
<tr><td rowspan="2">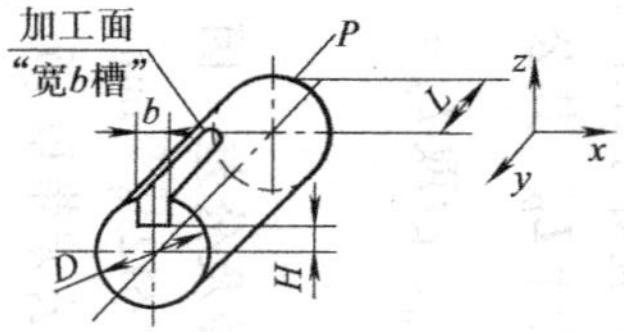</td><td colspan="2" rowspan="2">1）尺寸 H、L
2）槽与圆柱轴线平行且对称</td><td rowspan="2">立式铣床、立铣刀(定径 b)</td><td rowspan="2">$\vec{x}$、$\vec{y}$、$\vec{z}$
$\widehat{x}$、$\widehat{z}$</td><td>长 V 形块</td><td>$\vec{x}$、$\vec{z}$、$\widehat{x}$、$\widehat{z}$</td></tr>
<tr><td>P 面设圆柱止推支承钉</td><td>$\vec{y}$</td></tr>
<tr><td rowspan="2">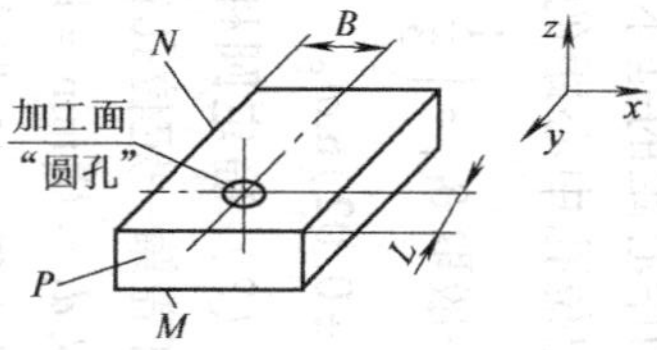</td><td rowspan="2">1）尺寸 B、L
2）孔轴线垂直于 M 面
3）不通孔要求保证孔深</td><td rowspan="2"></td><td rowspan="2">立式钻床、钻头(定径)</td><td>通孔：$\vec{x}$、$\vec{y}$
$\widehat{x}$、$\widehat{y}$、$\widehat{z}$</td><td rowspan="2">M 面 3 个支承钉
N 面 2 个支承钉
P 面 1 个支承钉</td><td rowspan="2">$\vec{z}$、$\widehat{x}$、$\widehat{y}$
$\vec{x}$、$\widehat{z}$
$\vec{y}$</td></tr>
<tr><td>不通孔：$\vec{x}$、$\vec{y}$、$\vec{z}$
$\widehat{x}$、$\widehat{y}$、$\widehat{z}$</td></tr>
</table>

（续）

①工序简图	②加工技术要求	③机床与刀具		④必须限制的自由度	⑤应选用的定位件	⑥各零件分别限制的自由度
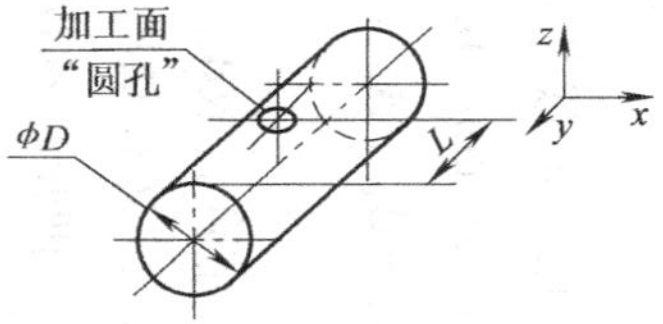	1）尺寸 L 2）加工孔轴线与 D 的轴线垂直并相交 3）不通孔保持孔深	立式钻床、钻头（定径）	通孔	$\vec{x}$、$\vec{y}$、$\overset{\frown}{x}$、$\overset{\frown}{z}$	长 V 形块 止推销	$\vec{x}$、$\vec{z}$、$\overset{\frown}{x}$、$\overset{\frown}{z}$、$\vec{y}$
			不通孔	$\vec{x}$、$\vec{y}$、$\vec{z}$ $\overset{\frown}{x}$、$\overset{\frown}{z}$		
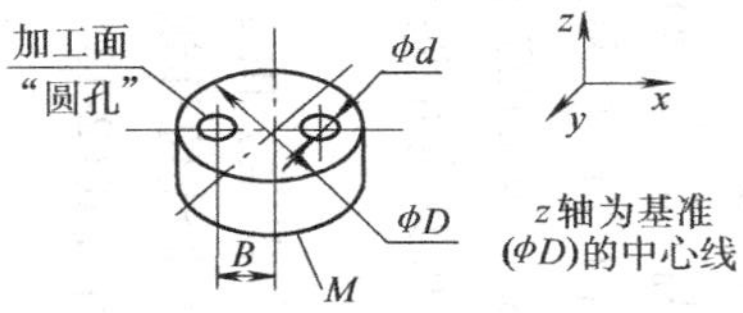	1）尺寸 B 2）孔 d 轴线与底面 M 垂直 3）两孔 d 轴线与 ϕD 轴线对称	立式钻床、钻头（定径 d）	通孔	$\vec{x}$、$\vec{y}$ $\overset{\frown}{x}$、$\overset{\frown}{y}$	支承板 短 V 形块	$\overset{\frown}{x}$、$\overset{\frown}{y}$、$\vec{z}$ $\vec{x}$、$\vec{y}$
			不通孔	x、y、z $\overset{\frown}{x}$、$\overset{\frown}{y}$		
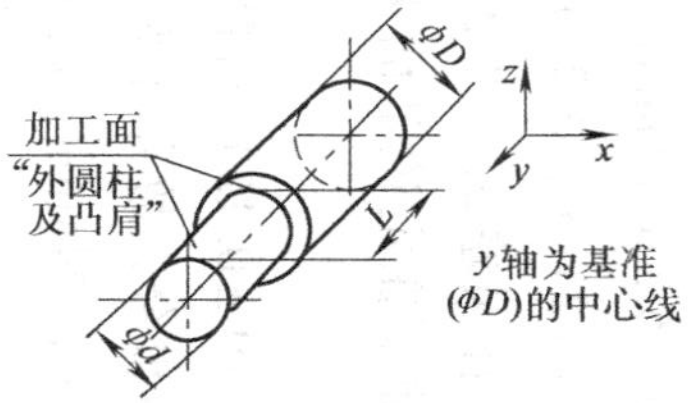	1）加工面 ϕd 对基准面 ϕD 须同轴 2）尺寸 L	车床		$\vec{x}$、$\vec{y}$、$\vec{z}$ $\overset{\frown}{x}$、$\overset{\frown}{z}$	弹性筒夹 （端面有限位）	$\vec{x}$、$\vec{y}$、$\vec{z}$ $\overset{\frown}{x}$、$\overset{\frown}{z}$
见图 1-3 圆螺母工序简图	1）ϕ4.5mm 六孔均布 2）六孔轴线与 N 面平行且与 ϕ42H7 轴线垂直相交	立式钻床、ϕ4.5mm 钻头		$\vec{x}$、$\vec{y}$ $\overset{\frown}{y}$、$\overset{\frown}{z}$	心轴端面	$\vec{x}$、$\overset{\frown}{y}$、$\overset{\frown}{z}$
					心轴外圆面	$\vec{y}$、$\vec{z}$

(3) 确定削边销的各尺寸

1) 查表2-2：$d_2=12\text{mm}$，则 $B=d_1-2=10\text{mm}$，$b=3\text{mm}$，$b_1=4\text{mm}$。

2) 因第二定位孔径 $D_2=12^{+0.027}_{0}\text{mm}$，按式(2-5)并以 b 代替 b_1 计算得

$$x_{2\min}=\frac{2ab}{D_{2\min}}=\frac{2\times\left(\dfrac{\delta_{L_D}+\delta_{L_d}}{2}\right)\times 3}{12}$$

$$=\frac{(0.2+0.04)\times 3}{12}\text{mm}$$

$$=0.06\text{mm}$$

3) 计算削边销最大直径 $d_{2\max}=D_{2\min}-x_{2\min}=12\text{mm}-0.06\text{mm}=11.94\text{mm}$。

4) 确定削边销公差等级，一般取h6，其公差值为0.011mm，所以削边销直径为 $d_2=11.94^{\ 0}_{-0.011}\text{mm}=12^{-0.060}_{-0.071}\text{mm}$。

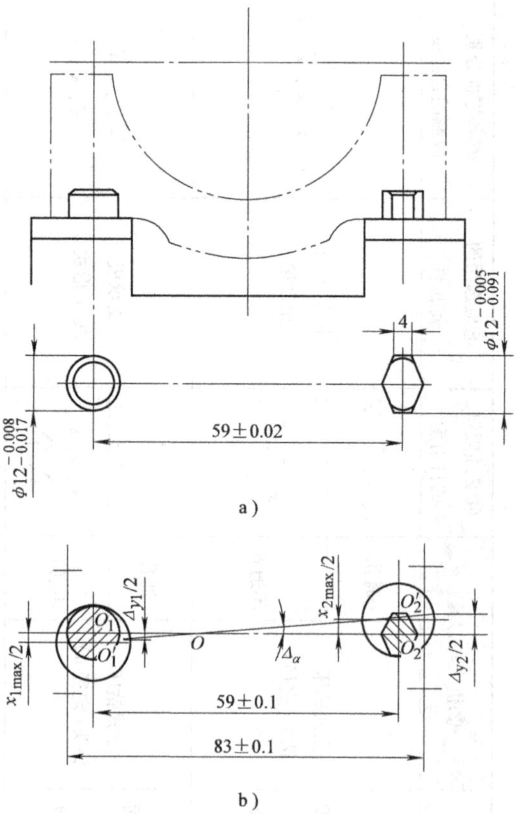

图7-2　连杆盖的定位方式与定位误差

(4) 分析定位误差　连杆盖本工序加工尺寸较多，除了四孔的直径和深度外，还有(63±0.1)mm、(20±0.1)mm、(31.5±0.2)mm和(10±0.15)mm等位置尺寸，其中前两个尺寸主要取决于钻套间的孔心距，与定位无关，故没有定位误差；而后两个尺寸均受工件定位的影响，故有定位误差。现分析如下：

1) 加工尺寸(31.5±0.2)mm的定位误差。由于定位基准与工序基准不重合，定位尺寸为(29.5±0.1)mm，故 $\Delta_B=\delta=0.2\text{mm}$。

由于加工尺寸(31.5±0.2)mm的方向与两定位孔连心线平行，根据式(2-12)计算基准位移误差 Δ_y，即 $\Delta_y=x_{1\max}=0.027\text{mm}+0.017\text{mm}=0.044\text{mm}$。

由于工序基准不在定位基面上，故其定位误差 $\Delta_D=\Delta_y+\Delta_B=0.044\text{mm}+0.2\text{mm}=0.244\text{mm}$。

2) 加工尺寸(10±0.15)mm的定位误差。由于基准重合，故$\Delta_B=0$。但定位基准与限位基准不重合，故存在既有基准线位移误差 Δ_{y1}，又有基准角位移误差 Δ_{y2}。其中 $\Delta_{y1}=\Delta_y=0.044\text{mm}$，而 Δ_{y2} 可按式(2-13)求得，即角位移误差为

$$\Delta_{y_2}=\tan\Delta\alpha=\frac{x_{1max}+x_{2max}}{2L}^{㊀}=\frac{0.044mm+0.098mm}{2\times59mm}=0.0012$$

$$\Delta\alpha=4'08''$$

所以　双向转角误差 $2\Delta\alpha$ 为 $8'16''$。

● 训练3　夹具定位装置设计技能实例

图7-3为在拨叉上钻 $\phi8.4$mm 孔的工序图。加工要求是：$\phi8.4$mm 孔为自由公差，表面粗糙度值为 $Ra6.3\mu m$；其相对于 $\phi15.81F8$ 孔轴线的对称度公差为0.2mm；相对于 $14.2^{+0.1}_{0}$mm 槽的对称中间平面距离为 3.1 ± 0.1mm。本工序所用设备为Z525立式钻床，试设计其定位装置。

设计步骤如下：

(1) 确定所需限制的自由度　为保证所钻 $\phi8.4$mm 孔与 $\phi15.81F8$ 轴线对称并垂直，需限制工件的 $\vec{x}$、$\widehat{x}$、$\vec{z}$ 三个自由度；为保证所钻孔的轴线在对称面(z)内，还需限制 $\widehat{y}$ 自由度；为保证 (3.1 ± 0.1)mm 位置尺寸，还需限制 $\vec{y}$ 自由度。因此，工件除 $\vec{z}$ 可不限制外必须限制五个自由度。

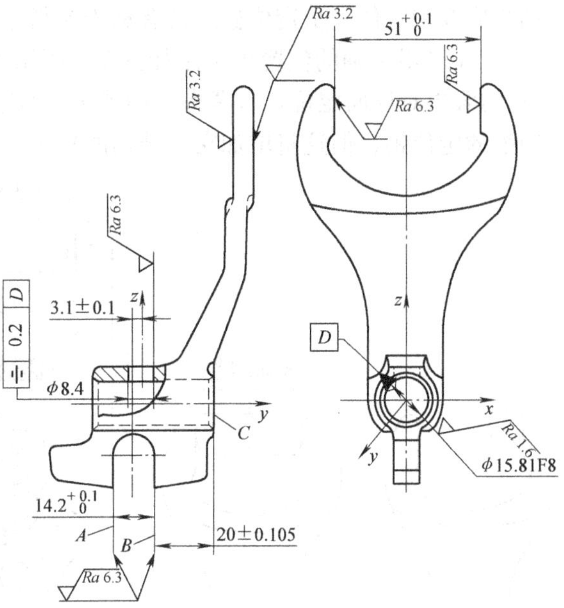

图7-3　拨叉工序简图

(2) 选择定位基准及各基面上的支承点分布　为了尽可能遵循基准重合原则，并尽量选用精基准定位，选择 $\phi15.81$mm 孔作为主要定位基准，设置四个支承点限制 $\vec{x}$、$\vec{z}$、$\widehat{x}$、$\widehat{z}$ 四个自由度，以保证所钻孔的位置精度要求；以 $51^{+0.1}_{0}$mm 槽面作防转定位基准，设置一个点，限制 $\widehat{y}$ 自由度，由于它离 $\phi15.81$mm 孔较远，故定位准确且稳定可靠；以槽面 A、B 或端面 C 作为止推定位基准，设置一个点，限制 $\vec{y}$ 自由度。在 A、B、C 面上定位件的布置有三种方案：①是用 C 面定位，

㊀ 由于 $x_{1max}\neq x_{2max}$，故左边两小孔与右边两小孔的 $\Delta_{y左}\neq\Delta_{y右}$。而 10 ± 0.15mm 是对四孔的统一要求，因此，严格来说，只需取 $\Delta_{y左}$ 及 $\Delta_{y右}$ 两值中较大值作定位误差，计算从略。

此时因工序基准为 $14.2^{+0.1}_{0}$mm 槽的对称平面（该面至 B 面的距离尺寸为 $7.1^{+0.05}_{0}$mm），故存在基准不符误差 $\Delta_{B_1}=0.05\text{mm}+0.105\text{mm}\times2=0.26\text{mm}$，已超过尺寸 3.1mm 的加工公差 0.2mm，显然此方案不能采用；②以槽面 A、B 之一定位，则 $\Delta_{B_2}=0.05\text{mm}$；③以 A、B 的假想对称平面定位，则基准重合 $\Delta_{B_3}=0$，此方案最佳。

（3）选择定位件结构

1）$\phi15.81$mm 孔采用长圆柱销定位，其配合选为 $\phi15.81\dfrac{\text{F8}\left(^{+0.043}_{+0.016}\right)}{\text{h7}\left(^{\ 0}_{-0.018}\right)}$。

2）$51^{+0.1}_{0}$mm 槽面的定位方案有两种（图 7-4）：一是在其中一个槽面上布置一个防转销（图 7-4a）；二是利用槽两侧面布置一个大削边销（图 7-4b），与长圆柱销构成双销定位。从定位稳定及有利于夹紧考虑，以第二方案较好。

3）工件沿 y 轴的位置可采用如图 7-5 所示的圆偏心轮定心夹紧装置实现以 A、B 的假想对称面定位。若考虑 A 面或 B 面定位，为了装卸工件方便，要采用可伸缩的定位销，但这将增加夹具结构的复杂性。

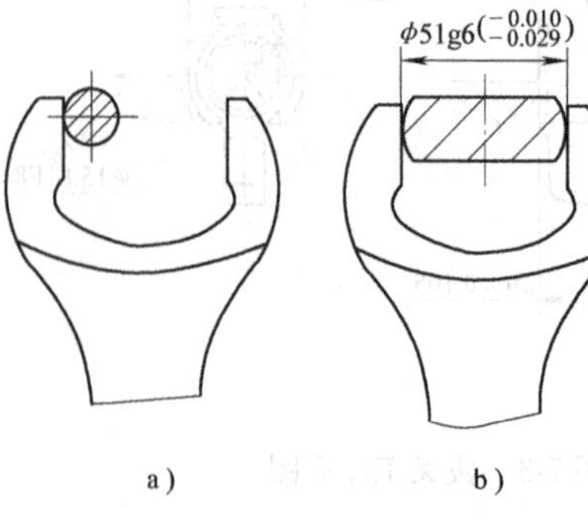

图 7-4　钻拨叉小孔的定位方案

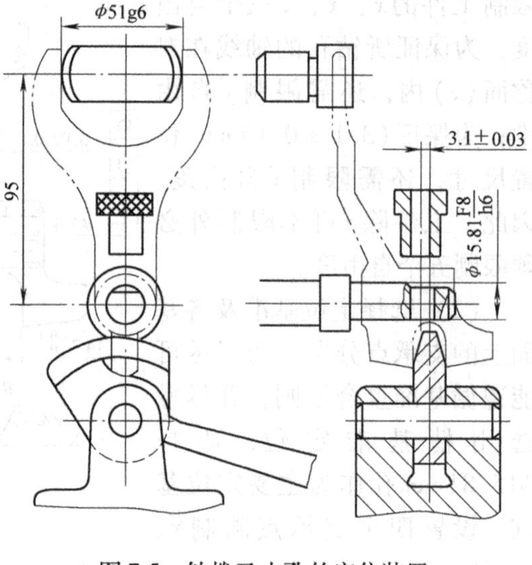

图 7-5　钻拨叉小孔的定位装置

（4）分析定位误差

1）影响对称度的定位误差为

$$\begin{aligned}\Delta_D&=\Delta_y=x_{max}=D_{max}-d_{0min}=(15.81+0.043)\text{mm}-(15.81-0.018)\text{mm}\\&=0.061\text{mm}\end{aligned}$$

此值小于工件相应尺寸公差 0.2mm 的 1/3。

2）影响所钻孔是否在 z 平面上的角度误差 $\Delta\alpha$ 为

$$\Delta\alpha = \arctan\frac{x_{1\max}+x_{2\max}}{2L} = \arctan\frac{(0.1+0.029)\text{mm}+0.061\text{mm}}{2\times95\text{mm}} = 3'26''$$

工件在任意方向偏转时，总转角误差 $2\Delta_\alpha$ 为 6′52″，此值远小于自由公差（±50′）。

综上分析，本例采用圆偏心轮夹紧装置，由于它兼有定心和夹紧作用，故能保证槽面与偏心轮接触良好，基准位移误差较小，由于 $\Delta_B=0$，故 Δ_D 很小，且操作方便、迅速，结构也不太复杂，故采用此方案较合理。

• 训练 4　夹具各主要零件的设计技能实例

图 7-6 为转向摇臂工件钻 ϕ14mm 锁紧孔的工序简图。试设计用于立钻上钻孔的夹具，产量为中批生产。

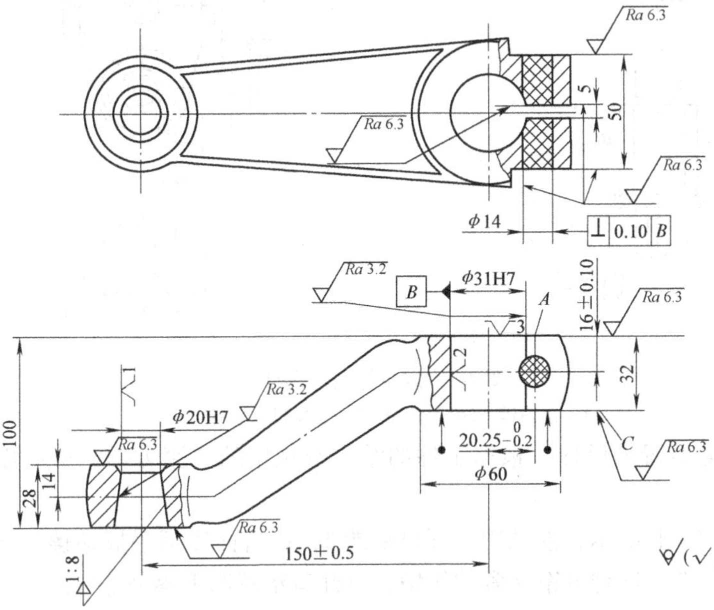

图 7-6　转向摇臂工序简图

（1）工件加工工艺分析　工件在钻削锁紧孔以前，除 5mm 开口槽尚未加工外，其他需加工面均已加工到规定的尺寸精度要求，故可按工序图中所规定的定位夹紧点设计各夹具零件。

本夹具要保证以下精度要求：

1）锁紧孔中心与 ϕ31H7 孔中心距 $20.25_{-0.2}^{\ 0}$mm，与定位端面 A 的距离为（16±0.1）mm；

2）锁紧孔轴线与 ϕ31H7 孔轴线的垂直度 0.10mm。

（2）定位件及导向件设计　按工序图及对工件的结构进行分析，此工件只能用 A 面及 ϕ31H7、ϕ20H7 两孔定位，即夹具用一面双销限位以限制工件的六个自由度，实现完全定位。又因锁紧孔与 ϕ31H7 孔有尺寸及位置精度要求，故在 ϕ31H7 孔内设置圆柱销 ϕ31f7，而在小端锥孔内设置削边销。

由于工件两孔孔心距(150 ±0.5) mm 公差较大，考虑到尽可能减少转角误差，同时为保证工件的顺利装卸，故将削边销设计成能在孔心距方向作适当调整的结构，还可满足工件孔心距尺寸不同的工件加工。所设计的定位导向件的结构见图 7-7。

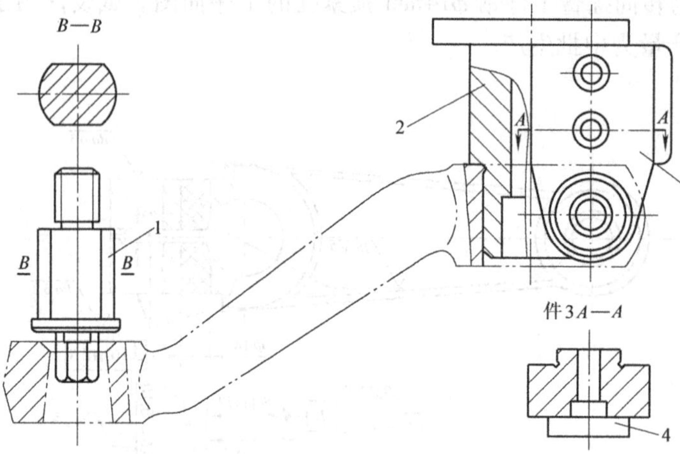

图 7-7　定位导向件设计

1—削边销　2—圆柱销　3—钻模板　4—钻套

（3）夹紧装置的设计　根据工件的结构及规定的夹紧方向，可有以下两种夹紧方案：

1）如图 7-8b 所示，前端用一开口垫圈 2，在后面用扳手扳动螺母与夹紧螺栓 1 来夹紧工件。这种方案夹紧动作慢，且开口垫圈取下容易遗失。

2）如图 7-8a 所示，用转动式开口垫圈 2 及端面斜楔 4 在圆柱销 3 的支承体上转动手柄 5 将工件夹紧。此方案夹紧动作迅速可靠，开口垫圈也不会丢失，故本设计采用此方案。如果将斜楔改为偏心轮夹紧当然也可以，但其自锁性稍差，且操作上也不方便。

（4）钻套、钻模板及夹具体设计　锁紧孔只需一次钻削，故选用固定式钻套，其尺寸公差按 JB/T 8045.4—1999 确定。按标准规定钻头的上极限偏差为 0，下极限偏差为 −0.014mm，故钻套孔径取 ϕ14F8，即为 $\phi 14^{+0.043}_{+0.016}$mm。

钻模板选用固定式(图 7-7)。考虑到锁紧孔心与定位基面 A 之间尺寸公差较

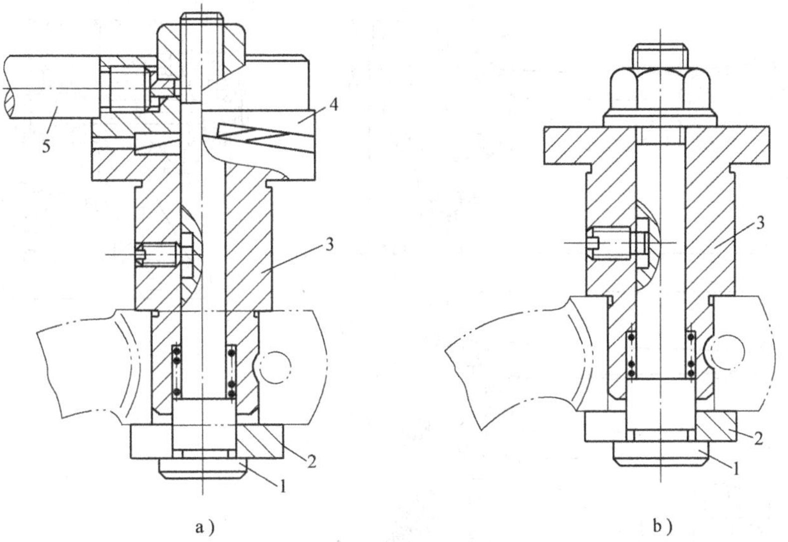

图 7-8 夹紧装置设计

大，且 A、C 两端面间的尺寸 32mm 为自由公差，为保证锁紧孔心的位置精度，故在钻模板上设计导向面(图 7-7 中 A—A 剖视)，使其位置能沿 ϕ31H7 孔轴线作适当调整，以便配钻螺钉孔，精确固紧钻模板。

夹具体的设计主要考虑零件的外形及将上述各主要件连成一个整体。这些主要件设计完毕后，即可画出夹具的装配草图(图 7-9)。

(5) 工序精度分析

1) 影响工序尺寸(16 ±0.10)mm 的各项误差

① 由于基准重合，又采用平面 A 定位，故 $\Delta_D=0$。

② 夹具安装底面对定位端面 A 的垂直度所引起的夹具安装误差 Δ_A，对工序尺寸(16 ±0.1)mm 的影响很小，故 $\Delta_A=0$。

③ 夹具上定位端面 A 到钻套座孔之间的尺寸公差，按工件相应公差的 1/5 选取，即(16 ±0.02)mm。

④ 钻套内外表面的同轴度误差小于 0.005mm。

⑤ 钻头的引偏误差 Δ_T(见图 7-10)[⊖]

$$\Delta_T=x_3=\frac{x_2}{H}\left(B+S+\frac{H}{2}\right)=\frac{0.043+0.014}{23}\left(50+5+\frac{23}{2}\right)\text{mm}$$

$$=0.165\text{mm}$$

⊖ 因图 7-10 与图 5-56 结构不同，故式(5-6)中的 x_1 不存在，且本例不计 δ_L、e_1、e_2 等误差。

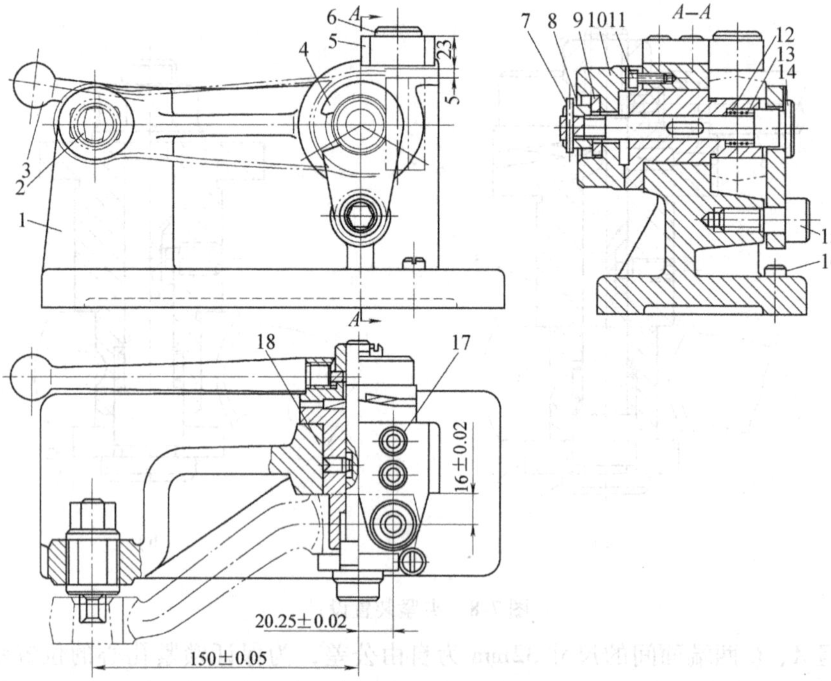

图 7-9　转向摇臂锁孔钻夹具

1—夹具体　2—削边销　3—手柄　4—转动式开口垫圈　5—钻模板　6—带肩钻套　7—开口销　8—槽螺母　9—垫圈　10—端面斜楔　11、16—螺钉　12—定位销(支承体)　13—弹簧　14—夹紧螺栓　15—支承钉　17—内六角螺钉　18—紧定螺钉

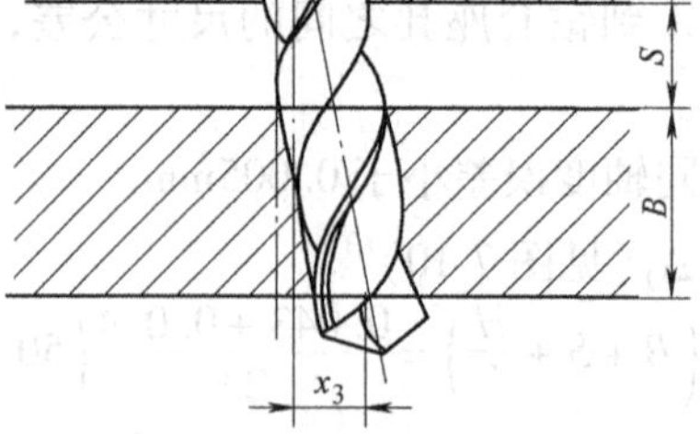

图 7-10　与导向装置有关的加工误差

δ_L—钻模板底孔至定位件的尺寸公差　x_3—钻头引偏量　H—钻模板厚度　S—钻模板与工件之间隙　B—工件厚度　x_2—钻头与钻套的最大配合间隙

总误差按概率法相加为：

$$\sqrt{\Delta_A^2+\Delta_D^2+\Delta_T^2}=\sqrt{0+0+(0.04^2+0.005^2+0.165^2)}\text{mm}$$
$$=0.17\text{mm}<0.2\text{mm}$$

2）影响工序尺寸 $20.25_{-0.2}^{\ 0}$mm 的各项误差

① 分析定位误差：因定位基准与工序基准都是 ϕ31H7 孔，故$\Delta_B=0$。故 $\Delta_D=\Delta_y=x_{max}$ 即定位基准孔 ϕ31H7 和限位圆柱销 ϕ31f7 之间的最大间隙 $x_{max}=0.025\text{mm}+0.050\text{mm}=0.075\text{mm}$。

② 限位销轴心与钻套座孔中心的距离公差，按工件相应尺寸公差的1/5选取，即为(20.25 ±0.02)mm。

③ 钻套的内外表面的同轴度误差小于0.005mm。

④ 钻头的引偏量 Δ_T 前已计算，$\Delta_T=0.165$mm。

总误差按概率法相加为

$$\sum\Delta=\sqrt{0.075^2+0.04^2+0.005^2+0.165^2}\text{mm}=0.186\text{mm}<0.2\text{mm}$$

综上分析，所设计的各主要零件能满足工件的加工精度要求。

• 训练5　钻床夹具设计实例

图7-11为一拨叉零件图，需要设计在摇臂钻床上加工 ϕ12H7 和 ϕ25H7 两孔的钻模。工件质量为20N(约2kg)，产量为中批生产。为使所设计的钻模能保证

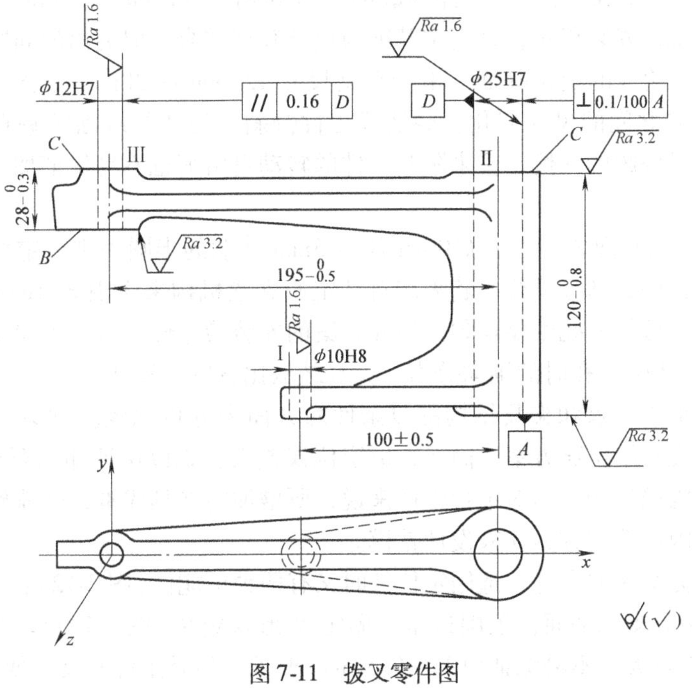

图7-11　拨叉零件图

加工要求和获得良好的技术经济效果，需要研究解决下列问题。

（1）工件的加工工艺分析　该工件的结构形状比较不规则，臂部刚性较差，待加工的两孔直径精度高和表面粗糙度值低，且其中 ϕ25H7 为深孔$\left(\frac{L}{D}\approx 5\right)$，故工艺规程中分钻、扩、粗铰、精铰四个工步进行加工。并要依靠所设计的钻模来保证两孔的位置精度如下：①待加工孔 ϕ25H7 和已加工孔 ϕ10H8 的距离尺寸为 (100 ± 0.5)mm；②两待加工孔心距为 $195_{-0.5}^{\ 0}$mm；③孔 ϕ25H7 与端面 A 的垂直度为 0.1mm/100mm；④待加工两孔轴线平行度为 0.16mm；⑤孔壁表面粗糙度须均匀且达到图示要求。

由于该工件臂部刚性较差，给工件装夹带来困难，设计时对此应予注意。

（2）定位方案与定位件的设计　在进入本工序加工前，平面 A、B、C 和 ϕ10H8 孔均已加工达到要求，故为定位基准的选择提供了有利条件。由于待加工两孔的位置精度在三个坐标方向都有要求，应按完全定位方式来限制工件自由度。故有下列三种定位方案：

方案 1　以平面 C、ϕ25mm 孔外廓的半圆周、ϕ12mm 孔外廓的一侧为定位基准，以限制工件的六个自由度，而加工从 A、B 面钻孔。优点是工件安装稳定，但违背了基准重合原则，使孔心距 (100 ± 0.5)mm 不易保证，且钻模板不在一个平面上，夹具结构复杂。

方案 2　以平面 A、B、工件外廓的一侧和销孔 ϕ10mm 为基准实现完全定位。优点是工件安装稳定，且定位基准与设计基准重合。但突出的问题是：平面 A 和 B 形成台阶式的定位基面。由于高度尺寸 120mm 和 28mm 的公差较大将影响平面 A 与 B 之间的尺寸变化，会造成工件倾斜，使孔与端面的垂直度误差增大。另外，以外廓的一侧定位来限制工件的转动自由度也不易保证加工孔壁厚的均匀性。

方案 3　以平面 A、销孔 ϕ10mm 及 ϕ25mm 外廓的半圆周进行定位，满足完全定位要求，做到基准重合。若采用自动定心夹紧机构来实现 ϕ25mm 孔外廓的定位夹紧，还可保证孔壁厚均匀。但此方案的安装稳定性较差，须使用辅助支承来承受钻削 ϕ12mm 孔时的轴向分力，夹具结构比方案 2 复杂。

从保证加工要求和夹具结构的复杂性两方面来分析比较。方案 1 可不予考虑；方案 2 夹具结构比方案 2 简单，但定位误差大，难以保证加工要求；方案 3 虽然夹具结构稍复杂，但对中批生产来说，所增加的夹具成本，分摊到每个工件是很少的，因此选定方案 3 来设计钻模。

为实现方案 3 的设计，选用定位件时又有两种可能性（图 7-12）：

1）用夹具支承平面，短削边销，固定 V 形块定位（图 7-12a）。此方案在 x 方向上的 Δ_D 较大，不易保证 (100 ± 0.5)mm 要求，另外工件装夹不便。

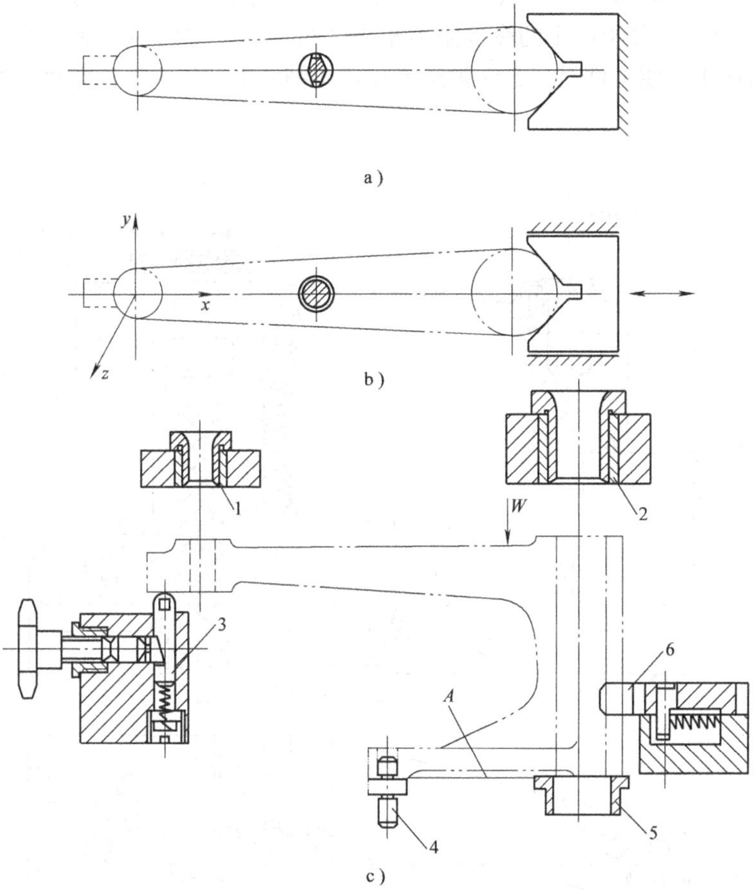

图 7-12　拨叉的定位件设计

2）用夹具支承平面、短圆柱销和活动 V 形块定位(图 7-12b)。此方案在 x 方向上的定位误差取决于圆柱销和销孔的配合性质。使用活动 V 形块对中性较好，装卸工件方便，且可保证孔壁均匀，故应按此方案设计。

如图 7-12c 所示，定位件选用带肩短圆柱销 4 和带肩短套 5，两限位件的肩平面 A 应一起修平，并和两钻套轴线保持垂直。在工件的平面 B 上，设计辅助支承 3，以增加安装刚度，防止工件受力后发生倾斜或变形(1 为带肩钻套,2 为衬套)。

(3) 夹紧方案及夹紧装置的设计　根据夹紧力应朝向主要定位基准，并使其作用点落在工件刚性较好的部位之原则，可选用如表 3-6 中第二种螺旋压板装置，使夹紧力 W 作用在靠近 ϕ25H7 的加强筋上(图 7-12c)。在 ϕ12mm 孔附近由于使用自位式辅助支承 3 来承受钻孔的轴向分力，且孔径较小，因此不需施加夹紧力。对于钻削时所产生的转矩，一方面依靠支承点在中央的螺旋压板装置7（图7-13）的夹紧力所产生的摩擦阻力矩来平衡；另一方面则由活动V形块6中弹簧力的作用，使工件沿x方向被压紧在定位销4上。以上两组零件共同承受钻削时的转矩。

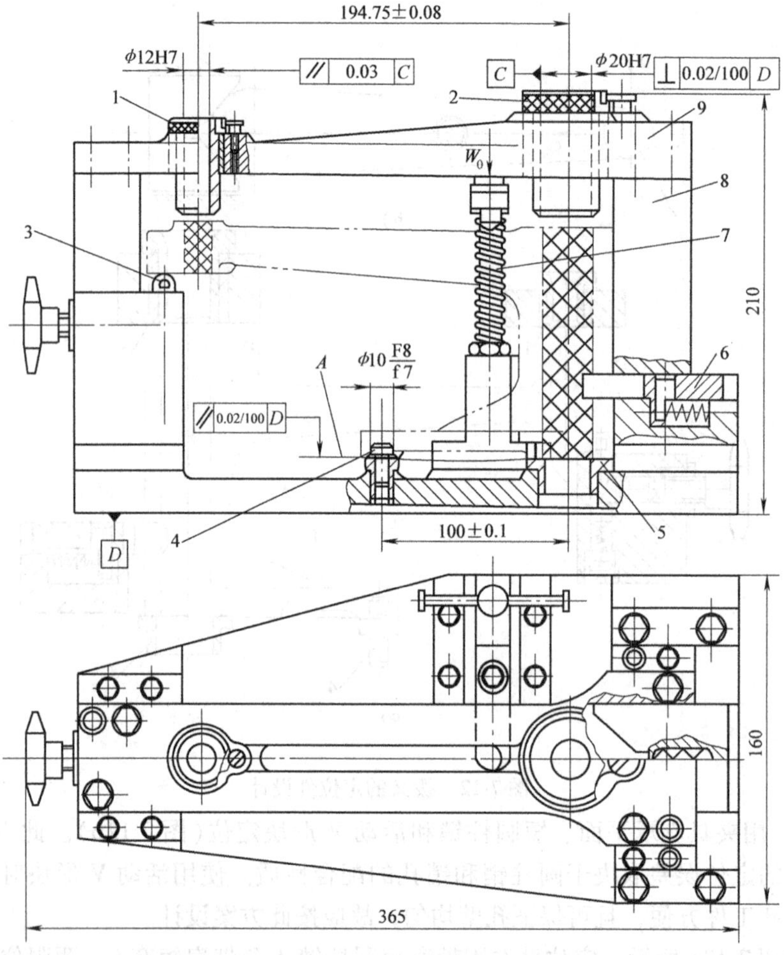

图7-13 钻拨叉双孔钻模

（4）导向件、夹具体及钻模整体设计 由于两待加工孔均须依次进行钻、扩、铰，故钻套1、2必须选用加长的快换钻套，其内外径配合公差带按表5-1选取，结构尺寸可查阅有关国家标准。

两孔中心距较远（图中的194.75mm±0.08mm即由工件的$195^{\ 0}_{-0.5}$mm换算得），故钻模板9以采用固定式为宜，并设置加强筋以提高其刚度。钻模板上的两个钻套座孔的孔心距要严格按工件的公差缩小（表7-2）。因钻模板与夹具体8

是两件，通过螺钉和销钉固定在夹具体上，在装配时要注意保证钻套轴线与定位件的位置尺寸关系：定位件4、5和6的轴线在同一平面上；两带肩套限位端面与本体底面D平行；钻套1、2的座孔轴线与限位面A垂直以及钻套2与定位销4的轴线的位置尺寸有足够的精度等。

上述各种零部件的结构和布置，基本上决定了夹具体8和钻模整体结构形成框架式，刚性较好，如图7-13所示。

（5）确定夹具总图的技术要求(表7-2)

夹具总图上须标注夹具外形的最大轮廓尺寸365mm×160mm×210mm，工件轮廓线及加工部位网状线以及重要配合和几何公差要求等，必要时可用误差不等式对钻孔精度进行分析。

表7-2　双孔钻模的技术要求

序号	工件加工要求/mm	按工件相应的尺寸公差的比例	夹具上相应技术要求/mm
1	孔心距$195_{-0.5}^{0}$	$\delta_K/3$	两钻套孔心距194.75±0.08
2	孔心距100±0.5	$\delta_K/5$	定位套和定位销相距100±0.1
3	双孔轴线平行度0.16/全长	$\delta_K/5$	两钻套轴线平行度0.03/全长
4	ϕ25H7轴线与端面A的垂直度0.1/100	$\delta_K/5$	钻套与限位面A的垂直度以及限位面A与底面D的平行度0.02/100

• 训练6　铣床夹具设计实例

图7-14右下角为车床尾座顶尖套筒上加工键槽12H9和油槽$R3$的工序图，试设计大批生产时在同一道工序中铣两条槽的直线送进、双工位夹具。

（1）工件加工工艺分析　根据工艺规程铣双槽之前，其他表面均已加工好，本工序的加工要求是：

1）键槽宽12H9由键槽铣刀保证。槽两侧对称中间平面对ϕ70.8h6轴线的对称度0.10mm，平行度0.08mm。槽深控制尺寸64.8mm，槽长(60±0.4)mm。

2）油槽半径$R3$，由圆弧铣刀保证，其圆心应在ϕ70.8mm的圆柱面上，油槽长170mm。

3）双槽的对称中间平面应在同一平面内。

（2）定位方案及定位件的设计　若先铣键槽(工位Ⅰ)，后铣油槽(工位Ⅱ)，按加工要求，工位Ⅰ应限制除$\widehat{x}$外的五个自由度，而工位Ⅱ应限制六个自由度。

由于是大批生产，为了提高生产率，可在卧式铣床主轴上安装两把外径相等

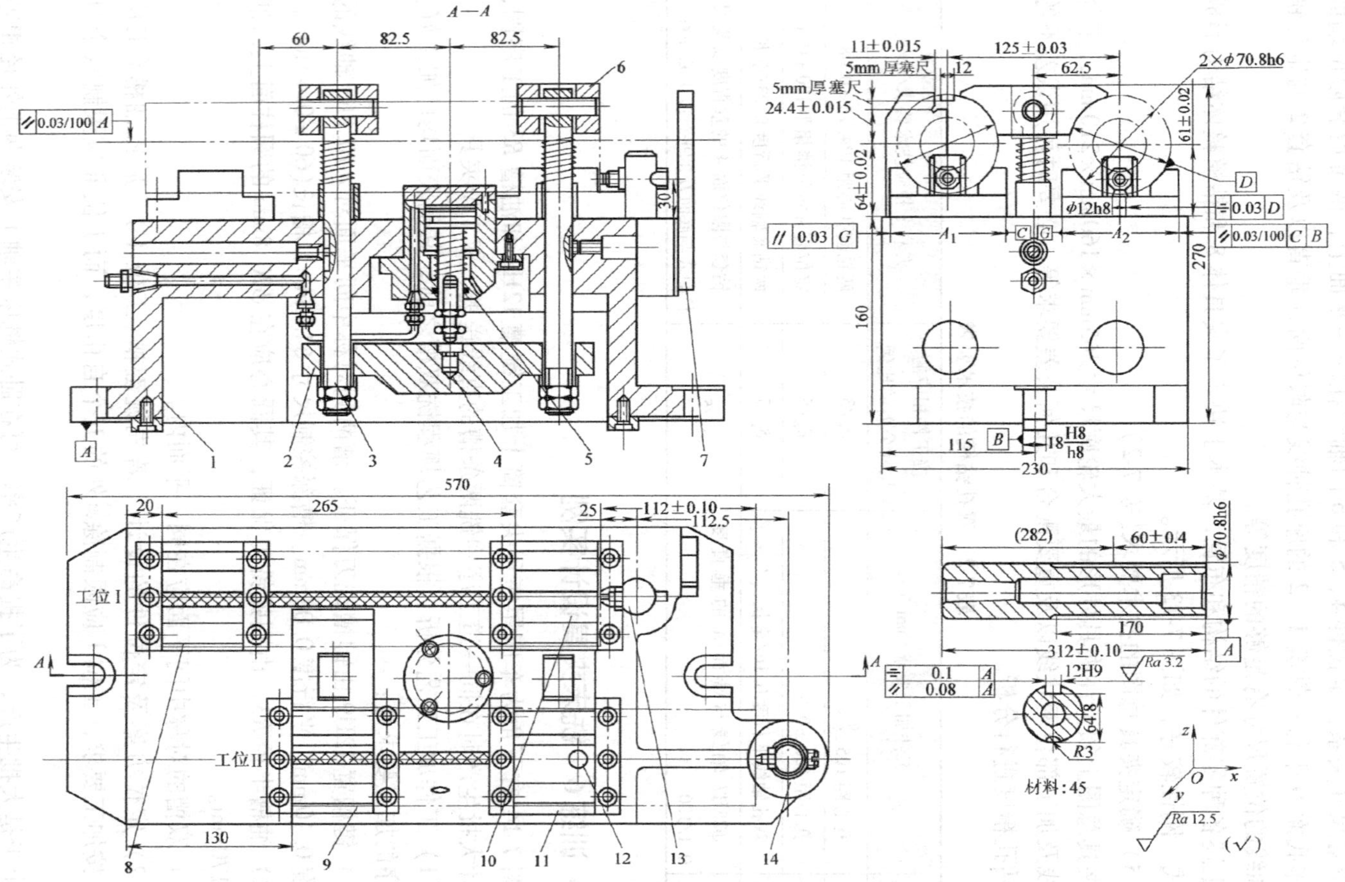

图7-14 铣顶尖套筒双槽的铣夹具

1—夹具体 2—平衡板 3—双拉杆 4—活塞杆 5—液压缸 6—双压板 7—对刀块 8、9、10、11—V形块 12—定位销 13、14—止推支承

的圆盘铣刀，同时对两个工件铣键槽和油槽，机床每进给一次，即能得到一对双槽均已加工好的工件。为此，有图7-15所示两种定位方案。

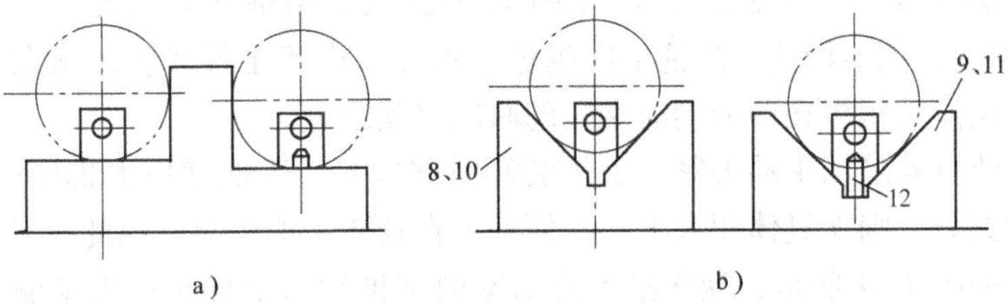

图7-15　顶尖套筒铣双槽定位方案

方案1　工件以ϕ70.8h6外圆柱面在两个互相垂直的平面上定位，端面加止推支承销(图7-15a)。

方案2　工件以ϕ70.8h6外圆柱面在两组双V形块8～11上定位，端面加止推销，但为保证双槽的对称平面在同一平面内，第Ⅱ工位还需增设一个定位销12配合在已铣好的键槽内，以限制工件$\overset{\frown}{x}$自由度。由于键槽和油槽的长度不等，要同时进给完毕，需将两个止推支承销13、14前后错开112mm(图7-16)。

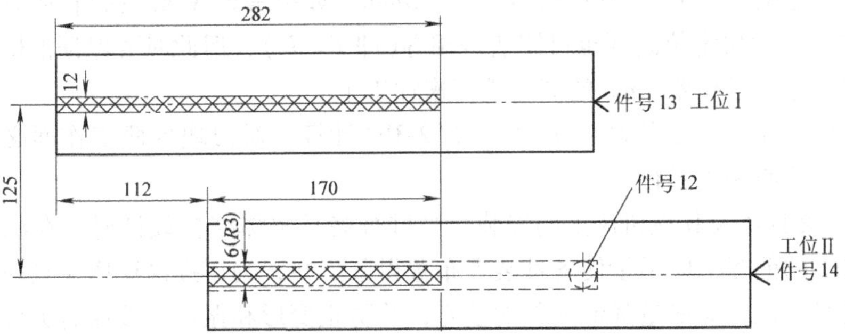

图7-16　两止推销错开的位置示意图

比较以上两种方案，方案1使加工尺寸64.8mm的$\Delta_D=0$，方案2使对称度的$\Delta_D=0$。由于尺寸64.8mm为自由公差，加工要求低，而对称度公差较小，故选用方案2较可靠，从承受切削力角度来看也如此。

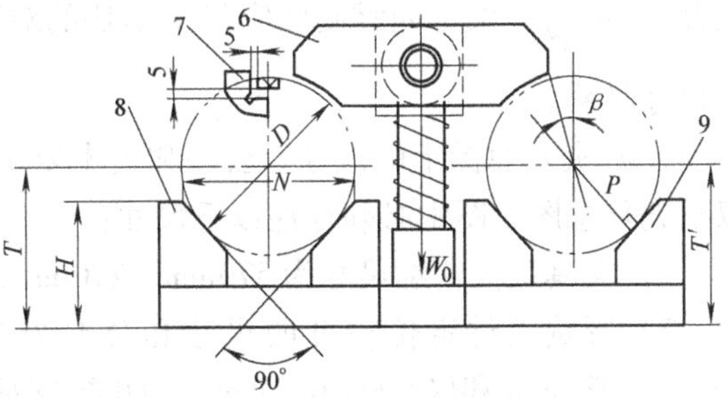

图7-17　夹紧力和夹紧点的分析

(3)夹紧方案及夹紧装置的设计　根据夹紧力方向和作用点确定的原则，要使工件在双V形块上同时夹紧，必须设计如图7-17所示的铰链式浮动弧形压板6，其弧形的曲率半径 R 应大于工件外径之半(如取 R 为40mm)，使夹紧时压板与工件外圆柱面为一段短窄的圆弧面接触。另外，若工件定位基面与V形块接触处的法线为 P，则夹紧点与工件轴心的连线和铅垂方向的夹角 β 必须小于45°，否则夹紧就不稳定，β 越小则越稳定可靠。由于工件较长，须在工件全长上设计两块浮动压板在两处同时夹紧的联动夹紧装置。

夹紧装置若采用手动夹紧，工件装卸时间较多，不能适应大批生产的要求。而用气动夹紧，则夹具体积太大，不便安装在铣床工作台上。因此，宜用液压作驱动力，如图7-14所示，液压缸5使活塞向下推动活塞杆4产生足够的原始作用力，通过平衡板2和双拉杆3，同时使双压板6向下移动，从而将工件夹紧。由于联动夹紧装置的3、4、5各环节均采用活动连接，这可保证工件上各夹紧点获得均匀的夹紧力。

(4) 导向对刀方案及夹具总体设计

1) 对刀方案：键槽铣刀需在两个方向对刀，故采用直角对刀块7(图7-14)配以5mm塞尺对好铣刀位置后，再按(125±0.03)mm的距离调整圆弧铣刀的位置。由于两铣刀的外径相等，油槽 $R3$ 深度由Ⅱ工位V形块定位高度 T' 与Ⅰ工位V形块的定位高度 T 之差决定，$T-T'=3$mm。如果考虑V形块的制造方便，两个工位的V形块定位高度也可制造得相等(即 $T=T'$)，但此时要保证油槽深度就要采用两把外径相差6mm的圆盘铣刀来加工了。

设计V形块的定位高度 T 可按式(2-3b)计算，对刀块的两工作面必须和V形块的定位心轴线平行。

2) 夹具体及其在机床上的安装：当进行夹具整体结构设计时，在满足铣切加工要求的前提下应尽量使各种装置布置得紧凑些；为了提高铣床夹具在机床上安装的稳固性，应尽量降低夹具的重心，并防止变形和振动，按照有关标准设计耳座；夹具体的高宽比应限制在 $\frac{H}{B}\leqslant 1\sim1.25$ 范围内(本例为1.17)。

为了保证槽的对称度要求，夹具体底面应设置安装矩形定向键的沟槽，两者配合为 $18\frac{H8}{h8}$。两定向键侧面应与V形块的对称平面平行。定向键与定位件之间无尺寸联系。

(5) 夹具总图上的尺寸、公差和技术要求　图7-14为直线送进式双工位铣双槽夹具总图，图中必须标注以下尺寸：

1) 夹具最大轮廓尺寸为570mm×270mm×230mm。

2) 影响工件定位精度的尺寸和公差为两组双V形块8~11的定位高度(64±0.02)mm和(61±0.02)mm；两止推支承销13、14的距离(112±0.1)mm；定位销12与工件加工的键槽的配合尺寸12h8。

3）影响夹具在机床上安装精度的尺寸、公差为定向键与铣床工作台T形槽的配合尺寸18 $\frac{H8}{h8}$。

4）各主要零件的位置精度有：工位Ⅰ的双V形块心轴轴线对夹具底面A的平行度0.05mm；工位Ⅰ与工位Ⅱ的两组双V形块的距离尺寸(125 ±0.03)mm；其心轴轴线间的平行度0.03mm，对定向键侧面B的平行度0.03mm。对刀块的位置尺寸(11 ±0.015)mm及(24.4 ±0.015)mm及塞尺厚度尺寸5h6。

5）夹具总图上除用几何公差符号标明上述位置精度外，还应用文字标注的技术要求是：键槽铣刀与油槽铣刀的外径应相等。

（6）工序精度分析　由于本工序中，键槽两侧面对ϕ70.8h6轴线的对称度和平行度要求较高，故应进行工序精度分析，其他加工要求可省略。

1）键槽侧面对ϕ70.8h6轴线的对称度精度

① 定位误差Δ_D。对称度的工序基准是ϕ70.8mm轴线，定位基准也是该轴线，故$\Delta_B=0$。又因V形块的对中性，$\Delta_y=0$。于是$\Delta_D=0$。

② 安装误差Δ_A。定向键在工作台T形槽中可能有两种位置：当两键处于图7-18a位置时，$\Delta_A=0$；而处于图7-18b位置时，产生最大间隙x_{max}，因槽18H8($^{+0.027}_{0}$)，键18h8($^{0}_{-0.027}$)，故

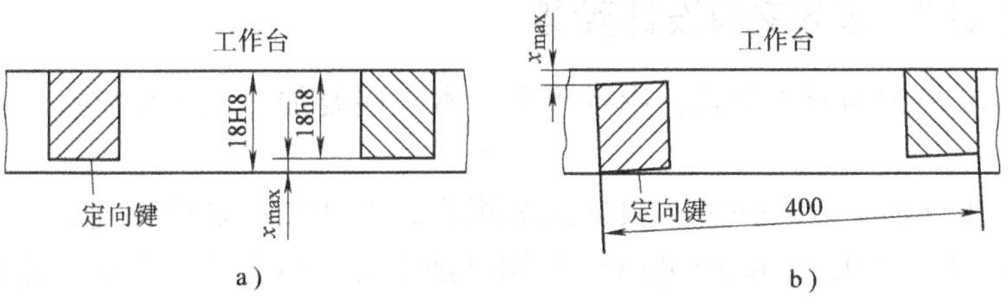

图7-18　顶尖套筒铣双槽夹具的安装误差

$$x_{max}=0.027\text{mm}+0.027\text{mm}=0.054\text{mm}$$

$$\Delta_A=\left(\frac{0.054}{400}\times 282\right)\text{mm}=0.038\text{mm}$$

式中，282mm为一次进给的长度(图7-16)。

③ 对刀误差Δ_T。对称度的对刀误差等于塞尺厚度的公差，因5h6 = 5$^{0}_{-0.009}$mm，故$\Delta_T=0.009$mm。

④ 夹具制造误差Δ_Z。影响对称度的Δ_Z有：工位Ⅰ的V形块心轴轴线对定向键侧面B的平行度0.03mm；对刀块水平位置尺寸(11 ±0.015)mm的公差0.03mm。故$\Delta_Z=0.03\text{mm}+0.03\text{mm}=0.06\text{mm}$。

⑤ 加工方法误差取$\Delta_G=0.1\text{mm}\times\frac{1}{3}=0.033\text{mm}$。

2）键槽侧面 B 对 $\phi70.8h6$ 轴线的平行度误差分析如下：

① 定位误差 Δ_D。由于同组双V形块一般都在装配后一起磨平V形面，它们的相互位置误差极小，可看作为一长V形块，故 $\Delta_D=0$。

② 安装误差 Δ_A。与上面分析相同。

③ 对刀误差 Δ_T。由于平行度不受塞尺厚度的影响，故 $\Delta_T=0$。

④ 夹具制造误差 Δ_Z。影响平行度的制造误差是工位Ⅰ的V形块心轴轴线与定向键侧面 B 的平行度0.03mm，故 $\Delta_Z=0.03\text{mm}$。

⑤ 加工方法误差取 $\Delta_G=0.08\text{mm}\times\dfrac{1}{3}=0.027\text{mm}$。

从表7-3可知，顶尖套筒铣双槽夹具不仅可以保证加工要求，还有一定的精度储备(J_c)。

表7-3 铣双槽夹具的总误差 （单位：mm）

代号	对称度0.1	平行度0.08
$\Sigma\Delta$	$\sqrt{0.038^2+0.009^2+0.06^2+0.033^2}=0.079$	$\sqrt{0.038^2+0.03^2+0.027^2}=0.055$
J_c	$0.1-0.079=0.021$	$0.08-0.055=0.025$

• 训练7 车床夹具设计实例

图7-19所示的液压泵盖，中批生产，本工序要加工三个阶梯孔，试设计车削三孔夹具。

（1）工件加工工艺分析 根据工艺规程，在加工三阶梯孔前，工件的顶面和底面 B、$2\times\phi8H7$ 孔和 $2\times\phi8\text{mm}$ 孔均已加工好。本工序的车削要求有：三阶梯孔的孔心距为(25 ± 0.1)mm，三孔轴线与底面 B 的垂直度0.1mm，两小孔 $\phi8H7$ 对中间阶梯孔2的位置度 $\phi0.2\text{mm}$。

（2）定位装置的设计 根据加工要求和基准重合原则，应选择工件的底面 B 及 $2\times\phi8H7$ 双孔定位，夹具采用“一面双销”限位，定位孔与定位销的主要尺寸如图7-20所示。

1）计算定位孔、销的中心距尺寸：

因孔心距 $L_D=\sqrt{87^2+48^2}\text{mm}=99.36\text{mm}$

$$L_{D\max}=\sqrt{87.05^2+48.05^2}\text{mm}=99.43\text{mm}$$

$$L_{D\min}=\sqrt{86.95^2+47.95^2}\text{mm}=99.29\text{mm}$$

故 $L_D=(99.36\pm0.07)\text{mm}$

定位销心距公差 δ_{L_d} 取 $\left(\dfrac{1}{3}\sim\dfrac{1}{5}\right)\delta_{L_D}$，销心距 $L_d=(99.36\pm0.02)\text{mm}$。

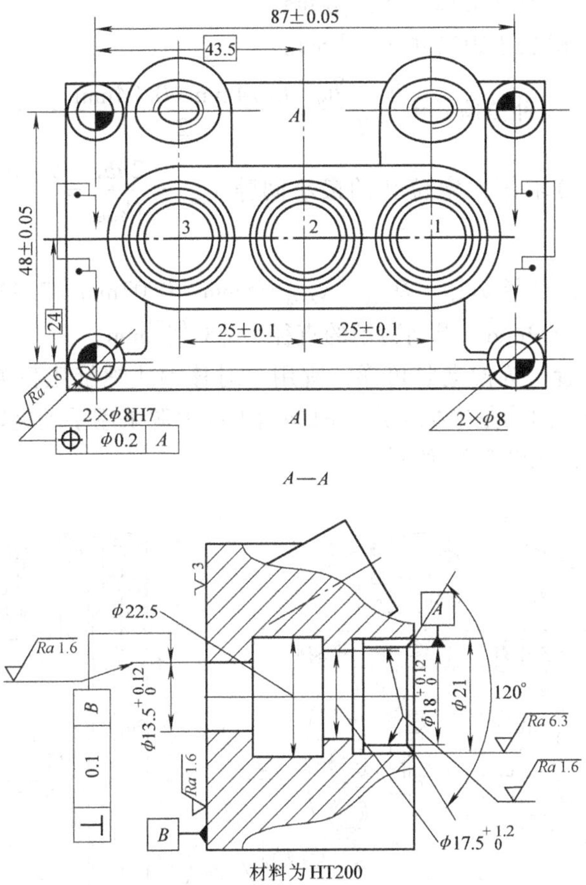

图 7-19　液压泵盖加工三孔工序图

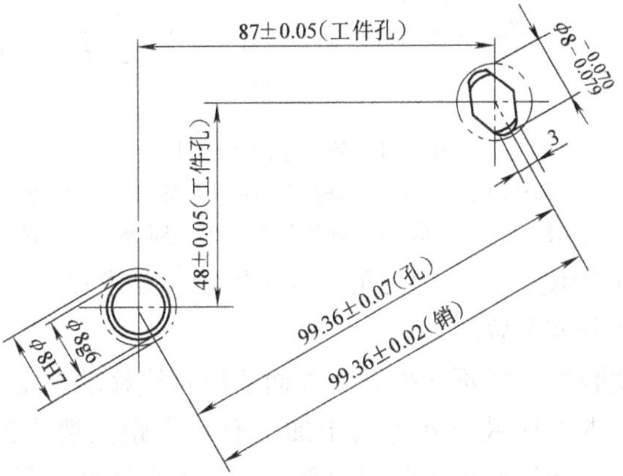

图 7-20　定位孔与定位销的尺寸

2）取圆柱销直径为 $\phi 8g6 = 8^{-0.005}_{-0.014}$mm。

3）查表 2-2 得削边销尺寸 $b_1 = 3$mm。

根据式(2-4)知补偿值 $a = \dfrac{\delta_{L_D} + \delta_{L_d}}{2} = \dfrac{0.14\text{mm} + 0.04\text{mm}}{2} = 0.09$mm

再按式(2-5b)求第二定位孔的最小间隙 $x_{2\min} = \dfrac{2ab_1}{D_{2\min}} = \dfrac{2 \times 0.09\text{mm} \times 3\text{mm}}{8} = 0.07$mm。

故削边销最大直径 $d_{2\max} = D_{2\min} - x_{2\min} = 8\text{mm} - 0.07\text{mm} = 7.93$mm。削边销直径公差取 IT6 = 0.009mm，得削边销的直径为 $\phi 8^{-0.070}_{-0.079}$mm。

（3）夹紧装置　为使夹紧可靠，宜用一对移动式螺旋压板夹紧装置夹压在工件顶面的两端，因为是中批生产，故夹紧力的力源采用手动夹紧，而不必采用复杂的动力装置，如图 7-21 所示。

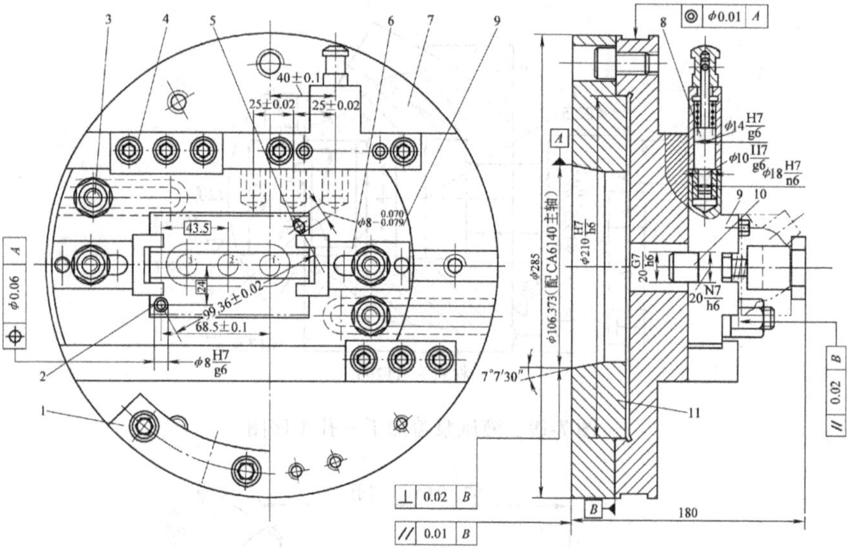

图 7-21　镗三孔车床夹具

1—配重块　2—圆柱限位销　3—T 形螺钉　4—钩形导板　5—削边销　6—压板　7—夹具体　8—对定销　9—分度滑块　10—导向键　11—过渡盘

（4）分度装置的设计　工件三孔呈直线均布，要求在一次装夹中加工完毕，故需设计直线移动分度装置。

直线移动分度装置是指不必松开工件而能沿直线移动一定距离，从而完成每工位的分度装置。本工序镗三孔即属于加工有一定距离要求的平行孔系。在图 7-21 中，夹具体 7 与钩形导板 4 为固定部分，分度滑块 9 为移动部分。9 与 7 之间用导向键 10 联接，用 T 形螺钉 3 和螺母锁紧。由于孔心距为(25 ±0.1)mm，分度要求不高，故设计手拉式圆柱对定销 8 即可。为了不妨碍操作和观察，对定机构不宜轴向布置而应径向安装在一侧，另一侧以配重块平衡。

（5）夹具在车床主轴上的安装　由于本工序在 CA6140 车床上进行，过渡盘应以短锥面和端面在主轴上定位，用螺钉紧固。夹具体的止口 ϕ210mm 与过渡盘凸缘以$\frac{H7}{h6}$配合。

（6）夹具总图上尺寸、公差和技术要求

1）最大外形轮廓尺寸 $\phi 285\text{mm} \times 180\text{mm}$。

2）影响工件定位精度的尺寸和公差：销心距(99.36 ± 0.02)mm；圆柱限位销 2 与工件定位孔的配合尺寸 $\phi 8\ \frac{H7}{g6}$及该销至待加工孔 1 的位置尺寸(68.5 ± 0.1)mm、该销对孔 2 中心的位置度 ϕ0.06mm 以及孔 2 中心的理论正确坐标尺寸$\boxed{43.5}$和$\boxed{24}$；削边销 5 的直径 $\phi 8^{-0.070}_{-0.079}$mm；主要限位面对 *B* 面的平行度为 0.02mm。

3）影响夹具精度的尺寸和公差：对定销 8 与对定套的配合尺寸 $\phi 10\ \frac{H7}{g6}$；对定销与导向孔的配合尺寸 $\phi 14\ \frac{H7}{g6}$；对定套与分度滑板 9 的配合尺寸 $\phi 18\ \frac{H7}{n6}$；对定销导向孔轴线与夹具体止口轴线的距离(40 ± 0.1)mm；相邻两对定套轴线的距离(25 ± 0.02)mm；导向键 10 与分度滑板的配合尺寸 20 $\frac{N7}{h6}$及导向键与夹具体的配合尺寸 20 $\frac{G7}{h6}$。

4）影响夹具在机床上的安装精度的尺寸和公差：过渡盘与夹具体止口的配合尺寸 $\phi 210\ \frac{H7}{h6}$；夹具找正基圆与回转轴线的同轴度 ϕ0.01mm；过渡盘内锥面与车床主轴配合尺寸 ϕ106.373mm 和$7°7'30''$；过渡盘端面与夹具体 *B* 面的平行度 0.01mm。

（7）工序精度分析　本工序的主要加工要求是待加工三孔的孔心距尺寸(25 ± 0.1)mm。此尺寸主要受直线移动分度误差的影响。为此只需算出分度误差即可。

直线移动分度误差 Δ_F（单位：mm）可用下式计算

$$\Delta_F = 2\sqrt{\delta^2 + x_1^2 + x_2^2 + e^2}$$

式中　δ——两相邻对定套的距离公差 0.04mm；

x_1——对定销与对定套的最大配合间隙：因 $\phi 10\ \frac{H7}{g6}$，$\phi 10\text{H7} = \phi 10^{+0.015}_{0}$mm，

$\phi 10g6=\phi 10^{-0.005}_{-0.014}mm$，故 $x_1=0.015mm+0.014mm=0.029mm$；

x_2——对定销与导向孔的最大配合间隙：因 $\phi 14\ \frac{H7}{g6}$，$\phi 14H7=\phi 14^{+0.018}_{0}mm$，

$\phi 14g6=\phi 14^{-0.006}_{-0.017}mm$，故 $x_2=0.018mm+0.017mm=0.035mm$；

e——对定销的对定部分与导向部分的同轴度。设 $e=0.01mm$。

于是

$$\Delta_F=2\sqrt{0.04^2+0.029^2+0.035^2+0.01^2}mm=0.12mm$$

由于 $\Delta_F<\delta_K=0.2mm$，故本夹具能保证加工精度。

• 训练8　误差计算不等式在设计夹具中的应用实例

现在以设计图7-22所示阀盖的车床夹具为例来说明式5-5a误差计算不等式的应用。

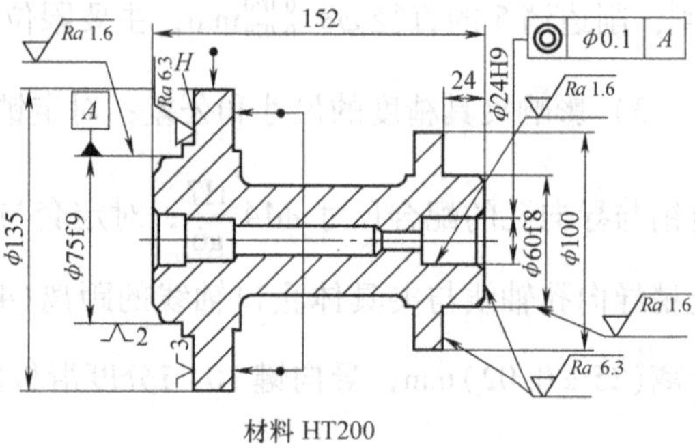

图7-22　阀盖工序简图

夹具用于C620-1车床加工仪表阀门上阀盖的 $\phi 24H9$ 孔，$\phi 60f8$ 外圆及其端面。工件以 $\phi 75f9$ 外圆及端面H为定位基准，而夹具的定位件设计了一个偏心定位套4（图7-23）的内孔及端面来限位。为什么要采用偏心套呢？原来工件被加工外圆及内孔与定位基准外圆表面要求同轴度公差值为 $\phi 0.1mm$，而作为定位基准的外圆 $\phi 75f9$ 的上、下极限偏差分别为0和 $-0.104mm$，若要保证同轴度，即使选用任何尺寸公差的限位孔，都会由于配合间隙过大而造成基准位移误差 Δ_y 过大，从而无法保证同轴度要求。为此必须对误差计算不等式中有关项目进行控制，使 $\Sigma\Delta$ 减少，以保证加工精度要求。

根据式5-5a

$$\Sigma\Delta=\Delta_D+\Delta_A+\Delta_T+\Delta_Z+\Delta_G\leqslant\delta_K$$
$$\Delta_D=\Delta_B+\Delta_y,$$

本夹具中 $\Delta_B=0$，$\Delta_T=0$，$\Delta_y=\frac{D_{实}-d_{min}}{2}$（式中，$D_{实}$ 为限位孔 $\phi 75mm$ 的实测值，d_{min} 为 $\phi 75f9$ 的最小极限尺寸）。为了控制 $\Sigma\Delta$，有意在安装工件时使 Δ_y 的方向与夹具安装误差 Δ_A 方向相反，于是 Δ_A 与 Δ_y 可以互相抵消一部分误差值。

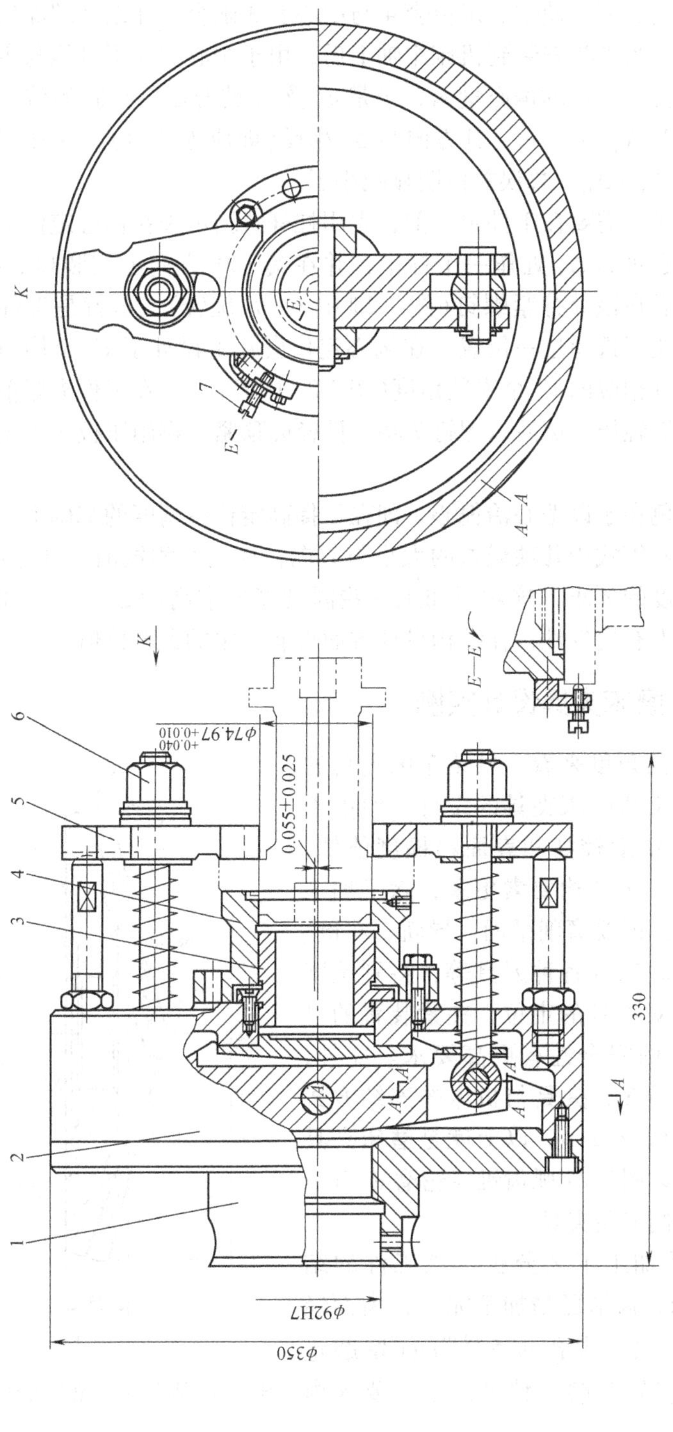

图 7-23　加工阀盖的偏心车床夹具

1—过渡盘　2—夹具体　3—中心套　4—偏心定位套　5—压板(2 件)　6—螺母(2 件)　7—顶紧螺钉

现设计规定限位孔偏离主轴回转轴线的值为 $e_1=(0.055\pm0.025)$mm，为了从结构上获得此偏心值，使偏心定位套4与中心套3配合，并以其端面用螺钉紧固在夹具体2上；当夹具安装到机床主轴上后，由于中心套3不可能与主轴回转轴线绝对同轴，会有一定的偏心量 e_2，于是 e_1 及 e_2 就合成一个新的偏心量，它就是夹具安装误差 $\Delta_A=e_1+e_2$，其方向与 Δ_y 相反(即应为负值)，这样不等式就成为：$\Sigma\Delta=\Delta_y-\Delta_A+\Delta_G$，总误差值明显减小了。

在夹具装配时，需要在工件定位前，先用杠杆式指示表在偏心定位套4的限位孔壁上选取偏心量为 Δ_A 处作一个标记，并在其180°方向上安装顶紧螺钉7，使工件定位好以后在该处拧紧螺钉(图7-23中 *E—E* 旋转)，这就是工件正确的加工位置。为了便于选择这一位置，在偏心定位套4上设计了12个均布孔，顶紧螺钉7也设计有相应的12个安装角度(图7-23中 *K* 向)。在工件夹紧前，先用联动压板5将工件轻压，然后以螺钉7将工件径向顶紧，再用压板5将工件联动压紧。

本夹具的特色在于以偏心治偏心，即在不提高定位件精度的基础上，有意识地控制误差计算不等式中几项误差的大小与方向，使之互相抵消一部分误差值，从而保证加工精度的要求，这对于加工一些同轴度要求高而 Δ_y 又较大的工件，在夹具设计思路上有启发性，在结构设计方面也有一定的参考价值。

• 训练9　磨床夹具设计实例

从夹具设计的角度来看，虽然车床夹具的设计原则也可用于圆磨床夹具的设计，但由于磨削工件的加工精度较高和表面粗糙度值低，加工范围更广，工艺结构要素更多，除了加工内外圆端面以外，还要磨削平面、导轨、花键、螺纹、齿轮、凸轮以及各种刀具等，特别是磨床的转速更高，对夹具的定位、夹紧装置的可靠性和旋转夹具的安全性有更高要求。此外，由于磨床的品种较多，夹具与机床的连结方式以及夹具体的结构也较多，以上就是磨床夹具设计的特点。现以图7-24弧齿锥齿轮磨 $\phi75$mm 孔为例设计其磨削专用夹具。

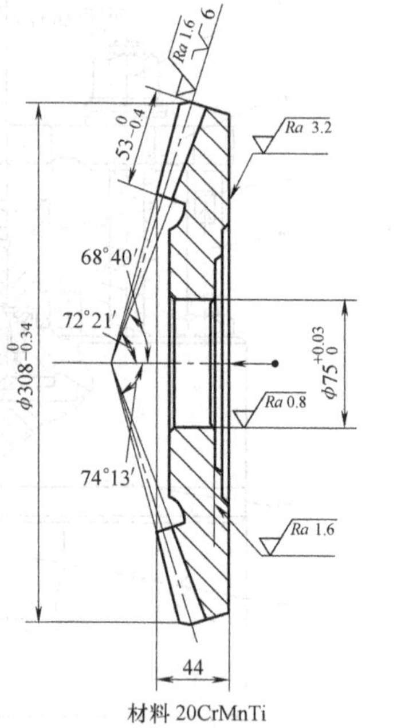

图7-24　弧齿锥齿轮磨内孔工序图

(1) 工件的加工工艺分析　该工件的结构外形比较特殊，齿形已精加工完毕，齿面经淬火热处理，待加工内孔 $\phi75^{+0.03}_{0}$mm 留磨量 $0.3\sim0.4$mm，应先粗磨再精磨，工艺要求内孔轴线与分度圆轴线同轴度公差为 $\phi0.03$mm，与端面的轴向圆跳动公差为 0.02mm。

（2）定位装置的设计　根据工艺要求和基准重合原则，应选择齿轮分度圆作定位基准。因而要设计锥销限位（图 7-25），但锥销数量几个才适当？根据第四章学过的误差平均效应分度原理，锥销当然是设置越多定位误差越小，但是夹具结构和制造较复杂。由于采用分度盘确定锥销位置，其圆周分度尺寸不能自行调整，即不能补偿齿轮齿距累积误差，经误差分析确定六个定位锥销的位置（计算从略），这样对分度盘 7 的制造精度要求也就更高。

（3）夹紧装置的设计及夹具在磨床上的安装　夹具以过渡盘 2 的锥孔 $\phi139.719\times7°7'30''$安装在磨床主轴上，并用螺钉紧固。过渡盘与分度盘之间靠夹具体 4 连结在一起，并保持同轴度公差为 $\phi0.01$mm。六个限位锥销 8 均布安装于分度盘上，限位锥销尺寸经严格控制，其轴向圆跳动和同轴度误差均控制在 0.005mm 以下，并在夹具安装时调整。

因工件为锥齿轮，经六个锥销限位后，应自动定心于锥销的公共轴线上，从而保证其分度圆与磨床主轴回转轴线 A 同轴。

夹紧装置的动力源来自主轴后端气缸（图 7-25 中未画出）动作，与拉杆 1 相连，拉杆则通过拉板 3 可带动三个铰链式压板 10 运动，当拉杆 1 后拉，即带动压板 10 后移把工件夹紧。压板上三个压销 9 安装后要精确调整，使施力点在同一垂直平面上。

当工件加工完毕后，气缸反向动作使拉杆前移，由于压板 10 上各设计一个装有拉簧的滚轮，故在分度盘斜面作用下，压板径向张开，从而顺利取出工件。

本夹具最好在使用时采用两套相同的夹具，分别用于粗磨和精磨内孔。本夹具的精度分析从略，读者可自行分析验证。

• 训练 10　组合夹具组装实例

组装一套组合夹具所考虑的问题与设计专用夹具基本相似，但也有其本身特点。一般可按本实例的组装步骤进行。

图 7-26 所示为双曲柄工件钻孔工序图。本工序要钻铰两个 $\phi10^{+0.03}_{0}$mm 孔，工件上 $\phi25^{+0.01}_{0}$mm 孔及其他各加工表面在本工序前均已加工完毕。试组装该钻模。

（1）熟悉加工图样及工艺文件，明确加工技术要求、所用机床与刀具等情况。

本工序加工要求是：①两待加工孔径 $\phi10^{+0.03}_{0}$mm 和表面粗糙度用钻头和铰刀保证；②双孔轴线对 $\phi25^{+0.01}_{0}$mm 轴线保持平行度 0.15mm/100mm；③双孔的

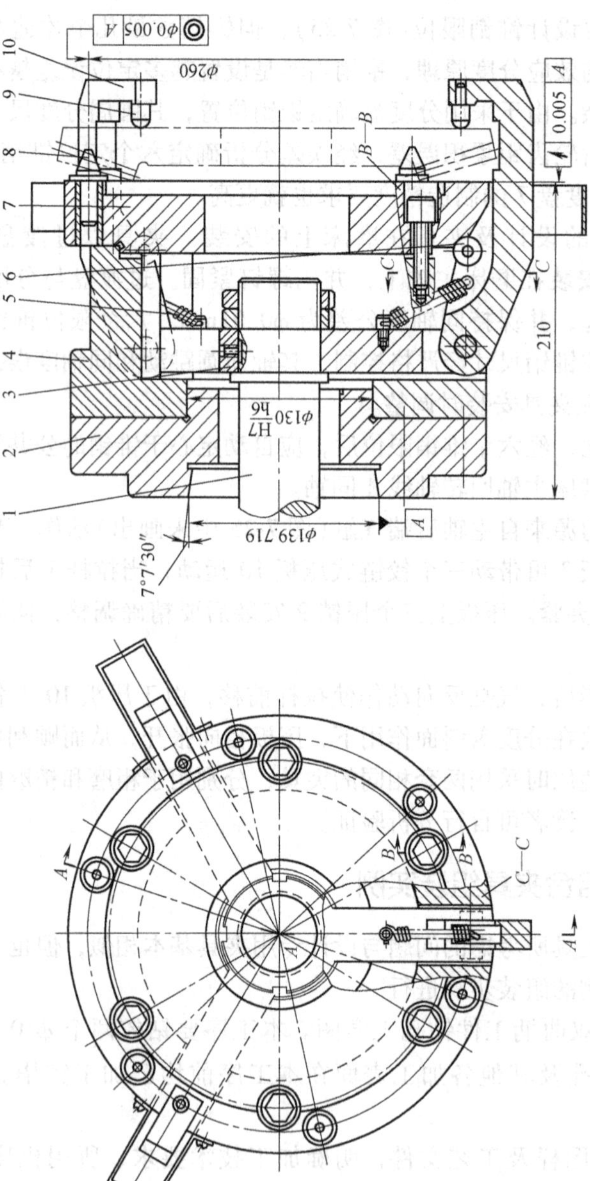

图 7-25 弧齿锥齿轮磨内孔专用夹具

1—拉杆 2—过渡盘 3—拉板 4—夹具体 5—拉簧(3 件) 6—滚轮(3 件)
7—分度盘 8—限位锥销(6 件) 9—压销(3 件) 10—铰链式压板(3 件)

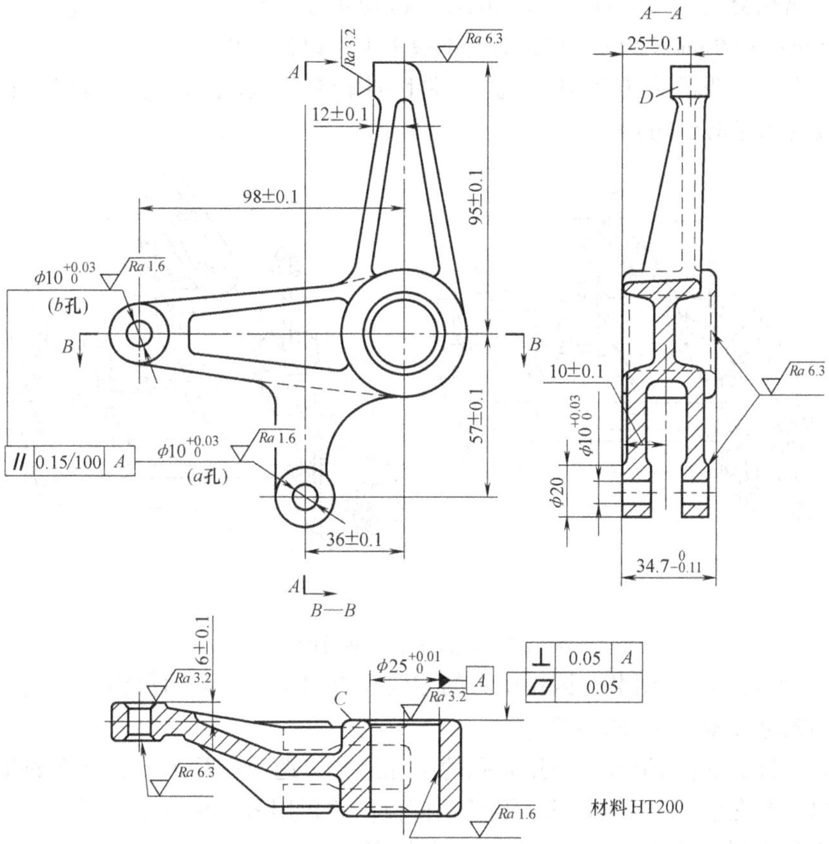

图7-26 双曲柄工件钻孔工序图

位置尺寸精度，*a*孔心坐标尺寸为(36 ±0.1)mm 和(57 ±0.1)mm，*b*孔轴线与$\phi25^{+0.01}_{0}$mm 孔轴线在同一平面内，且保持孔心距为(98 ±0.1)mm。

(2) 根据组合夹具组装任务书拟定组装方案并试装 经过分析、判断，即可拟定定位和夹紧形式，选用所需的组合元件，初步确定夹具结构方案。通过试装先摆一个“样子”，对其中主要元件的精度，要进行测量和挑选。试装的目的是全面检查夹具的结构方案是否合理，因此各元件之间暂不紧固，以便于修改或补充。

(3) 连接、调整和紧固 试装后，按一定的顺序把各元件和合件用定位键、螺栓、螺母等联接起来，与此同时要进行有关位置尺寸的测量和调整。这样边组装，边测量，边调整(包括微调)，边固定。以本工序为例，具体过程如下：

1) 定位元件的组装。根据基准重合原则，确定以工件的$\phi25^{+0.01}_{0}$mm 孔及其端面*C*为定位基面，共限制五个自由度，另以小平面*D*限制一个自由度，使工件得到完全定位。组合夹具选用240mm ×120mm ×60mm 的长方形基础板，并在其T形槽相交处装一个 ϕ25mm 的圆柱形限位销及其相配的定位盘2(图7-27a),装在60mm×60mm×20mm的方形支承块1上，以使工件装得高些，便于在 a、b 两孔处设置可调辅助支承10(注意:工件刚性较差,定位基面距加工部位较远,增设辅助支承是必要的)。

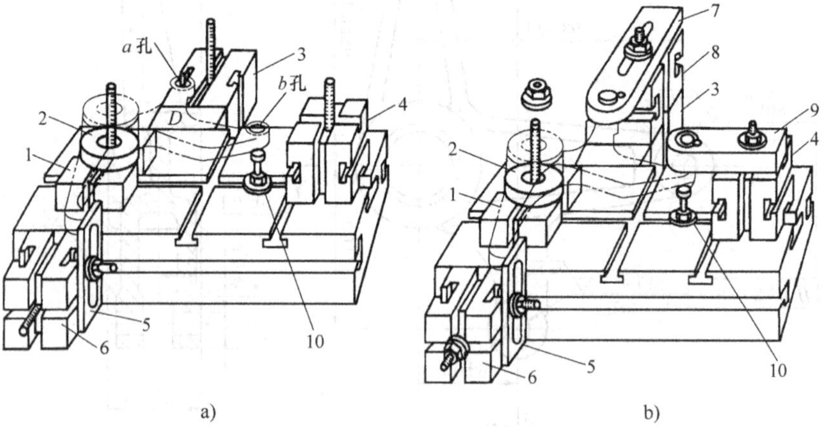

图7-27 双曲柄工件钻模的组装

2）夹紧元件的组装。因切削力的方向垂直向下，宜采用贯穿基础板的压紧螺栓和螺母夹紧工件(图7-27b)。

3）导向元件的组装。根据 a 孔的坐标尺寸，选用在基础板后侧面的T形槽中接出方形支承3，以组装钻 a 孔的钻模板，并再用另一个方形支承8垫高，使钻模板7达到所需高度。为便于调整尺寸(98±0.1)mm，对 b 孔用的钻模板9及方形支承4、1装在与 ϕ25mm 限位销同一条纵向T形槽内。

4）在基础板前侧面T形槽中安装方形支承6和伸长板5，使工件的 D 面(图7-26)限位。

至此试装完毕。调整本夹具时，尺寸公差仍取工件相应公差的1/3~1/5。

5）最后组装、调整、紧固各元件和合件。各元件均要擦洗，T形槽中都要放入定位键。各元件紧固后都要检验其紧固状况，并检验 a、b 孔与 ϕ25mm 定位销的坐标尺寸误差和位置误差。

复习思考题

1. 用图7-28所示的定位方式铣削连杆工件的(13±0.1)mm两侧面，分析加工尺寸 $12^{+0.30}_{0}$mm 的定位误差，并绘出对刀块草图。

2. 图7-29所示的阶梯轴工件，分别在截面Ⅰ—Ⅰ和Ⅱ—Ⅱ处，用90°V形块来定位钻ϕ4mm孔，要求ϕ4mm孔轴线到ϕ20h9轴线距离为(8 ± 0.15)mm。试分析此定位方案的定位误差。

3. 设计图7-30所示的支架工件钻、铰ϕ9H7孔的钻模草图(或绘总图)，并进行工序精度分析。

4. 设计图7-31所示轴承座$\phi 32K7(^{+0.007}_{-0.018})$孔的车床夹具，工艺要求本工序以$A$面及已加工好的2 × ϕ9H7双孔定位，试绘制车床夹具草图或总图，并进行精度分析。

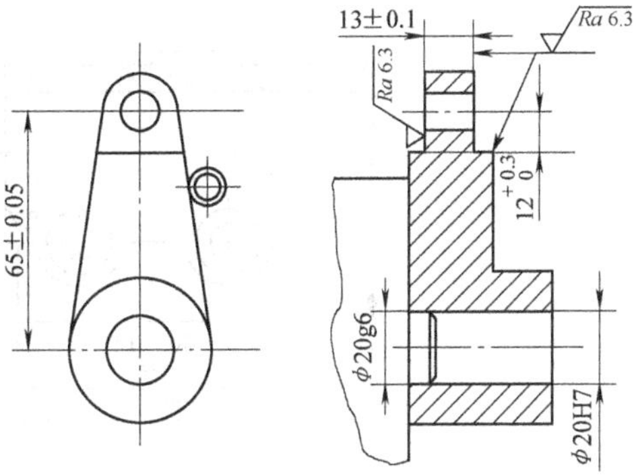

图7-28　连杆工件简图

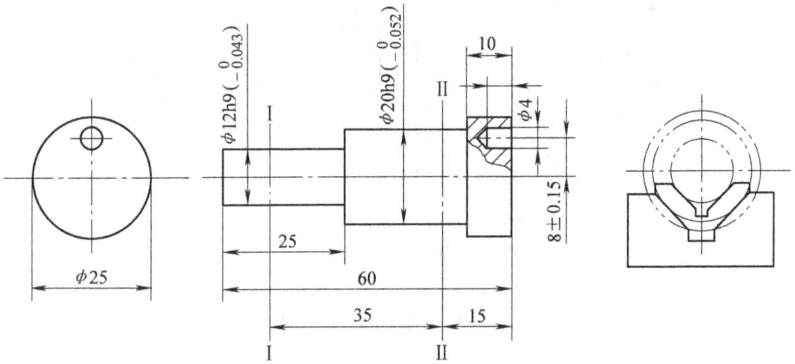

图7-29　阶梯轴工件定位

5. 在图7-32接头工件上铣28H11槽，其他表面均已加工好，试设计所需铣床夹具总图，并进行加工精度分析。

*6. 试设计在外圆磨床上磨削60°顶尖的夹具(磨削时工件顶尖在夹具中由操作者手动旋转)。

7. 仿照图5-35所示的夹具结构，设计在平面磨床上磨削图7-32所示接头工件的28H11扁平面的磨夹具(工件以已加工好的ϕ20H7内孔定位，28H11两扁平面在铣削后留0.5mm余量)。

8. 从创新发展的理念来思考，回答为什么夹具设计方案的确定不是唯一的？你能举例说明吗？

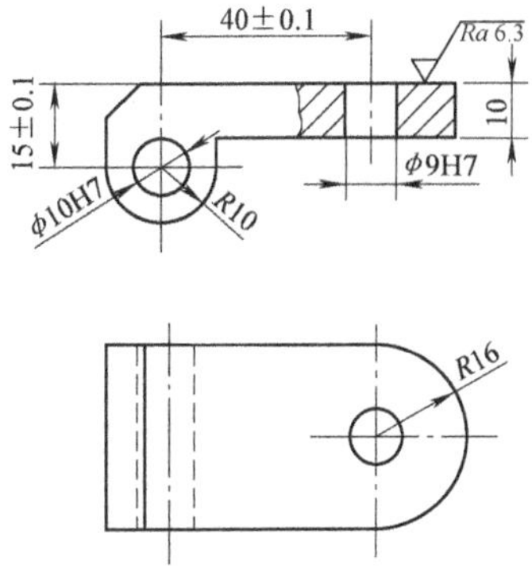

图7-30　支架工件

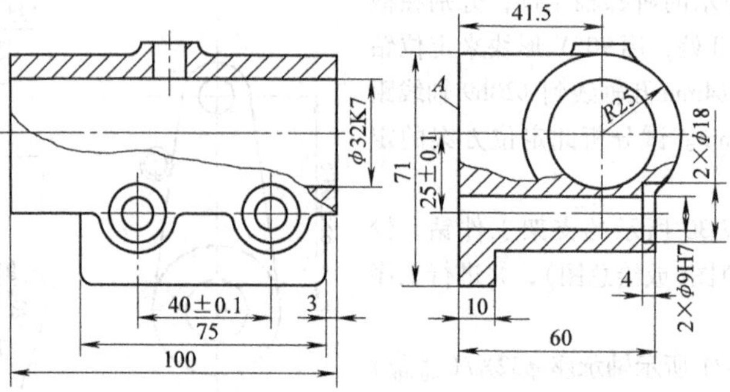

图 7-31 轴承座工件简图

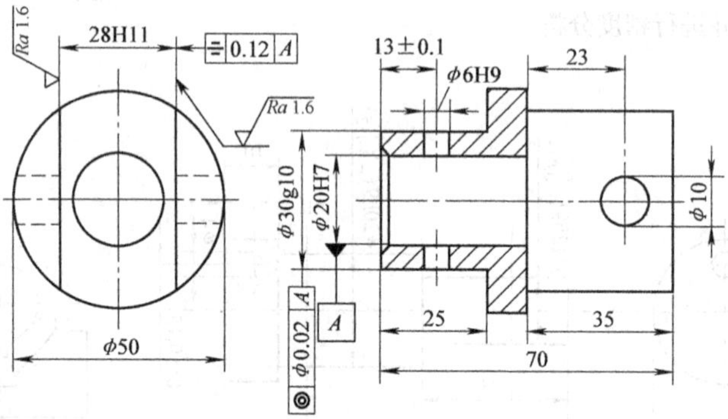

图 7-32 接头工件简图

试　题　库

◈◈◈ 知识要求试题

一、判断题（对画√，错画×）

1. 专用机床夹具至少必须由夹具体、定位件（装置）和夹紧件（装置）三个基本部分。（　）

2. 一个物体在空间不加任何约束、限制的话，它有六个自由度。（　）

3. 用六个适当分布的定位支承点，限制工件的六个自由度，即简称为六点定则。（　）

4. 一个支承点只能限制工件一个自由度，但如果六个支承点分布不当，就可能限制不了工件的六个自由度。（　）

5. 夹具费用的高低将直接影响劳动生产率的高低和效益好坏。（　）

6. 采用不完全定位是违背六点定则的，故很少被夹具设计采用。（　）

7. 采用不完全定位法可简化夹具结构。（　）

8. 工件定位的实质是确定工件上定位基准的位置，此时主要应从有利于夹具结构简化和定位误差小两方面考虑。（　）

9. 既能起定位作用，又能起定位刚性作用的支承称为辅助支承。（　）

10. 若支承点的位置在工件定位过程中，随定位基面的变化而自动与之相适应的定位件称为浮动支承。（　）

11. 工件在夹具中定位后，在加工过程中要始终保持准确位置，应由夹具定位件来实现。（　）

12. 工件加工时应限制的自由度取决于工序加工要求，夹具支承点的布置取决于工件的形状。（　）

13. 用六个支承点来限制工件的六个自由度，当支承点分布不合理时，会产生既是重复定位又是欠定位的情况。（　）

14. 定位基面和限位基面指的都是工件上同一个表面。（　）

15. 工件以圆柱孔作基面定位时，常用的定位件是V形块或定位套筒。 (　　)

16. 工件定位基准与工序基准重合时，基准不重合误差等于零。 (　　)

17. 用V形块定位时，V形槽夹角 α 越大，定位精度越高且越稳定。 (　　)

18. 当心轴与工件定位孔采用无间隙配合时，定位基面与限位基面完全重合，故基准不重合误差不存在。 (　　)

19. 用心轴与工件定位孔采用有间隙配合时，无论心轴水平安装还是垂直安装，所产生的基准位移误差都是相同的。 (　　)

20. 工件以外圆柱面作定位基面，在V形块上定位时，当加工尺寸是以外圆柱的下母线为工序基准标注，则定位误差最小。 (　　)

21. 螺旋压板夹紧装置是应用最广泛的夹紧装置。 (　　)

22. 在夹具中采用偏心轮夹紧工件比用螺旋压板夹紧工件的动作迅速，但其自锁性要比后者差。 (　　)

23. 用自定心卡盘夹持工件车削时，每个卡爪所受的力是变化的，工件伸出卡爪越长，所需夹紧力也越大。 (　　)

24. 钻削大型工件上的小孔时，由于钻削时的转矩较小，不论钻孔的方位如何，即使不用夹紧装置也无妨。 (　　)

25. 定心夹紧装置的特点是将定位件与夹紧件协调配合使两者利弊互补，达到工件装夹精度要求。 (　　)

26. 各种定心夹紧装置都是利用均分定位基准公差的原理而设计的。 (　　)

27. 弹性筒夹的锥度对定心夹紧的性能影响较大，故关键在于锥套的锥角与筒夹的锥角必须严格保持一致。 (　　)

28. 操纵一个手柄就能同时实现多点、从各个方向均匀地夹紧一个工件，或者能同时夹紧若干个工件的夹紧装置，都是联动夹紧装置。 (　　)

29. 在斜楔增力机构中，斜角 α 越大，增力比也越大，因而夹紧力也越大。 (　　)

30. 铰链杠杆增力机构中，杠杆的夹紧力是随被夹工件的尺寸而变化的，倾角 α 越小，夹紧力越大，但杠杆末端的行程越小。 (　　)

31. 各种精密分度装置大多是利用“误差平均效应”的工作原理设计制造的。 (　　)

二、选择题(将正确答案的序号填入括号内)

（一）单选题

1. 当被加工面在一个坐标方向或两个坐标方向有位置尺寸要求时，夹具应采用(　　)定位。

A. 完全　　B. 不完全　　C. 欠　　D. 重复

2. 通过夹具把(　　)组成一个封闭的统一体，称为机械加工工艺系统。

A. 机床与工件　　B. 机床与刀具

C. 工件、机床与刀具　　D. 工件与刀具

3. 在专用夹具中，用来保证工件在夹具中具有正确位置的零件称为(　　)。

A. 对刀导向装置　　B. 确定夹具位置

C. 夹紧装置　　D. 定位件

E. 夹具体与其他件

4. 在夹具中的基础件一般是指(　　)。

A. 定位件　　B. 夹紧件

C. 夹具体　　D. 确定夹具位置零件

5. 工件在夹具中定位时，被夹具定位件限制了三个自由度的工件上的那个基面称为(　　)。

A. 导向定位基面　　B. 主要限位基面

C. 主要定位基面　　D. 止推定位基面

6. 限制工件自由度数少于六个仍可满足加工要求的定位称为(　　)定位。

A. 完全　　B. 不完全　　C. 重复　　D. 欠

7. 夹具体用一个大平面对工件的主要定位基面进行限位时，它可限制工件(　　)个自由度。

A. 两　　B. 三　　C. 四　　D. 五

8. 外圆柱工件在长 V 形块上定位时，被限制(　　)自由度。

A. 两个移动　　B. 两个转动

C. 两个移动、两个转动　　D. 两个移动、一个转动

9. 用长圆锥心轴或两顶尖对工件定位时，限位面共限制工件(　　)自由度。

A. 三个移动、两个转动　　B. 两个移动、三个转动

C. 一个移动、三个转动　　D. 两个移动、两个转动

10. 利用工件已精加工且面积较大的平面作主要定位基面定位时，应选择的基本支承是(　　)。

A. 支承钉　　B. 支承板　　C. 浮动支承　　D. 可调支承

11. 工件毛坯以高低不平的粗基面定位时，夹具应设置(　　)定位支承点支承。

A. 两个　　B. 三个　　C. 四个　　D. 五个

12. 由于定位副的制造误差而引起的定位基准在加工尺寸方向上的最大位置变动范围称为(　　)。

A. 基准不重合误差　　B. 基准位移误差

C. 转角误差　　D. 加工方法误差

13. 工件以圆柱孔在心轴上定位时，由于定位副的制造误差存在，故当心轴水平放置时，工件与定位件为(　)接触。

A. 双边　B. 单边　C. 任意边　D. 上下

14. 在基本夹紧装置中，从原理上说，(　)是最基本的一种形式。

A. 斜楔夹紧　　B. 螺旋夹紧

C. 偏心轮夹紧　　D. 定心夹紧

15. 在分度装置中，影响分度精度的关键部分是(　)。

A. 固定部分　　B. 转动部分

C. 抬起与锁紧装置　　D. 分度对定装置

16. 若夹具上遇到相互既不平行、又不垂直的孔轴线、基面、空间角度等位置精度的加工和测量难题，可采用(　)方法解决。

A. 精密划线　　B. 在机床上加工时测量

C. 设置工艺孔　　D. 设计专用检具

（二）多选题

1. 专用夹具在机械加工过程中的作用是(　)。

A. 保证工件加工质量

B. 降低加工成本

C. 改善工人劳动条件

D. 扩大机床工艺范围和改变机床用途

E. 提高劳动生产率

F. 加强企业生产管理

2. 要消除或改善重复定位造成的不良后果，可采取以下举措：(　)。

A. 避免两定位件互相干涉　　B. 改善定位装置的结构

C. 提高定位副的制造精度　　D. 减少或增加支承点的数目

3. 对定位副的基本要求是(　)。

A. 有足够的精度、强度和刚度　　B. 耐磨性和工艺性好

C. 便于清除切屑　　D. 结构简单

4. 定位基面的选择应遵循以下原则(　)。

A. 基准重合原则　　B. 基准统一原则

C. 基面必须精加工　　D. 装夹稳定、方便、变形最小

5. 工件以精基面定位，夹具以两支承钉限位时常会产生的定位误差有(　)；工件以外圆柱面在V形块中定位时，常会产生的定位误差有(　)；工件以一面双孔在夹具体大平面及一个圆柱销和一个削边销上定位时，常会产生的定位误差有(　)。

A. 基准位移误差　　　　B. 基准不重合误差

C. 转角误差　　　　D. 对中误差

6. 欲提高工件以平面定位的精度，可采取以下措施：(　　)。

A. 尽量减少定位基面的面积

B. 力求选择基准重合的限位基面

C. 提高限位基面的制造精度

D. 增大支承钉间的距离并保持等高

7. 对夹紧装置的基本要求是(　　)。

A. 不破坏工件定位　　　　B. 压紧夹牢

C. 结构简单、容易制造　　　　D. 安全、迅速、省力

8. 夹紧力的作用方向的选择，应考虑到下列问题：(　　)。

A. 夹紧力应背向定位基面

B. 主要夹紧力应朝向主要限位基面

C. 夹紧力最好与工件重力、切削力同向

D. 夹紧力应与重力、切削力方向垂直

9. 夹紧力的着力点的位置应位于(　　)。

A. 限位支承面内　　　　B. 工件刚度较大处

C. 远离加工点　　　　D. 接近加工部位

10. 采用轴向分度的圆柱销对定机构时，影响分度精度的误差有(　　)。

A. 对定销与分度盘衬套孔的配合间隙

B. 对定销与固定部分衬套孔的配合间隙

C. 分度盘衬套内外径的不同轴度

D. 分度盘两相邻孔距误差

E. 转盘回转轴与分度盘配合孔的配合间隙

F. 分度孔至分度盘回转中心距的误差

11. 为了使夹具尺寸链的封闭环便于用调整、修配法保证装配精度，通常采用以下方法：(　　)。

A. 修磨某件的尺寸　　　　B. 移动某零件

C. 控制尺寸链各环的公差　　　　D. 加入垫片

三、分析计算作图题

1. 在图 1 所示的定位方案中，V 形块 1、2、3 分别限制三通管工件哪几个自由度？有无重复定位现象？试分析之。

2. 今有图 2a 和图 2b 所示两批圆柱工件，要在其端面上钻小孔，分别要求保证 H 和 M 尺寸。试分别比较用图 2c 和图 2d 所示两种定位方案的钻模来保证

H，以及用图 2e 和图 2f 所示两种方案的钻模来保证 M，以哪一种方案为优？

3. 分析图 3 及图 2-59 各工件定位时，分别应限制哪几个自由度？属于何种定位方式？

4. 分析图 4 所示工件在端面上钻 d 孔，分别指出各定位件限制了哪几个自由度？属于何种定位方式？如何改进？

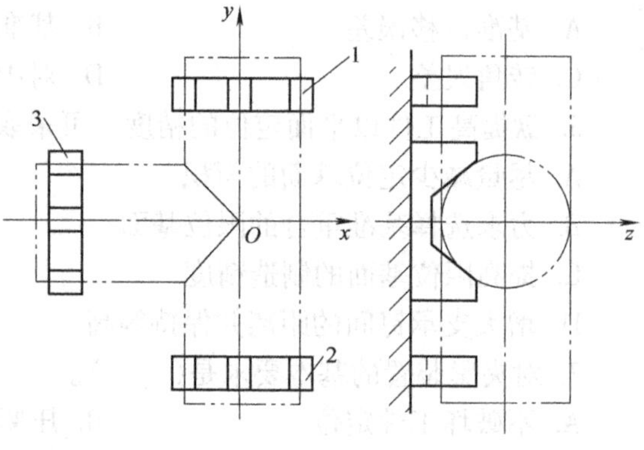

图 1　三通管工件的定位

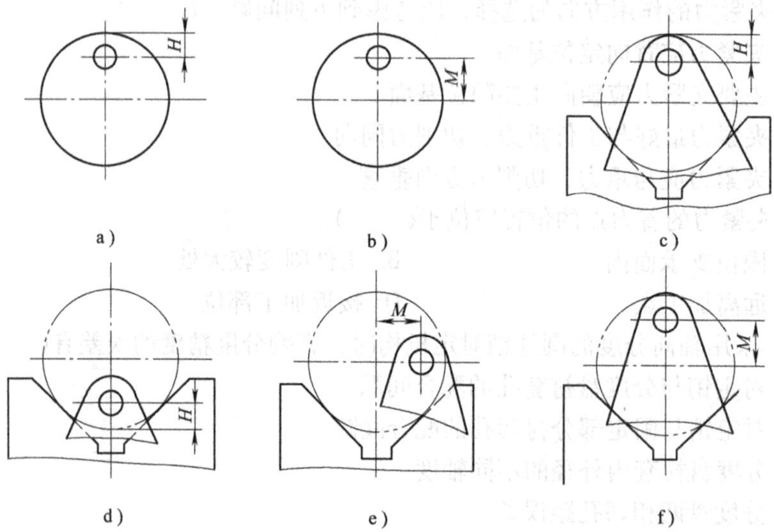

图 2　分析题 2 图

5. 图 5 所示的支架，以 A 面为基面加工 B 面时，试分析这种定位方案存在的问题，解决方法。

6. 已知圆柱工件外径 $D=90^{+0.2}_{0}$ mm，$B=35^{+0.3}_{0}$ mm，$\alpha=45°$，试分析图 6 所示的定位方式能否满足加工尺寸 $A=40^{+0.25}_{0}$ mm 的精度要求。

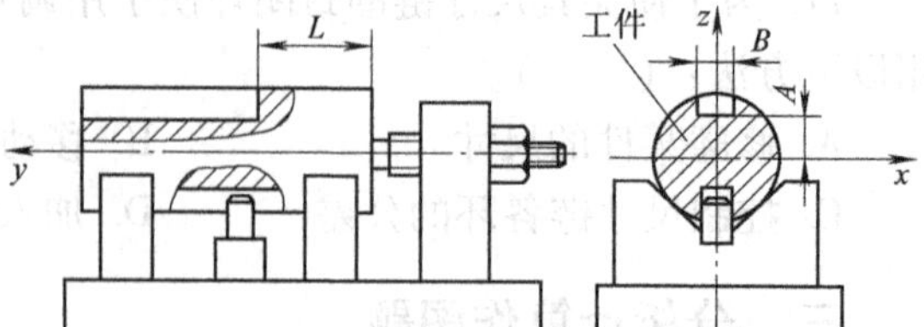

图 3　铣键槽 B

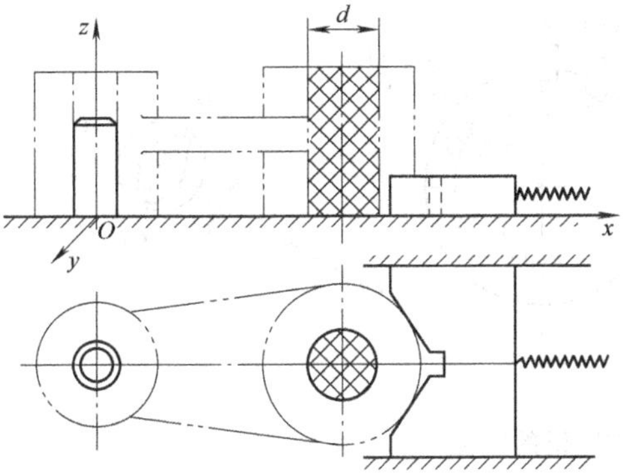

图 4　分析题 4 图

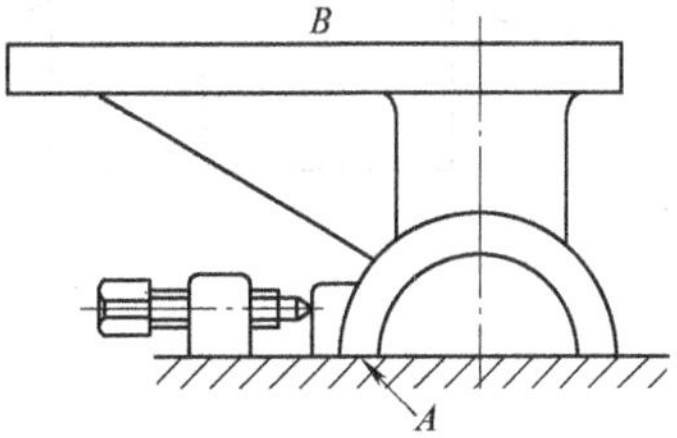

图 5　分析题 5 图

*7. 加工图 7 所示曲柄工件的平面 A。要求保证 A 面与 O_1O_2 连心线 B 平行，误差不大于 0.2mm/100mm 工件以小轴 d_1 及 d_2 的外圆分别在 V 形块和支承钉上不完全定位。设已知 $d_1=\phi50_{-0.15}^{\ 0}$mm，$d_2=\phi40_{-0.10}^{\ 0}$mm，中心距 $L=(80\pm0.40)$mm，$H=(30\pm0.15)$mm，试分析计算定位误差(计算单位为 mm)。

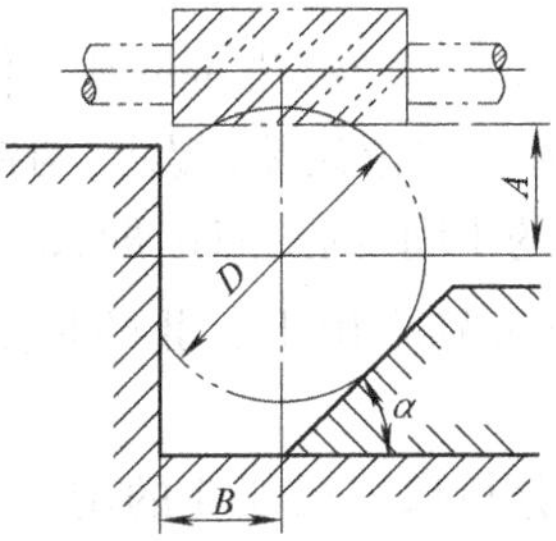

图 6　分析题 6 图

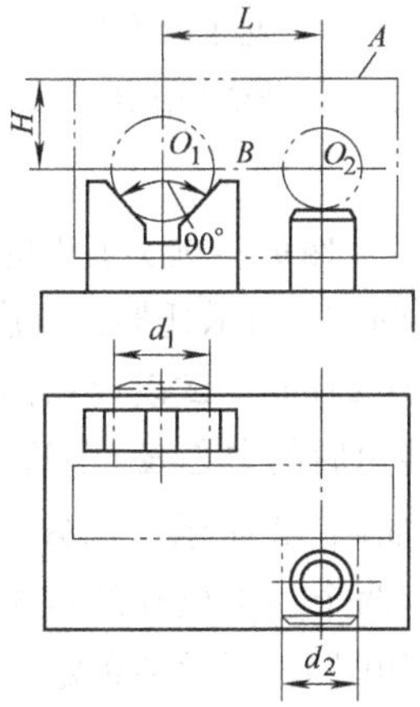

图 7　曲柄工件定位图

*8. 图 8 所示工件为在两顶尖和圆柱削边销上定位铣键槽的情况，加工要求为 $30°\pm20'$，求角向定位误差。

9. 如图 9 所示工件以一面双孔定位，双销垂直安置，加工孔 O_1 及 O_2，试计算定位误差并判断其定位质量。

10. 已知工件上两定位基准孔径 D 为 $\phi12_{\ 0}^{+0.025}$mm，孔心距 $L_2=(200\pm0.05)$mm，若 $L_1=40$mm，$L_3=300$mm，夹具采用一面双销定位方式如图 10 所示铣侧面 A，保证加工尺寸 $H=(60\pm0.1)$mm，试确定圆柱销和削边销直径及公差，并验算其定位误差。

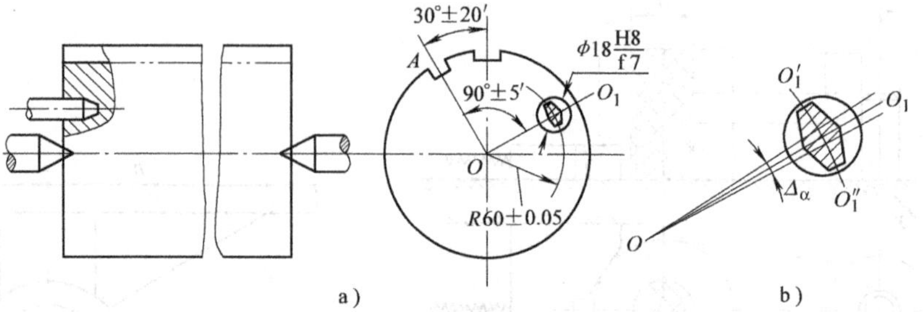

图8　铣键槽的定位

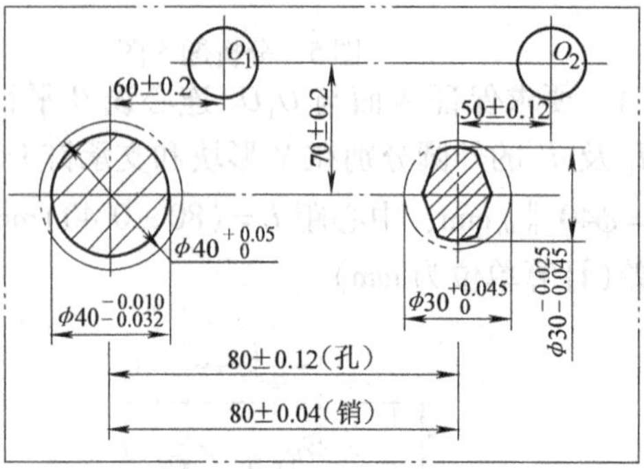

图9　一面双孔定位

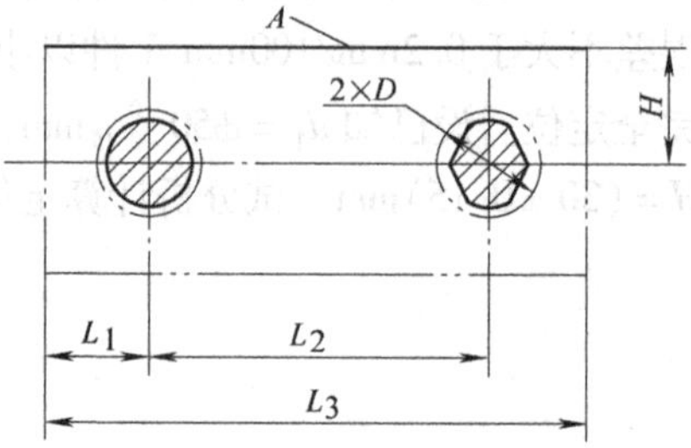

图10　一面双销(垂直安装)定位

*11. 图11a所示托架，以底面A和$2\times\phi 8$孔定位粗镗$R43^{+0.5}_{0}$mm孔，保证加工尺寸(5±0.2)mm，试设计双销尺寸及公差，并计算其定位误差(提示:两销连心线O_1O_2与转角后的中心线$O_1'O_2'$之交点O并不在L_3的中间,见图11b,即$\Delta_{D_1}\neq\Delta_{D_2}$)。

12. 如图12所示，已知$D=\phi 50^{\ 0}_{-0.062}$mm，试分别求出Ⅰ、Ⅱ两种定位方案中，a、b两个加工尺寸的定位误差。

13. 如图13所示两种定位方式加工键槽，试分析保证尺寸A的定位误差。

*14. 柴油机油泵顶柱套筒(图14)，在铣键槽工序中以工件平面和双孔定位，若$\phi 25$H7孔选用圆柱销$\phi 25$g6，$\phi 9$H7孔采用削边销$\phi 9$g6配合，设加工方法误差$\Delta_G=\pm 3'$，夹具安装误差$\Delta_A=\pm 15'$，试确定这种定位方案能否满足45°±50′的要求?

15. 用V形块支承定位加工图15所示工件，本工序在工件端面上钻1、2、3三孔，分别求三孔的定位误差。

16. 用$\alpha=90°$的V形块定位加工键槽(图16)，已知定位基面$d_1=\phi 25^{\ 0}_{-0.021}$mm，$d_2=\phi 40^{\ 0}_{-0.025}$mm，两圆柱同轴度公差为$\phi 0.02$mm，为保证键槽深度尺寸$A=34.8^{\ 0}_{-0.17}$mm，计算其定位误差并分析定位质量。

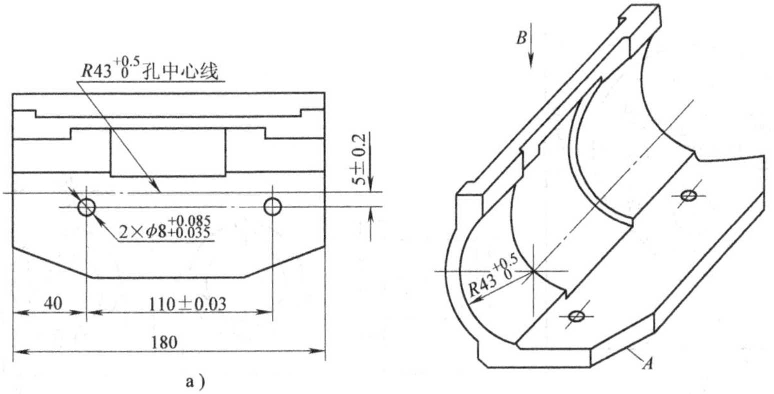

a）

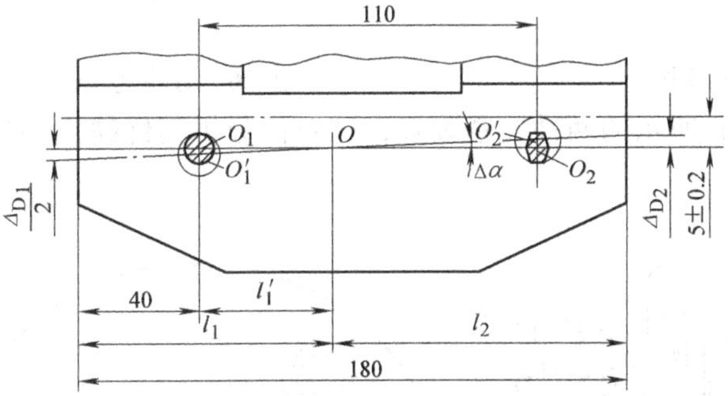

b）

图 11　托架工序简图

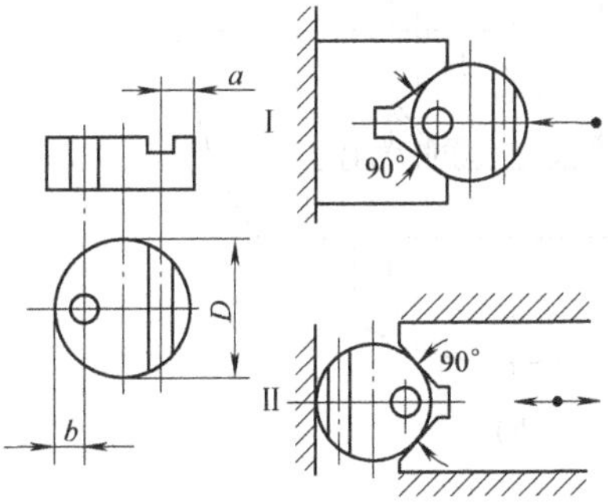

图 12　分析题 12 图

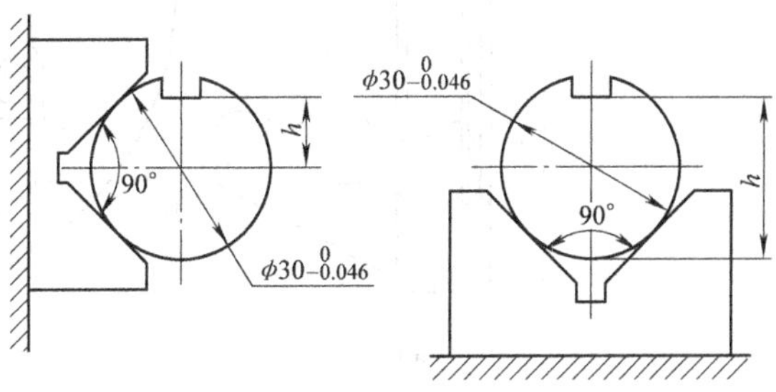

a）　　b）

图 13　分析题 13 图

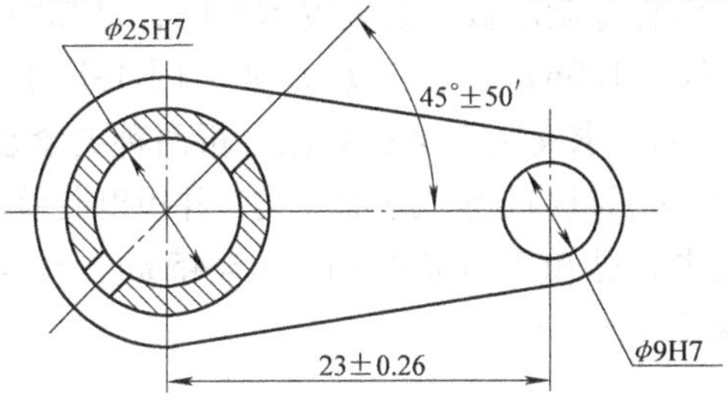

图 14　分析题 14 图

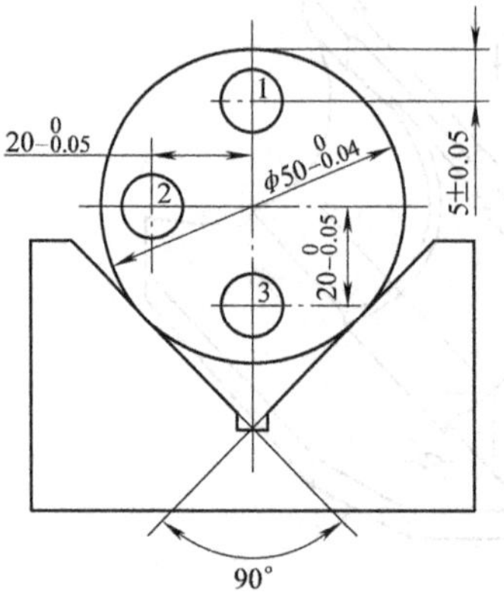

图 15　分析题 15 图

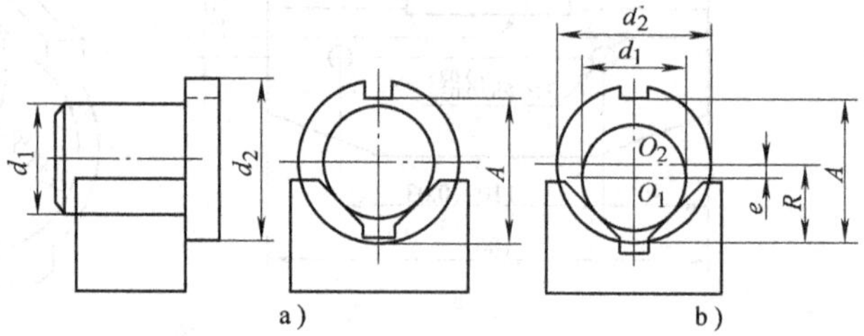

图 16　分析题 16 图

17. 图 17a、b 所示的两种夹紧装置，试对比分析其优缺点(从夹紧力施力方式对比)。

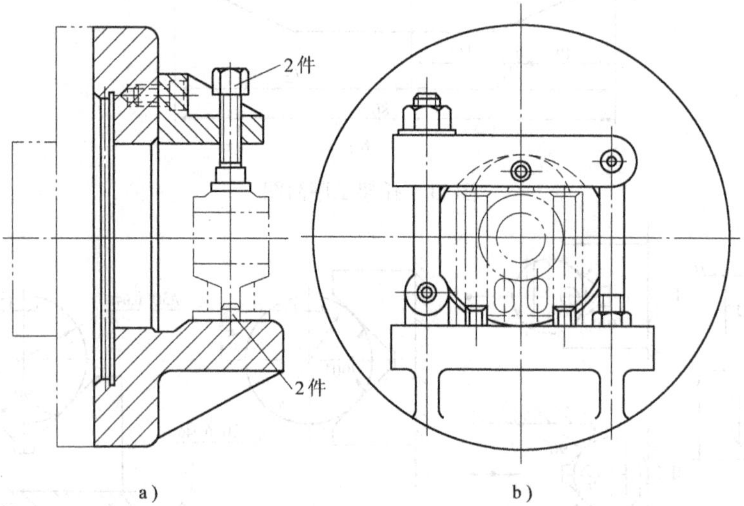

图 17　夹紧力施力方式的比较

18. 如图 18 所示两种螺旋压板夹紧装置示意图，已知图 18a 原始作用力 $Q = 100$N，$L_1 = 120$mm，$L_2 = 160$mm，求夹紧力 W；图 18b 中的作用力 $Q = 50$N，$L_1 = 160$mm，$L_2 = 120$mm，求夹紧力 W；对比分析两种夹紧装置的特点。

19. 分析图 19 中各夹紧机构分别属于哪一类？并指出夹紧力的作用大小及方向。

20. 图 5-73 钻模中，已知 $D_1 = \phi50$mm，$L = 45$mm，$m = 20$mm，$\theta = 45°$，求工艺孔 $\phi8$mm 的坐标尺寸 x_1，y_1。

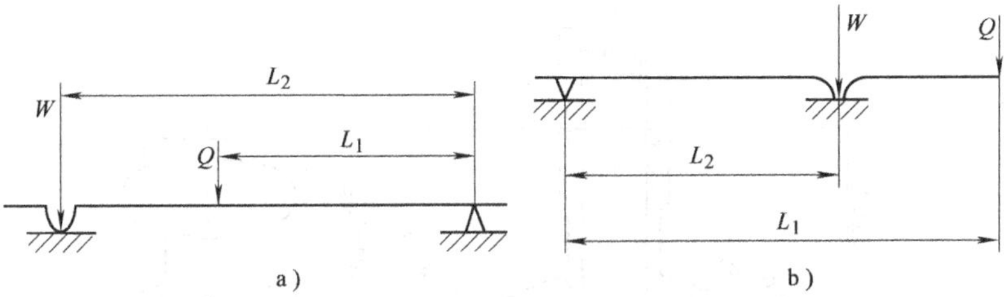

图 18　螺旋压板夹紧装置示意图

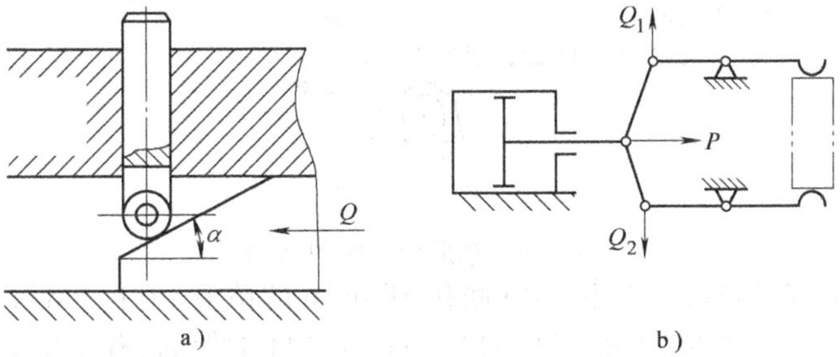

图 19　分析题 19 图

技能要求试题

1. 图 20 为伞形架工序图，工件材料为铸铝，年产 1000 件，已加工面为 ϕ33H7 孔及其两端面 A、C 和距离为 44mm 的两侧面 B。本工序加工 2×M12 的底孔 2×ϕ10mm，试设计：1)选择和比较多种定位方案；2)确定刀具导向、夹紧和分度方案；3)绘制钻模总图并注明尺寸、公差及技术要求。

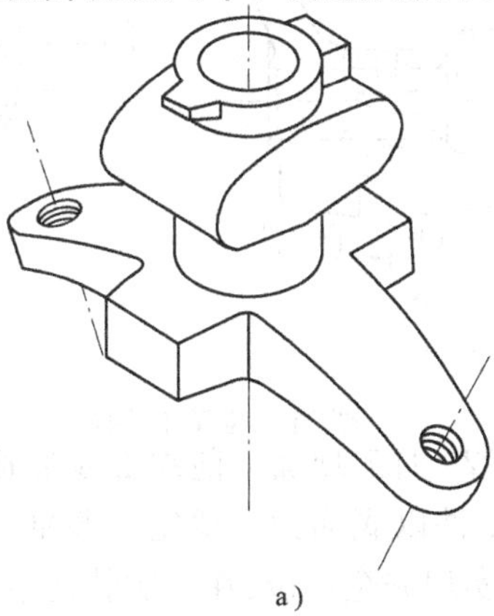

图 20　伞形架工序图

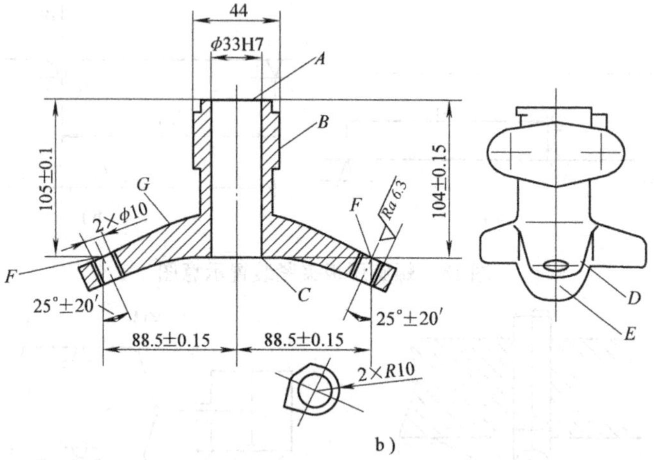

图20　伞形架工序图(续)

2. 设计拨叉工件(图21)钻M10底孔$\phi 8.4$mm的钻模。(工艺规程规定在立式钻床上加工,工件以$\phi 15.81$F8孔、叉口$51^{+0.1}_{0}$mm及槽$14.2^{+0.1}_{0}$mm作定位基准实现完全定位,生产纲领为成批生产。)要求绘制夹具总图、编制专用零件明细表并作简要说明。

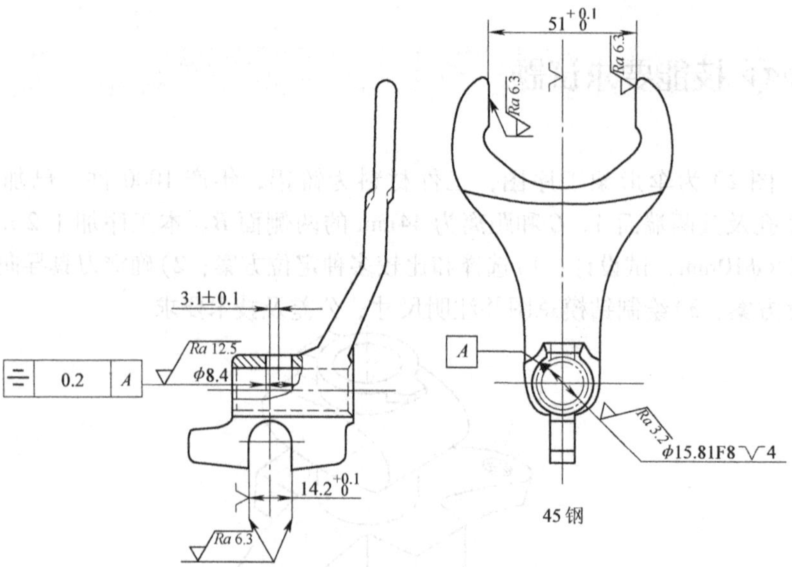

图21　拨叉工序图

3. 设计小表座(图22)加工顶面、前端面及底面三个方向的所有孔(共12个)的钻模。(工艺要求工件以底面为主要定位基准,以后面为导向定位基准,以左侧面为止推定位基准,实现完全定位,在一次装夹中完成所有孔加工,批量生产,在台式钻床上完成)。绘图要求同2题。

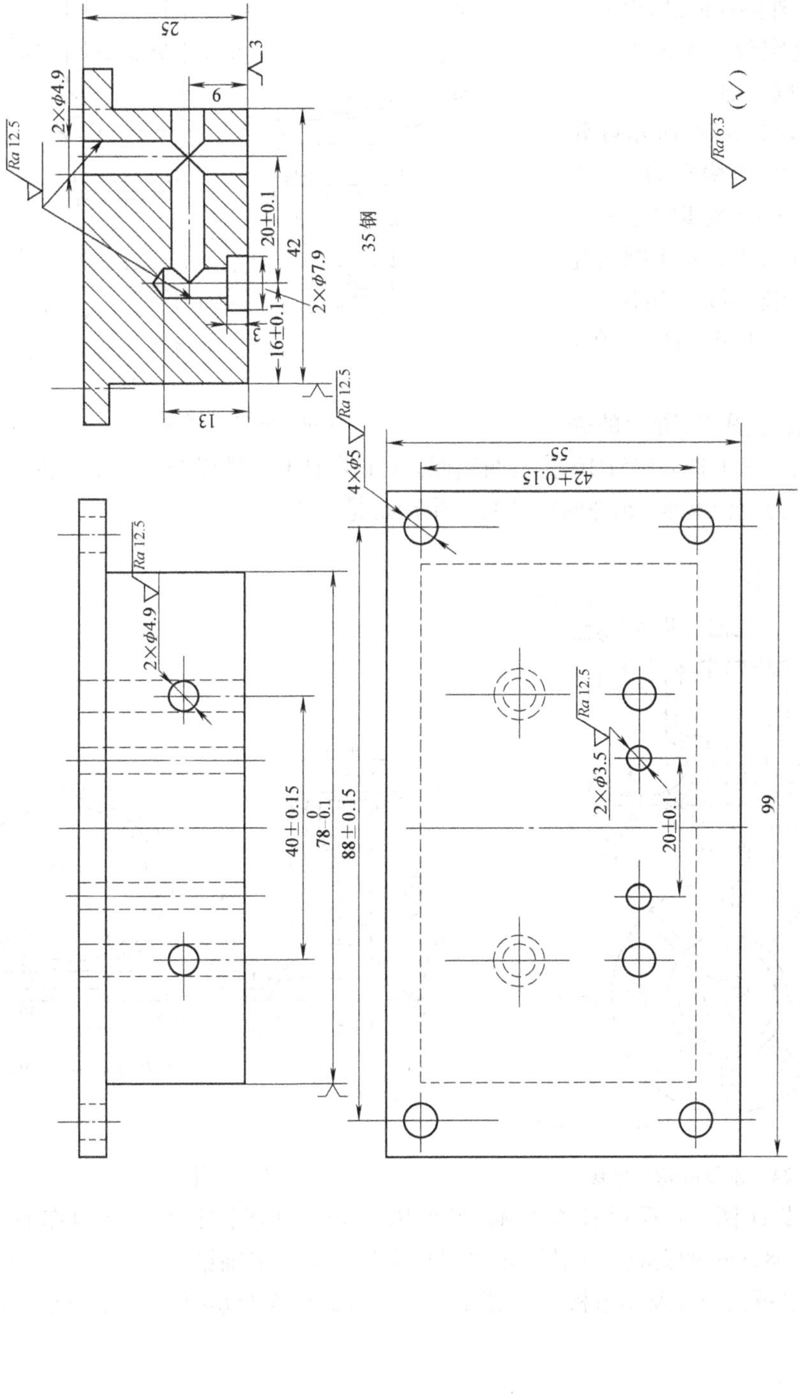
25
3
9
2×φ4.9
Ra 12.5
20±0.1
42
2×φ7.9
16±0.1
3
13
35 钢
Ra 6.3
(√)
4×φ5
55
42±0.15
2×φ4.9
40±0.15
78 0 -0.1
88±0.15
2×φ3.5
20±0.1
99

图 22 小表座工序图

4. 设计图23所示摇臂工件铣28.5mm槽夹具。(工艺规定在卧式铣床上加工,工件以ϕ38f9外圆柱面及端面,实现不完全定位。成批生产)。绘图要求同2题。

5. 设计图24所示叶轮铣11mm宽四槽夹具。(工艺要求该叶轮以底面及ϕ(80±0.05)mm外圆为定位基准,实现不完全定位,在卧式铣床上小批生产。)绘图要求同2题。

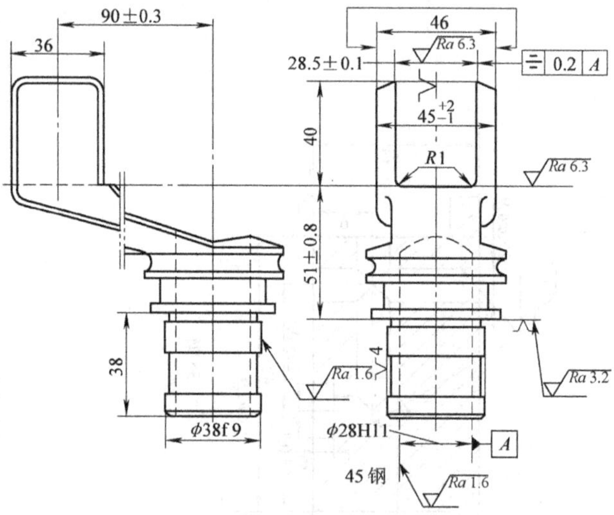

图23　摇臂工序图

6. 设计图25所示的壳体工件在车床上镗ϕ145H10孔及两端面。(工艺要求工件以两个已加工的ϕ11H8孔及底面为定位基准,允许两次装夹。生产批量较小)

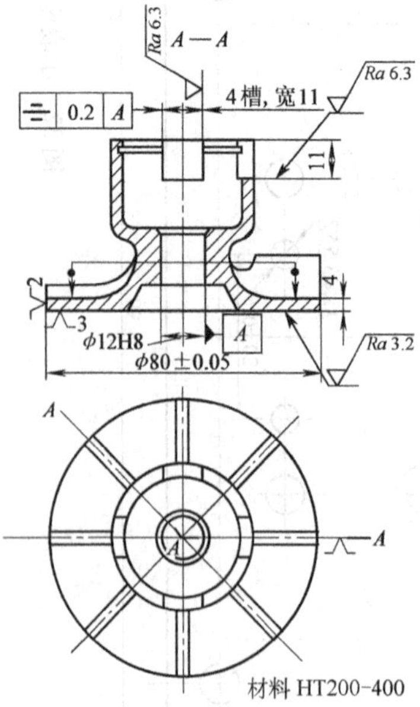

图24　水泵叶轮工序图

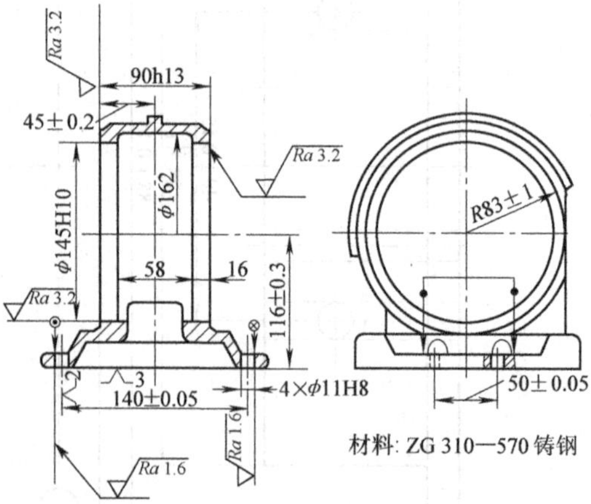

图25　壳体工序图

7. 设计图26所示柱塞泵体在车床上镗削其圆周上七个均布柱塞孔ϕ(19±0.08)mm的夹具。工艺要求将刀具安装在机床主轴锥孔中,夹具装在车床中滑板上(拆去刀架及小滑板),工件以ϕ97f8外圆柱面及端面,实现五点定位。

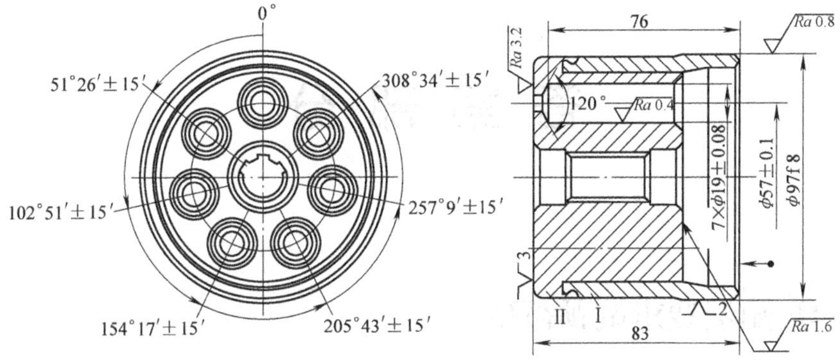

材料：I 1Cr17
II ZCuAl10Fe3 铝青铜

图 26　柱塞泵体工序图

*8. 设计图 27 汽车十字轴工件的车床专用分度夹具，本工序要加工四个 $\phi16.3_{-0.012}^{\ 0}$mm、$\phi18$mm 台阶外圆及端面，工艺规定以三个外圆作为定位基准分别在三个 V 形块上完全定位，夹具以过渡盘与车床主轴连接。

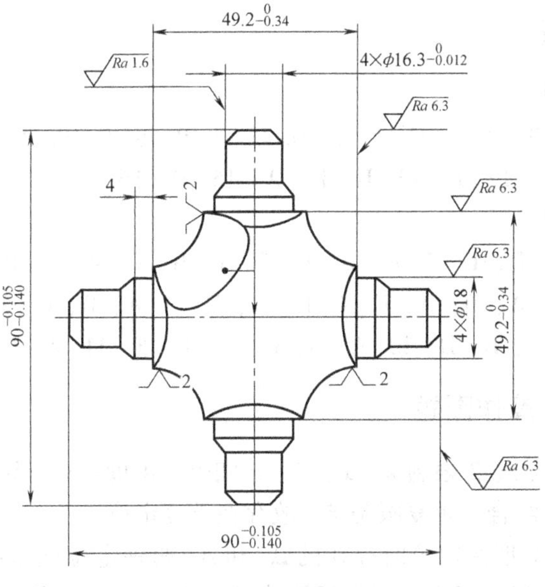

材料：20CrMnTi

图 27　汽车十字轴车削工序简图

答案部分

知识要求试题答案

一、判断题

1. √ 2. √ 3. √ 4. √ 5. × 6. × 7. √ 8. √ 9. ×
10. √ 11. × 12. √ 13. √ 14. × 15. × 16. √ 17. ×
18. √ 19. × 20. √ 21. √ 22. √ 23. √ 24. × 25. √
26. × 27. × 28. √ 29. × 30. √ 31. √

二、选择题

（一）单选题

1. B 2. C 3. D 4. C 5. C 6. B 7. B 8. C 9. A
10. B 11. B 12. B 13. B 14. A 15. D 16. C

（二）多选题

1. A、B、C、D、E 2. A、B、C 3. A、B、C 4. A、B、D
5. A、B、C；A、B；A、C 6. B、C、D 7. A、B、C、D
8. B、C 9. A、B、D 10. A、B、C、D、E、F 11. A、B、D

三、分析计算作图题

1. 答 V形块1、2限制 $\vec{x}$、$\widehat{x}$、$\vec{z}$、$\widehat{z}$ 四个自由度；V形块3限制 $\vec{y}$、$\widehat{y}$，但又与V形块1、2组合，重复限制 $\vec{z}$，故存在重复定位。

2. 答 根据V形块定位时存在的 Δ_y 和 Δ_B 两种定位误差综合作用的结果，式(2-10)及式(2-11)已证明：对保证尺寸 H 来说，以图2c所示的方案钻模为好；而对保证尺寸 M 来说，图2e所示的方案钻模要优于图2f所示的方案，因为前者的 $\Delta_D=0$，而后者因工件外径的误差会造成定位基准发生位移造成 $\Delta_y \neq 0$，故 $\Delta_D=\Delta_y \neq 0$。

3. 答 图2-56a限制 $\widehat{x}$、$\vec{z}$；图2-56b限制 $\vec{x}$、$\vec{y}$、$\widehat{x}$、$\widehat{y}$、$\widehat{z}$；图2-56c限制

$\vec{x}$、$\vec{y}$、$\vec{z}$、$\widehat{x}$、$\widehat{y}$、$\widehat{z}$；图 2-56d 限制 $\widehat{x}$、$\widehat{y}$、$\widehat{z}$、$\vec{y}$、$\vec{z}$；图 3 所示限制 $\vec{x}$、$\vec{y}$、$\vec{z}$、$\widehat{x}$、$\widehat{y}$、$\widehat{z}$。除图 3 及图 2-59c 为完全定位外，其余均为不完全定位。

4. 答　夹具体限位平面限制工件 $\widehat{x}$、$\widehat{y}$、$\vec{z}$，长圆柱销限制 $\vec{x}$、$\vec{y}$、$\widehat{x}$、$\widehat{y}$，活动 V 形块限制 $\widehat{z}$。由于 $\widehat{x}$、$\widehat{y}$ 两自由度重复限制，故为重复定位。只须将长圆柱销改为短圆柱销，即为完全定位。

5. 答　由于定位基面 A 与被加工面 B 相比较，面积较小，造成定位不稳定，必须在工件悬臂下设置辅助支承以增加工件的定位刚性。

6. 答　1) 定位基准与尺寸 A 的工序基准重合，$\Delta_B=0$；2) 基准位移误差来自两方面，一是尺寸 $B^{+0.30}_{0}$ 造成 $\Delta_{y_1}=0.3\text{mm}$，二是因外径 D 的公差 $\delta_D=0.2\text{mm}$ 造成 $\Delta_{y_2}=0.707\delta_D=0.707\times0.2\text{mm}=0.1414\text{mm}$。因此 $\Delta_y=\Delta_{y_1}+\Delta_{y_2}=0.3\text{mm}+0.1414\text{mm}=0.4414\text{mm}$。故定位误差 $\Delta_D=\Delta_y=0.4414\text{mm}>\frac{1}{3}\delta_K=\frac{0.25}{3}\text{mm}=0.083\text{mm}$，不能保证加工精度要求。

*7. 答　1) 因尺寸 $H\pm0.15\text{mm}$ 的基准重合，故 $\Delta_B=0$；2) 计算 O_1 点的基准位移误差 Δ_{y_1}，$\Delta_{y_1}=0.707\delta_{d_1}=0.707\times0.15\text{mm}=0.106\text{mm}$；3) 计算 O_2 点的 $\Delta_{y_2}=\frac{\delta_{d_2}}{2}=\frac{0.1}{2}\text{mm}=0.05\text{mm}$；4) 求平行度误差，因 Δ_{y_1} 与 Δ_{y_2} 都使定位基准下移，故只需取两者较大值 Δ_{y_1} 来计算转角误差 Δ_α，$\tan\Delta_\alpha=\frac{\Delta_{y_1}}{L}=\frac{0.106}{80}=0.0013$；要求平行度公差为 $\tan\Delta'_a=\frac{0.2}{100}=0.002$。为此这种定位方式的 Δ_D 小于要保证的尺寸 H 的公差 $\delta_K=0.2\text{mm}$ 及平行度要求，但未达到 $\delta_K/3$ 的目标，故加工精度难以保证。

*8. 答　1) 由图 8a 可知，工序基准为 OA，定位基准为 OO_1，属于基准不重合。因定位尺寸为 $90°\pm5'$，故 $\Delta_B=10'$。2) 定位销孔为 $\phi18\text{H8}(^{+0.027}_{0})$，削边销为 $\phi18\text{f7}(^{-0.016}_{-0.034})$，由图 8b 得 $\Delta_\alpha=\frac{O'_1O''_1}{R}\approx\frac{\delta_D+\delta_{d_0}+X_{\min}}{R}=\frac{0.027+0.017+0.016}{60}=0.00102\text{rad}=3'26''$。3) 角向定位误差为 $\Delta_D=\Delta_B+\Delta_\alpha=10'+3'26''=13'26''$。$\Delta_D$ 接近 $\frac{1}{3}\delta_K=\frac{1}{3}\times40'=13'18''$，故此方案可用。

9. 答　1) 加工孔 O_1 时的定位误差主要取决于圆柱销定位时的最大间隙，$\Delta_{y_1}=x_{1\max}=0.05\text{mm}+0.032\text{mm}=0.082\text{mm}$，因 $\Delta_{B_1}=0$，故 $\Delta_{D_1}=0.082\text{mm}<\frac{1}{3}\delta_K=\frac{1}{3}\times0.4\text{mm}=0.133\text{mm}$，精度可保证。2) 加工孔 O_2 时的定位误差：对尺寸 $(70\pm0.2)\text{mm}$，它由两个方向组成，即 $\Delta_{y_2}=x_{2\max}=0.045\text{mm}+0.045\text{mm}=$

0.090mm，$\Delta_{B_2}=0$，又因 $\Delta_\alpha=\arctan\dfrac{x_{1\max}+x_{2\max}}{2\times80}=\dfrac{0.082\text{mm}+0.090\text{mm}}{160\text{mm}}=0.001$ 很小，故 $\Delta_{D_2}=\Delta_{y_2}=0.090\text{mm}<\dfrac{1}{3}\delta_K=0.133\text{mm}$；对尺寸 $(50\pm0.12)\text{mm}$，$\Delta_B=0$，沿水平方向的 $\Delta_y=\Delta_{y_1}$，故 $\Delta_{D_3}=\Delta_{y_1}=0.082\text{mm}$，但由于 $\delta_K=0.24\text{mm}$，而 Δ_{D_3} 与 $\dfrac{1}{3}\delta_K$ 接近，也可基本保证精度。

10. 答 1）圆柱销直径按 $\phi12\text{g}6$ 选取，公差为 $\phi12_{-0.017}^{-0.006}\text{mm}$，削边销直径按 $\phi12\text{h}6$ 选取，为 $\phi12_{-0.011}^{\ 0}\text{mm}$；2）定位误差主要决定于第一定位销的最大间隙，即 $\Delta_{y_1}=x_{1\max}=0.025\text{mm}+0.017\text{mm}=0.042\text{mm}$；因基准重合，$\Delta_B=0$；转角误差 $\tan\Delta_\alpha=\dfrac{x_{1\max}+x_{2\max}}{2L_2}=\dfrac{0.042\text{mm}+0.036\text{mm}}{2\times200\text{mm}}=0.0002$，$2\Delta_\alpha=0.024°=1.44'$ 此误差很小，对定位精度几乎无影响。故要保证尺寸 $H=(60\pm0.1)\text{mm}$ 来说，其定位误差 $\Delta_D=\Delta_{y_1}=0.042\text{mm}<\dfrac{1}{3}\delta_K=\dfrac{1}{3}\times0.2\text{mm}=0.067\text{mm}$。

*11. 答 1）确定销心距及公差，取 $\delta_{L_d}=\dfrac{1}{3}\delta_{L_D}=\dfrac{1}{3}\times0.03\text{mm}=0.01\text{mm}$，故为 $(110\pm0.01)\text{mm}$；2）确定圆柱销尺寸公差，取 $\phi8.035\text{g}6=\phi8.035_{-0.014}^{-0.005}\text{mm}=\phi8_{+0.021}^{+0.030}\text{mm}$；3）选定削边销的 b_1 及 B 之值，查表 2-3 得 $b_1=3\text{mm}$，$B=d-1=8\text{mm}-1\text{mm}=7\text{mm}$；4）确定削边销直径及公差，$d_{2\max}=D_{2\min}-x_{2\min}=D_{2\min}-\dfrac{2ab_1}{D_{2\min}}=8.035-\dfrac{2(0.03+0.01)\times3}{8.035}\text{mm}=8.005\text{mm}$，公差取 h6 为 $\phi8.005_{-0.009}^{\ 0}\text{mm}=\phi8_{-0.004}^{+0.005}\text{mm}$；5）计算定位误差：由于两孔定位有转角误差 Δ_α，使加工尺寸 $(5\pm0.2)\text{mm}$ 产生定位误差：

$$\tan\Delta_\alpha=\frac{x_{1\max}+x_{2\max}}{2L}=\frac{(0.085-0.021)\text{mm}+(0.085+0.004)\text{mm}}{2\times110\text{mm}}=0.0007$$

由于交点 O（图 11b）不在正中间，故工件全长左右端的 Δ_D 不相等：左端 $\Delta_{D左}=2l_1\tan\Delta_\alpha$，右端 $\Delta_{D右}=2l_2\tan\Delta_\alpha$。交点 O 距左端 $l_1=40+l'_1=40+\dfrac{x_{1\max}}{2\tan\Delta_\alpha}=40+\dfrac{0.064}{0.0014}\text{mm}=85.7\text{mm}\approx86\text{mm}$，则 $l_2=180-l_1=180\text{mm}-86\text{mm}=94\text{mm}$；将 l_1 及 l_2 代入前式求得 $\Delta_{D左}=0.12\text{mm}$，$\Delta_{D右}=0.13\text{mm}$，取两者较大的 $\Delta_{D右}$ 尚小于 $\dfrac{1}{3}\delta_K=\dfrac{1}{3}\times0.4\text{mm}=0.133\text{mm}$，故此方案可取。

12. 答 1）方案Ⅰ：尺寸 a，按式（2-11），$\Delta_{D_a}=\Delta_{y_a}+\Delta_{B_a}=1.207\delta_D=1.207\times0.062\text{mm}=0.0748\text{mm}$；尺寸 b，按式（2-10），$\Delta_{D_b}=\Delta_{y_b}-\Delta_{B_b}=0.207\delta_D=0.207\times0.062\text{mm}=0.0128\text{mm}$。2）方案Ⅱ：尺寸 a，$\Delta_{y_a}=0$，$\Delta_{B_a}=0$，$\therefore\Delta_{Da}=0$；尺寸 b，$\Delta_{y_b}=0$，$\Delta_{B_b}=\delta_D=0.062\text{mm}$，$\therefore\Delta_{D_b}=\Delta_{B_b}=0.062\text{mm}$。

13. 答 图 13a 图方案：$\Delta_y=0$，$\Delta_B=\dfrac{\delta_D}{2}=\dfrac{0.046\text{mm}}{2}=0.023\text{mm}$，所以 $\Delta_D=\Delta_B=0.023\text{mm}$；图 13b 图方案：$\Delta_D=\Delta_y-\Delta_B=0.207\delta_D=0.207\times0.046\text{ mm}=0.0095\text{mm}$。

*14. 答 按孔销配合 H7/g6 查表得孔 $\phi25^{+0.021}_{0}$mm，销 $\phi25^{-0.007}_{-0.020}$mm；小孔 $\phi9^{+0.015}_{0}$ mm，销 $\phi9^{-0.005}_{-0.014}$ mm，求出转角误差 $\tan\Delta_\alpha=\dfrac{x_{1\max}+x_{2\max}}{2L}=\dfrac{(0.021+0.02)\text{mm}+(0.015+0.014)\text{mm}}{2\times23\text{mm}}=0.0015$，查表 $\Delta_\alpha=5'10''$，因双向转角，$\Delta_D=\pm\Delta_\alpha=\pm5'10''$。于是总加工误差 $\Sigma\Delta=\Delta_G+\Delta_D+\Delta_A=\pm(3'+5'10''+15')=\pm23'10''<(\pm50')$，故此方案可行。

15. 答 $\Delta_{D_1}=1.207\delta_D=1.207\text{mm}\times0.04\text{mm}=0.0483\text{mm}$；$\Delta_{D_2}=\Delta_{y_2}+\Delta_{B_2}=0+0=0$；$\Delta_{D_3}=0.707\delta_D=0.707\text{mm}\times0.04\text{mm}=0.028\text{mm}$。

16. 答 按图 16b 所示的尺寸标注，其中同轴度 $e=0\pm0.01\text{mm}$；$R=20^{\ 0}_{-0.0125}\text{mm}$。因 d_1 的定位基准 O_1 与工序基准下母线不重合，定位尺寸由 e 和 R 组成，故 $\Delta_B=\delta_e+\delta_R=0.02\text{mm}+0.0125\text{mm}=0.0325\text{mm}$；$\Delta_y=0.707\delta_{d_1}=0.707\text{mm}\times0.021\text{mm}=0.0148\text{mm}$，故 $\Delta_D=\Delta_y+\Delta_B=0.0148\text{mm}+0.0325\text{mm}=0.0473\text{mm}$。因 $\Delta_D<\dfrac{\delta_K}{3}=\dfrac{0.17\text{mm}}{3}=0.056\text{mm}$，故可行。

17. 答 图 17a 的夹紧装置结构较简单，但用单个螺旋在角铁的两处夹紧时，夹紧力不均匀，并且角铁在受力后会引起夹具变形；图 17b 的夹紧装置，由于使用铰链式压板和浮动压块结构，使两夹紧点压力均匀，但结构较复杂。

18. 答 1）根据杠杆平衡原理，$WL_2=QL_1$，$\therefore W=QL_1/L_2=100\text{N}\times120\text{mm}/160\text{mm}=75\text{N}$。因图 18a 的夹紧力小于原始作用力，故效率最低，要增大夹紧行程。2）因为 $WL_2=QL_1$，所以 $W=\dfrac{QL_1}{L_2}=\dfrac{50\text{N}\times160\text{mm}}{100\text{mm}}=80\text{N}$。故图 18b 的夹紧力大于原始作用力，使操作省力，但使用上受工件形状的限制。

19. 答 图 19a 为斜楔-滚子增力机构，夹紧力 W 作用方向向上，$W>Q$；图 19b 为双作用双铰链杠杆增力机构，夹紧力 W 作用方向相对，$Q_1>P$。

20. 答 画出 $\phi8$mm 工艺孔及其位置尺寸的几何关系图（图 28），列出计算式如下：

原坐标系 $x=L+m$，$y=\dfrac{D_1}{2}$

坐标转换 $\theta=45°$后，$x_1=x\cos\theta-y\sin\theta$

$$=(L+m)\cos\theta-\frac{D_1}{2}\sin\theta$$

$$y_1=y\cos\theta+x\sin\theta$$

$$=\frac{D_1}{2}\cos\theta+(L+m)\sin\theta$$

代入已知值得　$x_1=(45+20)\cos45°-\dfrac{50}{2}$

$$\sin45°=28.28\text{mm}$$

$$y_1=25\cos45°+65\sin45°=63.63\text{mm}$$

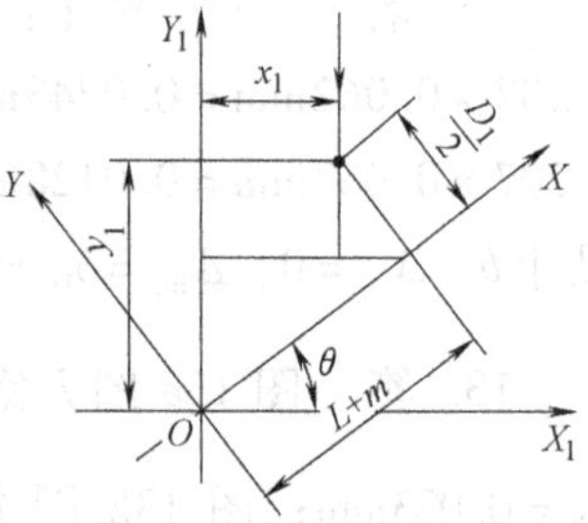

图28　图5-73钻模中ϕ8工艺孔的尺寸关系

◈◈◈ 技能要求试题答案

1. 答　1）定位方案可提出四种供选择　方案1：选 ϕ33H7 孔、A 面、B 面为定位基面，其结构如图29a所示，用定位心轴及其端面限制 $\vec{X}$、$\vec{Y}$、$\vec{Z}$、$\widehat{X}$、$\widehat{Y}$ 共五个自由度，活动定位支承板1限制 $\widehat{Z}$ 一个自由度，实现完全定位。待加工部位加两个辅助支承钉2，以增加工艺系统的刚性。此方案的基面 A、B 与工序基准不重合，结构不紧凑，且夹紧装置与导向装置易互相干扰较难布置。方案2：选 ϕ33H7 孔、A 面、E 面作定位基面，其结构如图29b所示，定位心轴及其端面仍限制五个自由度，在 R18mm 处用活动V形块3限制一个自由度，待加工部位仍设置两个辅助支承钉2。此方案的定位基准孔轴线及 R18mm 的对称面与工序基准重合，但定位基准 A 与工序基准不重合，且同样有方案1的缺点。方案3：选 ϕ33H7 孔、C 面、D 面作定位基面。其结构如图29c所示。定位心轴及其端面仍限制五个自由度，两侧面设置四个调节螺钉4，其中有一个起定位作用限制 $\widehat{Z}$，另三个起辅助夹紧作用。待加工孔下方仍设置两个辅助支承钉2。此方案结构紧凑，加了辅助夹紧机构，进一步提高了工艺系统的刚度，缺点是定位基准 C、D 与工序基准不重合，且工件装卸不便。方案4：选 ϕ33H7 孔、C 面及 E 面为定位基面，其结构如图29d所示。心轴及端面仍限制五个自由度，仍用活动V形块3在 E 面处限制 $\widehat{Z}$。在待加工孔下方用两个斜楔作辅助支承。此方案结构紧凑，工件装卸方便，但定位基准 C 与工序基准不重合。以上四个方案比较，以方案4优点较多，可选取。

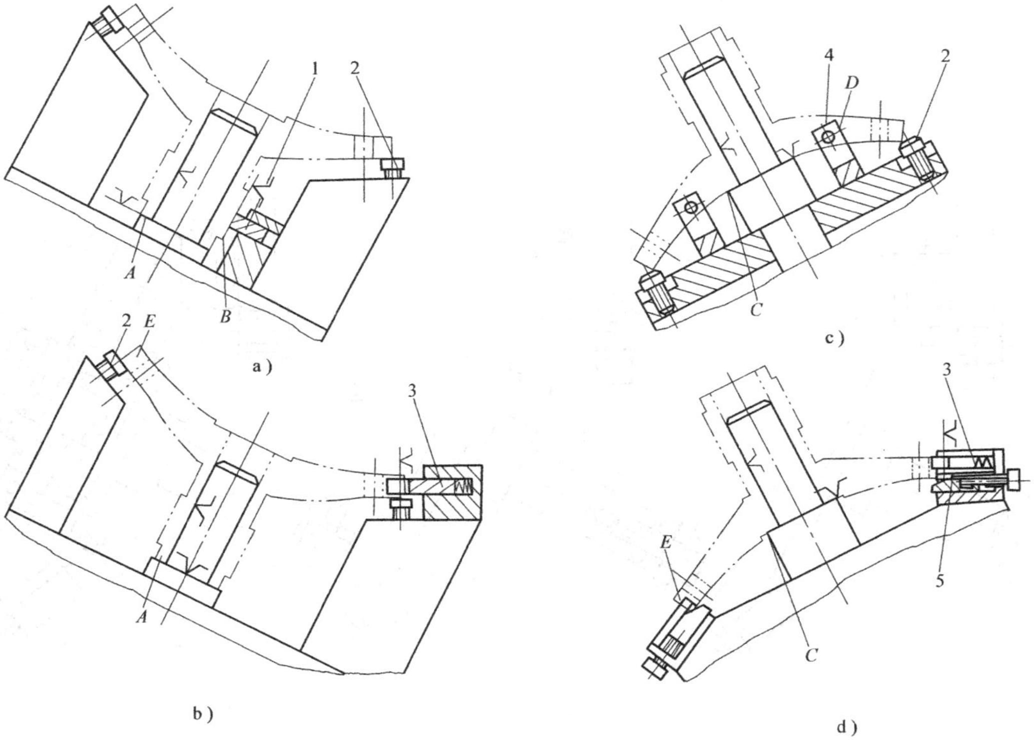

图 29　伞形架工件的四种定位方案

1—活动支承板　2—辅助支承钉　3—活动 V 形铁　4—调节螺钉　5—斜楔辅助支承

2）导向、夹紧、分度方案　由于两待加工孔为螺纹底孔，可直接钻出，加之年产量不大，宜用固定钻套，并尽可能采用固定式钻模板(图30a)。为便于快速装卸工件，采用螺钉及开口垫圈夹紧装置(图30b)。由于待加工孔对ϕ33H7孔的对称度要求不高(自由公差)，设计一般的分度装置即可满足要求(图30c)。

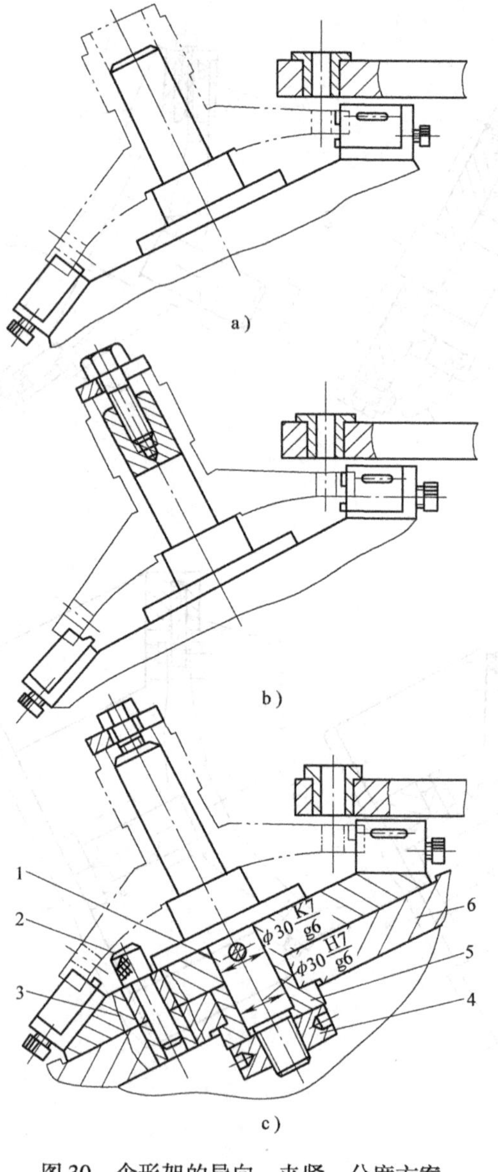

图30　伞形架的导向、夹紧、分度方案

1—回转轴　2—圆柱对定销　3—分度盘　4—锁紧螺母　5—衬套　6—夹具体

3）伞形架钻模总图如图31所示　为了保证待加工孔的坐标尺寸要求，在夹具体上要设计工艺孔 ϕ10H7。其他各尺寸和技术要求的标注如图。

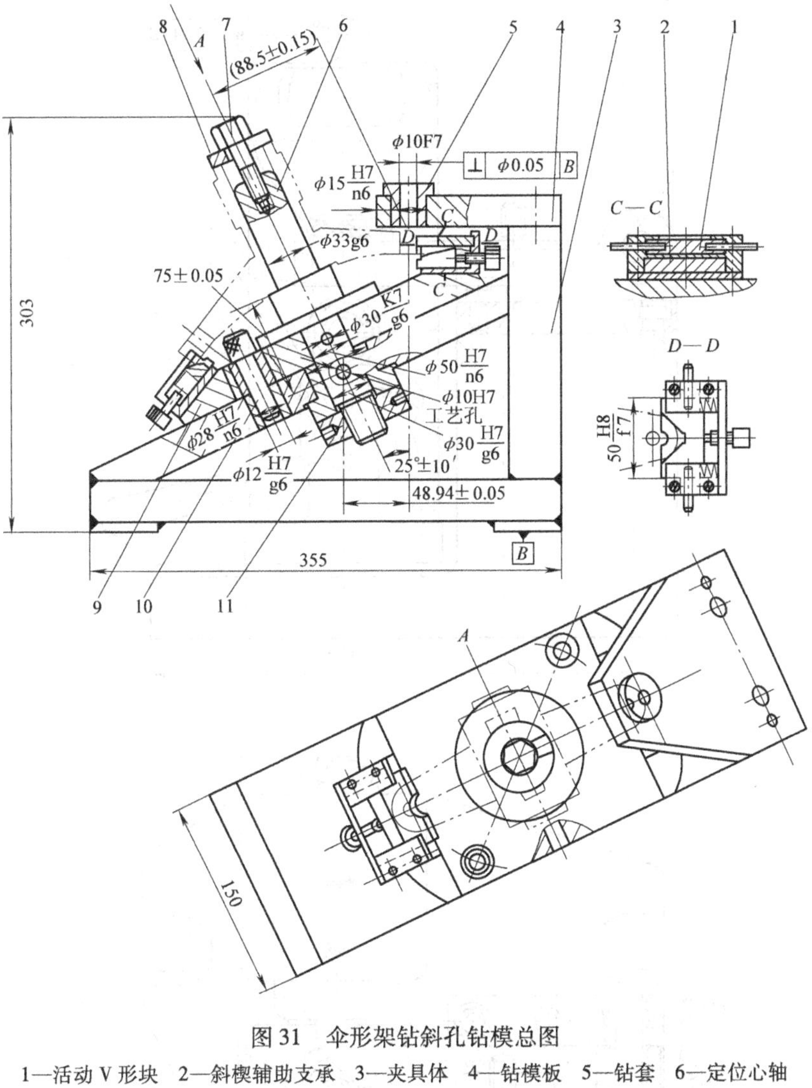

图 31　伞形架钻斜孔钻模总图

1—活动 V 形块　2—斜楔辅助支承　3—夹具体　4—钻模板　5—钻套　6—定位心轴

7—夹紧螺钉　8—开口垫圈　9—分度盘　10—圆柱对定销　11—锁紧螺母

2. 答　由于工件在采用本夹具钻 ϕ8.4mm 底孔后需要攻螺纹，并考虑装卸方便，故采用翻转式铰链钻模板结构(图 32)。夹具定位件采用定位心轴 6、扁销 1 及偏心轮 8 实现六点定位。夹紧时，通过手柄顺时针转动偏心轮 8，偏心轮上的对称斜面楔入工件 14.2mm 槽内，在定位的同时将工件夹紧。由于待加工孔小，钻削力不大，故工作较可靠。钻模板 4 用销轴 3 采用基轴制配合装在模板座 7 上，翻下时与支承钉 5 接触，以保证钻套的位置精度，并用锁紧螺钉 2 锁紧。夹具总图及技术要求等详见图 32。

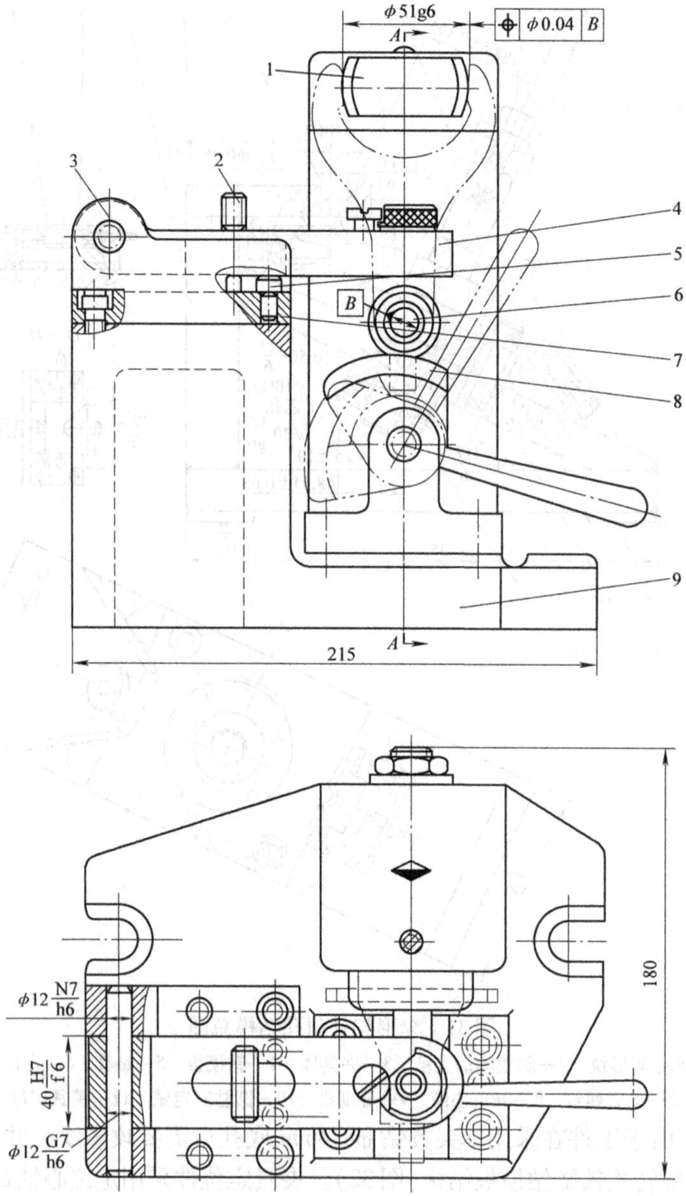

图 32　铰链式钻模

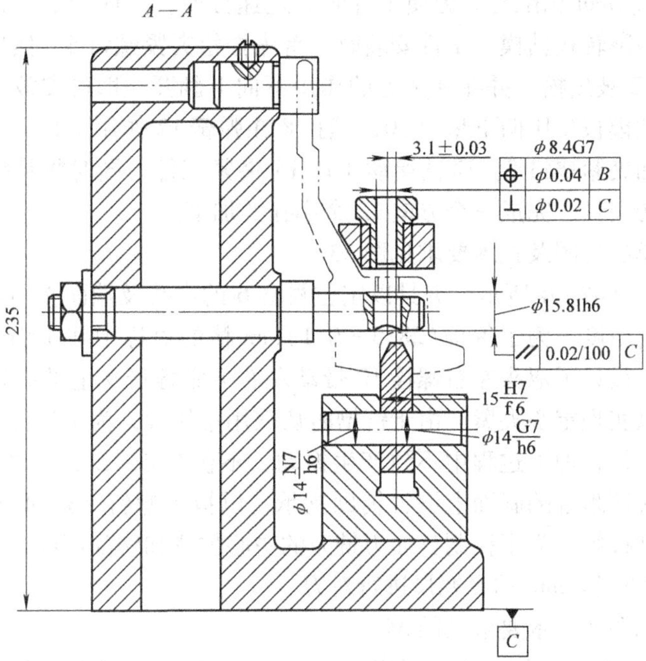

件号	名　称	件数	材　料	备　注
9	夹具体	1	HT 150	
8	偏心轮	1	T7A	50~55 HRC
7	模板座	1	45	
6	定位心轴	1	T7A	50~55 HRC
5	支承钉	2	45	40~45 HRC
4	钻模板	1	45	调质 26~30 HRC
3	销轴	1	45	40~45 HRC
2	锁紧螺钉	1	45	
1	扁销	1	T7A	50~55 HRC

板钻具总图

3. 答　如图33所示夹具以四个支承钉4作为限位基面一起磨平，以支承板11作为导向限位基面，以左右两侧两个支承钉3作止推限位面，距离$78^{+0.07}_{+0.03}$mm与工件$78^{0}_{-0.1}$mm相配合。为使工件装卸迅速方便，并便于加工各方向的孔，设计可移动的翻转式钻模。工件安装时，首先拧松夹紧螺钉5，然后向右旋转锁扣8，钻模板2被放松，并在弹簧力的作用下向上翻开，即可安放工件。工件定位后，先将钻模板2压向下垫板10，锁扣8在弹簧12作用下将钻模板卡住。然后顺时针转动夹紧螺钉5，通过浮动压块15夹紧工件，同时将钻模板锁紧。依次移动或翻转夹具，完成三个方向12个小孔的加工。

本钻模的总图及技术要求见图33。

4. 答　如图34所示，夹具以定位衬套6的内孔及端面作为限位基面，限制工件五个自由度；为了保证(28.5±0.1)mm槽的对称中间平面与ϕ28H11轴线的对称度，设计了双头左右螺栓10带动左右夹紧螺母9上的圆柱花纹压块8等速移动，以实现定心夹紧。由于铣槽时切削用量较大，为了保证加工刚性和夹紧可靠，使工件在加工过程中不致产生振动，不仅在ϕ38f9的上端用压板5夹牢；而且在槽底部附近的斜面上设置辅助支承，以扳手螺钉2通过钢球顶起滑柱4，使其与工件接触。为了控制三面刃铣刀的中心位置和铣削深度，设计了直角对刀块3，借助$3^{0}_{-0.006}$mm的平塞尺进行对刀。

夹具总图及技术要求见图34。

5. 答　如图35所示夹具以定位盘4的$\phi80^{+0.10}_{+0.07}$mm内孔止口及端面限位，限制工件五个自由度。工件安装时应使其叶片与压板5头部的缺口对中，使加工后的十字槽保持与叶片基本对称。夹紧时，旋转铰链螺栓6的螺母，通过杠杆7使两块压板联动夹紧工件。当一条槽加工完毕后，扳手9顺时针转动，使分度盘3与夹具体10之间松开。分度盘3下端沿圆周方向分布有四条长度为1/4周长的斜槽。然后逆时针转动分度盘，在斜槽的推压下，使对定销8逐渐退入夹具体的衬套孔内，当分度盘转过90°时，对定销依靠弹簧力弹出，落入第二条斜槽中，再反靠分度盘使对定销与槽壁贴紧，用扳手9把分度盘拉紧在夹具体上，即可加工另一条槽。由于分度盘上四条槽为单向升降，因此也只能单向旋转分度。图35为本夹具的总图及技术要求。

6. 答　图36为镗壳体孔的角铁式车床夹具总图。夹具体2通过过渡盘与车床主轴连接，并以检验套5的ϕ35H7孔和锥度心轴(图中未画出)作为对机床主轴的安装基准。夹具以一面双销限位、它们由定位板6、圆柱销8及削边销7一起限制工件六个自由度。工件定位后，拧紧两个球面厚螺母12，两对钩形压板11通过杠杆10即将工件分别在两处夹紧。当孔和一个端面加工完毕后，将工件松夹后翻转180°重新定位、夹紧，即可加工另一端面。测量板4与夹具体底板上的检验孔ϕ16H7轴线用来控制尺寸(90±0.03)mm及(116±0.1)mm，以保持工件两端面的对称性和孔的中心高。本夹具的夹具体采用焊接结构，使易于制造，且可缩短制造周期。

7. 答　如图 37 所示，夹具体 7 以三个螺钉 2 调整水平位置，并以四个 T 形螺栓 1 固定于中滑板的 T 形槽中。使检验心棒保证与床身导轨平行，且与车床主轴相距(28.5 ±0.03)mm；其横向位置则可微调中滑板丝杠加以调整，然后锁紧。夹具以回转体 4 的 ϕ97H7 孔及回转轴 10 的左端面实现不完全定位，限制工件五个自由度。然后用三套螺旋钩形压板 3 夹紧后，即可开动机床由溜板箱带动进给。当一个孔加工完毕后，旋转锁紧手柄 8，松开锁紧环 6，通过偏心手柄 9，拔出对定销 5，回转体 4 连同工件即可回转 51°26′。然后对定销在弹簧作用下，插入分度套孔中，转动锁紧手柄 8 使锁紧环箍紧，迫使回转轴 10 与回转体 4 后移，紧贴在夹具体 7 的垂直面上，即可依次加工余下六孔。为保证镗孔时冷却润滑，夹具体 7 上钻有油孔和回转体七孔相对。本夹具结构简单，操作方便安全。

*8. 答　夹具通过过渡盘与机床主轴锥度配合，并用螺钉联接(图 38)，直角铁形夹具体 10 与过渡盘止口配合，并用螺钉固紧。三个 V 形块 4 与转轴 6 用销钉固定为一体，并随转轴 6 一起回转，工件受三个 V 形块限位。为增加工件定位稳定性，另设置一辅助支承 5。

工件安放前，先将铰链支架 2 翻倒，待工件定位好后，翻上铰链支架 2，使铰链板 3 嵌入其槽中，然后拧紧螺钉 1，即可夹紧工件。当工件一端加工完后，松开螺母 9，将转轴 6 提起，离开分度块 8 的方槽，工件连同 V 形块等回转分度 90°，嵌入分度块的方槽内，再固紧螺母 9，即可依次加工另外三个轴颈。

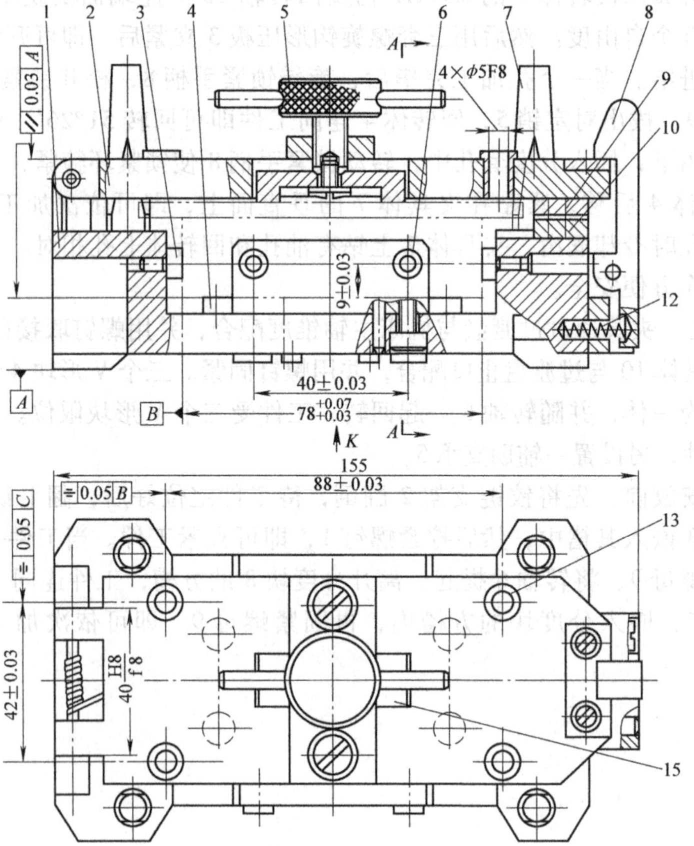

技术要求

所有钻套轴线对应支脚底面垂直度公差值0.03。

图 33　移动翻转

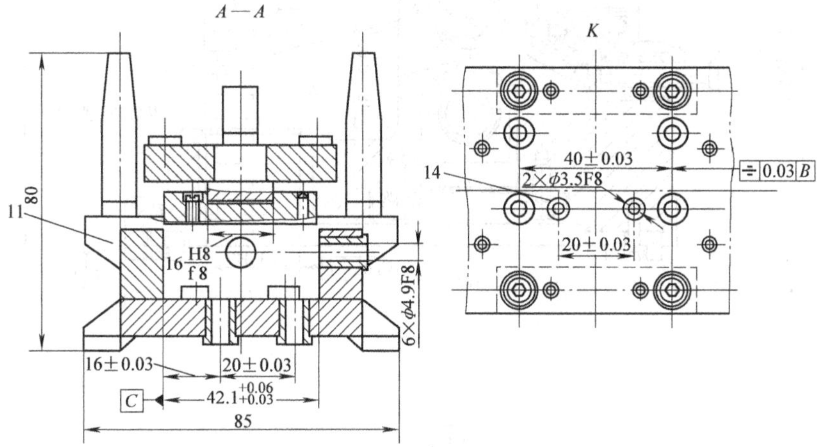

件号	名　称	件数	材　料	备　注
15	浮动压块	1	45	
14	钻　套	2	T10A	55~60 HRC
13	钻　套	4	T10A	55~60 HRC
12	弹　簧	1	65Mn	
11	支承板	1	45	40~45 HRC
10	下垫板	1	45	40~45 HRC
9	上垫板	1	45	40~45 HRC
8	锁　扣	1	45	调质 28~32 HRC
7	支　脚	4	45	
6	钻　套	6	T10A	55~60 HRC
5	夹紧螺钉	1	35	
4	支承钉	4	T7	50~55 HRC
3	支承钉	2	T7	50~55 HRC
2	钻模板	1	45	调质 28~32 HRC
1	夹具体	1	45	

式钻模总图

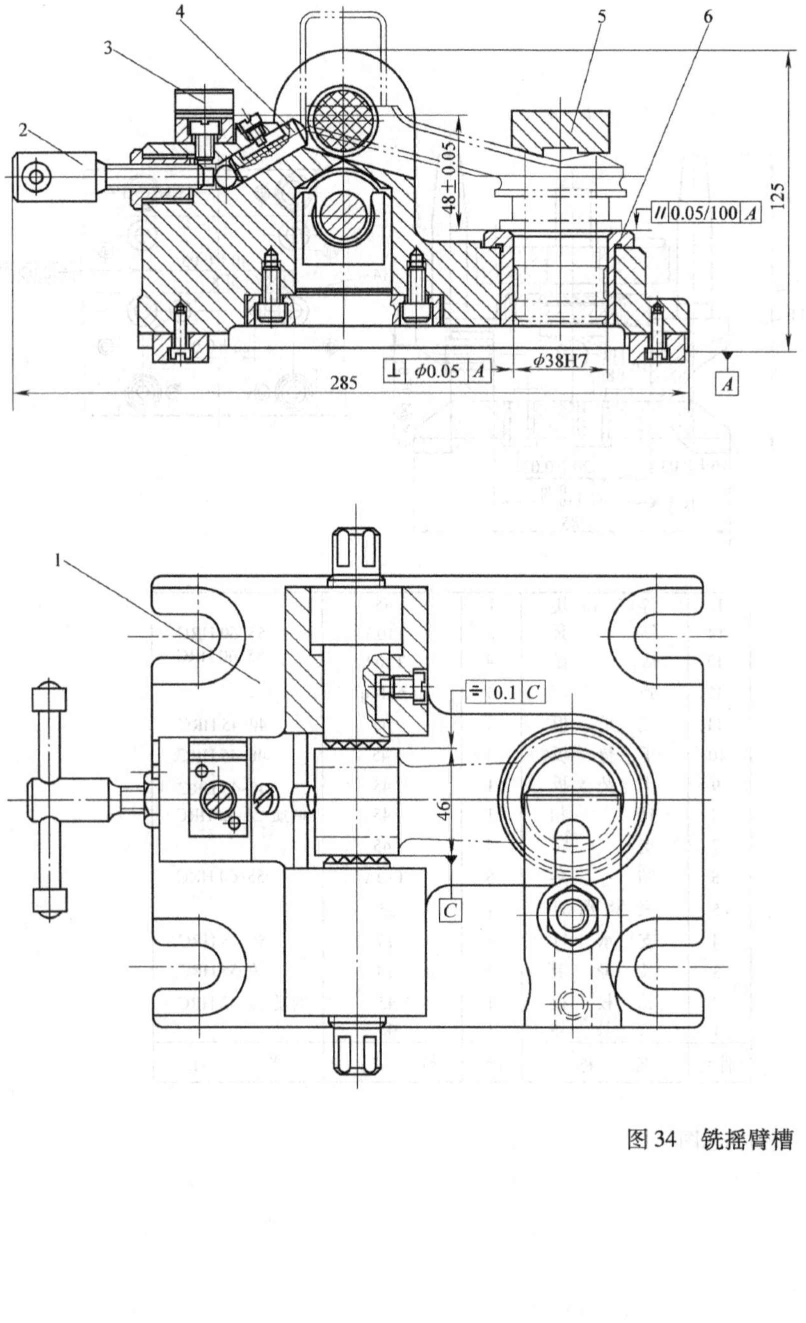

图 34　铣摇臂槽

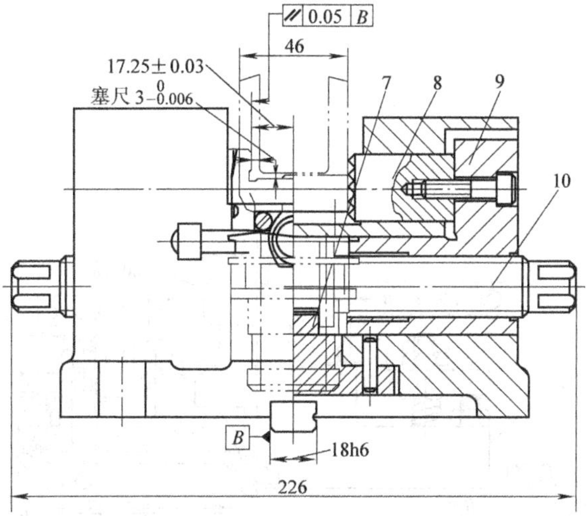

10	双头左右螺栓	1	45	35~40 HRC
9	左右夹紧螺母	各1	45	40~45 HRC
8	圆柱花纹压块	2	45	40~45 HRC
7	限位卡箍	1	45	上端 40~45 HRC
6	定位衬套	1	T10	55~60 HRC
5	压板	1	45	35~40 HRC
4	滑柱	1	45	40~45 HRC
3	对刀块	1	20	渗碳 55~60 HRC
2	扳手螺钉	1	45	端部 35~40 HRC
1	夹具体	1	HT150	
件号	名称	件数	材料	备注

夹具总图

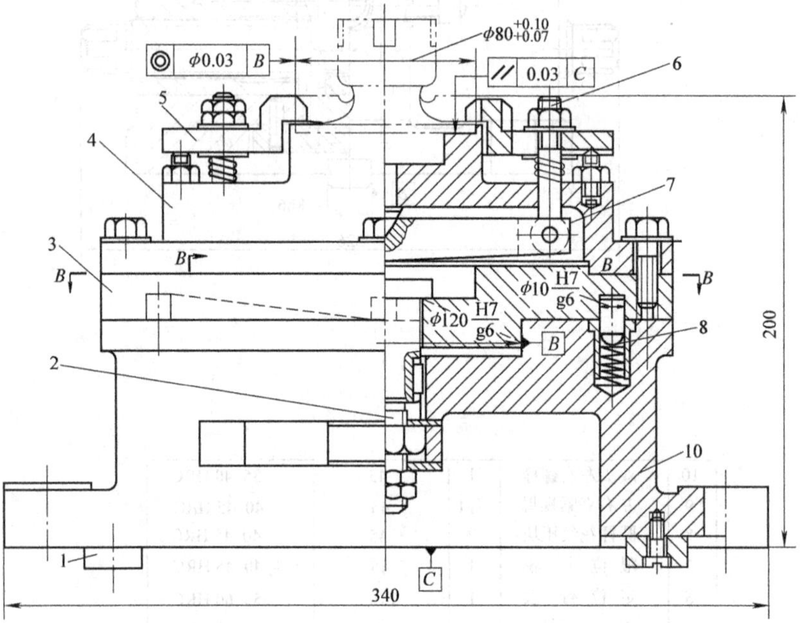

$\phi80^{+0.10}_{+0.07}$
◎ ϕ0.03 B
// 0.03 C
$\phi10\frac{H7}{g6}$
$\phi120\frac{H7}{g6}$
B
C
1
2
3
4
5
6
7
8
10
200
340

图 35　铣叶轮十字

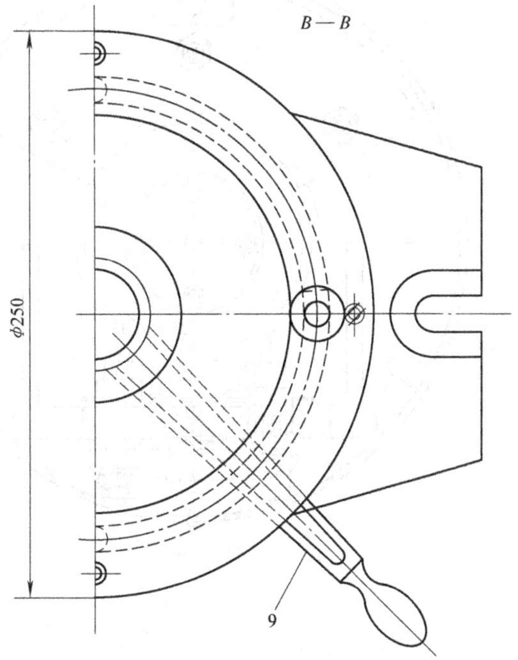

10	夹具体	1	HT200	
9	扳手	1	ZG310−570	
8	对定销	1	T7	50~55 HRC
7	杠杆	1	45	35~40 HRC
6	铰链螺栓	2	35	
5	压板	2	45	35~40 HRC
4	定位盘	1	HT200	
3	分度盘	1	45	40~45 HRC
2	中心轴	1	45	调质 28~32 HRC
1	定向键	2	45	40~45 HRC
件号	名称	件数	材料	备注

槽夹具总图

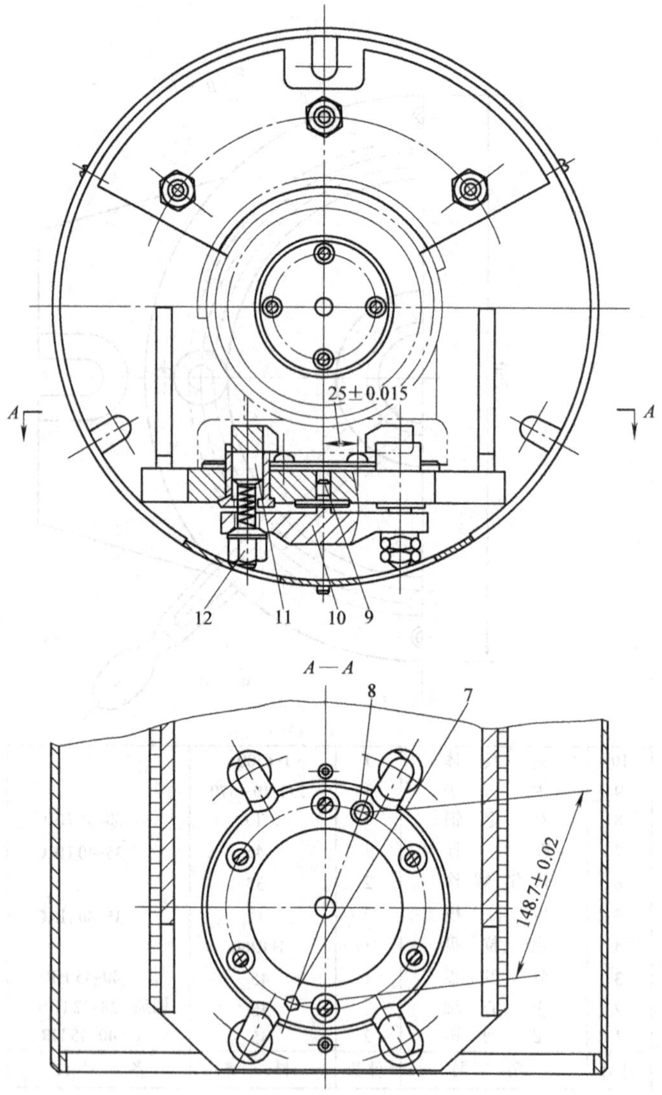

图36　车壳体孔

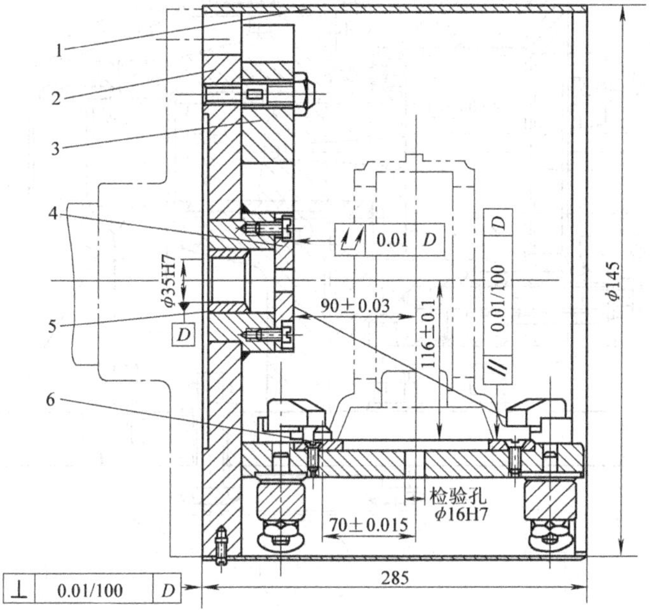

件号	名称	件数	材料	备注
12	球面厚螺母	2	35	30~35 HRC
11	钩形压板	4	45	40~45 HRC
10	杠杆	2	45	40~45 HRC
9	支承销	2	45	头部 40~45 HRC
8	圆柱销	1	T7A	50~55 HRC
7	削边销	1	T7A	50~55 HRC
6	定位板	1	T7A	50~55 HRC
5	检验套	1	45	40~45 HRC
4	测量板	1	45	40~45 HRC
3	平衡块	1	Q235	
2	夹具体	1	20	焊接件
1	防护罩	1	Q235	

夹具总图

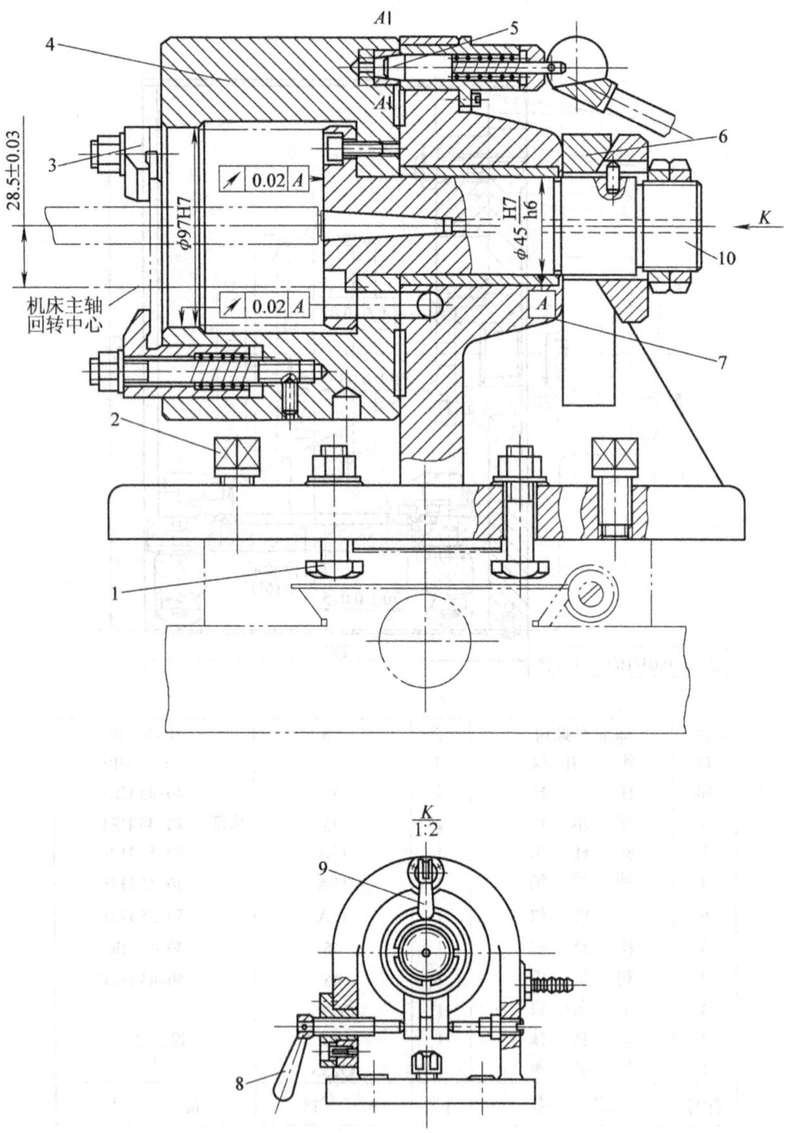

图 37　镗柱塞泵体

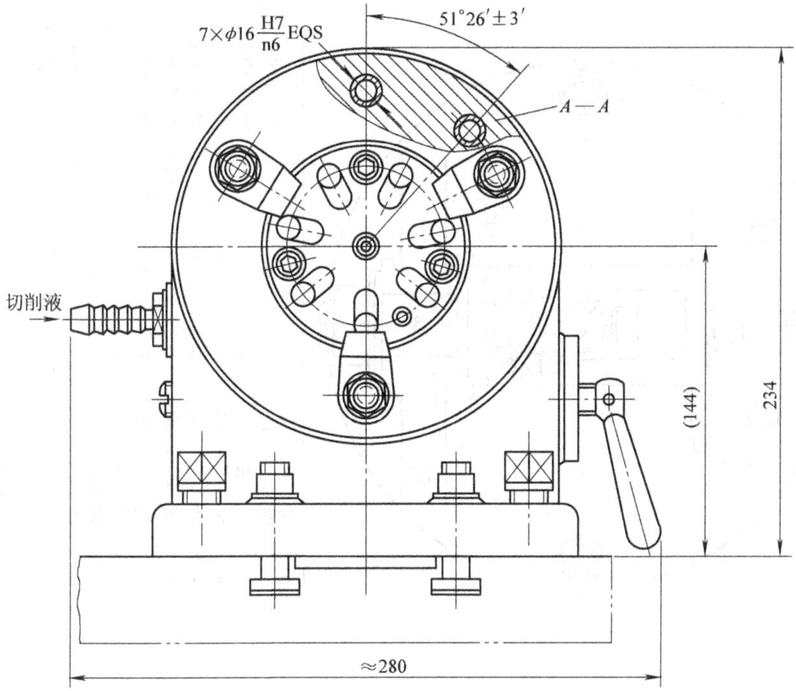

10	回转轴	1	40Cr	40~45 HRC
9	偏心手柄	1	Q235	
8	锁紧手柄	1	Q235	
7	夹具体	1	HT200	
6	锁紧环	1	65Mn	55~60HRC
5	对定销	1	T7	50~55HRC
4	回转体	1	HT200	
3	钩形压板	3	45	35~40HRC
2	螺钉	3	35	
1	T形螺栓	4	35	
件号	名称	件数	材料	备注

七孔夹具总图

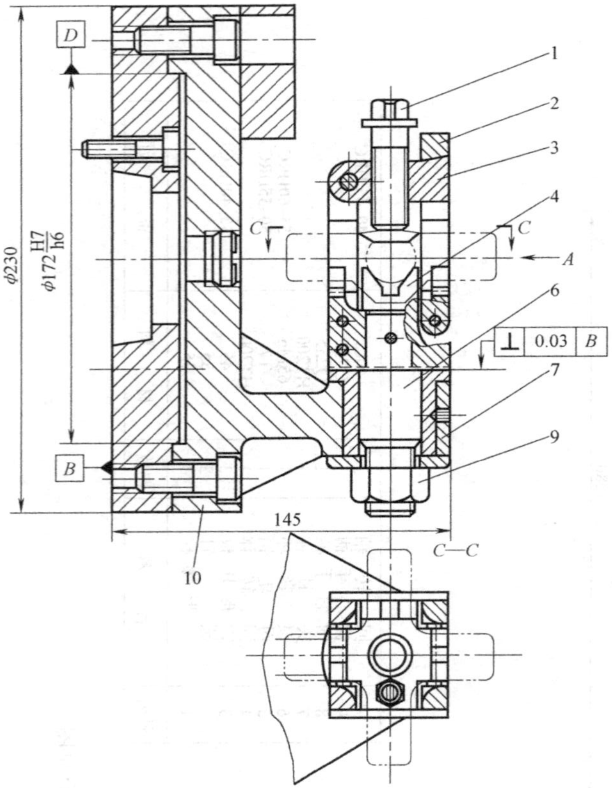

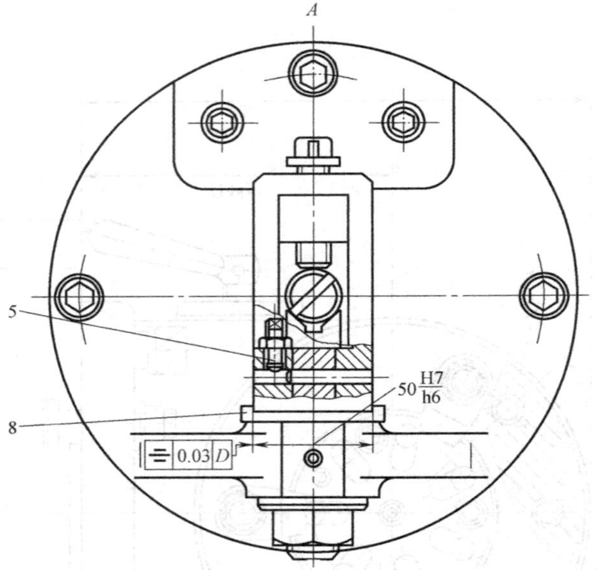

件号	名　称	件数	材　料	备　注
10	夹具体	1	HT200	
9	螺母	1	45	40～45HRC
8	分度块	1	45	40～45HRC
7	夹具体	1	HT150	
6	转轴	1	45	40～45HRC
5	辅助支承	1	35	头部　30～35HRC
4	V形块	1	T7	50～55HRC
3	铰链板	1	35	
2	铰链支架	1	35	
1	螺钉	1	35	两端　30～35HRC

图 38　方槽分度车床专用夹具总图

注：1）设计夹具可以有多种方案，以上八道题的答案仅供参考。

2）可根据本企业、本工种特点和需要选择试题。

《机床夹具设计与制造》适用于下列职业

高级工及以上各等级：车工、铣工、磨工、钳工、机修钳工、模具工、冷作钣金工、数控车工、数控铣工/加工中心操作工、数控机床维修工

国家职业资格培训教材

丛书介绍：深受读者喜爱的经典培训教材，依据最新国家职业标准，按初级、中级、高级、技师(含高级技师)分册编写，以技能培训为主线，理论与技能有机结合，书末有配套的试题库和答案。所有教材均免费提供PPT电子教案，部分教材配有VCD实景操作光盘(注:标注★的图书配有VCD实景操作光盘)。

读者对象：本套教材是各级职业技能鉴定培训机构、企业培训部门、再就业和农民工培训机构的理想教材，也可作为技工学校、职业高中、各种短训班的专业课教材。

- 机械识图
- 机械制图
- 金属材料及热处理知识
- 公差配合与测量
- 机械基础(初级、中级、高级)
- 液气压传动
- 数控技术与AutoCAD应用
- 机床夹具设计与制造
- 测量与机械零件测绘
- 管理与论文写作
- 钳工常识
- 电工常识
- 电工识图
- 电工基础
- 电子技术基础
- 建筑识图
- 建筑装饰材料
- 车工(初级★、中级、高级、技师和高级技师)
- 铣工(初级★、中级、高级、技师和高级技师)
- 磨工(初级、中级、高级、技师和高级技师)
- 钳工(初级★、中级、高级、技师和高级技师)
- 机修钳工(初级、中级、高级、技师和高级技师)
- 锻造工(初级、中级、高级、技师和高级技师)
- 模具工(中级、高级、技师和高级技师)
- 数控车工(中级★、高级★、技师和高级技师)
- 数控铣工/加工中心操作工(中级★、高级★、技师和高级技师)
- 铸造工(初级、中级、高级、技师和高级技师)
- 冷作钣金工(初级、中级、高级、技师和高级技师)
- 焊工(初级★、中级★、高级★、技师和高级技师★)
- 热处理工(初级、中级、高级、技师和高级技师)
- 涂装工(初级、中级、高级、技师和高级技师)
- 电镀工(初级、中级、高级、技师和高级技师)
- 锅炉操作工(初级、中级、高级、技师和高级技师)
- 数控机床维修工(中级、高级和技师)
- 汽车驾驶员(初级、中级、高级、技师)
- 汽车修理工(初级★、中级、高级、技师和高级技师)
- 摩托车维修工(初级、中级、高级)
- 制冷设备维修工(初级、中级、高级、技师

和高级技师）
◆ 电气设备安装工（初级、中级、高级、技师和高级技师）
◆ 值班电工（初级、中级、高级、技师和高级技师）
◆ 维修电工（初级★、中级★、高级、技师和高级技师）
◆ 家用电器产品维修工（初级、中级、高级）
◆ 家用电子产品维修工（初级、中级、高级、技师和高级技师）
◆ 可编程序控制系统设计师（一级、二级、三级、四级）
◆ 无损检测员（基础知识、超声波探伤、射线探伤、磁粉探伤）
◆ 化学检验工（初级、中级、高级、技师和高级技师）
◆ 食品检验工（初级、中级、高级、技师和高级技师）
◆ 制图员（土建）
◆ 起重工（初级、中级、高级、技师）
◆ 测量放线工（初级、中级、高级、技师和高级技师）
◆ 架子工（初级、中级、高级）
◆ 混凝土工（初级、中级、高级）
◆ 钢筋工（初级、中级、高级、技师）
◆ 管工（初级、中级、高级、技师和高级技师）
◆ 木工（初级、中级、高级、技师）
◆ 砌筑工（初级、中级、高级、技师）
◆ 中央空调系统操作员（初级、中级、高级、技师）
◆ 物业管理员（物业管理基础、物业管理员、助理物业管理师、物业管理师）
◆ 物流师（助理物流师、物流师、高级物流师）
◆ 室内装饰设计员（室内装饰设计员、室内装饰设计师、高级室内装饰设计师）
◆ 电切削工（初级、中级、高级、技师和高级技师）
◆ 汽车装配工
◆ 电梯安装工
◆ 电梯维修工

变压器行业特有工种国家职业资格培训教程

丛书介绍：由相关国家职业标准的制定者——机械工业职业技能鉴定指导中心组织编写，是配套用于国家职业技能鉴定的指定教材，覆盖变压器行业5个特有工种，共10种。

读者对象：可作为相关企业培训部门、各级职业技能鉴定培训机构的鉴定培训教材，也可作为变压器行业从业人员学习、考证用书，还可作为技工学校、职业高中、各种短训班的教材。

◆ 变压器基础知识
◆ 绕组制造工（基础知识）
◆ 绕组制造工（初级 中级 高级技能）
◆ 绕组制造工（技师 高级技师技能）
◆ 干式变压器装配工（初级、中级、高级技能）
◆ 变压器装配工（初级、中级、高级、技师、高级 技师技能）
◆ 变压器试验工（初级、中级、高级、技师、高级技师技能）
◆ 互感器装配工（初级、中级、高级、技师、高级技师技能）
◆ 绝缘制品件装配工（初级、中级、高级、技师、高级技师技能）
◆ 铁心叠装工（初级、中级、高级、技师、高级技师技能）

- 钳工(技师、高级技师)操作技能鉴定实战详解
- 数控车工(中级)操作技能鉴定实战详解
- 数控车工(高级)操作技能鉴定实战详解
- 数控车工(技师、高级技师)操作技能鉴定实战详解
- 数控铣工/加工中心操作工(中级)操作技能鉴定实战详解
- 数控铣工/加工中心操作工(高级)操作技能鉴定实战详解
- 数控铣工/加工中心操作工(技师、高级技师)操作技能鉴定实战详解
- 焊工(中级)操作技能鉴定实战详解
- 焊工(高级)操作技能鉴定实战详解
- 焊工(技师、高级技师)操作技能鉴定实战详解
- 维修电工(中级)操作技能鉴定实战详解
- 维修电工(高级)操作技能鉴定实战详解
- 维修电工(技师、高级技师)操作技能鉴定实战详解
- 汽车修理工(中级)操作技能鉴定实战详解
- 汽车修理工(高级)操作技能鉴定实战详解

技能鉴定考核试题库

丛书介绍：根据各职业(工种)鉴定考核要求分级编写，试题针对性、通用性、实用性强。

读者对象：可作为企业培训部门、各级职业技能鉴定机构、再就业培训机构培训考核用书，也可供技工学校、职业高中、各种短训班培训考核使用，还可作为个人读者学习自测用书。

- 机械识图与制图鉴定考核试题库
- 机械基础技能鉴定考核试题库
- 电工基础技能鉴定考核试题库
- 车工职业技能鉴定考核试题库
- 铣工职业技能鉴定考核试题库
- 磨工职业技能鉴定考核试题库
- 数控车工职业技能鉴定考核试题库
- 数控铣工/加工中心操作工职业技能鉴定考核试题库
- 模具工职业技能鉴定考核试题库
- 钳工职业技能鉴定考核试题库
- 机修钳工职业技能鉴定考核试题库
- 汽车修理工职业技能鉴定考核试题库
- 制冷设备维修工职业技能鉴定考核试题库
- 维修电工职业技能鉴定考核试题库
- 铸造工职业技能鉴定考核试题库
- 焊工职业技能鉴定考核试题库
- 冷作钣金工职业技能鉴定考核试题库
- 热处理工职业技能鉴定考核试题库
- 涂装工职业技能鉴定考核试题库

机电类技师培训教材

丛书介绍：以国家职业标准中对各工种技师的要求为依据，以便于培训为前提，紧扣职业技能鉴定培训要求编写。加强了高难度生产加工，复杂设备的安装、调试和维修，技术质量难题的分析和解决，复杂工艺的编制，故障诊断与排

除以及论文写作和答辩的内容。书中均配有培训目标、复习思考题、培训内容、试题库、答案、技能鉴定模拟试卷样例。

读者对象：可作为职业技能鉴定培训机构、企业培训部门、技师学院培训鉴定教材，也可供读者自学及考前复习和自测使用。

- ◆ 公共基础知识
- ◆ 电工与电子技术
- ◆ 机械制图与零件测绘
- ◆ 金属材料与加工工艺
- ◆ 机械基础与现代制造技术
- ◆ 技师论文写作、点评、答辩指导
- ◆ 车工技师鉴定培训教材
- ◆ 铣工技师鉴定培训教材
- ◆ 钳工技师鉴定培训教材
- ◆ 焊工技师鉴定培训教材
- ◆ 电工技师鉴定培训教材
- ◆ 铸造工技师鉴定培训教材
- ◆ 涂装工技师鉴定培训教材
- ◆ 模具工技师鉴定培训教材
- ◆ 机修钳工技师鉴定培训教材
- ◆ 热处理工技师鉴定培训教材
- ◆ 维修电工技师鉴定培训教材
- ◆ 数控车工技师鉴定培训教材
- ◆ 数控铣工技师鉴定培训教材
- ◆ 冷作钣金工技师鉴定培训教材
- ◆ 汽车修理工技师鉴定培训教材
- ◆ 制冷设备维修工技师鉴定培训教材

特种作业人员安全技术培训考核教材

丛书介绍：依据《特种作业人员安全技术培训大纲及考核标准》编写，内容包含法律法规、安全培训、案例分析、考核复习题及答案。

读者对象：可用作各级各类安全生产培训部门、企业培训部门、培训机构安全生产培训和考核的教材，也可作为各类企事业单位安全管理和相关技术人员的参考书。

- ◆ 起重机司索指挥作业
- ◆ 企业内机动车辆驾驶员
- ◆ 起重机司机
- ◆ 金属焊接与切割作业
- ◆ 电工作业
- ◆ 压力容器操作
- ◆ 锅炉司炉作业
- ◆ 电梯作业
- ◆ 制冷与空调作业
- ◆ 登高作业

读者信息反馈表

亲爱的读者：

您好！感谢您购买《机床夹具设计与制造　第2版》(李昌年　编)一书。为了更好地为您服务，我们希望了解您的需求以及对我社教材的意见和建议，愿这小小的表格在我们之间架起一座沟通的桥梁。另外，如果您在培训中选用了本教材，我们将免费为您提供与本教材配套的电子课件。

<table>
<tr><td>姓　名</td><td></td><td>所在单位名称</td><td colspan="3"></td></tr>
<tr><td>性　别</td><td></td><td>所从事工作(或专业)</td><td colspan="3"></td></tr>
<tr><td>通信地址</td><td colspan="3"></td><td>邮　编</td><td></td></tr>
<tr><td>办公电话</td><td colspan="2"></td><td>移动电话</td><td colspan="2"></td></tr>
<tr><td>E-mail</td><td colspan="2"></td><td>QQ</td><td colspan="2"></td></tr>
<tr><td colspan="6">1. 您选择图书时主要考虑的因素(在相应项后面画√)
出版社(　　)　内容(　　)　价格(　　)　其他：
2. 您选择我们图书的途径(在相应项后面画√)
书目(　　)　书店(　　)　网站(　　)　朋友推介(　　)　其他：</td></tr>
<tr><td colspan="6">希望我们与您经常保持联系的方式：
□ 电子邮件信息　□ 定期邮寄书目　□ 通过编辑联络　□ 定期电话咨询</td></tr>
<tr><td colspan="6">您关注(或需要)哪些类图书和教材：</td></tr>
<tr><td colspan="6">您对本书的意见和建议(欢迎您指出本书的疏漏之处)：</td></tr>
<tr><td colspan="6">您近期的著书计划：</td></tr>
</table>

请联系我们——

地　　址　北京市西城区百万庄大街22号　机械工业出版社技能教育分社

邮　　编　100037

社长电话　(010)88379083　88379080

传　　真　(010)68329397

营销编辑　(010)88379534　88379535

免费电子课件索取方式：

网上下载　www. cmpedu. com

邮箱索取　jnfs@ cmpbook. com